TEACHING MATERIALS FOR COLLEGE STUDENTS

高等学校教材

U0822269

电工学 ①

电工技术

第三版

主　编　杨雪岩

副主编　邢宝玲　姜梅香

刘立山　王前虹

中国石油大学出版社

图书在版编目(CIP)数据

电工学.1,电工技术/杨雪岩主编.—3版.—东营:中国石油大学出版社,2010.8(2014.1重印)
ISBN 978-7-5636-3210-7

Ⅰ.①电… Ⅱ.①杨… Ⅲ.①电工学—高等学校—教材②电工技术—高等学校—教材 Ⅳ.①TM1

中国版本图书馆CIP数据核字(2010)第149694号

书　　名:电工技术(电工学1,第三版)
作　　者:杨雪岩

责任编辑:宋秀勇　满云凤(电话　0532—86981533)
封面设计:赵志勇

出 版 者:中国石油大学出版社(山东　东营,邮编　257061)
网　　址:http://www.uppbook.com.cn
电子信箱:yibian8392139@163.com
印 刷 者:沂南县汇丰印刷有限公司
发 行 者:中国石油大学出版社(电话　0532—86981533)

开　　本:180 mm×235 mm　印张:17.25　字数:346千字
版　　次:2014年1月第3版第3次印刷
定　　价:25.80元

前 言

电工学是高等学校非电类理工专业的一门技术基础课。根据教育部(原国家教育委员会)1995年颁发的高等工业学校“电工技术(电工学Ⅰ)”和“电子技术(电工学Ⅱ)”教学基本要求,面对学时越来越少、内容越来越多的矛盾和21世纪初对非电类工程师更高的要求,结合我们完成的教育部21世纪初高等教育教学改革项目“非电类理工专业电工电子课程模块教学改革的研究与实践”的研究成果和多年的教学经验,在第二版的基础上,修订编写了这套教材。

本书分“电工技术”和“电子技术”两册。在教材体系和内容处理上,我们主要考虑了以下几个方面:

1. 在教材体系上采用了“基础内容加应用内容”的模块化结构,每册书的前半部分为必修的基础模块,后面的章节为应用模块,各专业可根据自己的学时和要求,选择某些模块进行组合。

2. 为了解决“学时少与内容多”的矛盾,精选了传统的基础内容,删减了过时的无用内容,如对半导体分立元件的内部结构、原理分析、晶体管放大电路的微变等效电路分析、定量计算等,大大进行了删减;差动放大电路、功率放大电路仅在集成运放中介绍了概念,不作定量分析计算;数字逻辑门、触发器等集成电路,不分析内部电路,只给出逻辑符号,重点分析外部特性。

3. 为了解决电工学课程“学的内容有些没有用,有用的内容没有学”和非电专业学完电工学后无后续课的问题,教材加强了应用内容,主要增加了电量测量、非电量测量、信号调理、电机电器控制等工业测控内容,还增加了电气照明技术、功率电子技术等理工科学生非常感兴趣和实用的内容。

4. 注重系统概念。在目前国内流行的电工学教材中,内容比较零碎,没有组成应用系统,学生学起来乏味,到工作单位以后不会应用电工学知识解决实际问题。系统的外部特性一般不会随着电子技术的发展而过时,恰恰相反的是,应用系统中的局部电路、电子器件则会随着时间的推移而被淘汰。因此,重视系统的构成及应用,将会使学生终生受益,对今后的再学习或可持续发展起着非常重要的作用。如本书中的数据采集系统,将传感器、信号调理电路、A/D与D/A等电路有机地组成一个应用系统;交流电机变频调速系统、不停电电源等都是非常切合实际的应用系统。

5. 增加了近年来发展快、应用广的最新内容,如电子设计自动化,包括ispPAC、

PLD、EWB等，还有智能建筑信息系统等内容，以拓宽学生的视野，激发学习动力。

6. 在写作方式上，力求物理概念清楚，阐述简明扼要，推导计算从简，突出方法应用。做到简明易懂，好教好学，启发思考，培养能力。

刘润华教授负责全书的策划、组织、统稿和定稿。电工技术由杨雪岩主编，电子技术由刘润华主编。

参加电工技术编写的有：济南大学的杨雪岩（第1、2、4章）、邢宝玲（第6、9章）、姜梅香（第3、8章）、王前虹（第7、10章），青岛农业大学的刘立山（第5章）。

参加电子技术编写的有：中国石油大学的刘润华（第1、4、5章），济南大学的王焱（第7、8章）、薛必翠（第3、9章）、曲朝霞（第10章）、孙秀丽（第6章）、杨雪岩（第2、11章）、王前虹（第12章）。杨雪岩、薛必翠、姜梅香增写了各章的基本要求、部分例题和习题。

参加本书编写工作的还有济南大学、中国石油大学、南京邮电大学、青岛农业大学、山东交通学院等院校的教师：成谢锋，方敏，厉广伟，马静，单亦先，郝宁眉，刘广孚，王心刚，郭曙光，赵丽清，王晓红，在此向他们表示衷心感谢。

本书第一版（电子技术）于2002年获全国普通高等学校优秀教材二等奖。

本书适用于工科院校非电类理工专业的本专科学生，也可供网络学院、成人教育等相关专业的学生使用。

由于编者水平有限，书中难免存在不少缺点和错误，敬请读者，特别是使用本书的老师和同学，提出批评和改进意见。

编　者

2010年5月

目 录

DIANGONGJISHU 电工技术

第1章 电路的基本概念、定律与分析方法

第2章　正弦交流电路

第3章　三相正弦交流电路

第4章　电路的暂态分析

第5章 磁路与变压器

第6章 电动机和控制电机

第7章 电气控制技术基础

第8章 可编程控制器及其应用

第 9 章 工业供电与安全用电

第 10 章 电气照明技术

第1章

电路的基本概念、定律与分析方法

电路是电工技术和电子技术的重要基础。本章主要介绍电路的基本概念、基本定律和基本分析方法，包括电路的组成及作用，电路模型，电压、电流的参考方向，电位、功率及其电气设备额定值的概念；基尔霍夫定律；电路的等效化简，支路电流法，结点电压法，叠加定理，戴维宁定理与诺顿定理。这些基本概念、定律和分析方法，不仅适用于直流电路，也适用于交流电路。

基本要求

(1) 正确理解电压和电流参考方向的意义；

(2) 熟练掌握实际电源的两种模型及其等效变换；

(3) 了解电源的有载工作、开路与短路状态，理解电功率和额定值的意义；

(4) 熟练掌握并运用基尔霍夫定律、支路电流法、结点电压法、叠加原理和戴维宁定理分析电路问题，理解诺顿定理的内容；

(5) 理解电位的概念。

1.1 电路的基本概念

1.1.1 电路的组成及作用

实际电路是根据某种需要由具有不同电气性能及作用的电气元件设备联接而成的电流的通路。电路的结构将依据它所完成任务的不同而不同，可以简单到由几个元件构成，也可以复杂到由上千个甚至数万个元件构成。不管简单电路也好，复杂电路也好，按其功能可分为两大类：一类是实现能量的变换或传输，如图 1.1.1 所示的手电筒和电力系统电路；另一类是实现信号的变换或传输，如图 1.1.2 所示的电视机电路。当然两类电路有时没有严格的区分，有时在变换或传输能量时，也伴随着信号的变换或传输，有时在变换或传输信号时，肯定也存在能量的变换或传输，两类电路的区分主要看什么占主导地位。

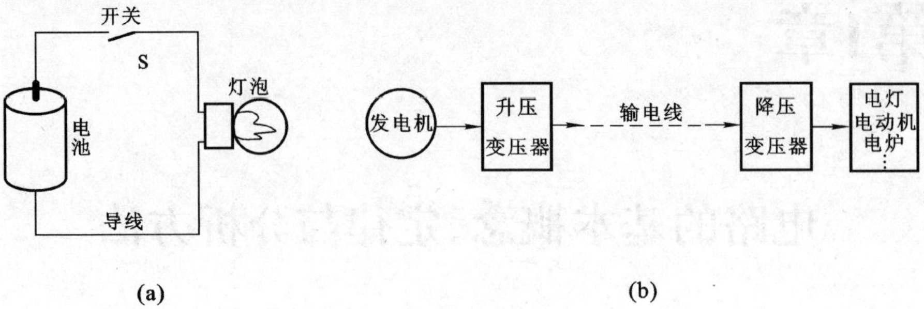

图 1.1.1　能量变换和传输电路示意图

(a) 手电筒；(b) 电力系统

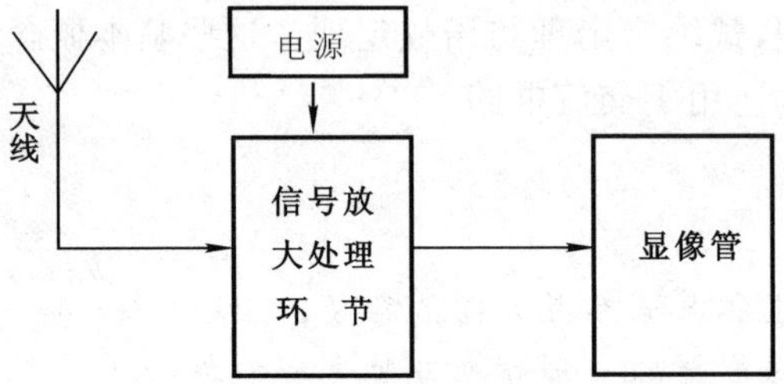

图 1.1.2　电视机电路示意图

从图 1.1.1 和图 1.1.2 所示电路可以看出，不管什么电路，它们基本都可以看成由以下三部分组成：**电源**（电池、发电机等）、**负载**（灯泡、电动机、显像管等）和**中间环节**（导线、开关、信号放大处理环节等）。

电源是供应电能的设备。在发电厂内可通过发电机把热能、水能或原子能等转换为电能。电池是一种常用的化学能电源。当然还有一些其他的电源。

负载是取用电能的设备，它可以把电能转换为其他形式的能，如光能、机械能、热能等。常见的负载有灯泡、电动机、电炉等。

中间环节是电源与负载之间必不可少的一个环节，它可以是导线、开关、控制环节、放大器、滤波器、传输线和变换环节等。

当电路中有电流流经电气元件时，电路就可实现能量的转换、传输、分配以及信息的存取和信号处理等。像电力系统的变压器就主要承担电能的转换与分配，传输线则主要承担电能的传输。而电动机、灯泡、电炉、冰箱等，则主要承担电能的转换。像电子计算机中的 A/D、D/A 转换电路，滤波器，信息的存储、读写、运算电路等则主要承担信号的处理，等等。

在电路理论中，通常把电源或信号源称作**激励**，激励可以是电压激励，也可以是电流激励。激励源推动电路工作，电激励在电路中产生的电压和电流统称为**响应**。

所谓电路分析，就是在已知电路的结构和元件参数的条件下，讨论电路在激励作用下的响应问题。

1.1.2 电路模型

实际电路都是由一些按需要起不同作用的实际电路元件或器件所组成的，诸如发电机、变压器、电动机、电池、晶体管以及各种电阻器和电容器等，它们的电磁性质较为复杂。最简单的例如一个白炽灯，它除具有消耗电能的性质(电阻性)外，当通有电流时还会产生磁场，就是它还具有电感性。但电感非常微小，可忽略不计，于是可认为白炽灯是一电阻元件。

为了便于对实际电路进行分析和用数学描述，将实际元件理想化(或称模型化)，即在一定条件下突出其主要的电磁性质，忽略其次要因素，把它近似地看做理想电路元件。由一些理想电路元件所组成的电路，就是实际电路的**电路模型**，它是对实际电路电磁性质的科学抽象和概括。理想电路元件(今后理想两字常略去不写)主要有电阻元件、电感元件、电容元件和电源元件等。这些元件分别由相应的参数来表征。例如常用的手电筒，其实际电路元件有干电池、灯泡、开关和筒体，电路模型如图 1.1.3所示。灯泡是电阻元件，其参数为电阻 R；干电池是电源元件，其参数为电动势 E 和内电阻(简称内阻)R_0；筒体是联接干电池与灯泡的中间环节(还包括开关)，其电阻忽略不计，认为是一无电阻的理想导体。

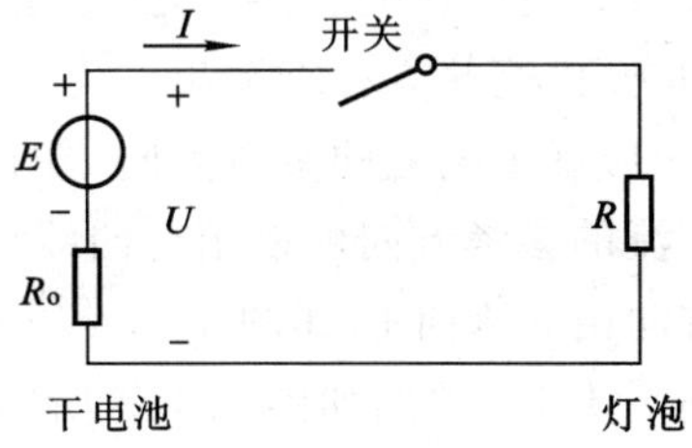

图 1.1.3 手电筒的电路模型

今后所分析的都是指由理想电路元件构成的电路模型，简称**电路**。在电路图中，各种电路元件用规定的图形符号表示。

1.1.3 电流和电压的参考方向

1. 电压、电流的实际方向

物理学中已讨论过电流、电压和电动势，这里不再重复。为了对电路进行分析和计算，本节引入参考方向的概念。在进行讨论之前，有必要对电流、电压和电动势的实际方向进行定义。

电流的实际方向定义为正电荷运动的方向，当然，负电荷运动的相反方向也是电流的实际方向。

电压的实际方向定义为高电位指向低电位的方向。也就是说，沿着电压的实际方向，电位是逐点降低的。

电动势的实际方向定义为电源内部电位升高的方向，恰恰与电压的实际方向相反。

2. 参考方向

在分析和计算较复杂的电路时，电流的实际方向很难立即判断出来，对于交流电路，电流的实际方向还在随时间而改变。为了分析、计算的方便，引入了参考方向的概念。在分析、计算某段电路的电流时，**可任选一个方向作为该段电路电流的参考方向，并在电路图上用带箭头的有向线段标出。计算时按参考方向列写方程，计算结果是正值，说明该段电流的实际方向与参考方向一致；计算结果为负值，说明该段电流的实际方向与参考方向相反。**

在直流电路中，一旦电路确定了，电路中各支路电流的实际方向就确定了，它不受参考方向的影响。而参考方向的选择是任意的，参考方向是分析、计算电路的一种方法。参考方向一经选定，在分析、计算电路时就不能更改。按电路的定律、原理列写出的电路方程是以所选定的参考方向作为依据的；计算结果中电流的正或负也是相对参考方向而言的。换言之，如事先不设定参考方向，则列写出的电路方程是没有依据的；而由这些方程求解出的电流的正或负也是无意义的。所以，在分析计算电路时，首先应确定电流的参考方向，并在电路图中标注出来。

电流的参考方向可以用有向线段标出，也可以用双下角标表示，如 I_{ab} 表示电流参考方向由 a 流向 b，如图 1.1.4 所示。

例 1.1.1 电路如图 1.1.4 所示，如计算结果为 $I_{ab}=-2$ A，试判断电流的实际方向。

解 $I_{ab}=-2$ A，$I_{ab}<0$，表明该电流的实际方向与参考方向相反，该电流的实际方向由 b 流向 a。

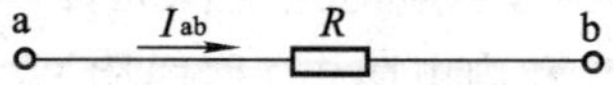

图 1.1.4 电流参考方向的标注

直流电流用大写字母 I 表示，交变电流用小写字母 i 表示。在国际单位制即 SI 制中，电流的单位名称是安培，单位符号是 A。

同理，在分析、计算电路时，也应该设定电压的参考方向(或极性)，两点间电压的参考方向的选择也是任意的，**计算结果为正，表示电压实际方向与参考方向相同；计算结果为负，表示电压实际方向与参考方向相反**。电压参考方向常用两种方式表示："+"表示高电位，"−"表示低电位，电压参考方向从"+"指向"−"；用有向线段表示从高电位端指向低电位端。有时也用双下角标表示，如 U_{ab} 表示电压参考方向由 a 指向 b。

在分析、计算电路时，也应标出电压源电动势 E 的参考方向，或者标出电压源端电压 U_s 的参考方向，如图 1.1.5 所示。

图 1.1.5 中，符号表示理想电压源，本章 1.2 节将作详细介绍。

例 1.1.2 电路如图 1.1.5 所示，各电量参考方向及数值如图上所注，试判断该

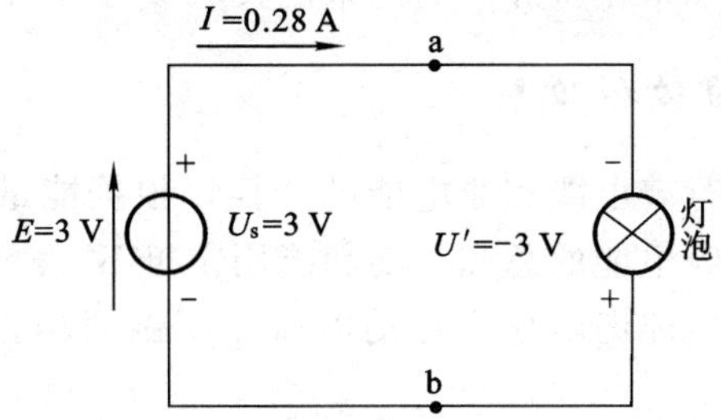

图 1.1.5　电压源或电动势的参考方向

电路电流的实际方向及 a 点与 b 点电位的高低。

解　题中 $E=3$ V，$E>0$，实际极性与参考极性一致，a 点为高电位，b 点为低电位；

$U_s=3$ V，$U_s>0$，实际极性与参考极性相同，亦是 a 点为高电位，b 点为低电位；

$U'=-3$ V，$U'<0$，实际极性与参考极性相反，亦是 a 点为高电位，b 点为低电位。

$I=0.28$ A，$I>0$，电流的实际方向与参考方向一致，从 a 经灯泡流向 b，或从 b 经电源流向 a。

参考方向也称为正方向。

直流电压用大写字母 U 表示，交变电压用小写字母 u 表示；直流电动势用大写字母 E 表示，交变电动势用小写字母 e 表示。在 SI 单位制中，它们的单位名称是伏特，单位符号是 V。

例 1.1.3　已知电压源电动势如图 1.1.6 所示，试分析 U_{ab}、U_{ba} 与 E 的关系。

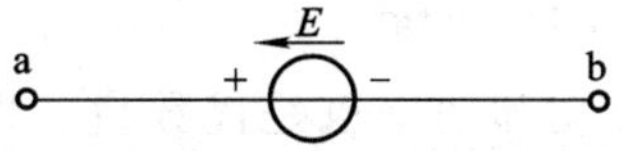

图 1.1.6　例 1.1.3 图

解　从图中可知，电动势 E 的参考方向选定 a 点为高电位，b 点为低电位。电压 U_{ab} 选定的也是 a 点为高电位，b 点为低电位，两者一致，因此有 $E=U_{ab}$。而 U_{ba} 选定 b 点为高电位，a 点为低电位，与电动势 E 设置的极性相反，因此应有 $E=-U_{ba}$。

3. 电压、电流的关联参考方向

同一元件电压与电流参考方向的选择是任意的，可以相同，也可以相反。为了分析问题的方便，常将电压与电流的参考方向选得相同，称为**关联参考方向**。例如，对于图 1.1.4，如电压参考方向为 U_{ab}，则电流与电压为关联参考方向；如电压参考方向为 U_{ba}，则电流与电压为非关联参考方向。采用关联参考方向可以简化参考方向的标注，只标出电压或电流的参考方向，另一个电量的参考方向由关联一致来确定。本书在分析、计算电路时，如未作特殊声明均采用关联参考方向。

1.1.4 电路中的功和功率

电路接通后同时进行着电能和非电能的转换。根据能量守恒定律，电源供出的电能等于负载消耗或吸收电能的总和。功和能用字母 W 表示。

负载消耗或吸收的电能即电场力移动电荷 q 所做的功。由电压、电流定义，可表示为

$$W=\int_0^q u\mathrm{d}q=\int_0^\tau ui\,\mathrm{d}t \tag{1.1.1}$$

式中，τ 为电流通过负载的时间。

功率即电流做功的速率，用字母 $p(P)$ 表示。

$$p=\frac{\mathrm{d}W}{\mathrm{d}t}=ui \tag{1.1.2}$$

若电压、电流都是恒定值时，以上两式分别为

$$W=UI\tau \tag{1.1.3}$$

和

$$P=\frac{W}{\tau}=UI \tag{1.1.4}$$

功率的单位为瓦特，简称瓦(W)，辅助单位有千瓦(kW)，毫瓦(mW)等。

$$1\ \mathrm{W}=10^{-3}\ \mathrm{kW}=10^{3}\ \mathrm{mW}$$

功的单位为焦耳(J)。

$$1\ \mathrm{J}=1\ \mathrm{W}\times 1\ \mathrm{s}=1\ \mathrm{W\cdot s}$$

工程上常用“度”作为电能的单位。

$$1\ 度=1\ \mathrm{kW\cdot h}=1\ 000\ \mathrm{W}\times 3\ 600\ \mathrm{s}=3.6\times 10^{6}\ \mathrm{J}$$

在电压、电流参考方向下，功和功率也是代数量。以上各式为元件电压、电流参考方向为关联参考方向时消耗电功率的表达式；当元件电压、电流参考方向为非关联参考方向时，计算元件消耗的电功率要在表达式前加“－”号，即

$$p=-ui \tag{1.1.5}$$

以上两种情况，若结果为 $p>0$，说明元件是耗能的，在电路中的作用为负载；若 $p<0$，即元件消耗的电能为负，说明元件产生电能，为电源。

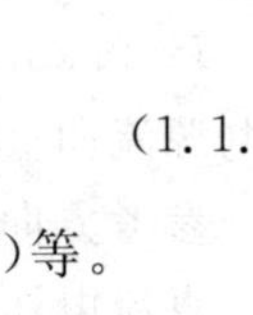

图 1.1.7 例 1.1.4 的图

例 1.1.4 某电路元件 A 的电压、电流参考方向如图 1.1.7 所示。若 $U=5$ V，$I=-2$ A，试判断元件 A 在电路中的作用是电源还是负载？若电流参考方向与图中所设相反，则又如何？

解 (1) 因为 U、I 参考方向相同，根据式(1.1.4)，其消耗的电

功率为

$$P = UI = 5 \times (-2)(\mathrm{W}) = -10\ (\mathrm{W}) < 0$$

故元件 A 为电源。

(2) 若电流参考方向与图中所设相反，根据式(1.1.5)，则

$$P = -UI = 5 \times (-2)(\mathrm{W}) = 10\ (\mathrm{W}) > 0$$

元件 A 为负载。

【练习与思考】

1.1.1 为什么要引入电压、电流的参考方向？参考方向与实际方向有何区别和联系？

1.1.2 在图 1.1.8(a)所示电路中，$U_{ab} = -5$ V，试问 a、b 两点哪点电位高？在图 1.1.8(b)所示电路中，$U_1 = -6$ V，$U_2 = 4$ V，试问 U_{ab} 等于多少伏？

1.1.3 在图 1.1.9 中，哪些元件吸收功率？哪些元件提供功率？并求出吸收与提供的功率值。

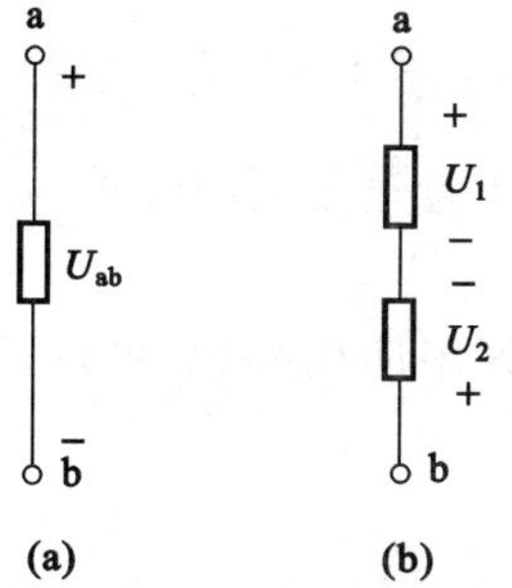

图 1.1.8 练习与思考 1.1.2 的图

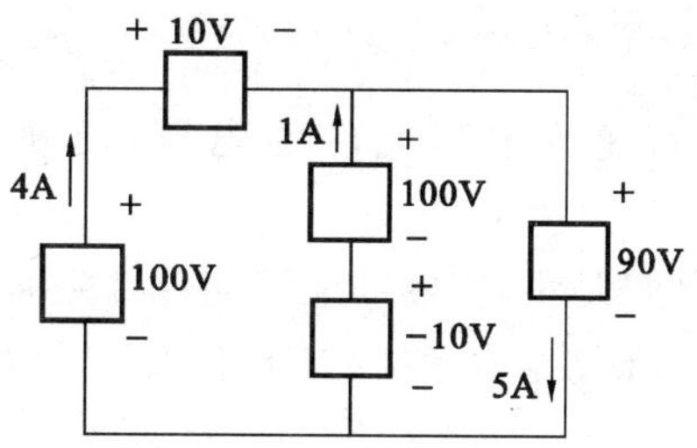

图 1.1.9 练习与思考 1.1.3 的图

1.2 电路的基本元件

理想元件是组成电路的基本单元。元件上电压与电流之间的关系又称为元件的**伏安特性**，它反映了元件的性质。电路元件按能量特性，可分为无源和有源元件；按与外部联接的端子数目，可分为二端、三端、四端元件等；按伏安特性，可分为线性元件与非线性元件。本节将讨论电阻、电感、电容和电源等二端元件的概念以及它们的伏安特性。

1.2.1 电阻元件

电阻器、白炽灯、电炉等实际器件的主要特性是消耗电能，在一定条件下，可用电阻元件作为模型。理想电阻元件是一个由欧姆定理(Ohm's Law)描述其电压电流

关系的线性二端元件。电阻元件的符号如图 1.2.1(a)所示。在端电压和电流取关联方向时,电压与电流之间呈线性关系,可表示为

$$u=Ri \tag{1.2.1}$$

式中,R 为电阻元件的参数,反映元件阻碍电流流过的能力,为实常数,单位为欧姆(Ω)。电阻元件的伏安特性还可以用 u-i 平面的一条直线来表示,如图 1.2.1(b)所示。它是一条通过坐标原点的一条直线,其斜率为 R。

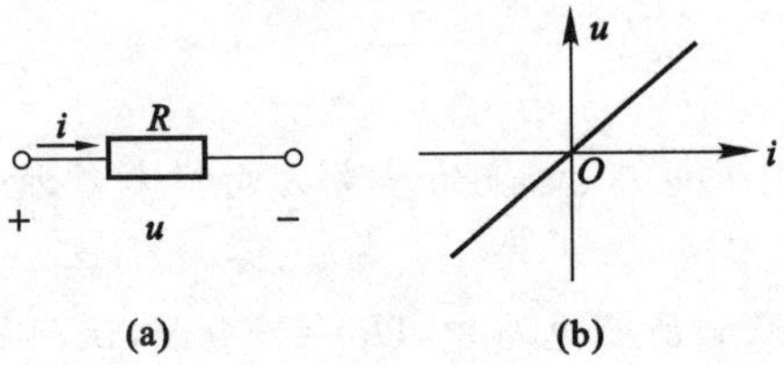

图 1.2.1 电阻元件的符号及伏安特性曲线

(a) 符号;(b) 伏安特性曲线

令 $G=\frac{1}{R}$,电阻元件的伏安特性也可表示为

$$i=\frac{1}{R}u=Gu \tag{1.2.2}$$

式中,G 称为电阻元件的**电导**,反映元件阻碍电流通过的能力,单位为西门子(S)。

严格地讲,实际的电阻器件都是非线性的,但在许多应用领域,可以近似地用线性电阻元件作为模型,如图 1.2.2 所示。

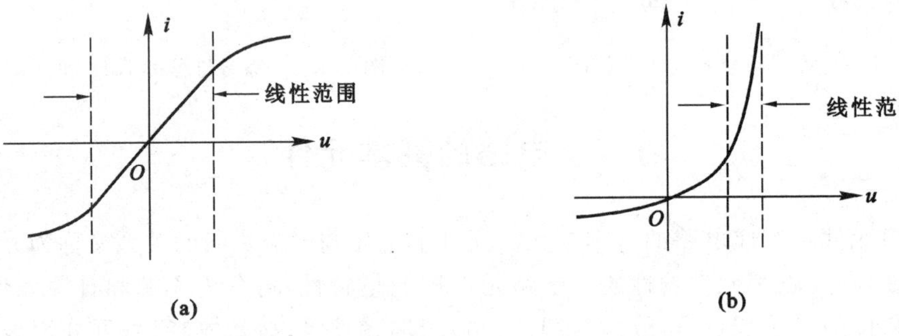

图 1.2.2 实际电阻元件的伏安特性曲线

(a) 白炽灯的伏安特性曲线;(b) 二极管的伏安特性曲线

在电路中常遇到电阻元件的两种特殊情况:(1)当一个电阻元件的端电压 u 不论为何值时,流过它的电流恒为零,则称"**开路**",即 $R\rightarrow\infty$,如图 1.2.3(a)所示;(2)当一个电阻元件中的电流 i 不论为何值时,它的端电压 u 恒为零,则称"**短路**",即 $R=$

0，如图 1.2.3(b)所示。

图 1.2.3 实际电阻的两种特殊情况

(a) 开路；(b) 短路

在电压和电流取关联方向时，电阻元件的功率为

$$p=u\cdot i=i^2R \tag{1.2.3}$$

例 1.2.1 有一额定值为 1/2 W、5 000 Ω 的电阻，其额定电流为多少？在使用时电压不能超过多大数值？

解 根据功率和电阻值可以求出额定电流为

$$I=\sqrt{\frac{P}{R}}=\sqrt{\frac{1/2}{5\ 000}}=0.01\ (\mathrm{A})$$

在使用时电压不能超过

$$U=RI=5\ 000\times0.01=50\ (\mathrm{V})$$

1.2.2 电容元件

实际的电容器是由两金属极板中间隔以绝缘介质组成的，如图 1.2.4 所示。当有电流向电容器的极板上传输电荷时，它的极板之间就建立起电场，同时也必然储存电场能量。电容元件就是电容器的电路模型。

如果一个二端元件，它储存的电荷 q 和端电压 u 之间的关系满足方程

$$q=Cu \tag{1.2.4}$$

则称该二端元件为**线性电容元件**。式中 C 是电容参数，为正实常数，单位为法拉(F)。电容元件的符号如图 1.2.5 所示。

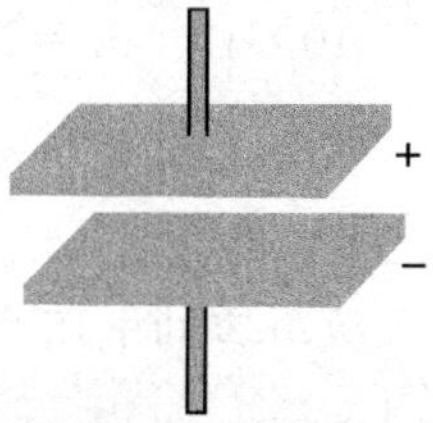

图 1.2.4 实际电容

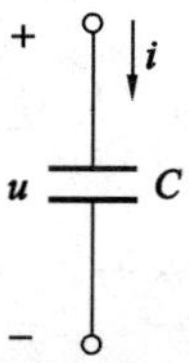

图 1.2.5 电容元件的符号

在电压与电流取关联方向时，电容元件的电压电流关系为

$$i=\frac{\mathrm{d}q}{\mathrm{d}t}=C\frac{\mathrm{d}u}{\mathrm{d}t} \tag{1.2.5}$$

由上式可见，电容的电流正比于两端电压的变化率，即 $i\propto\frac{\mathrm{d}u}{\mathrm{d}t}$。**当电容两端电压为恒定的直流电压时，电容的电流 $i=0$，此时电容相当于开路。**

电容元件的电压电流关系也可表示为

$$\begin{aligned}u(t)&=\frac{1}{C}\int_{-\infty}^{t}i(\tau)\mathrm{d}\tau=\frac{1}{C}\int_{-\infty}^{0}i(\tau)\mathrm{d}\tau+\frac{1}{C}\int_{0}^{t}i(\tau)\mathrm{d}\tau\\&=u(0)+\frac{1}{C}\int_{0}^{t}i(\tau)\mathrm{d}\tau\end{aligned} \tag{1.2.6}$$

式中，$u(0)$为电容上的初始电压，即在 $t=0$（初始时刻）时电容上的电压。

从式(1.2.6)可见，电容元件的电压不仅与0到 t 的电流值有关，还与 $u(0)$有关。因此，电容元件是一种有“记忆”的元件。

电容元件在 t 时刻储存的电场能量为

$$w_C(t)=\int_{-\infty}^{t}u\cdot i\mathrm{d}\tau=\int_{-\infty}^{t}u\cdot C\frac{\mathrm{d}u}{\mathrm{d}\tau}\mathrm{d}\tau=\frac{1}{2}Cu^2 \tag{1.2.7}$$

上式积分中，取 $u(-\infty)=0$。

例 1.2.2 已知一个 1 000 μF 的电容，在 $t=0$ 时的初始电压为 2 V，当图1.2.6所示波形的电流 $i(t)$通过该电容后，求电容的电压 $u(t)$，并画出波形。

图 1.2.6 例 1.2.2 的图

解 这是电容元件在直流电流下的充电过程。由电容元件的电压电流关系可知：在 $t=0$ 到 $t=1$ s 内，有

$$u=u(0)+\frac{1}{C}\int_{0}^{t}i\mathrm{d}\tau=2+\frac{1}{1\,000\times10^{-6}}\int_{0}^{t}10\times10^{-3}\mathrm{d}\tau=2+10t$$

当 $t=1$ s 时，电容的电压达到最大值，即

$$u=2+10\times1=12\ (\mathrm{V})$$

当 $t>1$ s 后，充电电流为 0，电容的电压保持不变。故电容的电压为

$$u(t)=\begin{cases}2+10t, & 0\leqslant t\leqslant1\ \mathrm{s}\\12, & t>1\ \mathrm{s}\end{cases}\ (\mathrm{V})$$

电容的电压 $u(t)$的波形如图 1.2.7 所示。

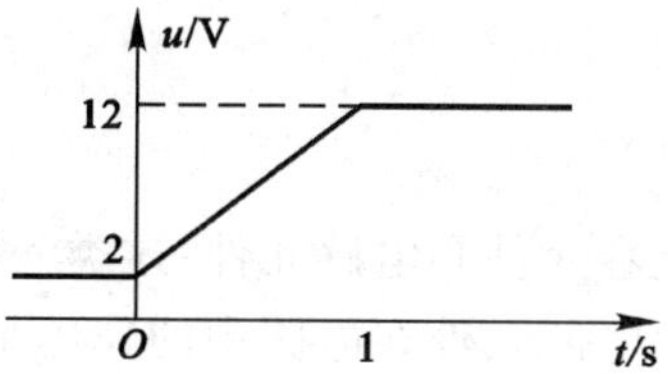

图 1.2.7 例 1.2.2 中电容的电压波形

1.2.3 电感元件

用导线绕制的电感线圈，通入电流将产生磁通 Φ，并建立起磁场，在线圈中也必然储存磁场能量，如图 1.2.8 所示。电感元件是电感线圈的电路模型。

如果一个二端元件，它的磁链 Ψ 与其电流 i 之间的关系满足方程

$$\Psi = Li \tag{1.2.8}$$

则称该二端元件为**线性电感元件**。式中 L 是电感参数，为正实常数，单位为亨利(H)。电感元件的符号如图 1.2.9 所示。

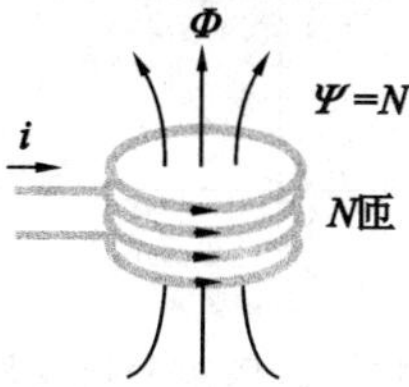

图 1.2.8 实际电感线圈

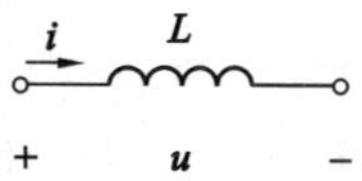

图 1.2.9 电感元件的符号

当电感上的电压、电流取关联方向时，有

$$u = \frac{d\Psi}{dt} = L\frac{di}{dt} \tag{1.2.9}$$

由上式可见，电感电压正比于电流的变化率，即 $u \propto \frac{di}{dt}$。**当流过电感元件的电流为恒定的直流电流时，则电感的端电压 $u=0$，电感元件相当于短路。**

电感元件的电压电流关系也可表示为

$$\begin{aligned} i(t) &= \frac{1}{L}\int_{-\infty}^{t} u(\tau)d\tau = \frac{1}{L}\int_{-\infty}^{0} u(\tau)d\tau + \frac{1}{L}\int_{0}^{t} u(\tau)d\tau \\ &= i(0) + \frac{1}{L}\int_{0}^{t} u(\tau)d\tau \end{aligned} \tag{1.2.10}$$

式中，$i(0)$为电感电流的初始值。可以看出，电感元件也是“记忆”元件。

电感元件在 t 时刻储存的磁场能量为

$$w_L(t) = \int_{-\infty}^{t} u \cdot i d\tau = \int_{-\infty}^{t} i \cdot L\frac{di}{d\tau}d\tau = \frac{1}{2}Li^2 \tag{1.2.11}$$

上式积分中取 $i(-\infty)=0$。

1.2.4 电源元件

前面介绍了电阻元件、电容元件和电感元件，这类元件在电路中不能提供能量或信号，它们被称为**无源元件**。电源元件在电路中的作用是提供能量或信号，它们被称为**有源元件**。电源元件有两种类型：电压源和电流源。

1. 电压源

如果一个二端元件接到任一电路后，其两端的电压总能保持一定值 U_s（或 $u_s(t)$），与通过它的电流大小无关，则该二端元件就称为**电压源**。电压源的符号如图 1.2.10所示。电压源的伏安特性曲线见图 1.2.11。习惯上电压源的端电压与端电流取相反的参考方向，这样处理的好处在于 $p=u_si$ 表示电压源向外电路提供的功率。

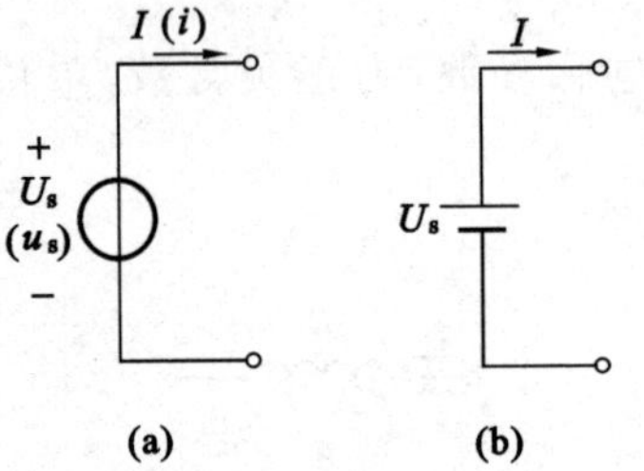

图 1.2.10 电压源的符号

(a) 一般电压源；(b) 直流电压源

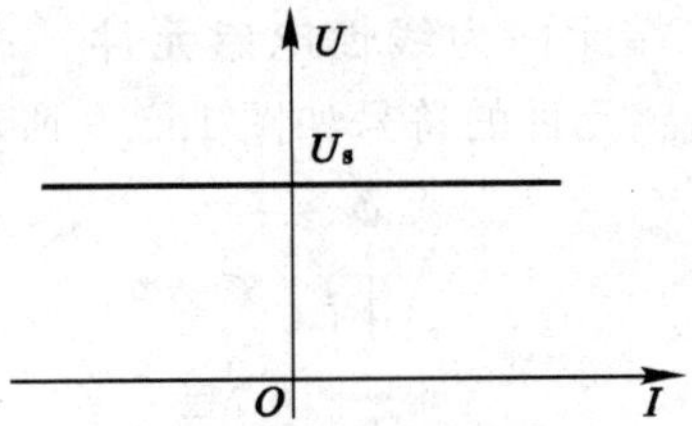

图 1.2.11 电压源的伏安特性曲线

电压源只是实际电压源的理想模型，流过它的电流决定于外电路。实际电压源的伏安特性（又称外特性）往往如图 1.2.12(a)所示，在电路中的模型可用图 1.2.12(b)所示电路来表示。其中 R_s 代表实际电压源内部损耗的元件，称为**内阻**。由实际电压源的模型可导出端口处的电压电流关系为

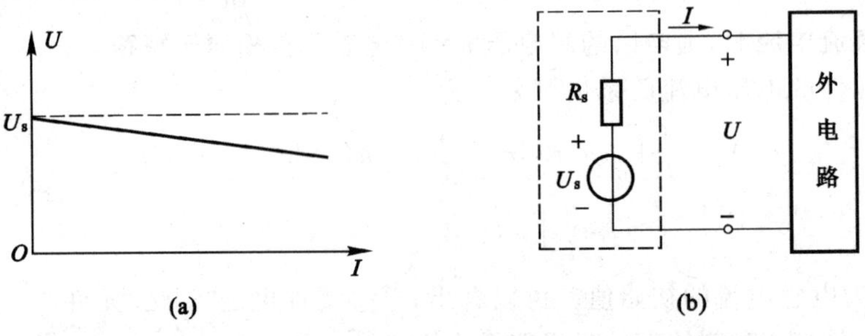

图 1.2.12 实际电压源

(a) 实际电压源的伏安特性；(b) 实际电压源的模型

$$U=U_s-R_sI \tag{1.2.12}$$

显然，该模型与实际电压源具有相同的伏安特性。

2. 电流源

如果一个二端元件接到任一电路后，其输出的端电流总能保持一定值 I_s（或 $i_s(t)$），与它两端的电压大小无关，则该二端元件就称为**电流源**。电流源的符号如图 1.2.13 所示。电流源的伏安特性曲线如图 1.2.14 所示。

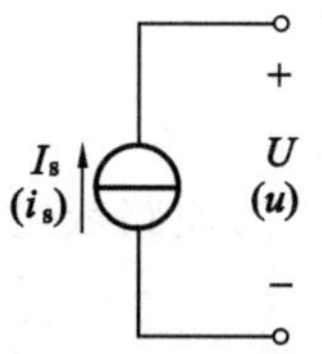

图 1.2.13　电流源的符号

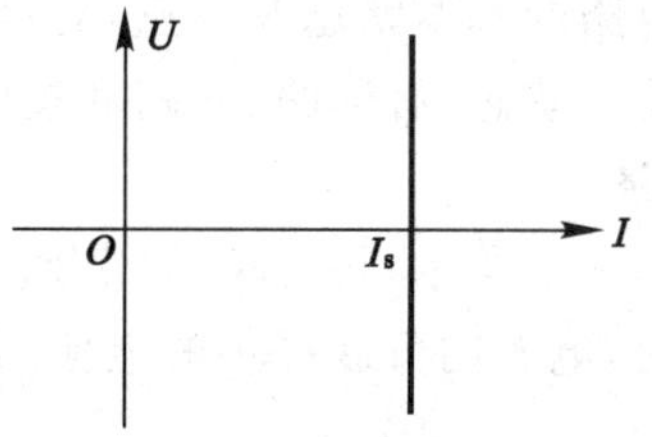

图 1.2.14　电流源的伏安特性曲线

一个实际电流源的端电压与流过它的电流大小是有关的。实际电流源的伏安特性如图 1.2.15(a)所示，在电路中的模型可用图 1.2.15(b)所示电路来表示。其中 R_s 是实际电流源的内阻。由实际电流源的模型可导出端口处的电压电流关系为

$$I=I_s-\frac{U}{R_s} \tag{1.2.13}$$

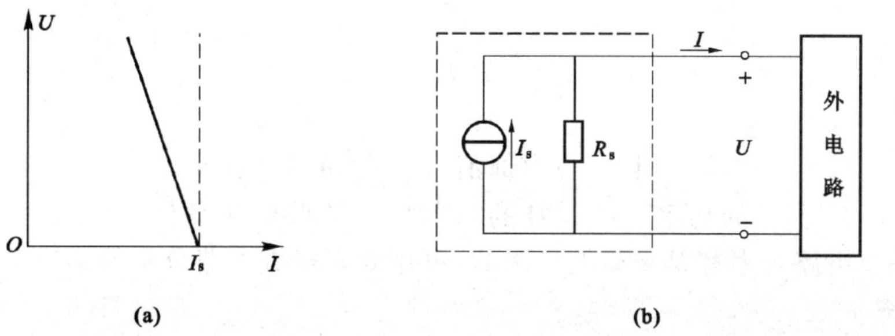

图 1.2.15　实际电流源

(a) 实际电流源的伏安特性；(b) 实际电流源的模型

【练习与思考】

1.2.1　额定值为 220 V、100 W 的电灯，允许流过的最大电流为多少？其阻值为多少？

1.2.2　额定值为 1/4 W、51 Ω 的电阻，使用时最大允许加多大的电压？允许通过的最大电流是多少？

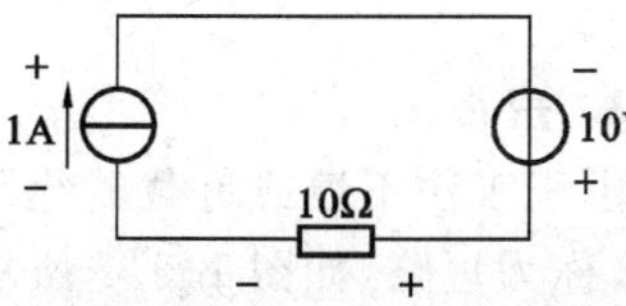

图 1.2.16　练习与思考 1.2.3 的图

1.2.3　求图 1.2.16 所示电路中电流源两端的电压。当电压源的电压或电阻的

阻值变化时，电流源的输出电流是否变化？电流源的电压是否变化？

1.3 电路的基本状态和电气设备的额定值

1.3.1 电路的基本状态

了解电路的基本状态及特点，对正确而安全的用电有非常重要的指导作用。综合实际电路的状态，有通路、开路和短路三种基本状态。

1. 通路

如图 1.3.1 所示，将开关 S 闭合，电源和负载接通，称为通路或电源有载状态。

通路时，电源向负载提供的电流为

$$I=\frac{U_s}{R_s+R_L} \tag{1.3.1}$$

电源的端电压 U 与负载端电压相等，即

$$U=U_s-R_sI=R_LI \tag{1.3.2}$$

由于电源内阻 R_s 的存在，电压 U 将随负载电流的增加而降低。

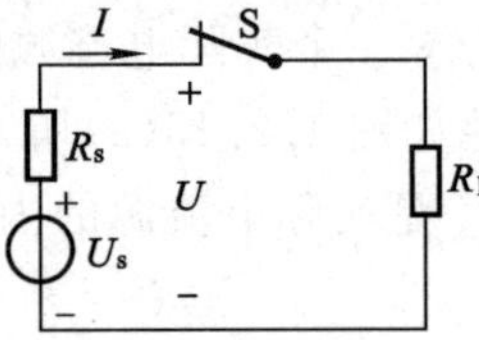

图 1.3.1 通路

将式(1.3.2)等号两边同乘以电流 I，得电路的功率平衡方程为

$$\begin{array}{ccccc} U_sI & - & R_sI^2 & = & UI \\ \downarrow & & \downarrow & & \downarrow \\ \left(\begin{array}{c}\text{电源产生}\\\text{的功率}\end{array}\right) & - & \left(\begin{array}{c}\text{内部消}\\\text{耗的功率}\end{array}\right) & = & \left(\begin{array}{c}\text{负载消耗或}\\\text{吸收的功率}\end{array}\right) \end{array}$$

任何一个电路功率都是平衡的。因此，可用此来检查电路分析的结果是否正确。

2. 开路

将图 1.3.1 中开关 S 打开或由于其他原因切断电源与负载间的联接，称为电路的开路状态，如图 1.3.2 所示。

显然，电路开路时，电路中电流 $I=0$，因此负载的电流、电压和得到的功率都为零。对电源来说称为**空载**状态，不向负载提供电压、电流和功率，但其端电压（开路电压）最大。

3. 短路

由于工作不慎或负载的绝缘破损等原因，致使电源两端被阻值近似为零的导体连通，称为短路，如图 1.3.3 所示。

电路短路时，电源的端电压即负载的电压 $U=0$，负载的电流与功率亦为零；此时，通过电源的电流最大，称为短路电流，其值为 $I_{SC}=\frac{U_s}{R_s}$。由于电路的内阻 R_s 很

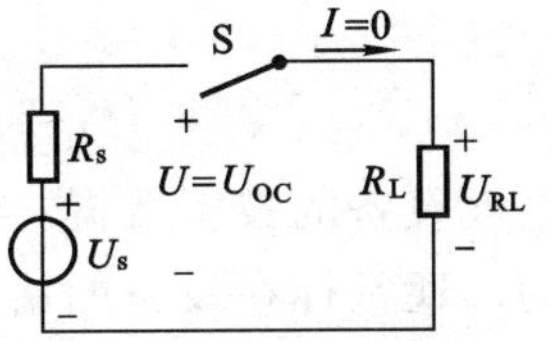

图 1.3.2 开路

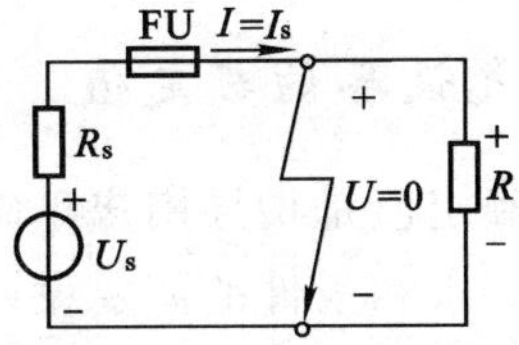

图 1.3.3 短路

小，电流相当大，电源产生的功率很大，且全部被内阻所消耗，若不采取防范措施，将会使电源设备烧毁，导致火灾事故的发生。因此，短路一般是一种事故，要尽量避免。严格遵守操作规程和经常检查电气设备及线路的绝缘情况，是避免出现短路事故的重要安全措施。另外，为了防止一旦出现短路而造成严重后果，通常在电路中接入熔断器，如图 1.3.3 中的熔断器 FU。

然而，在某些情况下是需要电路短路的，如测量变压器的铜损，则是通过对变压器做短路试验完成的，但必须给变压器施加很小的电压。有时，为了某种需要，也常将电路中的某一部分短路，这种情况常称为“短接”以示区别。

例 1.3.1 一个 10 V 的电压源在下列不同情况下将提供多少功率？

(1) 将它开路；

(2) 接有电阻为 10 Ω 的负载；

(3) 与一个 1 A 的电流源并联，电流源的电流方向是从电压源的正极流入。

解 (1) 电压源开路时的电路如图 1.3.4(a)所示。输出电流 $I=0$，根据 $P=U_sI$，所以提供的功率为零。

(2) 电压源接有 10 Ω 电阻负载时的电路如图 1.3.4(b)所示。根据欧姆定理

$$I=\frac{U_s}{R}=\frac{10}{10}=1\ (\mathrm{A})$$

提供的功率：

$$P=U_sI=10\times 1=10\ (\mathrm{W})$$

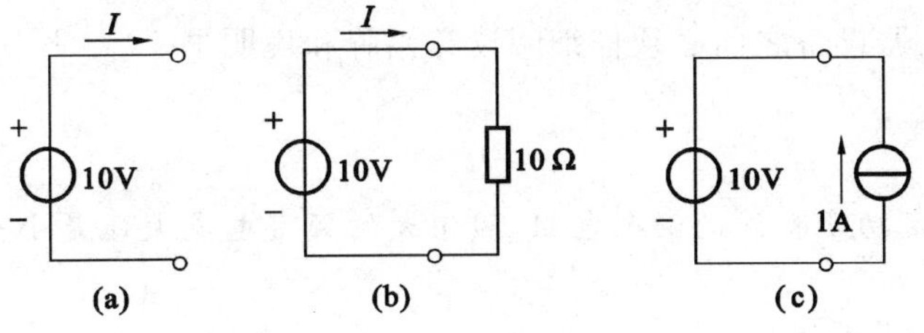

图 1.3.4 例 1.3.1 的电路

(3) 电压源与一个 1 A 的电流源并联时的电路如图 1.3.4(c)所示。根据电流源的基本性质，流过电压源的电流即为电流源的电流 1 A，方向从电压源的正极流入，此时电压源不是提供功率，而是消耗功率，其大小为

$$P=U_sI=10\times 1=10\ (\mathrm{W})$$

1.3.2 电气设备的额定值

电气设备的额定值是指导用户正确使用电气设备的技术数据。这些技术数据是根据生产过程的要求和条件的需要设计制定的。通常标在设备的铭牌上或在说明书中给出。

电气设备的绝缘材料是根据其额定电压设计选用的。施加的电压太高，超过额定值时，绝缘材料可能被击穿。绝缘材料的绝缘强度随材料的老化变质而降低，温度越高，材料老化的越快，当老化到一定程度时，会丧失绝缘性能。

设备运行时，电流在导体电阻上产生的热量和其他原因产生的热量一起将使设备的温度升高。多数绝缘材料是可燃体，温度过高会迅速碳化燃烧，引起火灾。

电气设备的额定值主要有额定电压、额定电流、额定功率和额定温升等等，温升是指在规定的冷却方式下高出周围介质的温度(周围介质温度定为 40℃)。本教材中额定值用表示物理量的文字符号加下标“N”表示。例如额定电压 U_N 和额定电流 I_N。某些额定值间有着某种确定的、简单的数学关系，因此某些设备的额定值并不一定全部标出。例如电阻上常标出其阻值和额定功率，额定电流可由 $P=RI^2$ 关系得出。

电源设备的额定功率标志着电源的供电能力，是其长期运行时允许的上限值。电源在有载状态工作时，供出的功率由其外电路决定，并不一定等于电源的额定功率。电力工程中，电源向负载提供近似恒定的电压，因此，电源的负荷大小可用供出的电流表达。当电流等于额定电流时称为**满载**；超过额定电流时称为**过载(超载)**，小于额定电流时称为**轻载(欠载)**。电源设备通常工作于轻载或满载，只有满载时才能被充分利用。

负载设备通常工作于额定状态。小于额定值时达不到预期效果，超过额定值运行时设备将遭到毁坏或缩短使用寿命。只有按照额定值使用才最安全可靠，经济合理。所以使用电器设备之前必须仔细阅读其铭牌和说明书。

【练习与思考】

1.3.1 额定功率相同的两个电阻，阻值大的额定电流大还是小？额定电压大还是小？

1.3.2 一只 220 V、40 W 的白炽灯与一只 220 V、100 W 的白炽灯并联，接于 220 V 的电源上，哪个亮？为什么？若串联呢？

1.3.3 将一只 220 V、40 W 的白炽灯接到 220 V、1 kW 的电源上，白炽灯能否正常工作？为什么？

1.4　电路中电位的概念及计算

在电子电路中，常用电位的概念来分析问题。例如二极管，只有当它的阳极电位高于阴极电位时才能导通。在讨论晶体管的工作状态时，也需要分析三个电极的电位高低。前面我们用电压来表示两点间的电位差，它只能比较这两点电位的高低与差值，而不能说明各点的电位究竟是多少。下面以图 1.4.1 所示电路为例，讨论电路中电位的概念。

由图 1.4.1 可求出各支路电压：

$$U_{ab}=6\times10=60\ (V)$$

$$U_{ca}=20\times4=80\ (V)$$

$$U_{da}=5\times6=30\ (V)$$

$$U_{cb}=140\ (V)$$

$$U_{db}=90\ (V)$$

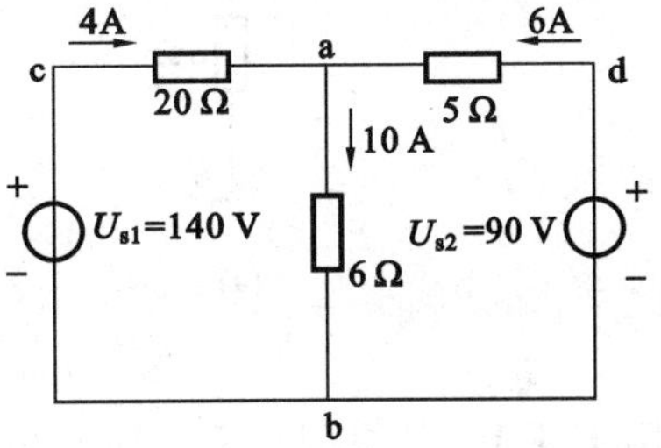

图 1.4.1　讨论电位概念的电路

但不能算出各点的电位值。为了计算各点的电位值，必须选择电路中某一点作为参考点。通常取参考点的电位为零，并用"接地"(并非真与大地相接)符号来表示，其余各点的电位值即为该点到参考点的电压。

在图 1.4.1 中，若设 a 点为参考点，如图 1.4.2(a)所示，则各点电位为

$$V_a=0\ (V)$$

$$V_b=U_{ba}=-60\ (V)$$

$$V_c=U_{ca}=80\ (V)$$

$$V_d=U_{da}=30\ (V)$$

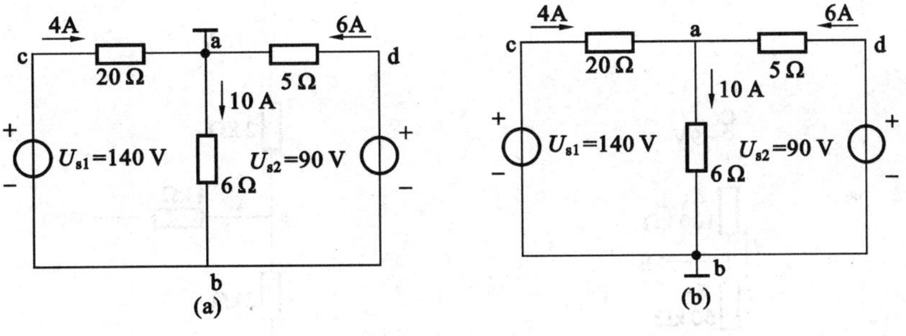

图 1.4.2　电位的计算

若设 b 点为参考点，如图 1.4.2(b)所示，则各点的电位为

$$V_b=0\ (V)$$

$$V_a=U_{ab}=60\ (V)$$

$$V_c=U_{cb}=140\ (V)$$

$$V_d = U_{db} = 90\ (V)$$

由此可见，参考点选得不同，电路中各点的电位值随之改变，但任意两点间的电压值是不变的。所以，各点电位的高低是相对的，而两点间的电压值是绝对的。

图 1.4.1 所示的电路也可简化为图 1.4.3 所示电路。不画电压源，各端标以电位值。

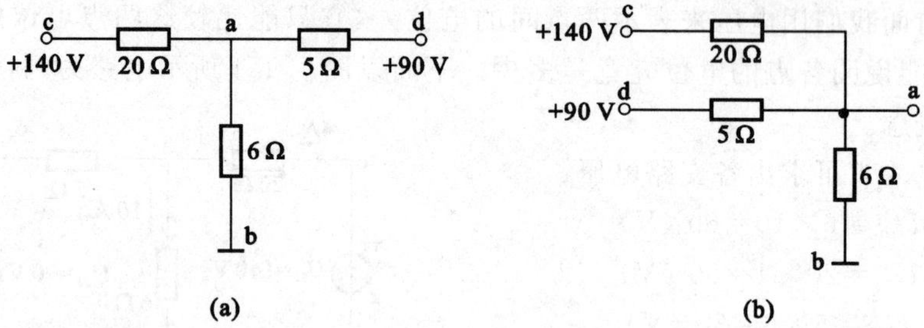

图 1.4.3　图 1.4.1 的简化电路

例 1.4.1　计算图 1.4.4 所示电路中 B 点的电位。

解　AC 支路的电压为

$$U_{AC} = V_A - V_C = 6 - (-9) = 15\ (V)$$

AC 支路的电流为

$$I = \frac{U_{AC}}{R_1 + R_2} = \frac{15}{(100+50)\times 10^3} = 0.1\times 10^{-3}\ (A) = 0.1\ (mA)$$

$$U_{AB} = V_A - V_B = R_2 I$$

$$V_B = V_A - R_2 I = 6 - (50\times 10^3)\times(0.1\times 10^{-3}) = 6 - 5 = 1\ (V)$$

例 1.4.2　计算图 1.4.5 所示电路中开关 S 合上和断开时 b 点的电位。

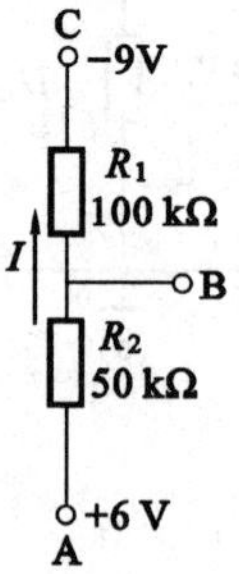

图 1.4.4　例 1.4.1 的电路

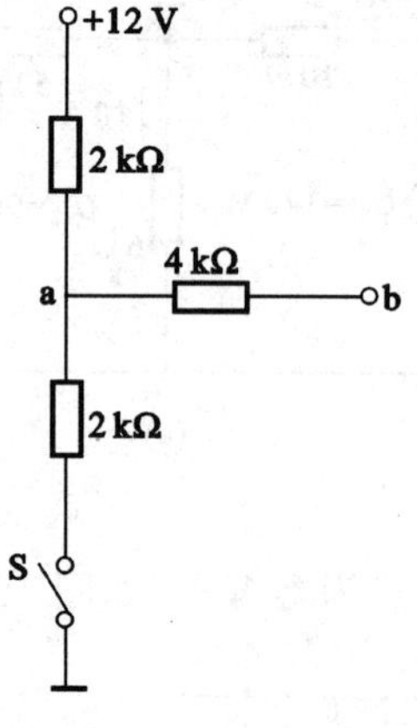

图 1.4.5　例 1.4.2 的电路

解　S 断开时，整个电路处于开路状态，电阻上无电流，所以

$$V_b = 12\ \text{V}$$

S 合上时，4 kΩ 电阻上无电流，b、a 两点等电位，所以

$$V_b = V_a = 12 \times \frac{2}{2+2} = 6\ (\text{V})$$

【练习与思考】

1.4.1　电路如图 1.4.6 所示。

(1) 参考点在什么位置？

(2) 将其还原为用电压源表示的电路；

(3) 求出 b 点的电位。

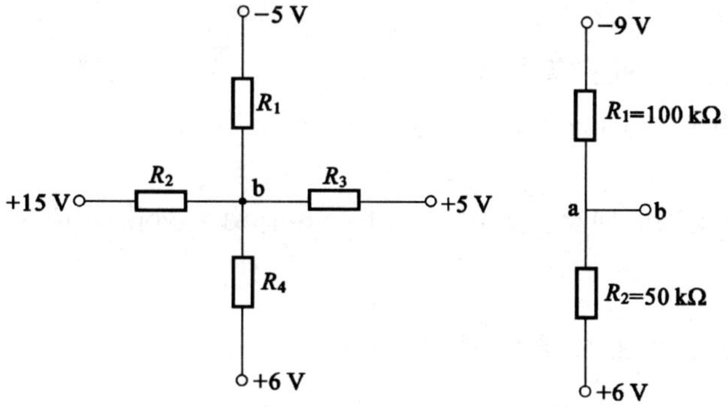

图 1.4.6　练习与思考 1.4.1 的图

1.4.2　在图 1.4.7 所示电路中，求开关断开和闭合两种状态下 A 点的电位。

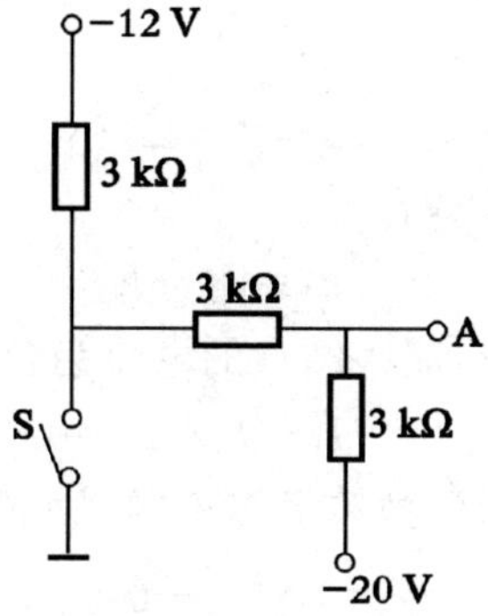

图 1.4.7　练习与思考 1.4.2 的图

1.5 基尔霍夫定律

电路中各元件的电压与电流除受自身的电压电流关系约束外，还要受元件之间联接方式的制约。这种由电路结构所形成的约束关系，可用基尔霍夫定律来描述。下面先介绍几个有关电路结构的名词。

1. 支路

电路中的每一分支称为支路，一条支路流过一个电流，称为**支路电流**。如图 1.5.1中的 R_1 支路、R_2 支路和电流源支路。

2. 结点

三条或三条以上支路的联接点称为结点。如图 1.5.1 中的 a 点和 b 点。

3. 回路

在电路中，由一条或多条支路所组成的闭合路径称为回路。如图 1.5.1 中共有三个回路：a R_2 b I_s a；a I_s b U_s R_1 a 和 a R_2 b U_s R_1 a。

4. 网孔

内部不另含支路的回路。如图 1.5.1 中共有两个网孔：a R_2 b I_s a 和 a I_s b U_s R_1 a。

1.5.1 基尔霍夫电流定律(KCL)

结点处支路电流间的约束关系可用基尔霍夫电流定律（Kirchhoff's Current Law)表示。由于电流的连续性，电路中任何一点均不能堆积电荷。

定律：任何时刻，对任一结点，流出结点的电流之和恒等于流入该结点的电流之和，即

$$\sum i_{出} = \sum i_{入} \tag{1.5.1}$$

如图 1.5.1 中的结点 a，由 KCL，有

$$I_1 = I_2 + I_s$$

若设流出结点的电流为正，流入结点的电流为负，上式可改写成

$$-I_1 + I_2 + I_s = 0$$

即所有流出结点的支路电流的代数和恒等于零，故 KCL 的另一种表述形式为

$$\sum i = 0 \tag{1.5.2}$$

用于结点的 KCL 也可推广应用于一个闭合面（又称广义结点）。对图1.5.2所示电路，用虚线表示闭合面，有三条支路与闭合面内的电路相联接。应用 KCL，有

$$I_1 - I_2 + I_3 = 0$$

即流出(入)任意闭合面的电流代数和恒等于零。

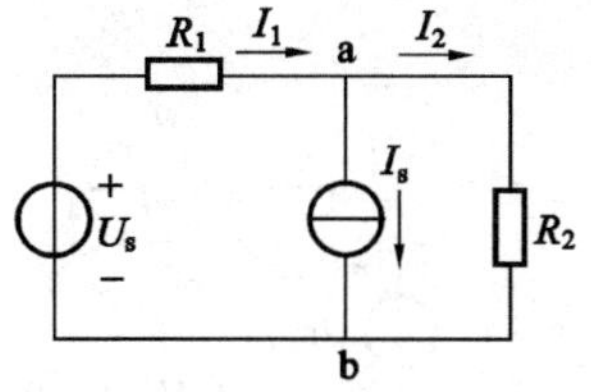

图 1.5.1　KCL 对结点的应用

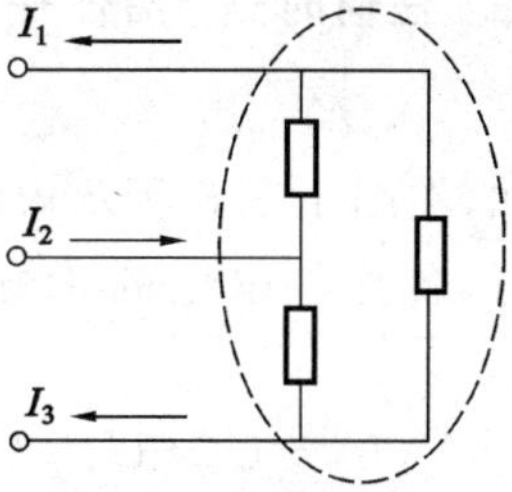

图 1.5.2　KCL 对闭合面的应用

应用 KCL 可将并联的电流源合并为一个电流源。例如，在图 1.5.3(a)中有 3 个电流源相并联，可以合并成一个电流源 I_s，如图 1.5.3(b)所示。对图1.5.3(a)中的结点 a，应用 KCL，有

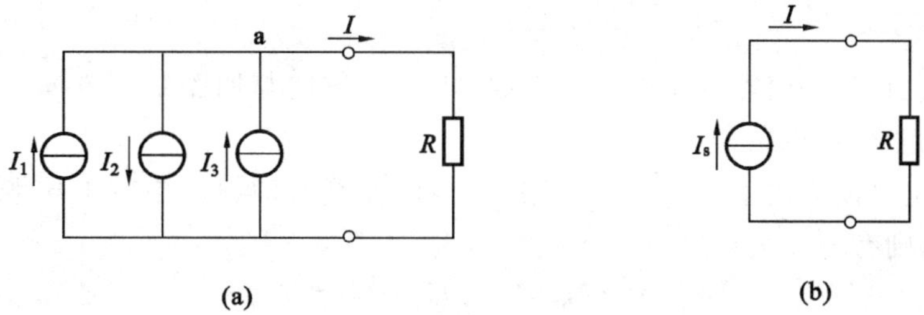

图 1.5.3　电流源的合并

(a) 电流源并联；(b) 电流源合并

$$I+I_2=I_1+I_3$$

则

$$I=I_1-I_2+I_3$$

因此，图 1.5.3(b)中的电流源 I_s 为

$$I_s=I=I_1-I_2+I_3$$

例 1.5.1　在图 1.5.4 中，$I_1=2$ A，$I_2=-3$ A，$I_3=-2$ A，试求 I_4。

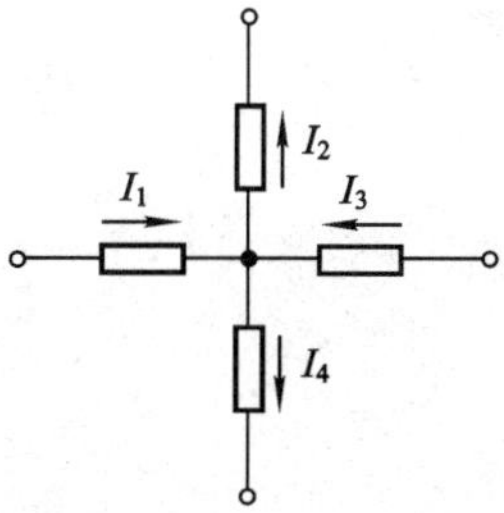

图 1.5.4　例 1.5.1 的图

解　由基尔霍夫电流定律可列出

$$I_1-I_2+I_3-I_4=0$$

$$2-(-3)+(-2)-I_4=0$$

得

$$I_4=3\ \text{A}$$

由本例可见，式中有两套正负号，I 前的正负号是由基尔霍夫电流定律根据电流的参考方向确定的，括号内数字前的负号则是表示电流本身数值的正负。

1.5.2　基尔霍夫电压定律(KVL)

回路中支路电压间的约束关系可用基尔霍夫电压定律(Kirchhoff's Voltage Law)表示。

定律：任何时刻，沿任一回路循行一周，电压降之和恒等于电压升之和，即

$$\sum u_{降} = \sum u_{升} \tag{1.5.3}$$

例如，在图 1.5.5 所示电路中，回路取顺时针方向绕行，各元件电压的正方向如图所示。应用 KVL，有

$$U_2 + U_3 + U_5 = U_1 + U_4$$

若将上式改写为

$$-U_1 + U_2 + U_3 - U_4 + U_5 = 0$$

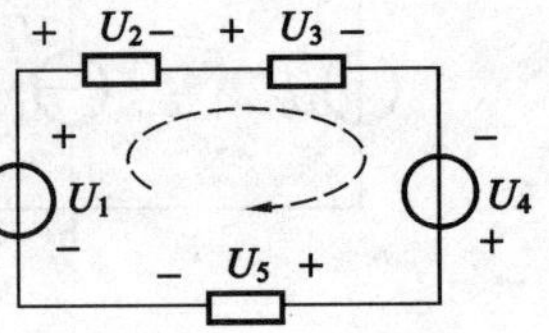

图 1.5.5 单回路电路 KVL 的应用

即

$$\sum u = 0 \tag{1.5.4}$$

这是 KVL 的另一种表述形式。即**沿任一回路绕行一周，所有元件电压的代数和恒等于零。**

应用式(1.5.4)时习惯上规定：当支路电压正方向与回路绕行方向一致时，该电压取正号；相反时，取负号。

KVL 也可以应用于一个广义回路。例如，对图 1.5.6(a)中的电压源串联电路，应用 KVL，则有

$$-U_{ab} + U_1 + U_2 - U_3 = 0$$

$$U_{ab} = U_1 + U_2 - U_3$$

这 3 个串联的电压源可合并成图 1.5.6(b)所示的一个电压源 U_s，$U_s = U_{ab}$。

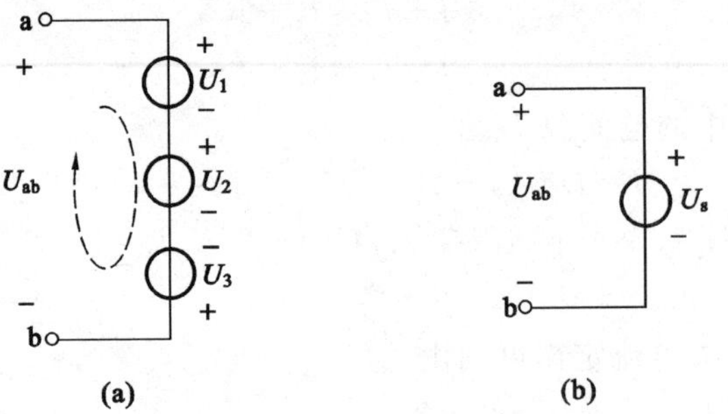

图 1.5.6 电压源串联电路

(a) 原电路；(b) 等效电路

例 1.5.2 求图 1.5.7 所示电路中的 I 和 U_{ab}。

解 以 I 的方向为回路循行方向，应用 KVL，有

$$5I + 8 - 30 + 3I - 10 = 0$$

则

$$I = 4 \text{ A}$$

以 a、b 右侧电路为广义回路，应用 KVL，得

$$U_{ab} = 5I + 8 = 5 \times 4 + 8 = 28 \text{ (V)}$$

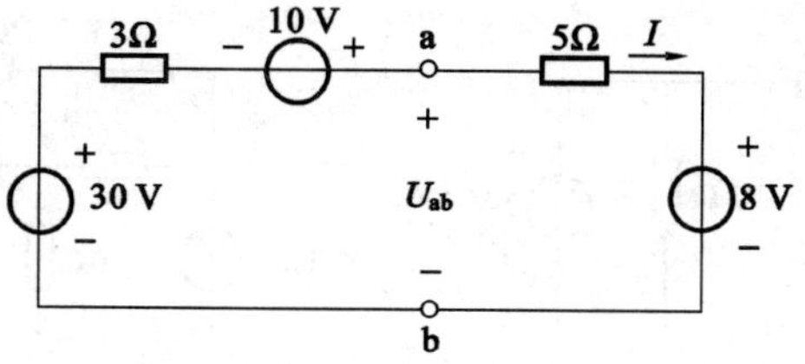

图 1.5.7　例 1.5.2 的图

例 1.5.3　在图 1.5.8 所示电路中，已知 $R_B=20\ \text{k}\Omega$，$R_1=10\ \text{k}\Omega$，$E_B=6\ \text{V}$，$U_s=6\ \text{V}$，$U_{BE}=-0.3\ \text{V}$，试求电流 I_B，I_2 及 I_1。

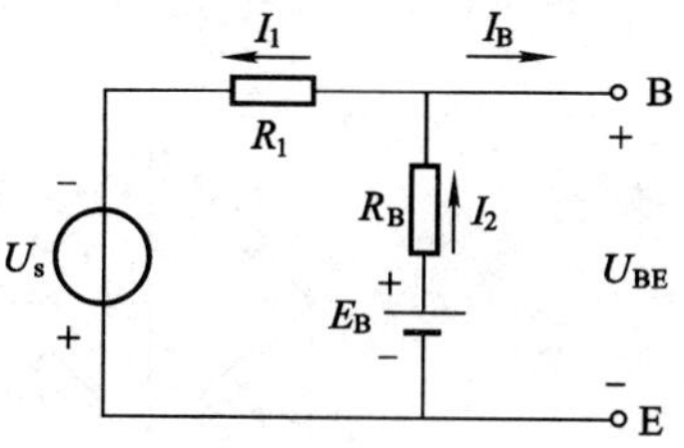

图 1.5.8　例 1.5.3 的电路

解　对右回路应用基尔霍夫电压定律列出

$$E_B-R_BI_2-U_{BE}=0$$

即 $$6-20I_2-(-0.3)=0$$

故 $$I_2=0.315\ \text{mA}$$

再对左回路列出

$$E_B-R_BI_2-R_1I_1+U_s=0$$

即 $$6-20\times0.315-10I_1+6=0$$

故 $$I_1=0.57\ \text{mA}$$

【练习与思考】

1.5.1　求图 1.5.9 所示电路中的未知电流。

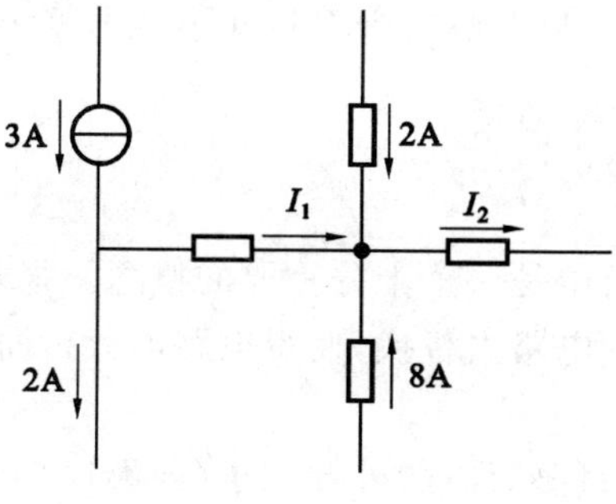

图 1.5.9　练习与思考 1.5.1 的图

1.5.2　求图 1.5.10 所示电路中的电流 I 及电压 U_{ab}。

1.5.3　求图 1.5.11 所示电路中的电流 I 及电压 U。

1.5.4　在图 1.5.12 所示的两个电路中，U_{ab} 和 I 是否等于零？

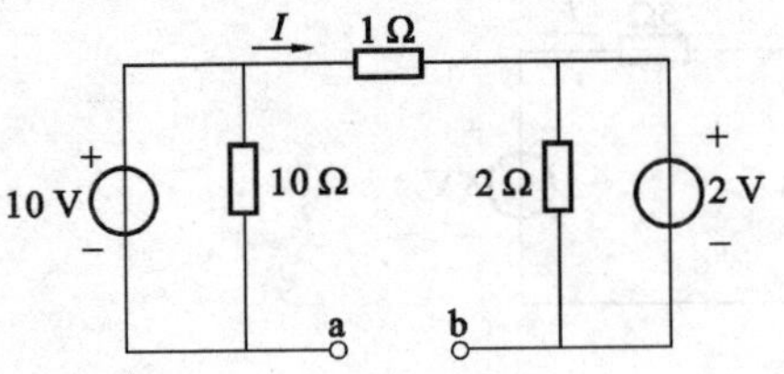

图 1.5.10　练习与思考 1.5.2 的图

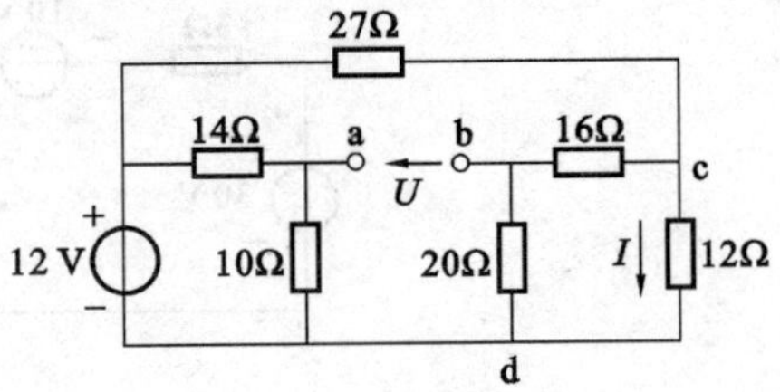

图 1.5.11　练习与思考 1.5.3 的图

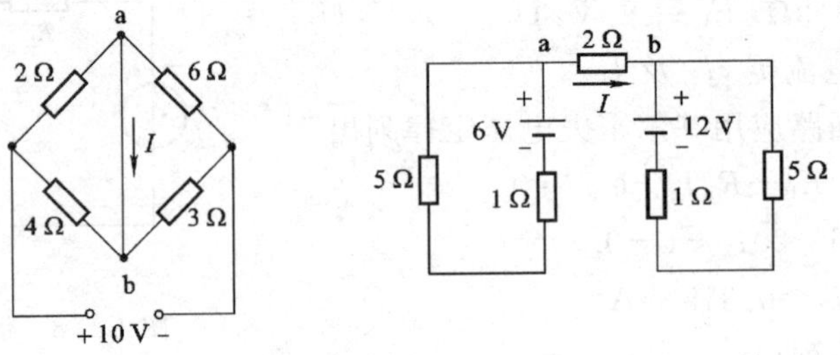

(a)　(b)

图 1.5.12　练习与思考 1.5.4 的图

1.6　电路的分析方法

对于一些简单电路，仅用欧姆定律和基尔霍夫定律就可解决问题，但对于较复杂的电路，必须利用其他的分析方法。本节将介绍几种常用的电路分析方法。

1.6.1　电路的等效化简

1. 等效的概念

等效电路在电路分析中是一个十分重要的概念。很多结构较为复杂的电路都可以用一个结构十分简单的电路去替换，使得电路的分析简单便利，这就是电路的等效化简。

一般来说，两个电路只要对应的外接端子(或端口)上的电压和电流关系相同，即外特性相同，不管内部结构是否一样，就称它们是相互等效的电路。如图 1.6.1 中的 N_1 和 N_2，它们对外电路提供相同的电压 u 和相同的电流 i，即它们对外电路的作用是相同的，但其内部结构可能完全不一样。所以，当两者互相代替时，不影响外电路的工作状态，所以 N_1 和 N_2 是等效的。

2. 电阻串、并联接的等效变换

(1) 电阻串联。在图 1.6.2 中，N_1 是由电阻 R_1、R_2 和 R_3 串联组成的电路，N_2

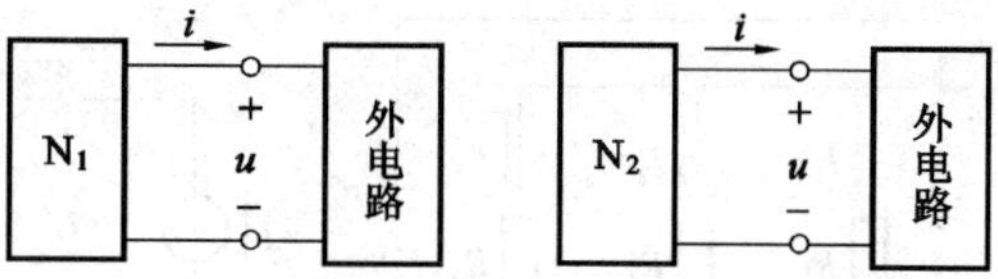

图 1.6.1 等效电路的概念

只有一个电阻 R。对 N_1 来说，由于串接的各元件中电流相等，其 a、b 端子处的电压电流关系为

$$U=U_1+U_2+U_3=R_1I+R_2I+R_3I=(R_1+R_2+R_3)I$$

对 N_2 来说，a、b 端子处的电压电流关系为

$$U=RI$$

若有 $R=R_1+R_2+R_3$，则 N_1 与 N_2 的电压电流关系完全相同，因此 N_1 与 N_2 互相等效。由此，串联电阻的等效电阻 R_{eq} 为

$$R_{eq}=\frac{U}{I}=R_1+R_2+R_3=\sum R_k \quad (1.6.1)$$

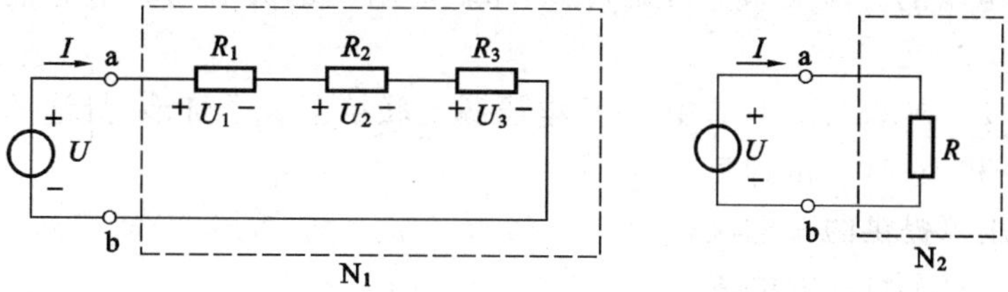

图 1.6.2 串联电阻及等效电路

电阻串联在电路中最基本的应用之一是分压作用。例如：当负载的额定电压低于电源电压时，通常将一个电阻与负载串联，以降落一部分电压。在图1.6.2中，有

$$U_1=R_1I=\frac{R_1}{\sum R_k}U;\ U_2=\frac{R_2}{\sum R_k}U;\ U_3=R_3I=\frac{R_3}{\sum R_k}U$$

这就是串联电阻的分压关系。可见，任一串联电阻上的分压与其阻值的大小成正比。

(2) 电阻并联。对于图 1.6.3 中的电路 N_1，由 KCL，其 a、b 端子处的电压电流关系为

$$I=I_1+I_2+I_3=\frac{1}{R_1}U+\frac{1}{R_2}U+\frac{1}{R_3}U=(G_1+G_2+G_3)U$$

对电路 N_2，a、b 端子处的电压电流关系为

$$I=\frac{1}{R}U=GU$$

若有
$$G=G_1+G_2+G_3$$

则 N_1 与 N_2 的电压电流关系完全相同，即 N_1 与 N_2 互相等效。并联电阻的等效电导

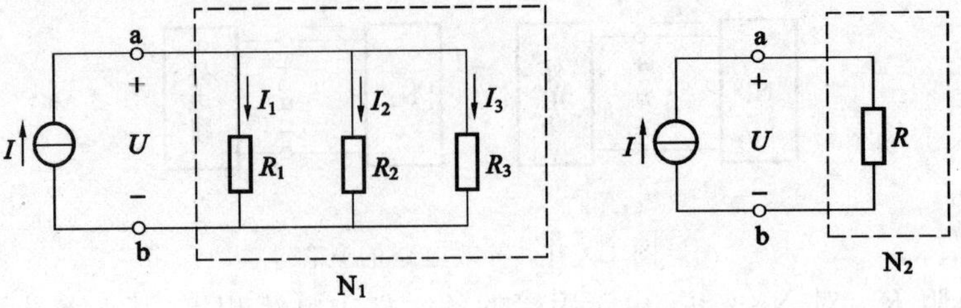

图 1.6.3 并联电阻及等效电路

为

$$G_{eq}=\frac{I}{U}=G_1+G_2+G_3=\sum G_k \tag{1.6.2}$$

电阻并联在电路中的基本应用是分流作用。在图 1.6.3 中，有

$$I_1=G_1U=\frac{G_1}{\sum G_k}I;\ I_2=\frac{G_2}{\sum G_k}I;\ I_3=\frac{G_3}{\sum G_k}I$$

这就是并联电阻的分流关系。可见，任一并联电阻上的分流与其电导值的大小成正比。

例 1.6.1 在图 1.6.4(a)中，9 V 电压源上联接了 3 个灯泡，灯泡的功率分别为 20 W、15 W 和 10 W。试计算：

(1) 电压源提供的总电流；

(2) 流经每个灯泡的电流；

(3) 每个灯泡的阻值。

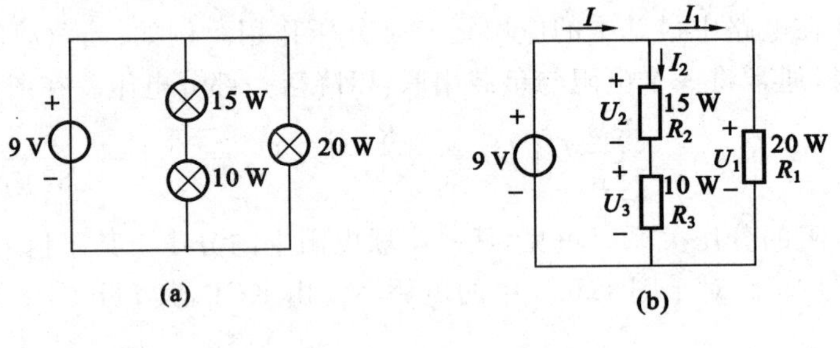

图 1.6.4 例 1.6.1 的电路

解 (1) 电压源提供的总功率为 3 个灯泡吸收的功率之和，即

$$P=P_1+P_2+P_3=20+10+15=45\ (\text{W})$$

因为 $P=UI$，所以电压源提供的总电流为

$$I=\frac{P}{U}=\frac{45}{9}=5\ (\text{A})$$

(2) 以电阻为模型，各灯泡的电流与电压的正方向如图 1.6.4(b)所示，由图可

知：

$$U_1=U_2+U_3=9\ (\text{V})$$

流过灯泡 R_1 的电流为

$$I_1=\frac{P_1}{U_1}=\frac{20}{9}=2.222\ (\text{A})$$

由 KCL，流过灯泡 R_2 和 R_3 的电流为

$$I_2=I-I_1=5-2.222=2.778\ (\text{A})$$

(3) 因为 $P=I^2R$，所以

$$R_1=\frac{P_1}{I_1^2}=\frac{20}{2.222^2}=4.05\ (\Omega)$$

$$R_2=\frac{P_2}{I_2^2}=\frac{15}{2.778^2}=1.944\ (\Omega)$$

$$R_3=\frac{P_3}{I_2^2}=\frac{10}{2.778^2}=1.296\ (\Omega)$$

例 1.6.2 图 1.6.5 为多量程直流电压表的电路。其表头内阻为 R_G，满标值电流为 I_G，共三挡量程：0～1 V；0～5 V；0～50 V。当 $R_G=2\ \text{k}\Omega$，$I_G=100\ \mu\text{A}$ 时，试求分压电阻 R_1、R_2 和 R_3 的阻值。

解 在 0～1 V 挡时，$U_1=I_G\times(R_1+R_G)$

则
$$R_1=\frac{U_1}{I_G}-R_G=\frac{1}{100\times10^{-6}}-2\ 000=8\ (\text{k}\Omega)$$

在 0～5 V 挡时

$$R_2=\frac{U_2}{I_G}-R_G=\frac{5}{100\times10^{-6}}-2\ 000=48\ (\text{k}\Omega)$$

在 0～50 V 挡时

$$R_3=\frac{U_3}{I_G}-R_G=\frac{50}{100\times10^{-6}}-2\ 000=498\ (\text{k}\Omega)$$

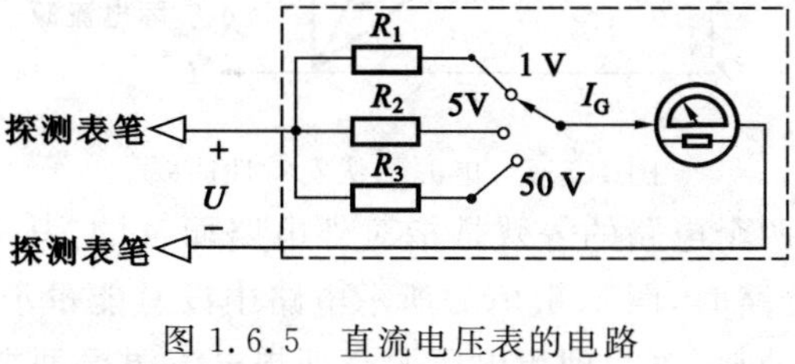

图 1.6.5 直流电压表的电路

3. 实际电源模型间的等效互换

一个实际电源既可用电压源与电阻串联的电路模型来表示，也可用电流源与电阻并联的电路模型来表示。为了说明这个问题，我们将两种电路模型做一比较。

图 1.6.6(a)为实际电源的电压源模型，a、b 端子处的电压电流关系为

$$U=U_s-R_sI \tag{1.6.3}$$

图 1.6.6(b)为实际电源的电流源模型，a、b 端子处的电压电流关系为

$$I=I_s-\frac{U}{R_s'} \tag{1.6.4}$$

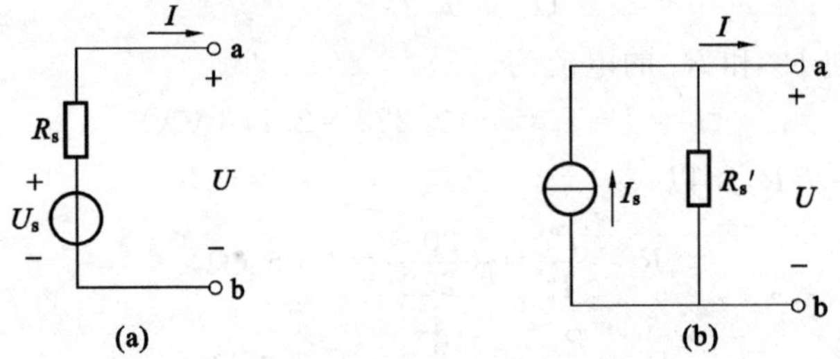

图 1.6.6 实际电源的两种模型

(a) 实际电压源；(b) 实际电流源

若将(1.6.4)式变换为

$$U=R_s'I_s-R_s'I \tag{1.6.5}$$

比较式(1.6.3)和(1.6.5)可知，当两个模型中的参数满足以下关系时

$$R_s=R_s',\quad U_s=R_s'I_s$$

那么，两个电路模型在 a、b 端子处的电压电流关系完全相同，它们之间可以等效互换。从它们的伏安特性曲线(见图 1.6.7)也可以看出，曲线 e 可视为当满足参数关系时，两种模型的伏安特性曲线相重合。

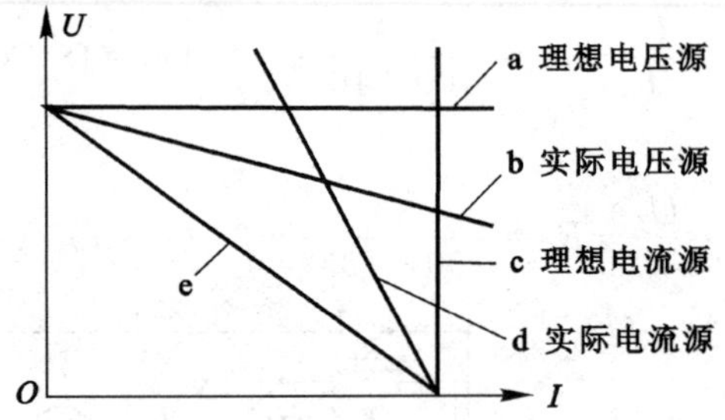

图 1.6.7 电源的伏安特性曲线

应强调指出：(1)两个电路的等效是指对外电路而言的，其等效电路的内部并不等同。例如，当电路开路时，图 1.6.6(a)所示电路中没有能量消耗，而图1.6.6(b)所示电路中将有能量的消耗。(2)理想电压源与理想电流源模型之间不存在等效关系。这从伏安特性曲线(图 1.6.7)上可以看出，它们是互相垂直的，任何情况下都不可能重合。

两种实际电源模型之间的等效互换，可应用于电路的化简。

例 1.6.3 在图 1.6.8(a)所示的电路中，求 6 Ω 电阻中的电流 I。

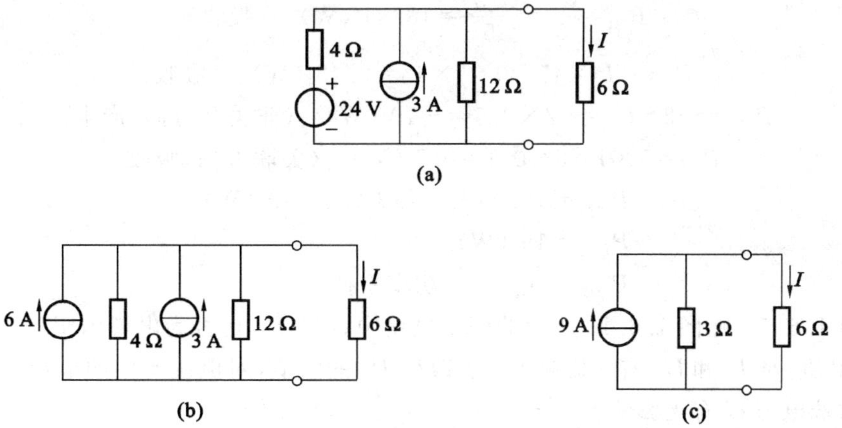

图 1.6.8　例 1.6.3 的电路

解　利用电源模型的等效互换，可将 6 Ω 电阻左边的电路化简为图 1.6.8(b)，最后变换为图 1.6.8(c)。由图可得

$$I=\frac{3}{3+6}\times 9=3\ (\text{A})$$

变换时应注意电流源电流的方向和电压源电压的极性。

例 1.6.4　电路如图 1.6.9(a)所示。利用电源模型的等效互换，试求：

(1) U 和 I；

(2) 每个元件的功率，并验证电路功率平衡。

解　(1) 利用电源模型的等效互换，先将电路变换成图 1.6.9(b)的形式。

注意：U 应为结点 a、b 间的电压。由电路可得

$$I=\frac{10-5}{5+45}=0.1\ (\text{A})$$

$$U=45I+5=9.5\ (\text{V})$$

(2) 求元件功率。由于图 1.6.9(b)所示电路已做等效变换，在计算等效电路内部的工作情况时，必须按图 1.6.9(a)来求。

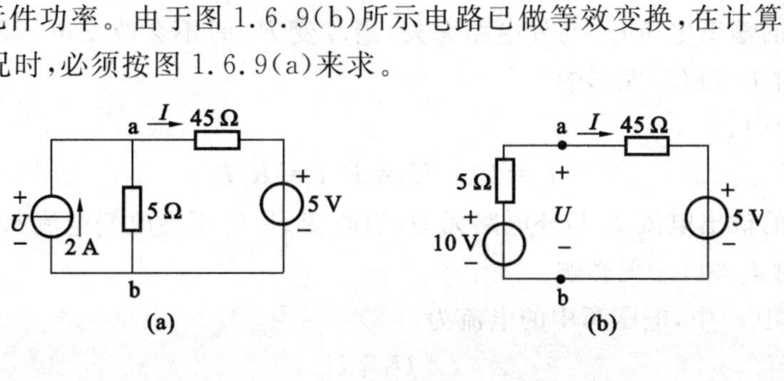

图 1.6.9　例 1.6.4 的电路

$$P_{5\Omega}=\frac{U^2}{5}=\frac{9.5^2}{5}=18.05\ (\text{W})\quad (吸收)$$

$$P_{45\Omega}=I^2\times 45=0.1^2\times 45=0.45\ (\text{W})\quad (吸收)$$

$$P_{2\text{A}}=-2\times U=-2\times 9.5=-19\ (\text{W})\quad (非关联方向,产生)$$

$$P_{5\text{V}}=5\times I=5\times 0.1=0.5\ (\text{W})\quad (关联方向,吸收)$$

$$P_{吸收}=18.05+0.45+0.5=19\ (\text{W})$$

$$P_{产生}=19\ (\text{W})$$

$$P_{吸收}=P_{产生}\quad (功率平衡)$$

例 1.6.5 在图 1.6.10 所示的两个电路中,(1) R_1 是否为电源内阻?(2) 改变 R_1 的阻值,对 I_2 和 U_2 有无影响?(3) 改变 R_1 的阻值,对电压源中的电流 I 及对电流源的端电压 U 有无影响?

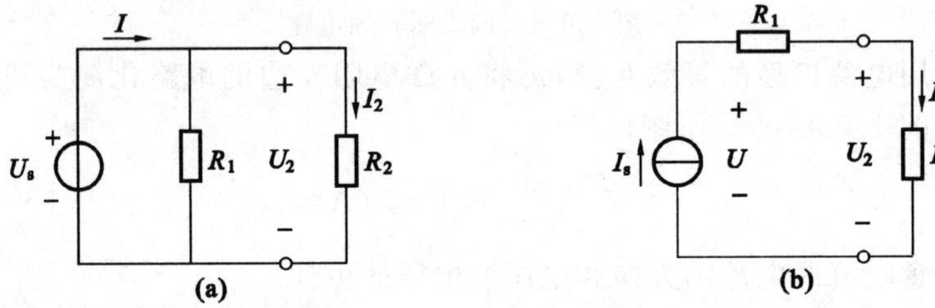

图 1.6.10　例 1.6.5 的电路

解　(1) 在实际电压源模型中,内阻是与电压源串联,而图(a)中的 R_1 是与电压源并联,故不是电源内阻;同理,在实际电流源模型中,内阻是与电流源并联,图(b)中的 R_1 不是电源内阻。

(2) 在图(a)中,

$$U_2=U_s,\quad I_2=\frac{U_2}{R_2}=\frac{U_s}{R_2}$$

因为电压源的输出电压 U_s 与外电路无关,当改变 R_1 时不会改变电压源电压 U_s,所以改变 R_1 对 I_2 和 U_2 无影响。

在图(b)中,

$$I_2=I_s,\quad U_2=R_2I_2=R_2I_s$$

因为电流源的输出电流 I_s 与外电路无关,当改变 R_1 时不会改变电流源的电流 I_s,所以改变 R_1 对 I_2 和 U_2 无影响。

(3) 在图(a)中,电压源中的电流为

$$I=\frac{U_s}{R_1}+\frac{U_s}{R_2}$$

可见,改变 R_1 对电压源中的电流有影响。

在图(b)中,电流源的端电压

$$U=(R_1+R_2)I_s$$

可见,改变 R_1 对电流源的端电压有影响。

由此可得如下结论:

(1) 在求其他支路(外电路)的电压、电流时,与电压源并联的电阻元件不起作用,可将其断开;与电流源串联的电阻元件不起作用,可将其短路。

(2) 等效电路内部不等效,仅对外部等效。

若将上述电路中的电阻 R_1 改换为其他元件(如电源元件),以上结论是否成立?

1.6.2 支路电流分析法

对于某些复杂电路,若用等效化简的方法分析可能比较麻烦,此时可以采用电路方程法进行分析。支路电流法是最基本的方法之一,它是以支路电流为变量,根据元件的伏安特性和 KCL、KVL 来建立电路方程,然后解方程即可求出待求物理量。下面以图 1.6.11 所示电路为例,来讨论这种方法。

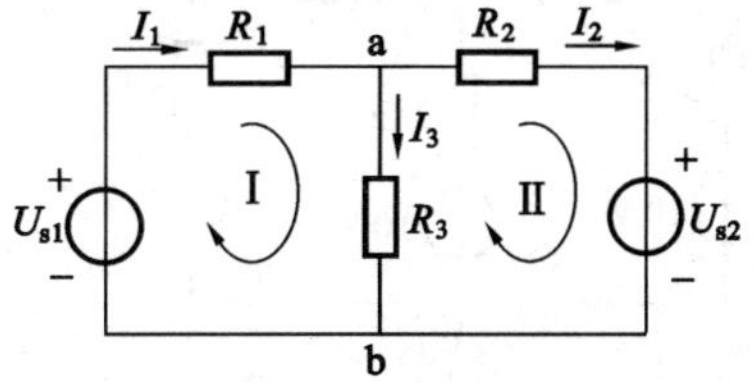

图 1.6.11 说明支路电流法的电路

这是具有 3 条支路、2 个结点的电路。各支路电流的正方向如图所示。要求出 3 个支路电流,需列出 3 个独立方程。由 KCL,对结点 a 和 b 分别建立电流方程,有

$$-I_1+I_2+I_3=0$$

$$I_1-I_2-I_3=0$$

则上述两式彼此只差一个负号,相互不独立,只能取其中之一为独立方程。

由元件的伏安特性和 KVL,可得另外两个独立方程。一般可选网孔为回路,如图 1.6.11 所示。

对网孔Ⅰ,有 $$R_1I_1+R_3I_3=U_{s1}$$

对网孔Ⅱ,有 $$R_2I_2-R_3I_3=-U_{s2}$$

于是得到求解图 1.6.11 电路中 3 个支路电流的独立方程组为

$$\begin{cases}-I_1+I_2+I_3=0\\ R_1I_2+R_3I_3=U_{s1}\\ R_2I_2-R_3I_3=-U_{s2}\end{cases}$$

解方程组,便可得到支路电流 I_1、I_2 和 I_3。

由以上分析可知,用支路电流法分析电路的关键是列出独立的结点电流方程和独立的回路电压方程。对于具有 b 条支路、n 个结点的电路,只有$(n-1)$个独立结点,$[b-(n-1)]$个独立回路(一般选网孔作为独立回路)。根据基尔霍夫定律,总共

能列$(n-1)+[b-(n-1)]=b$个独立方程，恰好等于电路的未知支路电流数。所以，支路电流法可以解决复杂的电路问题。下面列出用支路电流法分析电路的步骤如下：

(1) 选定各支路电流的参考方向。

(2) 对于$(n-1)$个独立结点列出 KCL 方程。

(3) 选取$[b-(n-1)]$个独立回路，指定回路的绕行方向，列出 KVL 方程。

(4) 解方程组求出各支路电流。

例 1.6.6 用支路电流法求图 1.6.12(a)所示电路中各支路电流。

解 该电路的支路数 $b=3$，结点数 $n=2$。

(1) 标出各支路电流的参考方向，如图 1.6.12(b)所示。

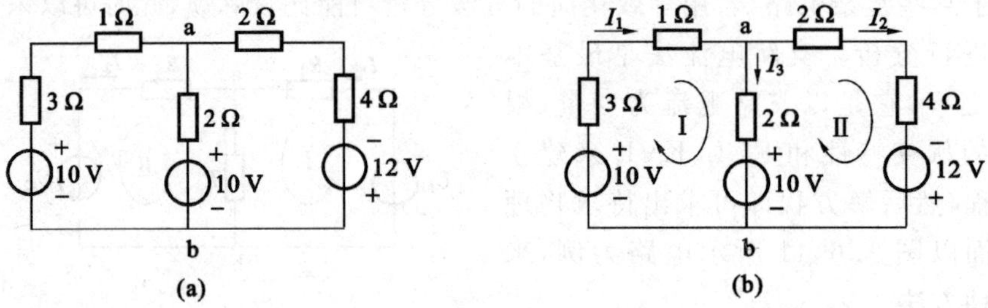

图 1.6.12 例 1.6.6 的电路

(2) 选 a 结点作为独立结点，列 KCL 方程。

$$-I_1+I_2+I_3=0$$

(3) 选网孔为独立回路，回路方向如图 1.6.12(b)所示，列 KVL 方程。

$$4I_1+2I_3=10-10$$
$$6I_2-2I_3=12+10$$

(4) 联立方程并整理，得支路电流方程组如下：

$$\begin{cases}-I_1+I_2+I_3=0\\4I_1+2I_3=0\\3I_2-I_3=11\end{cases}$$

(5) 解方程组，求出各支路电流。

$$I_1=1\ \text{A};\ I_2=3\ \text{A};\ I_3=-2\ \text{A}$$

例 1.6.7 用支路电流法求图 1.6.13(a)电路中的电流 I_4。

解 该电路 $b=5,n=3$。其中，一条支路的电流已知，共有 4 个未知的支路电流。

首先标出各支路电流的参考方向如图 1.6.13(b)所示，选 a、b 为独立结点，列 KCL 方程，有

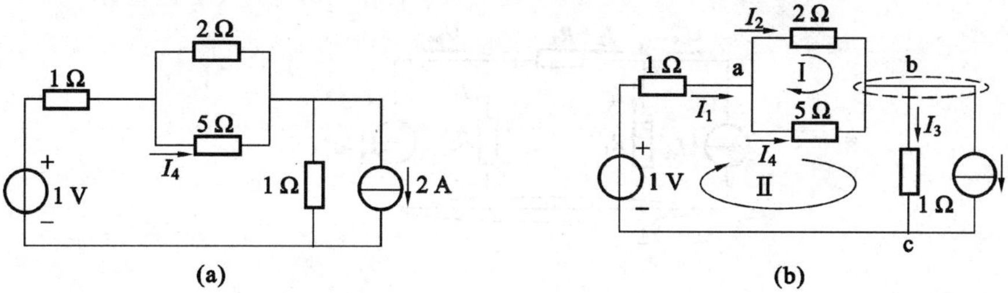

图 1.6.13　例 1.6.7 的电路

$$-I_1+I_2+I_4=0$$

$$-I_2-I_4+I_3=-2$$

由于只有 4 个未知的支路电流，因此还需 2 个独立的 KVL 方程。在选网孔作为独立回路时，由于电流源的端电压不易直接确定，故可避开电流源支路。选网孔Ⅰ、Ⅱ为独立回路，其方向如图 1.6.13(b)所示，列 KVL 方程，得

$$I_1+5I_4+I_3=1$$

$$2I_2-5I_4=0$$

联立方程，得支路电流方程组

$$\begin{cases}-I_1+I_2+I_4=0\\-I_2+I_3-I_4=-2\\I_1+5I_4+I_3=1\\2I_2-5I_4=0\end{cases}$$

解方程组，得 $I_4=0.25$ A。

1.6.3　结点电压分析法

结点电压法是以结点电位为变量，根据 KCL 和支路伏安特性建立($n-1$)个结点电位方程，然后解方程求出结点电位，最后根据要求再求出待求物理量。下面结合图 1.6.14 来说明其分析方法。

在图 1.6.14 中，各支路电流的正方向已标出。因为 $n=3$，取一个结点(c 点)为参考点，令其电位为零。独立结点有($n-1$)=2 个，它们相对于参考点的电位称为**结点电压**，图中分别标为 U_{ac}、U_{bc}，则 a 和 b 两个独立结点的 KCL 方程为

$$I_1+I_2=I_{s1}$$

$$-I_2+I_3=-I_{s2}$$

各支路电流与结点电压的关系分别为

$$I_1=\frac{U_{ac}}{R_1},\ I_2=\frac{U_{ac}-U_{bc}}{R_2},\ I_3=\frac{U_{bc}}{R_3}$$

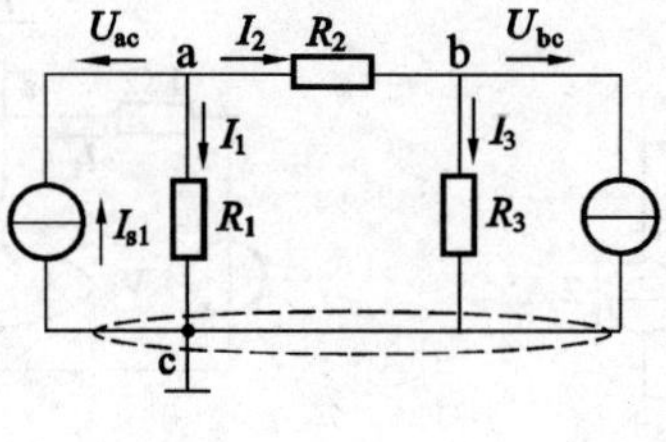

图 1.6.14 结点电压法说明电路

把这些关系代入上边结点电流方程中，则得到 a 和 b 两个结点关于 U_{ac}、U_{bc} 的结点电压方程

$$\begin{cases}(\frac{1}{R_1}+\frac{1}{R_2})U_{ac}-\frac{1}{R_2}U_{bc}=I_{s1} & \text{(a 结点)}\\ -\frac{1}{R_2}U_{ac}+(\frac{1}{R_2}+\frac{1}{R_3})U_{bc}=-I_{s2} & \text{(b 结点)}\end{cases}$$

解方程组，便可求得电路的各结点电压，进而可求得各支路电流及功率。结点电压法多用于结点数少而支路数较多的电路。

分析上面的结点电压方程组，可以看到，这个方程组可以凭观察直接写出来，而不必要按上述步骤来推导。以 a 结点的结点电压方程为例，分析列写方程的规律：方程左端，U_{ac} 的系数为联接到结点 a 的全部电导之和，称为结点 a 的自导，U_{bc} 的系数为结点 a 和结点 b 的公共电导，称为结点 a 与结点 b 的互导，自导总是正的，互导总是负的；方程右端，为电源注入结点 a 的电流之和，当电流源的参考方向指向 a 结点时，该项前面取正号，否则取负号，当电压源的参考正极性指向该结点时，该项前面取正号，否则取负号。按照规律类似可以列写出结点 b 的结点电压方程。

例 1.6.8 用结点电压法求图 1.6.15 中的电流 I。

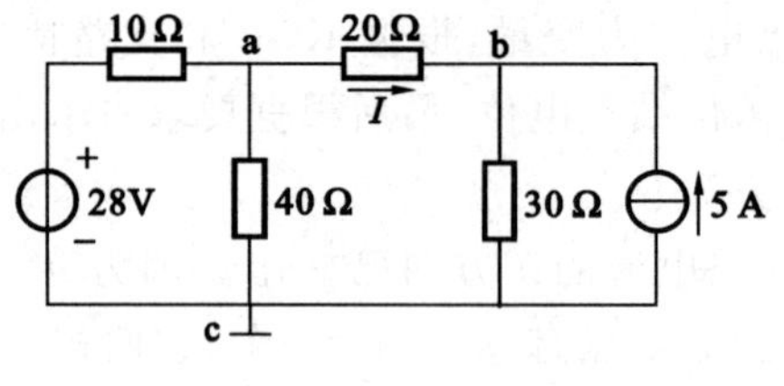

图 1.6.15 例 1.6.8 的电路

解 选择参考点 c，a、b 两个独立结点的电位分别记为 V_a 和 V_b，列写 a、b 两结点的结点电压方程为

$$\begin{cases}(\frac{1}{10}+\frac{1}{40}+\frac{1}{20})V_a-\frac{1}{20}V_b=2.8\\-\frac{1}{20}V_a+(\frac{1}{20}+\frac{1}{30})V_b=5\end{cases}$$

解之，得 $V_a=40\ \text{V}$，$V_b=84\ \text{V}$

则
$$I=\frac{V_a-V_b}{20}=\frac{40-84}{20}=-2.2\ (\text{A})$$

例 1.6.9 用结点电压法求图 1.6.16 所示电路中各结点电位。

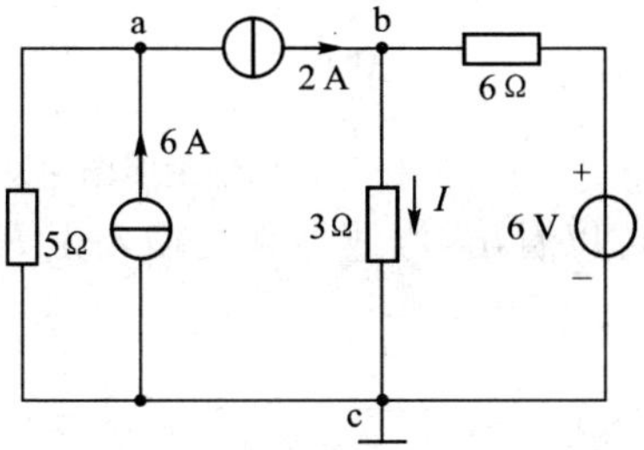

图 1.6.16 例 1.6.9 的电路

解 图中 a、b 两个独立结点的电位分别记为 V_a 和 V_b，两个结点的结点电压方程为

$$\begin{cases}\frac{1}{5}V_a=6-2\\(\frac{1}{3}+\frac{1}{6})V_b=2+\frac{6}{6}\end{cases}$$

解方程组，得

$$V_a=20\ \text{V}$$
$$V_b=6\ \text{V}$$

1.6.4 叠加定理

1. 线性系统及其性质

叠加定理只适用于线性系统。它是解决许多工程问题的基础，也是分析线性电路的常用方法之一。所谓线性电路，简单地说就是由线性电路元件组成并满足线性性质的电路。

线性性质有两层含义：

(1) 齐次性 若线性系统的输入为 x，相应的输出为 y；当输入为 Kx 时，输出则为 Ky。即输出相应的随输入也扩大 K 倍，如图 1.6.17 所示。

(2) 可加性 系统单独输入 x_1 时输出为 y_1；单独输入 x_2 时，输出为 y_2；若输入为 x_1+x_2 时，则相应的输出为 y_1+y_2，如图 1.6.18 所示。可见几个输入量同时输入

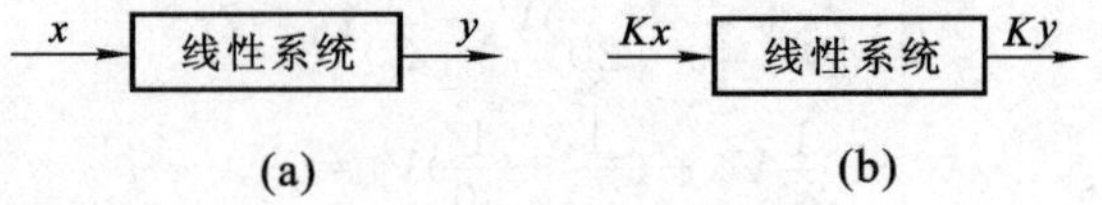

图 1.6.17 齐次性说明图

时，线性系统的输出为各输入单独作用时的输出之和。

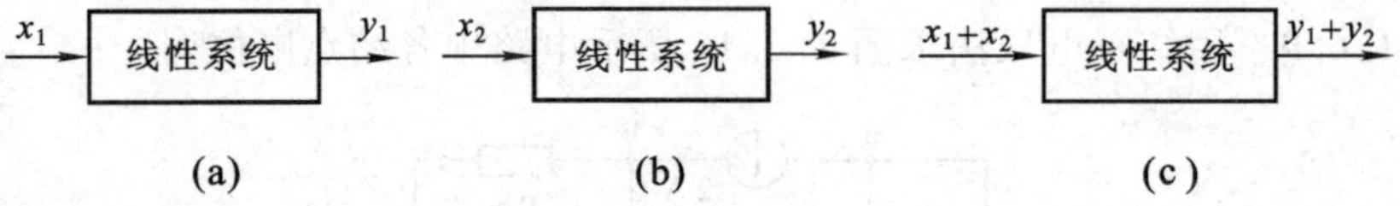

图 1.6.18 可加性说明图

根据齐次性和可加性可以看出，当线性系统输入为 $K_1x_1+K_2x_2$ 时，相应的输出为 $K_1y_1+K_2y_2$，如图 1.6.19 所示。

图 1.6.19 线性系统性质说明图

2. 叠加定理

定理：在线性电路中，如果有多个独立电源同时作用，根据可加性，它们在任一支路中产生的电流(或电压)等于各个独立电源单独作用时在该支路所产生的电流(或电压)的代数和。

当某独立电源单独作用于电路时，其他独立电源应该除去，称为“零值处理”。即对电压源来说，令其源电压 U_s 为零，相当于“短路”；对电流源来说，令其源电流 I_s 为零，相当于“开路”。对各独立电源单独作用产生的响应(支路电流或电压)求代数和时，要注意到单电源作用的支路电流(或电压)方向是否和原电路中的方向一致。一致者，此项前为“＋”号，反之，取“－”号。叠加定理可用图 1.6.20 所示电路具体说明。

图 1.6.20(a)为电压源 U_s 和电流源 I_s 同时作用的电路；图 1.6.20(b)为电压源 U_s 单独作用的电路，接电流源 I_s 处开路；图 1.6.20(c)则为电流源 I_s 单独作用的电路，电压源 U_s 处短路。根据叠加定理，(a)图中各支路电流 I_1、I_2、I 分别为

$$\left.\begin{aligned} I_1 &= I_1' + I_1'' \\ I_2 &= I_2' + I_2'' \\ I &= I' + I'' \end{aligned}\right\} \qquad (1.6.7)$$

对于图 1.6.20，若取 $U_s=15\ \text{V}$，$I_s=10\ \text{A}$，$R_1=R_2=R=1\ \Omega$，则

图(b)中 $$I'=I_1'=\frac{U_s}{R_1+R}=\frac{15}{1+1}\ (\text{A})=7.5\ (\text{A})$$

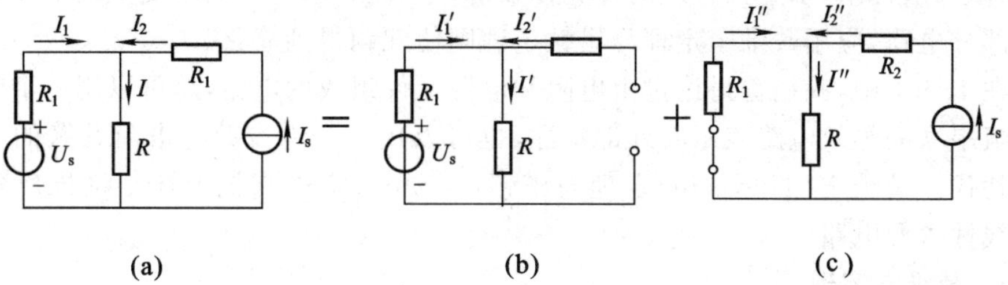

图 1.6.20 叠加定理说明图

$$I_2'=0$$

图(c)中
$$I_2''=I_s=10\ \text{A}$$

$$I''=I_2''\times\frac{R_1}{R_1+R}=10\times\frac{1}{1+1}\ \text{A}=5\ (\text{A})$$

$$I_1''=I''-I_2''=(5-10)\ (\text{A})=-5\ (\text{A})$$

根据(1.6.7)式

$$I_1=(7.5-5)\ =2.5\ (\text{A})$$

$$I_2=(0+10)\ =10\ (\text{A})$$

$$I=(7.5+5)\ =12.5\ (\text{A})$$

叠加定理基于激励与响应的线性关系，只适用于电路中电流和电压的计算，而不能用于功率和能量的计算。因为功和能与电压、电流是平方倍关系。例如，图 1.6.20(a)电路中 R 消耗的功率为 $P=RI^2=R(I'+I'')^2\neq RI'^2+RI''^2$。$RI'^2$ 和 RI''^2 分别为图 1.6.20(b)和(c)电路中 R 消耗的功率。

例 1.6.10 研究某线性无源网络输入-输出关系的实验电路如图 1.6.21 所示。当外接电压源 $U_s=1$ V，电流源 $I_s=1$ A，输出电压 $U_o=0$ 时；当 $U_s=10$ V，$I_s=0$，$U_o=1$ V 时。问若 $U_s=0$，$I_s=10$ A时网络的输出电压 $U_o=$？

解 根据叠加定理有

$$U_o=K_1U_s+K_2I_s$$

由已知条件可列方程组

$$\begin{cases}K_1\times1+K_2\times1=0\\K_1\times10+K_2\times0=1\end{cases}$$

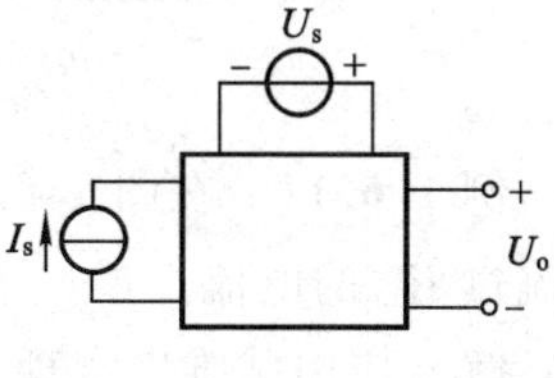

图 1.6.21 例 1.6.10 的图

解方程组得 $K_1=0.1$，$K_2=-0.1$

因此
$$U_o=0.1U_s-0.1I_s$$

当 $U_s=0$，$I_s=10$ A 时，$U_o=0-1=-1$ (V)

1.6.5 戴维宁定理(Thevenin's Theorem)与诺顿定理(Norton's Theorem)

支路电流法与结点电压法虽然为求解各支路电流或支路电压提供了较为系统的

方法，但一般说来，求解方程组的计算比较麻烦。假如求解的响应变量集中在某一支路或部分电路，应用戴维宁定理与诺顿定理则使问题得到简化。

在1.6.1中，我们曾讨论过由电阻和电源元件组成的电路，总可以用一个电压源与电阻串联的等效电路表示其外部特性，也可以用一个电流源与电阻并联的等效电路来替代。戴维宁（Thevenin）定理与诺顿（Norton）定理则把上述结论推广到了任意的线性含源电路。

1. 戴维宁定理

定理：任何一个有源二端线性网络都可以用一个电压源与电阻串联的实际电压源来等效，如图1.6.22(a)、(b)所示。**其电压源的电压等于该有源二端网络在**a、b**端口处的开路电压**U_{oc}**，电阻**R_o**等于该有源二端网络内的全部电源取零值（电压源短路，电流源开路）后所得到的无源网络在**a、b**端口处的等效电阻，**如图1.6.22(c)、(d)。

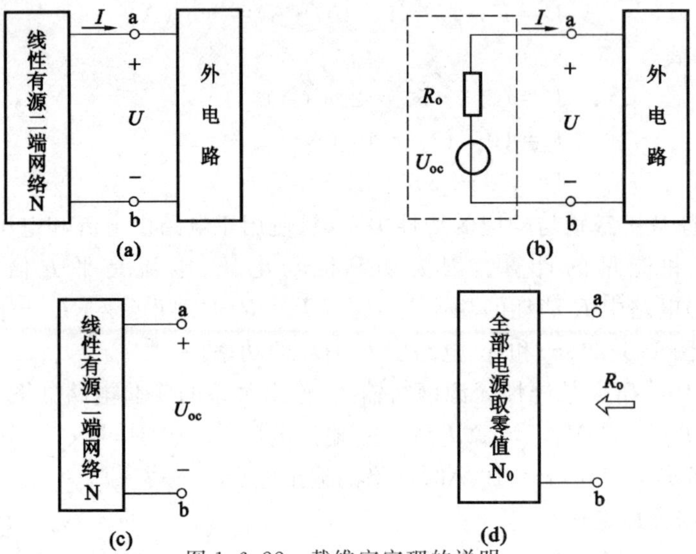

图1.6.22 戴维宁定理的说明

例1.6.11 在图1.6.23(a)所示电路中，当负载电阻R_L分别取6、16、36 Ω时，求流过R_L的电流。

解 应用戴维宁定理，将a、b端子左边的电路进行化简。

(1) 求U_{oc}。由图1.6.23(b)可求出U_{oc}

$$U_{oc}=\frac{4\times12}{4+12}\times2+\frac{12}{4+12}\times32=30\ (\text{V})$$

(2) 求R_o。由图1.6.23(c)可求出R_o

$$R_o=1+\frac{4\times12}{4+12}=4\ (\Omega)$$

于是，可得戴维宁等效电路，如图 1.6.23(d)所示。

(3) 求电流。由图 1.6.23(d)，求出负载电流 I_L

$$I_L=\frac{U_{oc}}{R_o+R_L}$$

当 $R_L=6\ \Omega$ 时，$I_L=3$ A；

当 $R_L=16\ \Omega$ 时，$I_L=1.5$ A；

当 $R_L=36\ \Omega$ 时，$I_L=0.75$ A。

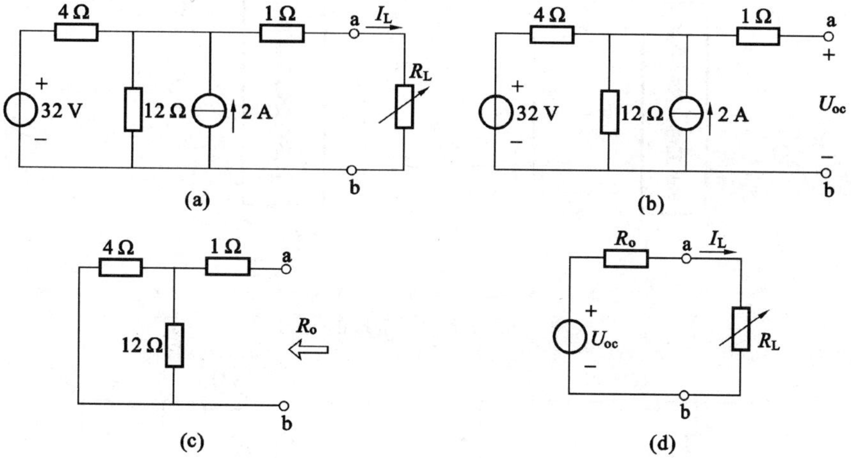

图 1.6.23　例 1.6.11 的电路

2. 诺顿定理

定理：任何一个有源二端线性网络都可以用一个电流源与电阻并联的实际电流源来等效，如图 1.6.22(a)、(b)所示。**其电流源的电流等于该有源二端网络在** a、b **端口处的短路电流** I_{sc}，**电阻** R_o **则与戴维宁定理中所求** R_o **的方法相同，**如图 1.6.24(c)、(d)所示。

一个有源二端线性网络，既可以用戴维宁定理等效为图 1.6.22(b)所示的戴维宁电路，也可以用诺顿定理等效为图 1.6.24(b)所示的诺顿电路。

例 1.6.12　用诺顿定理求图 1.6.25(a)所示电路中负载电阻 R_L 消耗的功率。

解　首先求 I_{sc}，等效电路如图 1.6.25(b)所示。由叠加定理

$$I_{sc}=\frac{4}{4+8+8}\times 2+\frac{12}{4+8+8}=1\ (\mathrm{A})$$

然后求 R_o，等效电路如图 1.6.25(c)所示。

$$R_o=\frac{5\times(4+8+8)}{5+(4+8+8)}=4\ (\Omega)$$

由 I_{sc}、R_o 可得诺顿等效电路如图 1.6.25(d)所示，则

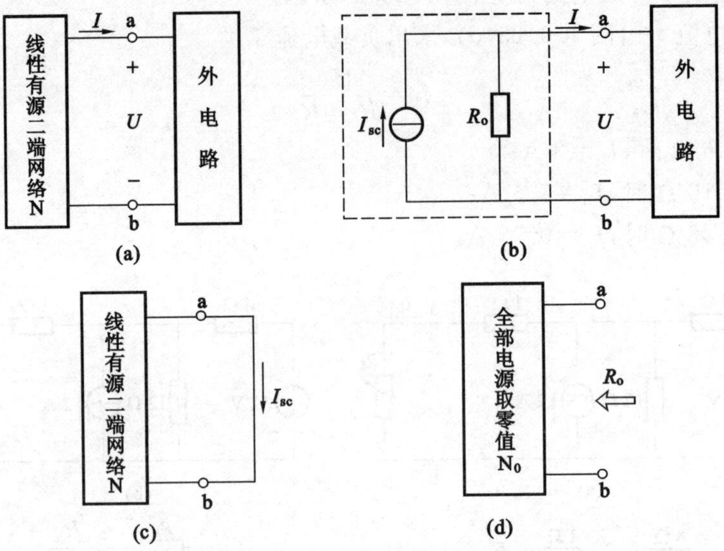

图 1.6.24 诺顿定理的说明

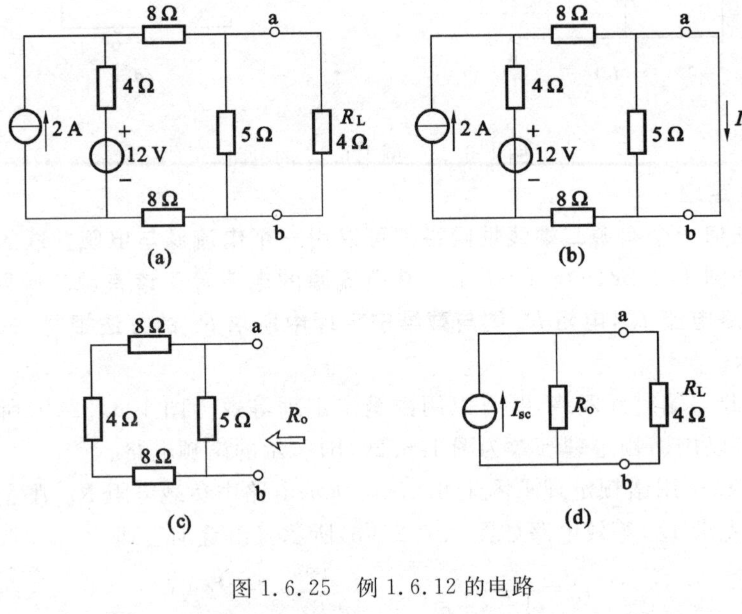

图 1.6.25 例 1.6.12 的电路

$$P_L=\left(\frac{R_o}{R_o+R_L}I_{sc}\right)^2\cdot R_L=\left(\frac{4}{4+4}\times1\right)^2\times4=1\ (\mathrm{W})$$

【练习与思考】

1.6.1　若有2只灯泡，其额定值分别为110 V、100 W和110 V、40 W，能否串联起来接在220 V电流上？为什么？

1.6.2　用电流模型等效变换法将图1.6.26(a)、(b)、(c)所示电路化为等效电压源。

1.6.3　用戴维宁定理将图1.6.26所示各电路化为等效电压源。

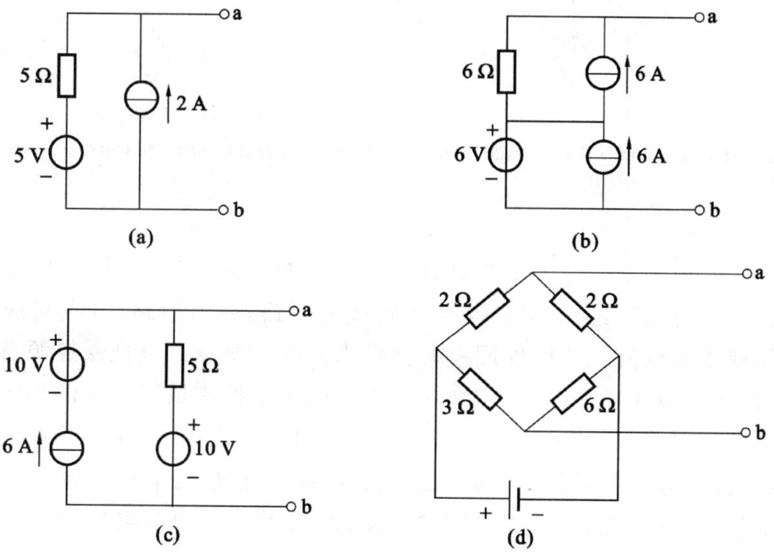

图1.6.26　练习与思考1.6.2,1.6.3的图

1.7　受控电源

受控(电)源又称“非独立”电源。受控电压源的激励电压或受控电流源的激励电流与独立电压源的激励电压或独立电流源的激励电流有所不同，后者是独立量，前者则是受电路中某部分电压或电流控制。

双极晶体管的集电极电流受基极电流控制，运算放大器的输出电压受输入电压控制，所以这类器件的电路模型中要用到受控源。

受控电压源或受控电流源视控制量是电压或电流可分为电压控制电压源(VCVS)、电压控制电流源(VCCS)、电流控制电压源(CCVS)和电流控制电流源(CCCS)。这4种受控源的图形符号如图1.7.1所示。为了与独立电源相区别，用菱形符号表示其电源部分。图中u_1和i_1分别表示控制电压和控制电流，μ、r、g和β分别是有关的控制系数，其中μ和β是没有量纲的量，r和g分别具有电阻和电导的量纲。这些系数为常数时，被控制量和控制量成正比，这种受控源称为线性受控源。本书只考虑线性受控源，故一般将略去“线性”二字。

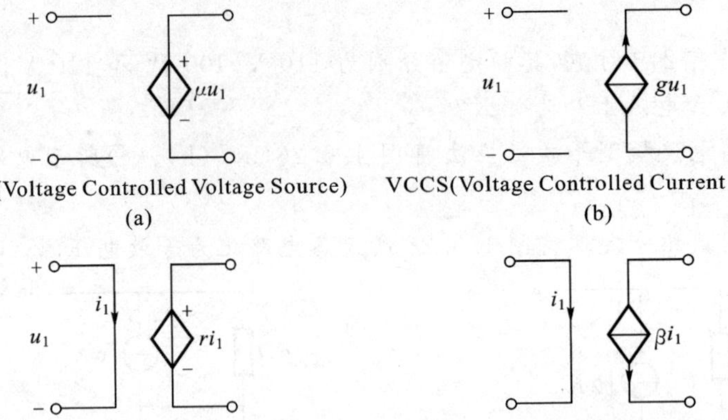

VCVS(Voltage Controlled Voltage Source)
(a)
VCCS(Voltage Controlled Current Source)
(b)
CCVS(Current Controlled Voltage Source)
(c)
CCCS(Current Controlled Current Source)
(d)

图 1.7.1 受控电源

在图 1.7.1 中把受控源表示为具有 4 个端子的电路模型，其中受控电压源或受控电流源具有一对端子，另一对控制端子则或为开路，或为短路，分别对应于控制量是开路电压或短路电流。这样处理有时会带来方便。所以可以把受控源看做是一种四端元件，但在一般情况下，不一定要在图中专门标出控制量所在处的端子。

独立电源是电路中的“输入”，它表示外界对电路的作用，电路中电压或电流是由于独立电源起的“激励”作用产生的。受控源则不同，它是用来反映电路中某处的电压或电流能控制另一处的电压或电流的现象，或表示一处的电路变量与另一处电路变量之间的一种耦合关系。在求解具有受控源的电路时，可以把受控电压（电流）源作为电压（电流）源处理，但必须注意其激励电压（电流）是取决于控制量的。

例 1.7.1 图 1.7.2 中 $i_s=2$ A，VCCS 的控制系数 $g=2$ S，求 u。

解 由图 1.7.2 左部先求控制电压 u_1，$u_1=5i_s=10$ V；故 $u=2gu_1=2\times2\times10=40$ (V)。

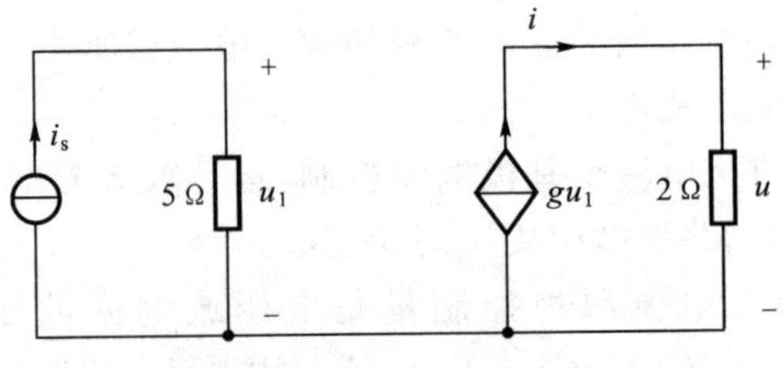

图 1.7.2 例 1.7.1 的图

习 题

1.1 求题图 1.1 所示各电路的未知电流 I_x。

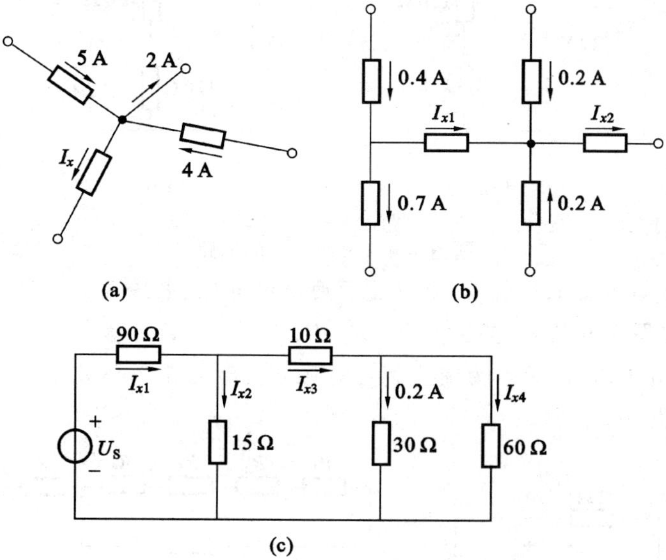

题图 1.1 习题 1.1 的电路

1.2 在题图 1.2 中，已知 $I_1=0.01$ A，$I_2=0.3$ A，$I_5=9.61$ A，试求电流 I_3、I_4 和 I_6。

1.3 在题图 1.3 所示电路中，已知 $U_1=14$ V，$I_1=2$ A，$U_2=10$ V，$I_2=1$ A，$U_3=4$ V，$I_4=-1$ A。求各元件的功率，说明是吸收功率还是发出功率，并验证功率平衡关系。

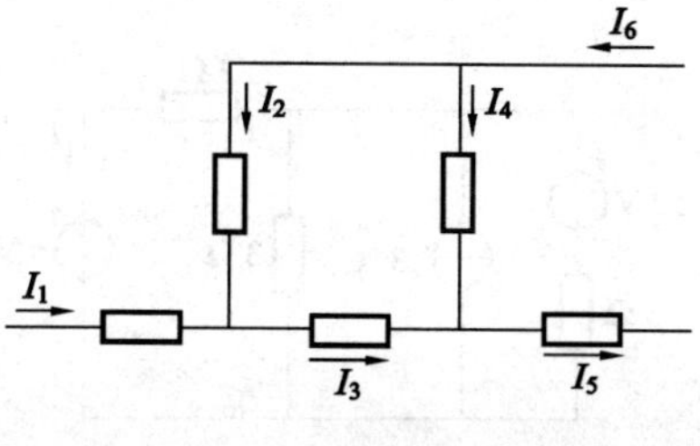

题图 1.2 习题 1.2 的电路

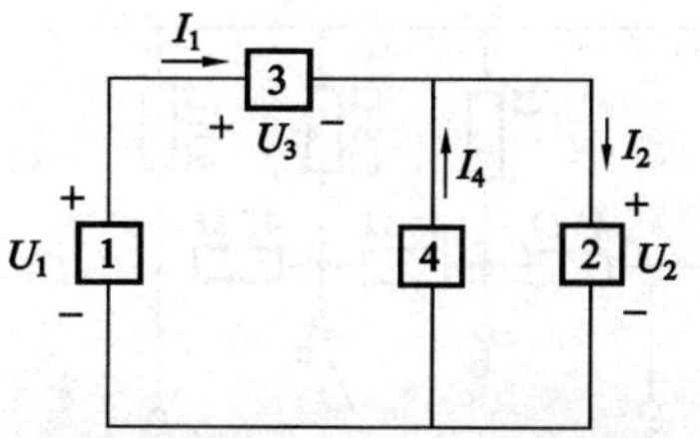

题图 1.3 习题 1.3 的电路

1.4 一只 110 V、8 W 的指示灯，现要接在 380 V 的电源上，问要串多大阻值的电阻才能使其正常工作？该电阻应选用多大瓦数？

1.5 在题图1.4所示的电路中，要在12 V的直流电源上使6 V、50 mA的电灯正常发光，应采用哪种联接电路？

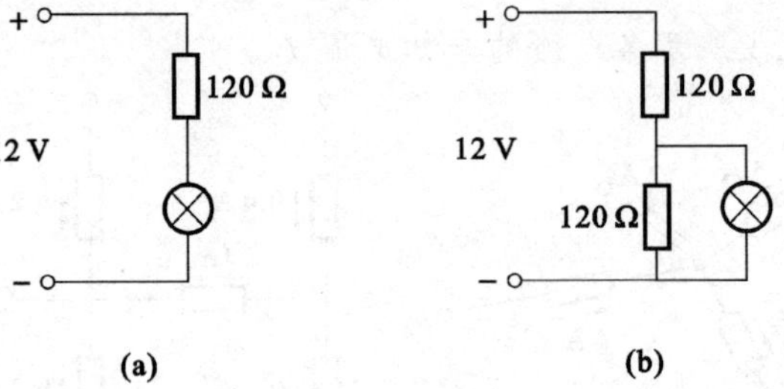

题图1.4 习题1.5的电路

1.6 电路如题图1.5所示，求电流源两端的电压、电压源的电流及各自的功率。

1.7 在题图1.6所示电路中，R_1、R_2、R_3和R_4的额定值均为6.3 V、0.3 A，R_5的额定值为6.3 V、0.45 A。为使上述各电阻均处于额定工作状态，应选用多大阻值的电阻R_x和R_y？

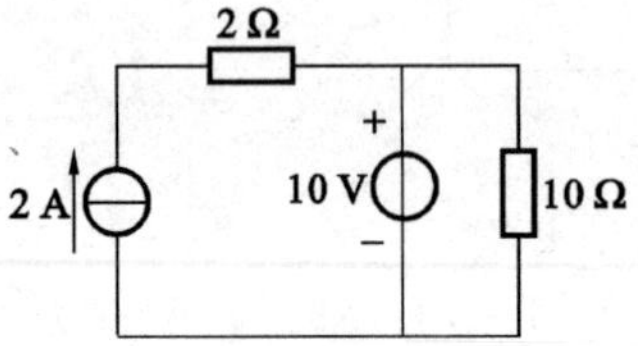

题图1.5 习题1.6的电路

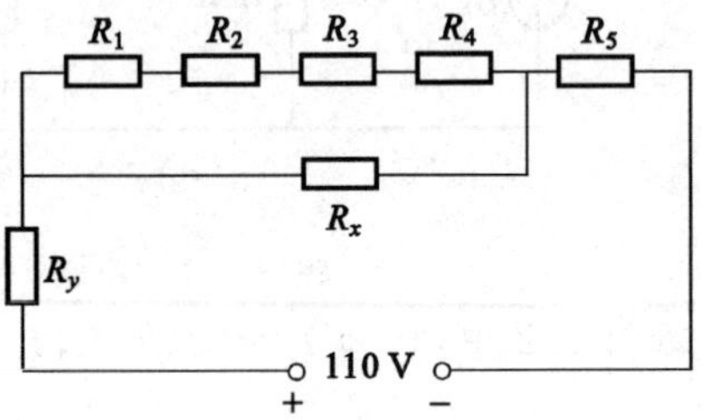

题图1.6 习题1.7的电路

1.8 题图1.7所示的是一衰减电路，共有4挡。当输入电压U_1＝16 V时，试计算各挡输出电压U_2。

1.9 用电源模型的等效变换法求题图1.8所示电路中的I。

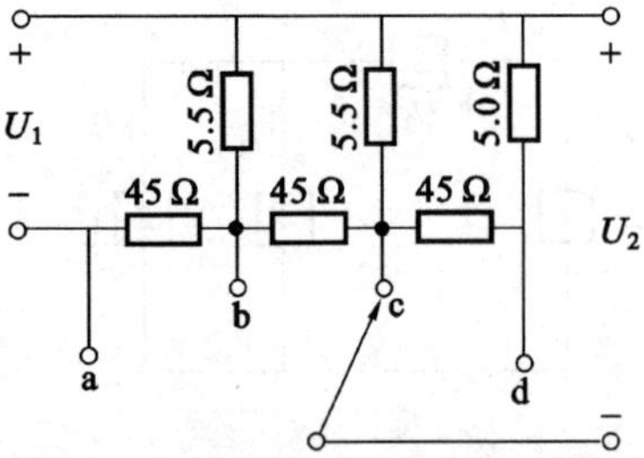

题图1.7 习题1.8的电路

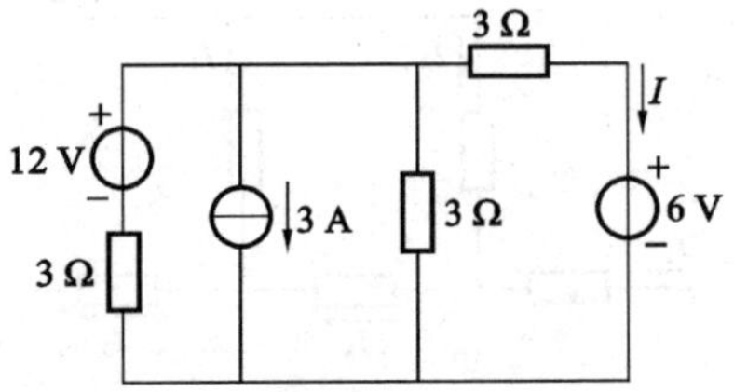

题图1.8 习题1.9的电路

1.10 电路如题图 1.9 所示，求各支路电流。已知：$I_{s1}=1$ A，$I_{s2}=2$ A，$R_1=10$ Ω，$R_2=5$ Ω，$R_3=3$ Ω，$R_4=3$ Ω，$R_5=6$ Ω。

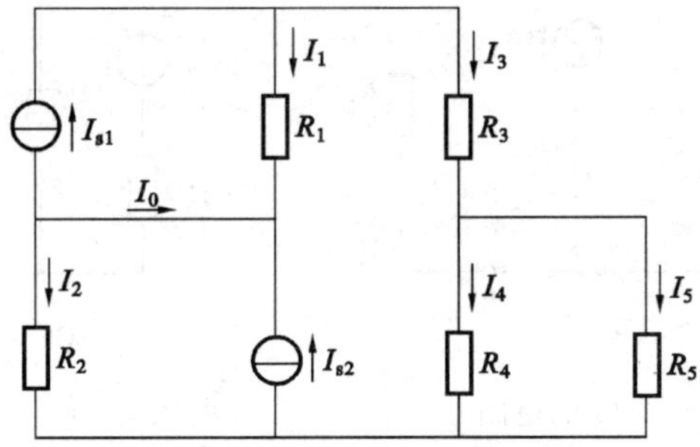

题图 1.9 习题 1.10 的电路

1.11 试用电源模型等效变换的方法计算题图 1.10 中的电流 I。

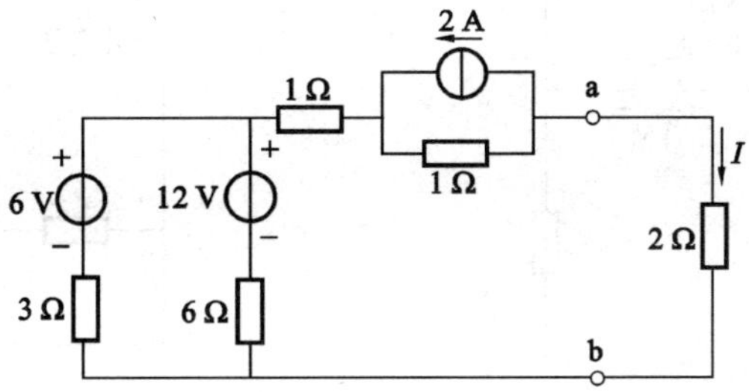

题图 1.10 习题 1.11 的电路

1.12 在题图 1.11 所示电路中，已知：$U_1=24$ V，$U_2=20$ V，$R_1=R_2=30$ Ω，$R_3=60$ Ω，求各支路电流。

1.13 用支路电流法求题图 1.12 中所标的各未知电流和电压，并说明电压源和电流源是发出功率还是吸收功率。

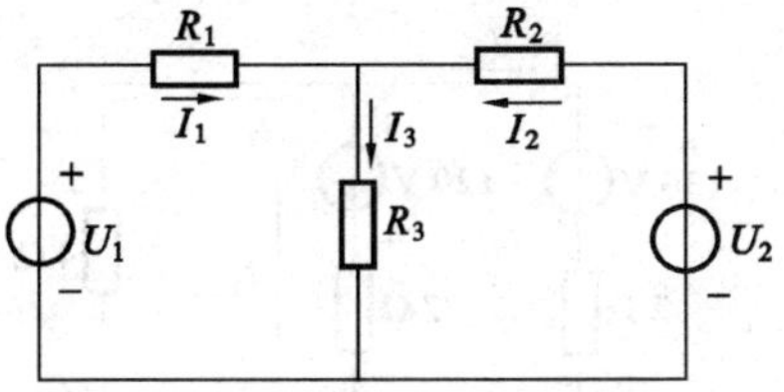

题图 1.11 习题 1.12 的电路

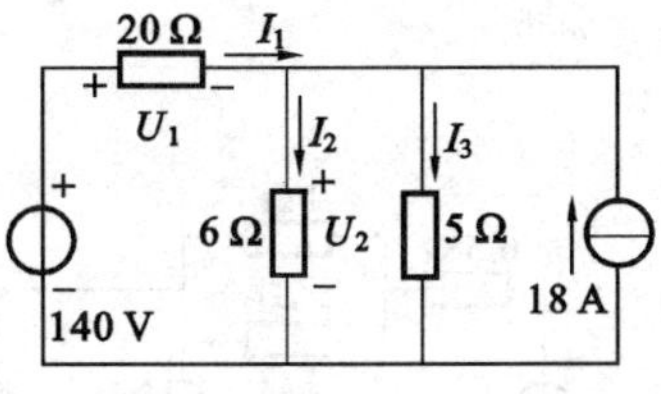

题图 1.12 习题 1.13 的电路

1.14 试用支路电流法求题图 1.13 所示电路中的各支路电流，并求 3 个电源的输出功率和负载电阻 R_L 消耗的功率。0.8 Ω 和 0.4 Ω 分别为两个电压源的内阻。

1.15 用结点电压法求题图 1.14 所示电压 U。

1.16 用结点电压法求题图 1.15 所示电路结点②的电位 V_2。

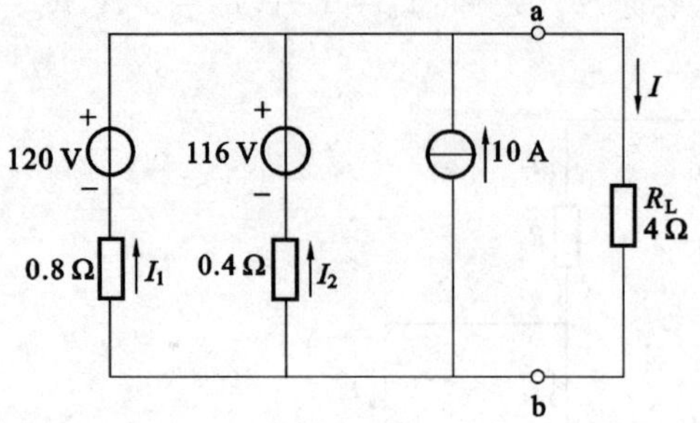

题图 1.13　习题 1.14 的电路

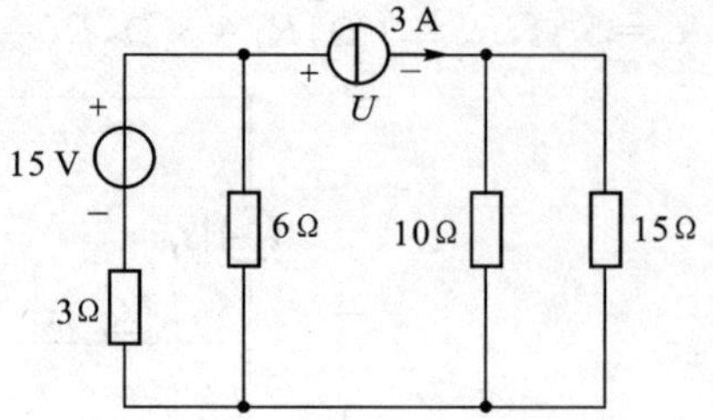

题图 1.14　习题 1.15 的电路

1.17　用叠加定理计算题图 1.16 中 R_2 支路的电流 I_2。已知：$U_s=6$ V，$I_s=0.3$ A，$R_1=60$ Ω，$R_2=40$ Ω，$R_3=30$ Ω，$R_4=20$ Ω。

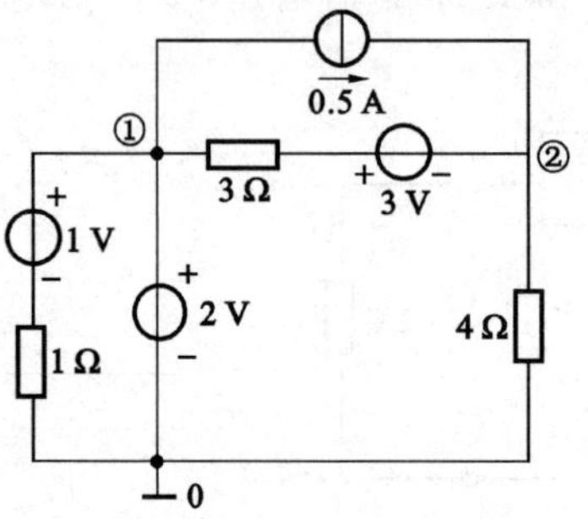

题图 1.15　习题 1.16 的电路

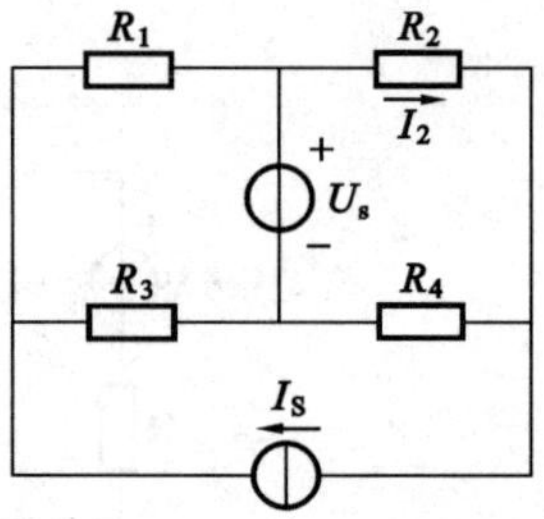

题图 1.16　习题 1.17 的电路

1.18　用叠加定理计算题图 1.17 所示电路中的电流 I_3。

1.19　在题图 1.18 所示电路中，

(1) 求开关合在 a 点时的电流 I_1、I_2、I_3；

(2) 开关合在 b 点时，利用(1)的结果，用叠加定理计算 I_1、I_2、I_3。

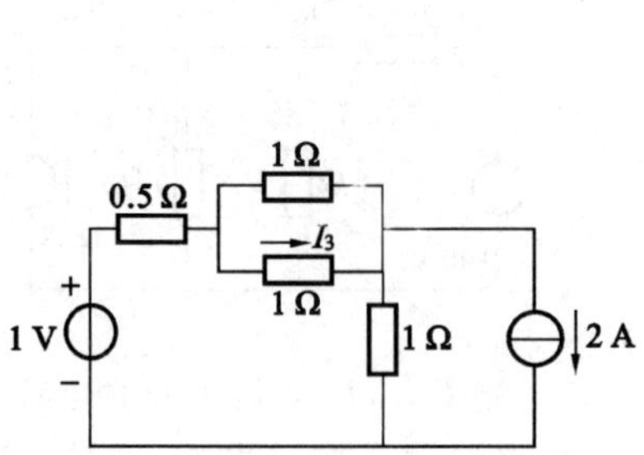

题图 1.17　习题 1.18 的电路

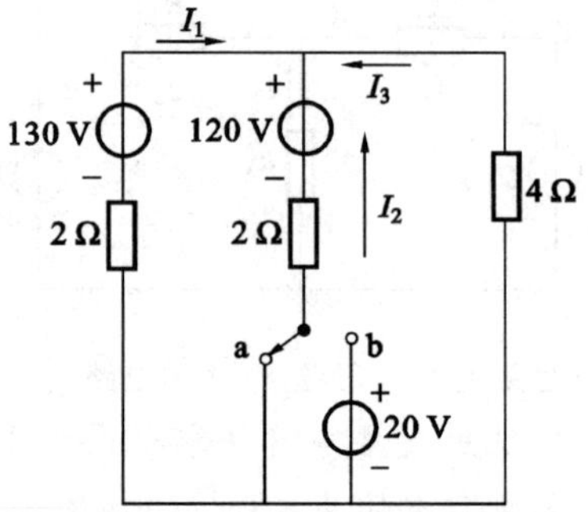

题图 1.18　习题 1.19 的电路

1.20 求题图 1.19 所示各电路的戴维宁等效电路。

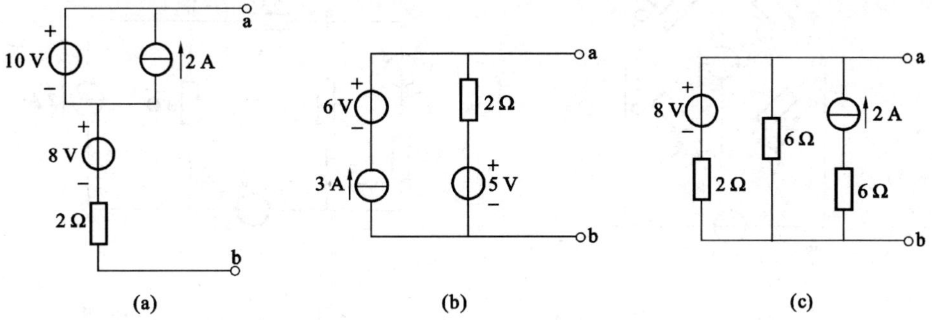

题图 1.19 习题 1.20 的电路

1.21 题图 1.20 所示是常见的分压电路，试用戴维宁定理和诺顿定理分别求负载电流 I_L。

1.22 电路如图 1.21 所示，试用戴维宁定理计算各电路中的电流 I。

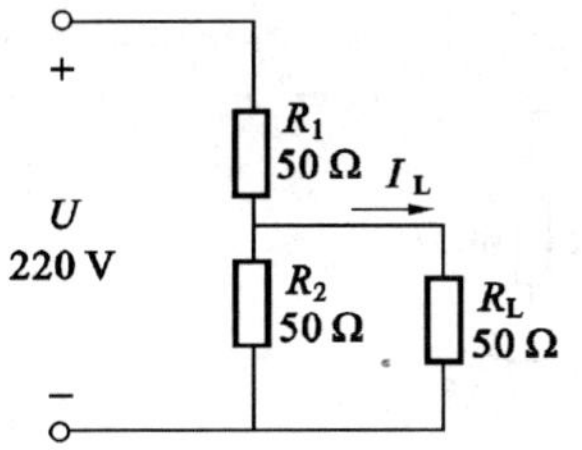

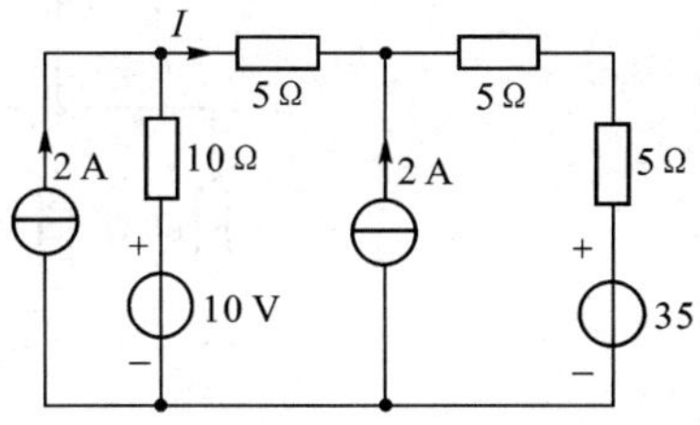

题图 1.20 习题 1.21 的电路　　题图 1.21 习题 1.22 的电路

1.23 电路如题图 1.22 所示。已知：$U_s = 25$ V，$R_1 = 0.5$ Ω，$I_s = 1.5$ A，$R_2 = 2$ Ω。为保持有源二端网络的端钮处接负载后，端钮 A、B 间电压 U_{AB} 不低于 24 V，该网络 A、B 端口处最多可允许接入多少个电压为 24 V、电流为 150 mA 的同类负载。

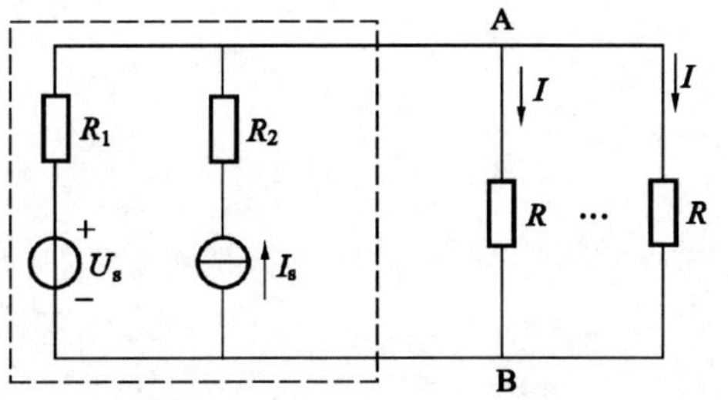

题图 1.22 习题 1.23 的电路

1.24 用戴维宁定理和诺顿定理分别计算题图 1.23 所示桥式电路中电阻 R_1 上的电流。

1.25 求题图 1.24 所示电路中的电压 U_{ab}。

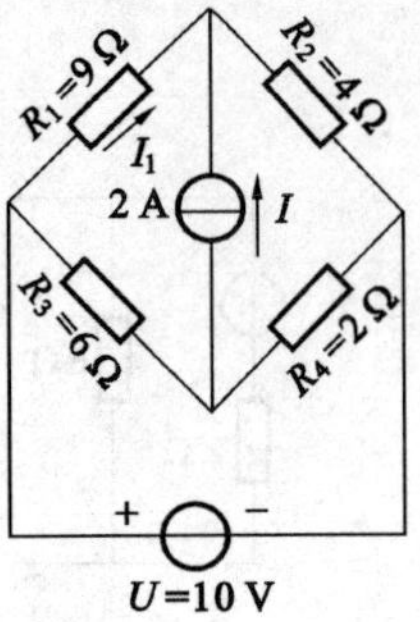

题图 1.23　习题 1.24 的电路

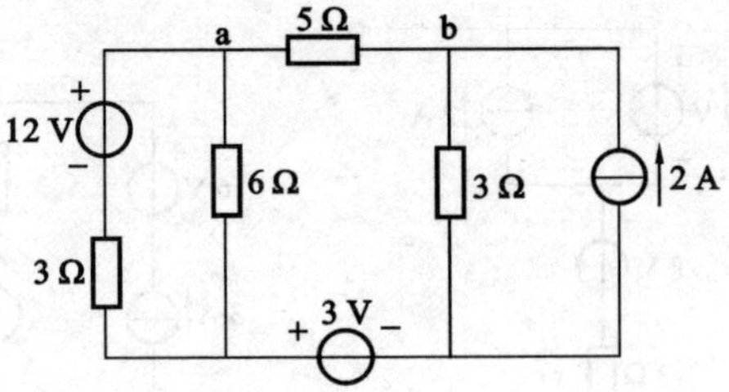

题图 1.24　习题 1.25 的电路

1.26　电路如题图 1.25 所示。已知：$R_L=20\ \Omega$，求 R_L 支路的电流 I_L 及功率 P_L。

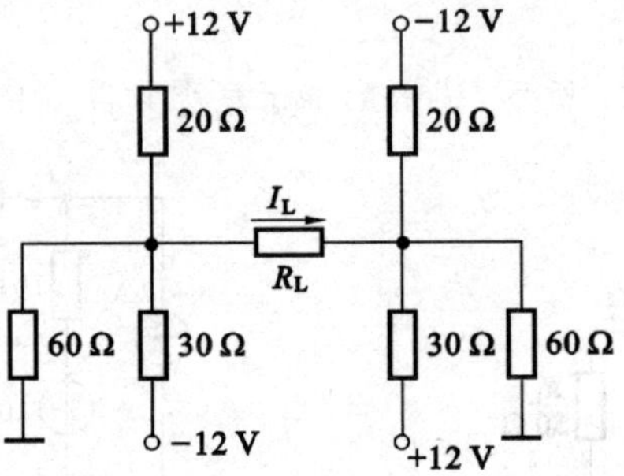

题图 1.25　习题 1.26 的电路

第2章

正弦交流电路

目前普遍使用的交流电，其电压、电流等物理量都是按正弦规律变化的。由于交流电具有产生容易、传输经济、便于使用等优点，因此在工农业生产以及日常生活中得到了广泛的应用。

交流电路与直流电路有很多共同点，但在交流电路中也有很多不同于直流电路的特殊概念、现象和规律，读者在学习本章时，要特别注意不同于直流电路的这些特殊问题以及分析方法。本章将介绍正弦交流电的基本概念和正弦交流电路的分析方法。

基本要求

(1) 理解正弦交流电的三要素、相位差及有效值；

(2) 掌握正弦交流电的各种表示方法及其相互间的关系；

(3) 理解电路基本定律的相量形式和阻抗，熟练掌握用相量法分析简单的正弦交流电路；

(4) 掌握有功功率和功率因数的计算，了解瞬时功率、无功功率、视在功率的概念和提高功率因数的意义；

(5) 了解交流电路的谐振。

2.1 正弦交流电的基本概念

我们日常所用的交流电源以及很多电信号，其电动势、电压和电流一般都是随时间按正弦规律周期性变化的，故称**正弦交流电**或**正弦交流信号**，常统称为**正弦量**，其波形如图 2.1.1(a)所示。$0\sim\pi$ 期间，各物理量为正值，称为正半周；$\pi\sim2\pi$ 期间，各物理量为负值，称为负半周。由于正弦量是周期性变化的，所以正弦量的实际方向不断变化，正弦量的正方向指正半周时的方向，电路图上所标方向为正弦量的参考方向，如图 2.1.1(b)所示。

描述一个正弦量要有三个要素，分别用来表示正弦量变化的快慢、大小及初始相

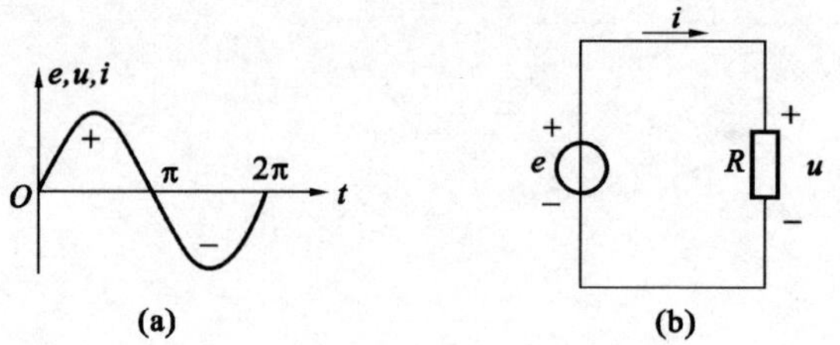

图 2.1.1 正弦量及其方向

位值。

1. 周期与频率

正弦量变化一次所需的时间称为**周期**,用 T 表示,单位是秒(s);每秒钟变化的次数称为**频率**,用 f 表示,单位是赫兹(Hz)。周期和频率互为倒数,即

$$T = \frac{1}{f} \tag{2.1.1}$$

我国电力系统供电频率为 50 Hz,通常称为**工频**。在其他各种不同技术领域,使用着各种不同的频率,千赫兹(kHz)和兆赫兹(MHz)是在高频下常用的频率单位,1 kHz$=10^3$ Hz,1 MHz$=10^6$ Hz。

正弦量表达式中的 ω 是角频率,即正弦量每秒钟变化的弧度数,单位为弧度每秒(rad/s)。因为正弦量一周期经历了 2π 弧度,所以角频率为

$$\omega = 2\pi f = 2\pi/T \tag{2.1.2}$$

ω、T、f 都是反映正弦量变化快慢的量。

2. 幅值(最大值)与有效值

正弦量任一瞬间的值称为**瞬时值**,用小写字母表示,如 i、u 分别表示电流、电压的瞬时值。瞬时值中最大的值称为**幅值**或**最大值**,如 I_m、U_m 分别表示电流、电压的幅值或最大值。

我们平时所说的电压高低和电流大小是交流电表中测得的电压和电流的数值,它既不是最大值,也不是瞬时值,而是**有效值**。有效值是从周期量做功和直流量做功等效的观点定义的。即一个交流电流 i 通过一个电阻时,在一个周期内产生的热量与一个直流电流 I 通过这个电阻时,在同样的时间产生的热量相等,则称直流电流的数值为交流电流的有效值。即

$$I^2RT = \int_0^T i^2R\mathrm{d}t$$

由此可得周期电流的有效值为

$$I = \sqrt{\frac{1}{T}\int_0^T i^2\,\mathrm{d}t} \tag{2.1.3}$$

由上式可看出,电流的有效值等于它的瞬时值的平方在一个周期内的平均值再

取平方根。因此，有效值又称**均方根值**。该定义同样适用于其他物理量和非正弦周期量。当周期电流为正弦量时，即 $i=I_m \sin \omega t$ ，则

$$I=\sqrt{\frac{1}{T}\int_0^T I_m^2 \sin^2 \omega t \, dt}=\frac{I_m}{\sqrt{2}} \tag{2.1.4}$$

对于正弦电压和电动势，有

$$U=\frac{U_m}{\sqrt{2}}$$

$$E=\frac{E_m}{\sqrt{2}}$$

可见，对于正弦量，最大值是有效值的$\sqrt{2}$倍。有效值用大写字母表示，即 I、U、E 分别表示电流、电压、电动势的有效值。平时，我们所说的交流电压为220 V，指的是有效值，其最大值应为 311 V。

3. 初相位

通常，正弦量是连续变化的，一般说来，没有固定的起点和终点。但为了便于说明问题起见，选择一个计算时间的起点是很必要的。若规定，正弦量由负变正的零点为变化起点，$t=0$ 的时刻为时间起点，则任意瞬间的电角度 $\omega t+\psi$ 称为正弦量的**相位角**，简称**相位**。

$t=0$ 时的相位叫做**初相位**或**初相角**，记作 ψ。初相位是变化起点距时间起点之间的电角度。若变化起点在时间起点的左边，则 ψ 为正，如图 2.1.2 中的 i，其 $\psi_i=60°$。若变化起点在时间起点的右边，则 ψ 为负，如图 2.1.2 的 u，其 $\psi_u=-30°$。若变化起点和时间起点重合，则 ψ 为零。一般情况下，选择$|\psi|\leqslant\pi$。初相位决定了 $t=0$ 时正弦量的大小和正负，$\psi>0$ 时其初值为正，$\psi<0$ 时其初值为负。

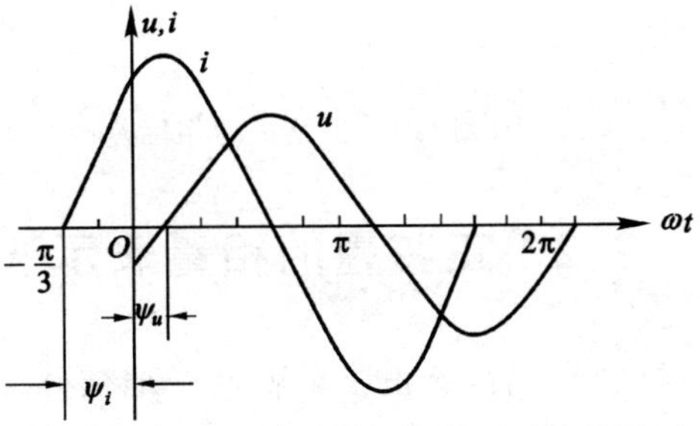

图 2.1.2　正弦量的初相位

两个同频率正弦量的相位之差称为**相位差**，记作 φ。其值为两初相位之差，即

$$\varphi=(\omega t+\psi_1)-(\omega t+\psi_2)=\psi_1-\psi_2$$

如图 2.1.2 中的 i、u，其 $\varphi=90°$。

相位差用来描述两个同频率的两个正弦量的超前、滞后关系，即到达正的最大值

的先后及相差多少电角度。

如上例，$\varphi=\psi_i-\psi_u=90°$，称 i 超前于 u 90°，或 u 滞后于 i 90°。

两同频率正弦量 i_1、i_2，若

$\varphi=\psi_1-\psi_2>0$，称 i_1 超前于 i_2，或 i_2 滞后于 i_1；如图 2.1.3(a)所示；

$\varphi=\psi_1-\psi_2<0$，称 i_1 滞后于 i_2，或 i_2 超前于 i_1；如图 2.1.3(b)所示；

$\varphi=\psi_1-\psi_2=0$，称 i_1 与 i_2 同相位或同相；如图 2.1.3(c)所示；

$\varphi=\psi_1-\psi_2=\pm\pi$，称 i_1 与 i_2 反相位或反相；如图 2.1.3(d)所示。

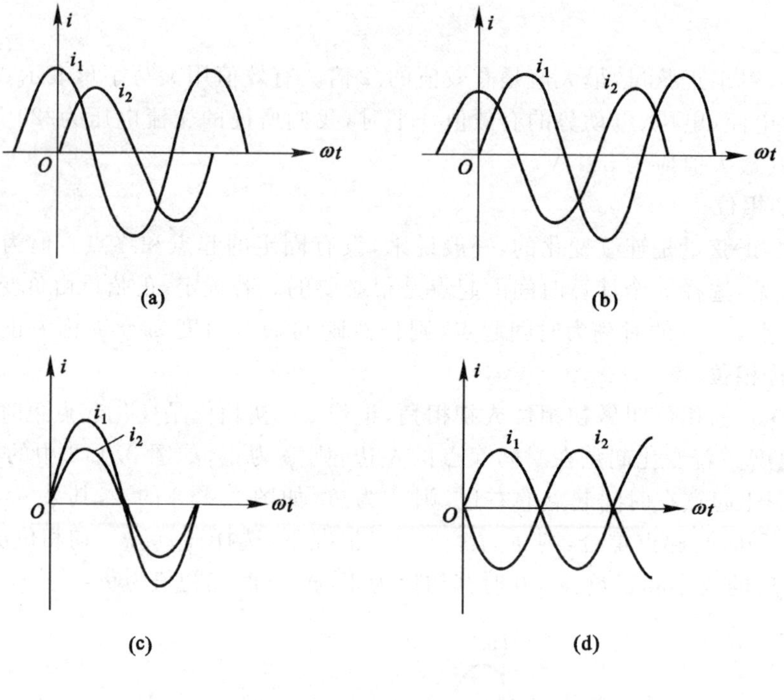

图 2.1.3　正弦量的相位差

2.2　正弦量的相量表示法

当正弦量的三要素确定以后，该正弦量就惟一地被确定了。它可以通过瞬时值表达式(三角函数式)和波形图来描述，这两种表示正弦量的方法比较直观。但是，当对正弦交流电路进行分析时，会遇到一系列频率相同的正弦量的计算问题，而用上述的三角函数表达式和波形图进行计算是很繁琐的。为了简化交流电路的计算，有效的方法是用相量表示正弦量。这种相量表示法的基础是复数。

1. 复数及其运算

在数学中我们已经知道，如图 2.2.1 所示复平面上的一个矢量 A，其长度称为模 r，与横轴的夹角称为幅角 ψ，在实轴上的投影为 a，在虚轴上的投影为 b，可表示为

$A=r\angle\psi$ （极坐标式）

$A=re^{j\psi}$ （指数式）

$A=a+jb$ （代数式）

$A=r\cos\psi+jr\sin\psi$ （三角函数式）

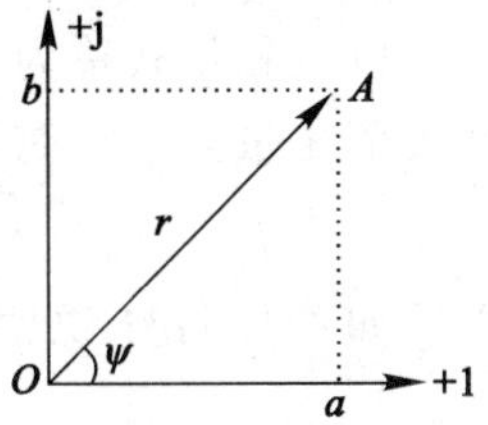

图 2.2.1 复平面上的矢量

以上为复数的几种表达形式，利用

$$r=\sqrt{a^2+b^2};\quad \psi=\arctan\frac{b}{a} \tag{2.2.1}$$

$$a=r\cos\psi;\quad b=r\sin\psi \tag{2.2.2}$$

可进行互换。

其中，$j=\sqrt{-1}$ 是虚数单位（它在数学中用 i 表示，而电工学中 i 已用来表示电流，故用 j 表示）。

一般说来，复数的加、减运算用代数式，其实部与实部相加（减），虚部与虚部相加（减）；乘、除运算用极坐标式，两复数相乘，模相乘，幅角相加；两复数相除，模相除，幅角相减。

还应指出，在复数运算中，当一个复数乘上 j 时，模不变，幅角增大 90°；当一个复数除以 j 时，模不变，幅角减小 90°，即

$$j=1\angle 90^\circ,\quad -j=1\angle -90^\circ,\quad j^2=-1$$

2. 正弦量的相量表示法

因为频率、有效值、初相位三个要素可以确定一个正弦量，而在一个线性电路中，只要电源的频率是单一的，则正弦交流电路中所有电流、电压的频率都与电源频率相同。这样，我们就可把频率这个要素作为已知处理，所以，只需根据有效值和初相位两个要素就可确定一个正弦量。若用复数的模表示正弦量的大小（有效值），用复数的幅角表示正弦量的初相位，则一个复数或复平面上的一个矢量就可用来表示一个正弦量，因矢量的方向表示的是初相位，故把这个表示正弦量的复数或这个复平面上的矢量称为**相量**，用在大写字母上面打“·”的方式表示，如 $\dot{U}$、$\dot{I}$、$\dot{E}$。其相应的复数式称为正弦量的相量式，在复平面上画出的相量的图形称为**相量图**。画相量图时，实轴、虚轴可以省略。

如：$i_1=6\sqrt{2}\sin(\omega t+60^\circ)$ A

$i_2=8\sqrt{2}\sin(\omega t-30^\circ)$ A

其相量式为

$$\dot{I}_1=6\angle 60^\circ,\quad \dot{I}_2=8\angle -30^\circ$$

其相量图如图 2.2.2 所示。

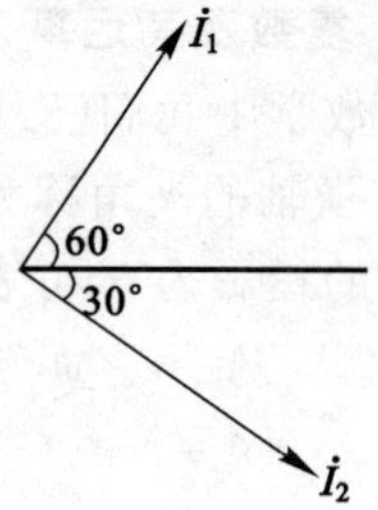

图 2.2.2 正弦电流的相量图

以上相量式称为有效值相量，有时我们也用最大值相量表示正弦量，即

$$\dot{I}_{m_1}=6\sqrt{2}\angle 60^\circ,\quad \dot{I}_{m_2}=8\sqrt{2}\angle -30^\circ$$

以后如不加特殊说明，我们所用的相量都是有效值相量。

需要注意的是，相量只表示一个正弦量，而不能等于正弦量。所以相量与正弦量之间不能划等号。下面的写法是错误的。

$$u=220\sqrt{2}\sin(\omega t+60^\circ)=220\angle 60^\circ$$

由于只有在频率一定的情况下，相量才能表示一个正弦量，所以只有同频率的正弦量才能一起参与运算。这是因为由三角函数的知识可知，几个同频率正弦量经加、减运算后仍为同频率的正弦量，而不同频率的正弦量经加、减运算后所得正弦量的频率要发生改变。

可以证明，几个同频率正弦量的和(差)的相量等于它们的相量和(差)。因此，正弦交流电路中，相量是满足基尔霍夫定律的。即

$$\sum i=0 \text{ 对应于 } \sum \dot{I}=0 \tag{2.2.3}$$

$$\sum u=0 \text{ 对应于 } \sum \dot{U}=0 \tag{2.2.4}$$

若将正弦量表示成相量图进行计算时，几个同频率正弦量的和与差，可通过在相量图上求相量和、相量差的方式得到所求正弦量的有效值和初相位。

例 2.2.1 已知：$i_1=10\sqrt{2}\sin(\omega t+90^\circ)$ A，$i_2=10\sqrt{2}\sin\omega t$ A。

(1) 用相量图表示两正弦量；

(2) 用相量图计算：$i_3=i_1+i_2$，$i_4=i_1-i_2$。

解 (1) i_1、i_2 的相量分别为 $\dot{I}_1=10\angle 90^\circ$，$\dot{I}_2=10\angle 0^\circ$，其相量图如图2.2.3所示。

(2) 由相量图 2.2.3 可求得

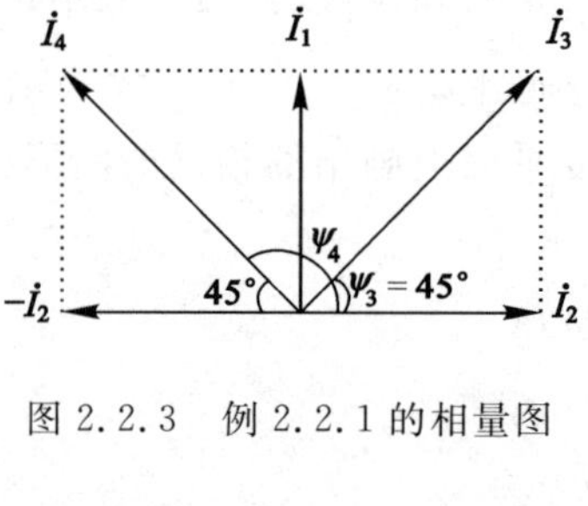

图 2.2.3 例 2.2.1 的相量图

$$I_3=\sqrt{I_1^2+I_2^2}=\sqrt{10^2+10^2}=10\sqrt{2}\ (\text{A})$$

$$\psi_3=\arctan\frac{10}{10}=45^\circ$$

$$I_4=\sqrt{I_1^2+I_2^2}=\sqrt{10^2+10^2}=10\sqrt{2}\ (\text{A})$$

$$\psi_4=180^\circ-45^\circ=135^\circ$$

所以 $i_3=20\sin(\omega t+45^\circ)\ \text{A},\ i_4=20\sin(\omega t+135^\circ)\ \text{A}$

这里需要指出的是，正弦交流电路中，只有瞬时值、相量满足 KCL、KVL，最大值、有效值一般不满足 KCL、KVL。所以，在正弦交流电路图中标注正弦量时，使用瞬时值（u、i、e）和相量（$\dot{U}$、$\dot{I}$、$\dot{E}$），而在相量图中，只能用相量标注。

【练习与思考】

2.2.1 在波形图中如何确定初相位的正或负？在相量图中如何确定初相位的正或负？

2.2.2 已知相量 $\dot{U}_1=3+\text{j}4$，$\dot{U}_2=3-\text{j}4$，$\dot{U}_3=-3+\text{j}4$，$\dot{U}_4=-3-\text{j}4$，试画出它们的相量图，并写出它们的瞬时值表达式。

2.2.3 指出下列各式的错误：

(1) $I=10\angle 30^\circ$

(2) $i=10\angle 30^\circ$

(3) $U=100\sin(\omega t+45^\circ)$

(4) $u=100\cos 45^\circ+\text{j}100\sin 45^\circ$

(5) $i=5\sqrt{2}\sin(\omega t+60^\circ)=5\angle 60^\circ$

2.3 单一参数的正弦交流电路

电阻、电感、电容元件都是组成电路模型的基本元件，这些电路元件都有相应的参数来表征，仅含有一种参数的电路称为单一参数电路，掌握这些简单电路的基本规律，有利于对复杂电路的研究分析。

2.3.1 电阻元件的正弦交流电路

在图 2.3.1(a)中，设

$$i=I_{\text{m}}\sin\omega t$$

根据电阻元件的电压电流关系 $u=Ri$，得

$$u=RI_{\text{m}}\sin\omega t=U_{\text{m}}\sin\omega t \tag{2.3.1}$$

由此可见，电阻元件的电压与电流为同频率的正弦量。其各关系如下：

1. 相位关系

电阻元件上电压电流同相位。波形图如图 2.3.1(b)所示。

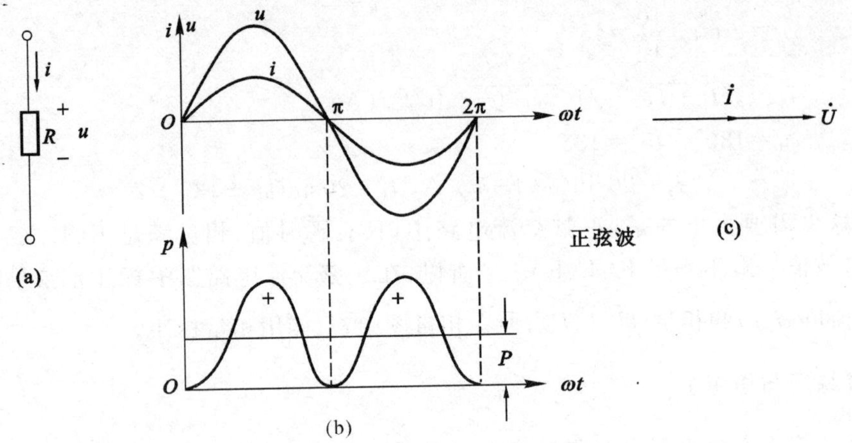

图 2.3.1 理想电阻元件的正弦交流电路

2. 大小关系

$$U = IR,\quad U_m = I_m R \tag{2.3.2}$$

即电阻元件的有效值和最大值都满足欧姆定律。

3. 相量关系

将电压、电流用相量表示为

$$\dot{I}=I\angle 0^\circ$$

$$\dot{U}=U\angle 0^\circ=RI\angle 0^\circ$$

所以

$$\dot{U}=R\dot{I} \tag{2.3.3}$$

相量图如图 2.3.1(c)所示。相量关系亦满足欧姆定律。

4. 功率

(1) 瞬时功率。任何元件上的瞬时功率定义为瞬时电压 u 和瞬时电流 i 的乘积。即

$$p = ui \tag{2.3.4}$$

电阻元件的瞬时功率为

$$p=ui=U_m\sin\omega t I_m\sin\omega t=U_m I_m\frac{1-\cos 2\omega t}{2}$$

$$=\frac{U_m I_m}{2}(1-\cos 2\omega t)=UI-UI\cos 2\omega t$$

瞬时功率的波形图如图 2.3.1(b)所示，它包含一个恒定分量($P=UI$)和一个两倍于电源频率的周期量($UI\cos 2\omega t$)。在任意时刻，瞬时功率都大于等于零。这表示电阻元件始终消耗电能。

(2) 平均功率。平均功率是电路一个周期内消耗电能的平均速率。即瞬时功率在一个周期内的平均值。电阻元件上的平均功率为

$$P = \frac{1}{T}\int_0^T p dt = \frac{1}{T}\int_0^T (UI - UI\cos 2\omega t)\mathrm{d}t = UI \tag{2.3.5}$$

电阻上的平均功率是电阻元件上电压、电流有效值的乘积，根据电阻元件上电压和电流有效值的关系，也可表示为

$$P = I^2 R = \frac{U^2}{R} \tag{2.3.6}$$

平均功率也称**有功功率**，是电路中消耗的功率。有功功率的单位为瓦特(W)或千瓦特(kW)。

2.3.2 电感元件的正弦交流电路

在图 2.3.2(a)中，设

$$i = I_m \sin \omega t$$

根据电感元件上的电压电流关系 $u = L\frac{\mathrm{d}i}{\mathrm{d}t}$，得

$$u = L\frac{\mathrm{d}(I_m \sin \omega t)}{\mathrm{d}t} = \omega L I_m \cos \omega t = \omega L I_m \sin(\omega t + 90°)$$

即

$$u = \omega L I_m \sin(\omega t + 90°) \tag{2.3.7}$$

由此可见，电感元件上的电压、电流为同频率的正弦量。各关系如下：

1. 相位关系

由上述可知，电流的初相位为 0°，电压的初相位为 90°。所以，电压超前于电流 90°。波形图如图 2.3.2(b)所示。

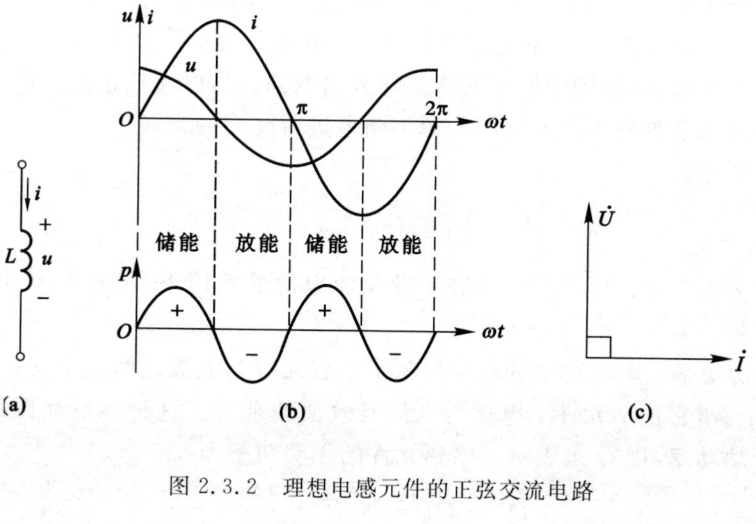

图 2.3.2 理想电感元件的正弦交流电路

2. 大小关系

$$\frac{U_m}{I_m} = \frac{U}{I} = \omega L = X_L \tag{2.3.8}$$

即
$$X_L = \omega L = 2\pi f L \tag{2.3.9}$$

电感上交流电压的有效值（幅值）与电流的有效值（幅值）之比为 $\omega L = X_L$。

X_L 称为**感抗**，单位为欧姆（Ω）或千欧（kΩ），与频率成正比。它和电阻一样，具有阻止电流通过的能力。频率越高，感抗越大；频率越低，感抗越小。可见，电感元件具有阻高频电流、通低频电流的作用。

3. 相量关系

将电感中的电流和电压用相量式表示，则可得出它们的相量关系。

因为
$$\dot{U} = U\angle 90° = \omega L I \angle 90° = X_L I \angle (0° + 90°) = \mathrm{j}X_L \dot{I}$$

所以
$$\dot{U} = \mathrm{j}X_L \dot{I} \tag{2.3.10}$$

即
$$\frac{\dot{U}}{\dot{I}} = \mathrm{j}X_L \tag{2.3.11}$$

相量图如图 2.3.2(c)所示。

4. 功率

(1) 瞬时功率。电感中的瞬时功率可表示为

$$p = ui = U_m \sin(\omega t + 90°) I_m \sin\omega t = U_m I_m \frac{\sin 2\omega t}{2}$$

即
$$p = UI \sin 2\omega t \tag{2.3.12}$$

瞬时功率的波形图如图 2.3.2(b)所示，它是一个两倍于电源频率的正弦量。当 $p > 0$ 时，电感处于受电状态，从电源吸取能量转化为磁能储存在磁场中；当 $p < 0$ 时，电感处于供电状态，将磁场中储存的能量释放给电源。当电流按正弦规律变化时，电感元件以两倍于电源频率的速度与电源不断地进行能量的交换。

(2) 平均功率。

$$P = \frac{1}{T}\int_0^T UI \sin 2\omega t \, \mathrm{d}t = 0 \tag{2.3.13}$$

即有功功率为零。这说明电感元件在正弦交流电源的作用下，虽有电压、电流，但没有能量的消耗。

(3) 无功功率。瞬时功率的幅值反映了电感元件与电源之间能量交换规模的大小，从数值上看，它正是元件上电压与电流有效值的乘积。这种能量互换的规模，我们定义为**无功功率**，用 Q 来表示。电感元件的无功功率为

$$Q_L = UI = X_L I^2 = \frac{U^2}{X_L} \tag{2.3.14}$$

为了从概念上区别于有功功率，无功功率的单位用乏(var)或千乏(kvar)表示。

例 2.3.1 已知 $L=0.1$ H 的电感线圈接在 $U=10$ V 的工频交流电源上，求：

(1) 线圈的感抗；

(2) 电流的有效值；

(3) 无功功率；

(4) 电感的最大储能；

(5) 设电压的初相位为零，求电流 $\dot{I}$，并画相量图。

解 (1) 感抗 $X_L=2\pi fL=2\times3.14\times50\times0.1=31.4$ (Ω)

(2) 电流有效值 $I=\dfrac{U}{X_L}=\dfrac{10}{31.4}=0.318$ (A)

(3) 无功功率 $Q=UI=10\times0.318=3.18$ (var)

(4) 最大储能 $W_{\mathrm{Lm}}=\dfrac{1}{2}LI_{\mathrm{m}}^2=\dfrac{1}{2}\times0.1\times(0.318\sqrt{2})^2=0.01$ (J)

(5) 设 $\dot{U}=U\angle0°$，则

$$\dot{I}=\frac{\dot{U}}{\mathrm{j}X_L}=\frac{10\angle0°}{\mathrm{j}31.4}=0.318\angle-90°\ \text{(A)}$$

相量图如图 2.3.3 所示。

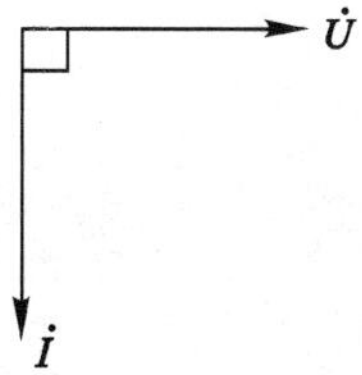

图 2.3.3 例 2.3.1 的图

2.3.3 电容元件的正弦交流电路

在图 2.3.4(a)中，设

$$u=U_{\mathrm{m}}\sin\omega t$$

根据电容元件上的电压电流关系 $i=C\dfrac{\mathrm{d}u}{\mathrm{d}t}$，得

$$i=C\frac{\mathrm{d}(U_{\mathrm{m}}\sin\omega t)}{\mathrm{d}t}=\omega CU_{\mathrm{m}}\cos\omega t=\omega CU_{\mathrm{m}}\sin(\omega t+90°)$$

即
$$i=\omega CU_{\mathrm{m}}\sin(\omega t+90°) \tag{2.3.15}$$

由此可见，电容元件上的电压与电流也为同频率的正弦量。各关系如下：

1. 相位关系

电流超前于电压 90°。波形图如图 2.3.4(b)所示。

2. 大小关系

$$\frac{U_{\mathrm{m}}}{I_{\mathrm{m}}}=\frac{U}{I}=\frac{1}{\omega C}=X_C \tag{2.3.16}$$

即
$$X_C=\frac{1}{\omega C}=\frac{1}{2\pi fC} \tag{2.3.17}$$

X_C 称为**容抗**，单位为欧姆(Ω)或千欧(kΩ)，与频率的倒数成正比。它和电阻一样，

具有阻止电流通过的能力。频率越高，容抗越小；频率越低，容抗越大。可见，电容元件具有阻低频电流、通高频电流的作用。

3. 相量关系

将电容中的电流和电压用相量式表示，则可得出它们的相量关系。

因为

$$\dot{U}=U\angle 0^\circ$$

$$\dot{I}=I\angle 90^\circ=\omega CU\angle(0^\circ+90^\circ)=\mathrm{j}\omega C\dot{U}$$

所以
$$\dot{U}=\frac{1}{\mathrm{j}\omega C}\dot{I}=-\mathrm{j}X_C\dot{I} \tag{2.3.18}$$

即
$$\frac{\dot{U}}{\dot{I}}=-\mathrm{j}X_C \tag{2.3.19}$$

相量图如图 2.3.4(c)所示。

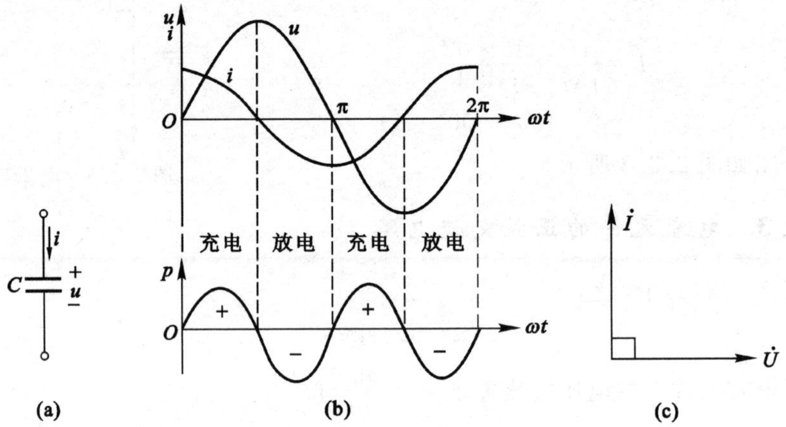

图 2.3.4 电容元件的正弦交流电路

4. 功率

(1) 瞬时功率。电容元件的瞬时功率为

$$p=ui=I_{\mathrm{m}}\sin(\omega t+90^\circ)\cdot U_{\mathrm{m}}\sin\omega t=U_{\mathrm{m}}I_{\mathrm{m}}\frac{\sin 2\omega t}{2}$$

即
$$p=UI\sin 2\omega t \tag{2.3.20}$$

如图 2.3.4(b)所示，同电感元件一样，它也是一个两倍于电源频率的正弦量。当 $p>0$ 时，电容充电，储存能量；当 $p<0$ 时，电容放电，将电场储存的能量释放给电源。

(2) 平均功率。

$$P = \frac{1}{T}\int_0^T UI\sin 2\omega t\,\mathrm{d}t = 0 \qquad (2.3.21)$$

即有功功率为零。这说明电容元件在正弦电源的作用下，虽有电压电流，但没有能量的消耗，只存在电容元件和电源之间的能量的交换。

(3) 无功功率。与电感元件一样，电容元件瞬时功率的幅值反映了电容元件与电源之间能量交换规模的大小，从数值上看，它也是电容元件上电压与电流有效值的乘积。其无功功率用 Q_C 表示。

为了与电感元件电路的无功功率相比较，我们设电流 $i = I_m \sin \omega t$，则 $u = U_m \sin(\omega t - 90°)$，于是，瞬时功率为 $p = ui = -UI\sin 2\omega t$。所以

$$Q_C = -UI = -I^2X_C = -\frac{U^2}{X_C} \qquad (2.3.22)$$

即电容元件的无功功率为负值。单位同样为乏(var)或千乏(kvar)。

电感元件和电容元件虽不消耗能量，但要与电源进行能量的交换，对电源也是一种负担。

例 2.3.2 已知 220 V、50 Hz 的电源上接有 4.75 μF 的电容器。求：

(1) 电容的容抗；

(2) 电流的有效值；

(3) 无功功率；

(4) 电容的最大储能；

(5) 设电流的初相位为零，求 $\dot{U}=$? 并画相量图。

解 (1) 容抗 $X_C = \frac{1}{2\pi fC} = \frac{10^6}{2\times 3.14\times 50\times 4.75} = 670\ (\Omega)$

(2) 电流有效值 $I = \frac{U}{X_C} = \frac{220}{670} = 0.328\ (\text{A})$

(3) 无功功率 $Q = -UI = -220\times 0.328 = -72\ (\text{var})$

(4) 最大储能 $W_{Cm} = \frac{1}{2}CU_m^2$

$$= \frac{1}{2}\times 4.75\times 10^{-6}\times (220\sqrt{2})^2 = 0.23\ (\text{J})$$

电容的最大储能在电压瞬时值的最大值处。

(5) 设 $\dot{I} = I\angle 0°$，则

$$\dot{U} = -jX_C\dot{I}$$
$$= -j670\times 0.328\angle 0°$$
$$= 220\angle -90°$$

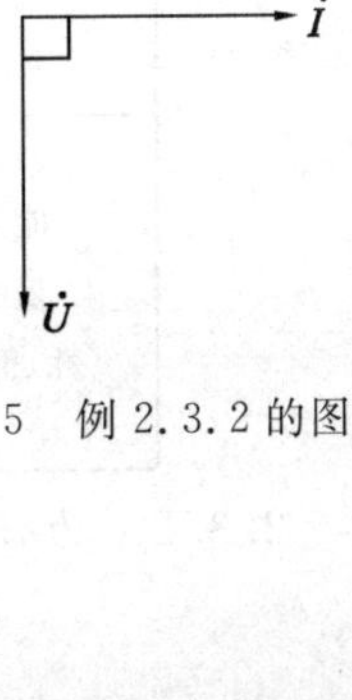

图 2.3.5 例 2.3.2 的图

相量图如图 2.3.5 所示。

【练习与思考】

2.3.1　在下列表格中，填上各元件电压、电流的相应关系式及相量图。

	电阻	电感	电容
瞬时值关系			
大小关系			
相位关系			
相量关系			
有功功率			
无功功率			
能量（耗、储）			

2.3.2　为什么说电阻元件为耗能元件而电感和电容元件为不耗能元件？

2.4 *R*、*L*、*C* 串联的正弦交流电路

前面讨论了单一参数正弦交流电路中的电流、电压及功率的关系。但在实际电路中，几种参数往往可能同时存在，其中，*R*、*L*、*C* 元件相串联是常用的一种联接方式。

R、*L*、*C* 串联电路如图 2.4.1(a)所示。设 $i=I_m\sin\omega t$，根据 KVL，有

$$\begin{aligned}u&=u_R+u_L+u_C\\&=RI_m\sin\omega t+\omega L\,I_m\sin(\omega t+90°)+\frac{1}{\omega C}I_m\sin(\omega t-90°)\end{aligned}\tag{2.4.1}$$

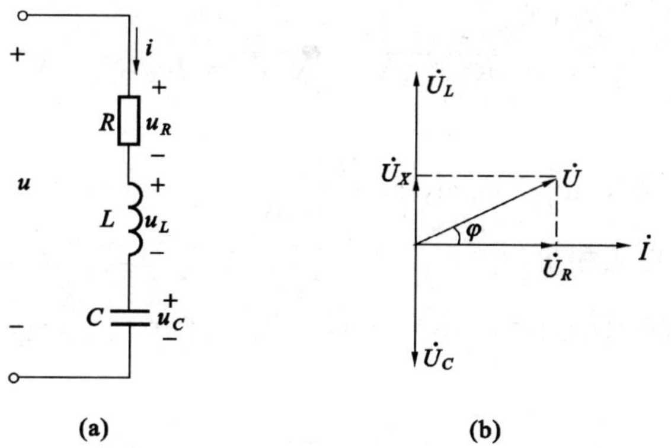

图 2.4.1 *R*、*L*、*C* 串联电路

2.4.1 电压与电流

由式(2.4.1)可知，电路总电压 u 与电流 i 是同频率的正弦量。根据图示的参考方向，其相量 KVL 方程为

$$\dot U=\dot U_R+\dot U_L+\dot U_C\tag{2.4.2}$$

因为串联电路中各元件流过的是同一电流，所以画相量图时以电流为参考相量(与横轴平行的相量)作相量图，各相量间的关系如图 2.4.1(b)所示。

$\dot U_R$、$\dot U_L$、$\dot U_C$ 合成相量的长度是 u 的有效值，合成相量与横轴的夹角是 u 与 i 的相位差。

由相量图可知，$\dot U_R$、$\dot U_X(=\dot U_L+\dot U_C)$及 $\dot U$ 构成了一个直角三角形，如图2.4.2(a)所示。

u 的有效值为

$$U=\sqrt{U_R^2+U_X^2}=\sqrt{U_R^2+(U_L-U_C)^2}=\sqrt{(IR)^2+I^2(X_L-X_C)^2}$$

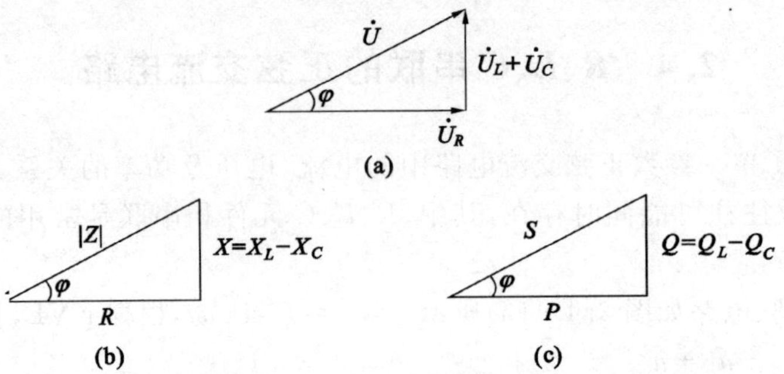

图 2.4.2 R、L、C 串联电路的各电压、阻抗、功率关系图
(a) 电压三角形；(b) 阻抗三角形；(c) 功率三角形

令电抗 $X=X_L-X_C$，则

$$U=I\sqrt{R^2+(X_L-X_C)^2}=I\sqrt{R^2+X^2} \tag{2.4.3}$$

u 的初相位为

$$\varphi=\arctan\frac{U_X}{U_R}=\arctan\frac{I(X_L-X_C)}{IR}=\arctan\frac{X_L-X_C}{R} \tag{2.4.4}$$

所以，电路总电压相量为

$$\dot{U}=U\angle\varphi=I\sqrt{R^2+(X_L-X_C)^2}\angle\arctan\frac{X_L-X_C}{R}$$

其中

$$\frac{U}{I}=\sqrt{R^2+(X_L-X_C)^2}=|Z| \tag{2.4.5}$$

称为**阻抗值**，反映了电压和电流的大小关系。

$$\varphi=\arctan\frac{X_L-X_C}{R} \tag{2.4.6}$$

称为**阻抗角**，反映了电压和电流的相位关系。

阻抗角是电压超前于电流的电角度。根据电路参数，可正可负。当 $U_L>U_C$，即 $X_L>X_C$ 时，φ 为正值，说明电压超前于电流 φ 角；反之，φ 为负值，说明电压滞后于电流 φ 角。即

$X_L>X_C$　$\varphi>0$　电路呈感性；

$X_L<X_C$　$\varphi<0$　电路呈容性；

$X_L=X_C$　$\varphi=0$　电路呈阻性。

根据阻抗角的正负，可方便地判断电路的性质。

电压相量与电流相量的比值，称为**复阻抗**。

根据前述单一参数的正弦交流电路中电阻元件、电感元件、电容元件的电压与电流的复数关系，可知电阻元件中的复阻抗 $Z_R=R$，电感元件中的复阻抗 $Z_L=\mathrm{j}X_L$，电容元件的复阻抗 $Z_C=-\mathrm{j}X_C$。一般，在含有 R、L、C 的电路中

$$Z = \frac{\dot{U}}{\dot{I}} = \frac{U}{I}\angle(\varphi_u - \varphi_i) = |Z|\angle\varphi = R + \mathrm{j}X \tag{2.4.7}$$

复阻抗的大小$|Z|$是电压与电流有效值的比值，为阻抗值；复阻抗的幅角 φ 是电压超前于电流的相位角，为阻抗角。

复阻抗的电阻、电抗和阻抗值也构成一个直角三角形，如图 2.4.2(b)所示。称之为阻抗三角形，显然，阻抗三角形与电压三角形相似。

2.4.2 功率

1. 瞬时功率

在正弦交流电路中，一般情况下电压 u 和电流 i 两正弦量的频率相同，由于有电感和电容的存在，电压、电流间有一定的相位差。根据前述的 u、i 得电路的瞬时功率为

$$\begin{aligned} p = ui &= U_{\mathrm{m}}\sin(\omega t + \varphi) I_{\mathrm{m}}\sin \omega t \\ &= UI\cos \varphi - UI\cos(2\omega t + \varphi) \end{aligned} \tag{2.4.8}$$

2. 有功功率

$$\begin{aligned} P &= \frac{1}{T}\int_0^T p\mathrm{d}t = \frac{1}{T}\int_0^T [UI\cos\varphi - UI\cos(2\omega t + \varphi)]\mathrm{d}t \\ &= UI\cos\varphi \end{aligned} \tag{2.4.9}$$

从电压三角形可得出

$$U\cos\varphi = U_R = IR$$

它是与电流同相位的电压分量(有功分量)，如图 2.4.1(b)所示。于是

$$P = U_R I = I^2 R = UI\cos\varphi \tag{2.4.10}$$

这说明交流电路中只有电阻元件是消耗有功功率的。有功功率的大小不仅取决于电压、电流有效值的乘积，而且与它们的相位差(阻抗角)φ 有关。式中的 $\cos\varphi$ 称为**功率因数**。对 R、L、C 串联电路来说，$|\varphi| \leqslant \frac{\pi}{2}$，所以 $\cos\varphi$ 总是大于 0，说明电路总是消耗功率。

3. 无功功率

电路中的电感元件和电容元件与电源之间要交换能量，其相应的无功功率为

$$\begin{aligned} Q &= U_L I - U_C I = (U_L - U_C) I \\ &= I^2 (X_L - X_C) = UI\sin\varphi \end{aligned} \tag{2.4.11}$$

其中 $U\sin\varphi$ 是与电流正交的电压分量(无功分量)。如图 2.4.1(b)所示。

当 $\varphi > 0$(感性电路)时，$Q > 0$；当 $\varphi < 0$(容性电路)时，$Q < 0$。所以，无功功率的正负与电路的性质有关。

4. 视在功率

正弦交流电压的有效值 U 和电流的有效值 I 的乘积称为**视在功率**，用 S 表示。

即

$$S = UI \tag{2.4.12}$$

视在功率的单位是伏安(V·A)或千伏安(kV·A)。

由(2.4.9)、(2.4.11)和(2.4.12)三式可知，有功功率、无功功率和视在功率三者之间也组成一个直角三角形，称为功率三角形。且与前述的电压三角形、阻抗三角形相似。如图 2.4.2(c)所示，P、Q、S 三者的关系为

$$S = \sqrt{P^2 + Q^2} \tag{2.4.13}$$

$$P = S\cos\varphi \tag{2.4.14}$$

$$\cos\varphi = \frac{P}{S} \tag{2.4.15}$$

交流电气设备是按照规定的额定电压 U_N 和额定电流 I_N 来设计和使用的，它们的乘积称为额定视在功率 S_N。S_N 又称额定容量，简称容量。它表明电源设备允许提供的最大有功功率，但实际输出有功功率的大小取决于负载。

例 2.4.1 电阻、电感、电容元件串联电路如图 2.4.1(a)所示，已知 $R=30\ \Omega$，$L=127\ \text{mH}$，$C=40\ \mu\text{F}$，电源电压 $u=220\sqrt{2}\sin(314t+20°)\ \text{V}$。求：

(1) 感抗、容抗和阻抗值及阻抗角；

(2) 电流的有效值与瞬时值表达式；

(3) 各部分电压的有效值与瞬时值表达式；

(4) 有功功率、无功功率和视在功率；

(5) 判断该电路的性质。

解 (1) $X_L=\omega L=314\times127\times10^{-3}=40\ (\Omega)$

$$X_C=\frac{1}{\omega C}=\frac{10^6}{314\times40}=80\ (\Omega)$$

$$|Z|=\sqrt{R^2+(X_L-X_C)^2}=\sqrt{30^2+(40-80)^2}=50\ (\Omega)$$

$$\varphi=\arctan\frac{X_L-X_C}{R}=\arctan\frac{40-80}{30}=-53°$$

(2)
$$I=\frac{U}{|Z|}=\frac{220}{50}=4.4\ (\text{A})$$

$$i=4.4\sqrt{2}\sin(314t+20°+53°)$$
$$=4.4\sqrt{2}\sin(314t+73°)\ (\text{A})$$

(3)
$$U_R=IR=4.4\times30=132\ (\text{V})$$

$$u_R=132\sqrt{2}\sin(314t+73°)\ (\text{V})$$

$$U_L=IX_L=4.4\times40=156\ (\text{V})$$

$$u_L=156\sqrt{2}\sin(314t+73°+90°)\ (\text{V})$$
$$=156\sqrt{2}\sin(314t+163°)\ (\text{V})$$

$U_C = IX_C = 4.4 \times 80 = 352$ (V)

$u_C = 352\sqrt{2}\sin(314t + 73° - 90°) = 352\sqrt{2}\sin(314t - 17°)$ (V)

显然

$$U \neq U_R + U_L + U_C$$

(4) $P = UI\cos\varphi = 220 \times 4.4\cos(-53°) = 580.6$ (W)

$Q = UI\sin\varphi = 220 \times 4.4\sin(-53°) = -774.4$ (var)

$S = UI = 220 \times 4.4 = 968$ (V·A)

因为电路中只有电阻消耗功率，而电感和电容只有无功功率，所以，也可以用下列方法计算：

$P = I^2R = 4.4^2 \times 30 = 580.8$ (W)

$Q = I^2X_L - I^2X_C = 4.4^2 \times 40 - 4.4^2 \times 80 = -774.4$ (var)

(5) 不论是从阻抗角的正、负，还是从电压、电流的相位关系，或从无功功率的正、负，都很容易得出：电路是容性的。

【练习与思考】

2.4.1 RL 串联电路如图 2.4.3 所示。判断下列哪些式子是对的？哪些式子是错的？

(1) $U = U_R + U_L$　　(2) $\dot{U} = \dot{U}_R + \dot{U}_L$

(3) $Z = R + jX_L$　　(4) $Z = R + X_L$

2.4.2 电路如图 2.4.4 所示，画出相量图，判断 $\dot{U}_2$ 与 $\dot{U}_1$ 的相位关系。若使两者之间相差 60°，则两参数值应满足什么条件？

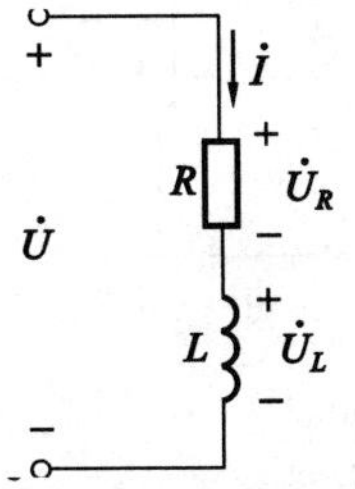

图 2.4.3 练习与思考 2.4.1 的图

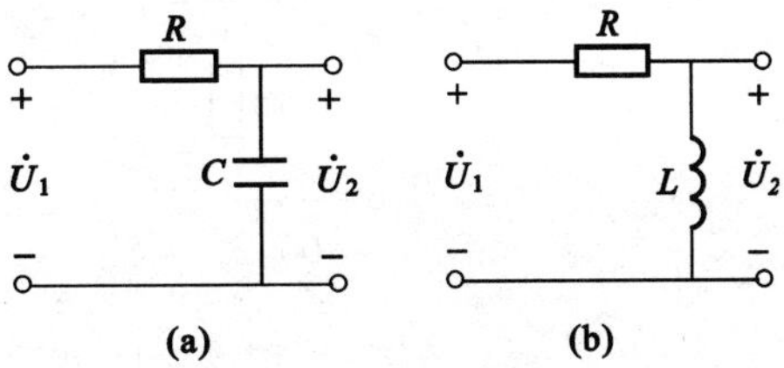

图 2.4.4 练习与思考 2.4.2 的图

2.5 正弦交流电路的分析

在前面的章节中已为相量法奠定了理论基础，获得了电路基本定律的相量形式，即

$$\text{KCL} \qquad \sum \dot{I}=0$$

$$\text{KVL} \qquad \sum \dot{U}=0$$

$$\text{VCR} \qquad \dot{U}=Z\dot{I}=0$$

这些都说明，相量法与线性电阻电路中的分析方法相比，不仅在表述形式上十分相似，而且在分析方法上也完全相同。因此，用相量法分析时，线性电阻电路的各种分析方法和电路定理可推广用于线性电路的正弦交流分析，差别仅在于所得电路方程为以相量形式表示的代数方程以及用相量形式描述的电路定理，而计算则为复数运算。本节将全面、深入地展示相量法在正弦交流分析中的应用。

在交流电路中，阻抗的联接形式是多种多样的。其中，最简单和最常用的联接形式是串联和并联。

2.5.1 阻抗的串联与并联

1. 阻抗的串联

图 2.5.1(a)是两个阻抗串联的电路。根据欧姆定律和基尔霍夫定律的相量形式，得

$$\dot{U}=\dot{U}_1+\dot{U}_2=\dot{I}Z_1+\dot{I}Z_2=\dot{I}(Z_1+Z_2)$$

所以

$$Z=Z_1+Z_2 \tag{2.5.1}$$

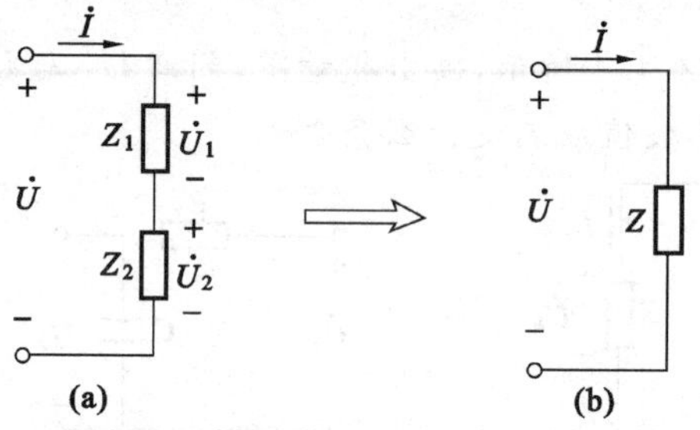

图 2.5.1 串联电路的复阻抗

由此可见，两个串联的复阻抗可用一个等效复阻抗来代替，如图 2.5.1(b)所示。此等效复阻抗等于串联的各复阻抗之和。一般情况下，几个复阻抗串联时，其等效复阻抗可用下式表示：

$$Z=\sum Z_k=\sum R_k+\mathrm{j}\sum X_k$$

$$=\sqrt{(\sum R_k)^2+(\sum X_k)^2}\angle\arctan\frac{\sum X_k}{\sum R_k}=|Z|\angle\varphi \tag{2.5.2}$$

即

$$|Z| = \sqrt{(\sum R_k)^2 + (\sum X_k)^2} \tag{2.5.3}$$

$$\varphi = \arctan \frac{\sum X_k}{\sum R_k} \tag{2.5.4}$$

在上面各式的 $\sum X_k$ 中，感抗 X_L 取正号，容抗 X_C 取负号。

根据上面的方法计算出等效复阻抗后，可计算其电压或电流

$$\dot{U} = \dot{I}Z \quad 或 \quad \dot{I} = \frac{\dot{U}}{Z}$$

一定要注意，求等效复阻抗要用复数运算法则，因为一般情况下

$$U \neq U_1 + U_2 \quad 即\ IZ \neq IZ_1 + IZ_2$$

所以

$$|Z| \neq |Z_1| + |Z_2|$$

例 2.5.1 已知 $Z_1 = 6.16 + \mathrm{j}9\ \Omega$，$Z_2 = 2.5 - \mathrm{j}4\ \Omega$，串联在一起接入 $\dot{U} = 220\angle 30°$ V的交流电源上，求电路中的电流 $\dot{I}$ 和各阻抗上的电压 $\dot{U}_1$ 和 $\dot{U}_2$。

解 先求复阻抗

$$Z = Z_1 + Z_2 = (6.16 + \mathrm{j}9) + (2.5 - \mathrm{j}4) = 8.66 + \mathrm{j}5 = 10\angle 30°\ (\Omega)$$

再求

$$\dot{I} = \frac{\dot{U}}{Z} = \frac{220\angle 30°}{10\angle 30°} = 22\angle 0°\ (\mathrm{A})$$

然后根据 $\dot{I}$ 求

$$\dot{U}_1 = \dot{I} \cdot Z_1 = 22\angle 0° \times (6.16 + \mathrm{j}9) = 22\angle 0° \times 10.9\angle 55.6° = 239.8\angle 55.6°\ (\mathrm{V})$$

$$\dot{U}_2 = \dot{I} \cdot Z_2 = 22\angle 0° \times (2.5 - \mathrm{j}4) = 22\angle 0° \times 4.7\angle -58° = 103.4\angle -58°\ (\mathrm{V})$$

2. 阻抗的并联

图 2.5.2(a)所示是两个阻抗并联组成的电路。根据基尔霍夫电流定律有

$$\dot{I} = \dot{I}_1 + \dot{I}_2 = \frac{\dot{U}_1}{Z_1} + \frac{\dot{U}_2}{Z_2} = \dot{U}\left(\frac{1}{Z_1} + \frac{1}{Z_2}\right) = \frac{\dot{U}}{\dfrac{Z_1 Z_2}{Z_1 + Z_2}} = \frac{\dot{U}}{Z}$$

可见，两个并联的复阻抗可用一个等效复阻抗代替。如图 2.5.2(b)所示。

其等效复阻抗为

$$Z = \frac{Z_1 Z_2}{Z_1 + Z_2} \tag{2.5.5}$$

由以上分析可知，复阻抗的串并联法则与电阻的串并联法则在形式上完全一样，只不过这里是复数运算。同时，根据所求的正弦交流电路的等效复阻抗，可以很方便地画出该电路的串联等效电路。若等效复阻抗的虚部为正，该等效电路可视为电阻元件和电感元件的串联；若等效复阻抗的虚部为负，该等效电路可视为电阻元件和电

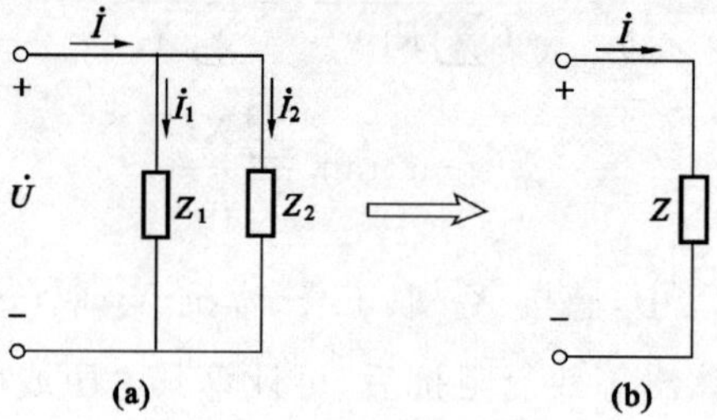

图 2.5.2 并联电路的复阻抗

容元件的串联。

同理，根据串、并联电路的等效复阻抗，我们很容易计算出电路的电压、电流及功率。

例 2.5.2 两个复阻抗 $Z_1=3+\mathrm{j}4\ \Omega$，$Z_2=8-\mathrm{j}6\ \Omega$，它们并联接在 $\dot{U}=220\angle0^\circ$ V的电源上。

(1) 求电路中的电流 $\dot{I}$、$\dot{I}_1$ 和 $\dot{I}_2$，并画出各相量图；

(2) 求电路总的有功功率 P、无功功率 Q 和视在功率 S。

解 (1) 先计算等效复阻抗

$$Z=\frac{Z_1Z_2}{Z_1+Z_2}=\frac{(3+\mathrm{j}4)\cdot(8-\mathrm{j}6)}{(3+\mathrm{j}4)+(8-\mathrm{j}6)}=\frac{5\angle53^\circ\cdot10\angle-37^\circ}{11-\mathrm{j}2}$$

$$=\frac{50\angle16^\circ}{11.8\angle-10.5^\circ}=4.47\angle26.5^\circ\ (\Omega)$$

$$\dot{I}=\frac{\dot{U}}{Z}=\frac{220\angle0^\circ}{4.47\angle26.5^\circ}=49.2\angle-26.5^\circ\ (\mathrm{A})$$

$$\dot{I}_1=\frac{\dot{U}}{Z_1}=\frac{220\angle0^\circ}{5\angle53^\circ}=44\angle-53^\circ\ (\mathrm{A})$$

$$\dot{I}_2=\frac{\dot{U}}{Z_2}=\frac{220\angle0^\circ}{10\angle-37^\circ}=22\angle37^\circ(\mathrm{A})$$

在并联电路中，因各支路的电压是相同的，故以电压为参考相量画相量图。如图 2.5.3 所示 。

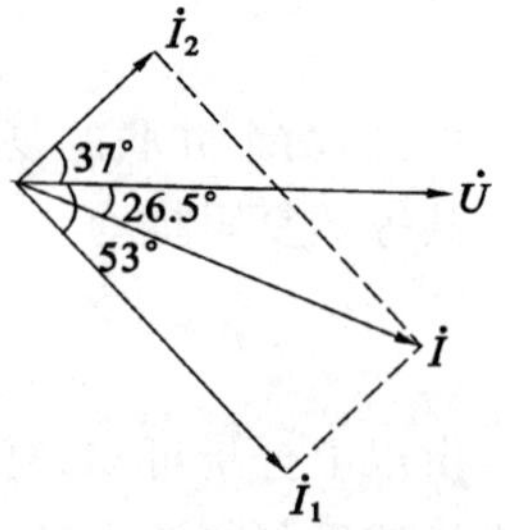

图 2.5.3 例 2.5.2 的图

(2) 有功功率 $P=UI\cos\varphi$

$$=220\times49.2\times\cos26.5^\circ$$
$$=9\ 686.8\ (\mathrm{W})$$

无功功率 $Q=UI\sin\varphi$

$$=220\times49.2\times\sin26.5^\circ$$
$$=4\ 829.6\ (\mathrm{var})$$

视在功率 $S=UI=220\times49.2=10\ 824\ (\mathrm{V\cdot A})$

2.5.2 一般正弦交流电路的分析与计算

一般情况下，由 R、L、C 构成的正弦交流电路的各元件的联接关系可能是串联，也可能是并联，还可能既串联又并联。对于这样一般形式的正弦交流电路，其分析方法有相量图法和相量式法。

1. 相量式法

用相量式法分析计算正弦交流电路的步骤为：

(1) 将电路中已知的正弦量都用相量式表示。

(2) 将电路中的阻抗元件都用复阻抗(R 用 R，L 用 jX_L，C 用 $-jX_C$)表示。

(3) 应用分析直流电路的各种定理和方法列方程求解。但所有的方程都为相量方程，所有的运算均为复数运算。

例 2.5.3 求图 2.5.4 所示电路中的电流 i_L。图中电压源 $u_s=10.39\sqrt{2}\sin(2t-30°)$ V，电流源 $i_s=3\sqrt{2}\sin(2t-30°)$ A。

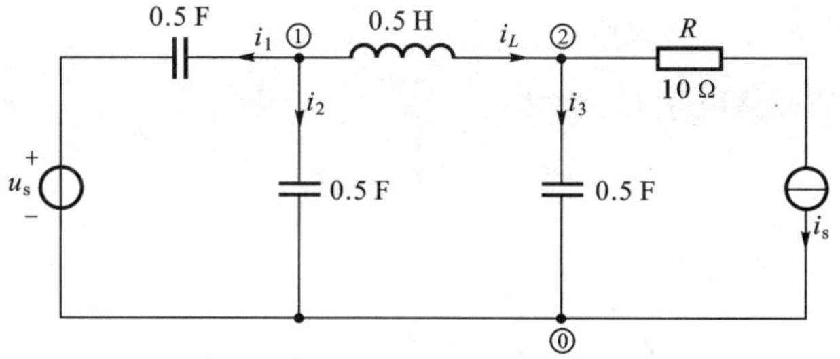

图 2.5.4 例 2.5.3 的图

解 电路中的电源为同一频率，则有

$$\dot{U}_s=10.39\underline{/-30°}\ \text{V},\quad \dot{I}_s=3\underline{/-30°}\ \text{A},\quad \frac{1}{\omega C}=1\ \Omega,\quad \omega L=1\ \Omega$$

本例将依照电阻电路用不同方法编写电路方程求解。

(1) 用结点法求解，列方程为

$$(2j-j)\dot{U}_{10}-(-j)\dot{U}_{20}=j\dot{U}_s$$

$$-(-j)\dot{U}_{10}+(j-J)\dot{U}_{20}=-\dot{I}_s$$

$$\dot{I}_L=\frac{\dot{U}_{10}-\dot{U}_{20}}{j}$$

可解得

$$\dot{U}_{10}=j\dot{I}_s,\quad \dot{U}_{20}=\dot{U}_s-j\dot{I}_s,\quad \dot{I}_L=-j(\dot{U}_{10}-\dot{U}_{20})=j\dot{U}_s+2\dot{I}_s$$

(2) 用支路电流法求解。

对①、②结点列 KCL 方程

$$\dot{I}_1+\dot{I}_2+\dot{I}_L=0$$

$$\dot{I}_L-\dot{I}_3-\dot{I}_s=0$$

对网孔列 KVL 方程

$$\dot{U}_s-\mathrm{j}1\times\dot{I}_1+\mathrm{j}1\times\dot{I}_2=0$$

$$-(-\mathrm{j}1)\times\dot{I}_2+\mathrm{j}1\times\dot{I}_L-\mathrm{j}1\times\dot{I}_3=0$$

解方程得

$$\dot{I}_L=\mathrm{j}\dot{U}_s+2\dot{I}_s$$

(3) 用叠加定理求解。

$$\dot{I}'_L=\mathrm{j}\dot{U}_s \quad (\dot{U}_s\text{ 单独作用})$$

$$\dot{I}''_L=\dot{I}_s\frac{-\mathrm{j}}{-\mathrm{j}0.5}=2\dot{I}_s \quad (\dot{I}_s\text{ 单独作用})$$

$$\dot{I}_L=\dot{I}'_L+\dot{I}''_L$$

(4) 用戴维宁等效电路求解。

端口①～②的开路电压 $\dot{U}_{oc}$ 为

$$\dot{U}_{oc}=\frac{1}{2}\dot{U}_s-\mathrm{j}\dot{I}_s$$

端口①～②的等效阻抗 Z_{eq} 为

$$Z_{eq}=\left(\frac{1}{\mathrm{j}2}-\mathrm{j}\right)\ \Omega=-\mathrm{j}1.5\ (\Omega)$$

解得

$$\dot{I}_L=\dot{I}_2=\frac{\dot{U}_{oc}}{\mathrm{j}-\mathrm{j}1.5}=\mathrm{j}\dot{U}_s+2\dot{I}_s=10\underline{/30^\circ}\ (\mathrm{A})$$

$$i_L=10\sqrt{2}\sin(2t+30^\circ)\ (\mathrm{A})$$

读者可思考,当电路中的电阻 R 变化时,将对电路产生哪些影响?

例 2.5.4 在图 2.5.5(a)所示的电路中,已知 $\dot{U}=100\angle 0^\circ$ V,$X_C=500\ \Omega$,$X_L=1\ 000\ \Omega$,$R=2\ 000\ \Omega$,求电流 I。

解 在此电路中,只需求一条支路的电流,故用戴维宁定理比较简单。

由图 2.5.5(b)得等效电动势为

$$\dot{E}_o=\dot{U}_o=\dot{U}_{ac}-\dot{U}_{bc}=\frac{\mathrm{j}X_L}{\mathrm{j}X_L-\mathrm{j}X_C}\dot{U}-\frac{-\mathrm{j}X_C}{\mathrm{j}X_L-\mathrm{j}X_C}\dot{U}=\dot{U}\frac{\mathrm{j}X_L+\mathrm{j}X_C}{\mathrm{j}X_L-\mathrm{j}X_C}$$

$$=100\angle 0^\circ\times\frac{\mathrm{j}1\ 000+\mathrm{j}500}{\mathrm{j}1\ 000-\mathrm{j}500}=300\angle 0^\circ\ (\mathrm{V})$$

由图 2.5.5(c)得等效内阻抗

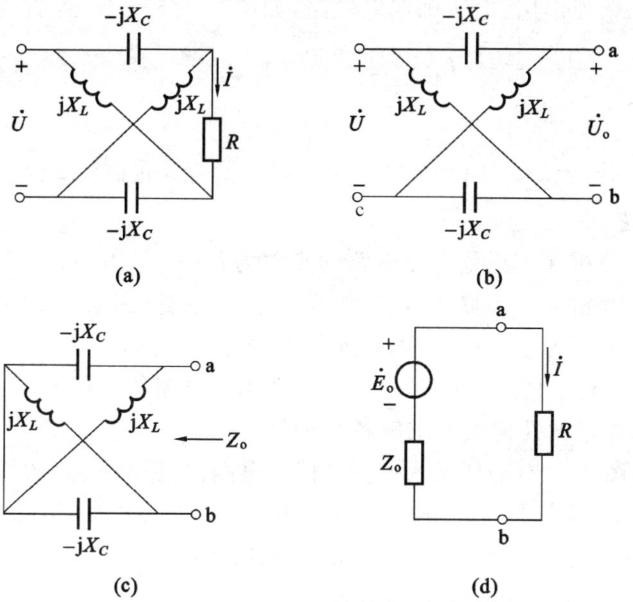

图 2.5.5　例 2.5.4 的图

$$Z_o=\frac{jX_L(-jX_C)}{jX_L-jX_C}\times 2=\frac{j1\ 000\cdot(-j500)}{j1\ 000-j500}\times 2=-j2\ 000\ (\Omega)$$

则图 2.5.5(a)所示的戴维宁等效电路如图 2.5.5(d)所示，由图 2.5.5(d)得

$$\dot{I}=\frac{\dot{E}_o}{Z_o+R}=\frac{300\angle 0^\circ}{-j2\ 000+2\ 000}=\frac{3}{20\sqrt{2}}\angle 45^\circ(\text{A})=0.12\angle 45^\circ\ (\text{A})$$

例 2.5.5　用叠加原理求图 2.5.6(a)所示电路中电容电压 $\dot{U}$。已知 $\dot{U}_s=50\angle 0^\circ$ V，$\dot{I}_s=10\angle 30^\circ$ A，$X_L=5\ \Omega$，$X_C=3\ \Omega$。

解　先设图 2.5.6(a)所示电路中的电压源单独作用，电流源代以开路，如图 2.5.6(b)所示，此时有

$$\dot{U}'=\frac{\dot{U}_s}{jX_L-jX_C}\cdot(-jX_C)=\frac{50\angle 0^\circ}{j5-j3}\times(-j3)=-75\angle 0^\circ\ (\text{V})$$

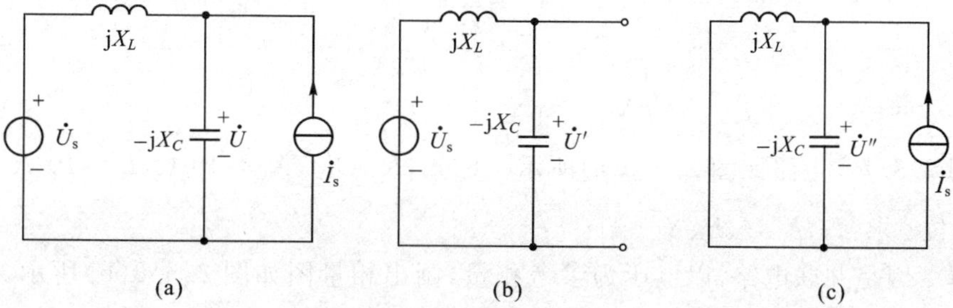

图 2.5.6　例 2.5.5 的图

再设电流源单独作用,电压源代以短路,如图 2.5.6(c)所示,此时有

$$\dot{U}''=\frac{-\mathrm{j}X_C\cdot\mathrm{j}X_L}{\mathrm{j}X_L-\mathrm{j}X_C}\dot{I}_{\mathrm{s}}=\frac{-\mathrm{j}3\times\mathrm{j}5}{\mathrm{j}5-\mathrm{j}3}\times10\angle30^\circ=75\angle-60^\circ\ (\mathrm{V})$$

故

$$\dot{U}=\dot{U}'+\dot{U}''=-75\angle0^\circ+75\angle-60^\circ=-75+37.5-\mathrm{j}64.95=75\angle-120^\circ\ (\mathrm{V})$$

2. 相量图法

用相量图法分析计算正弦交流电路的步骤为:

(1) 选定参考相量。串联电路以电流为参考相量(因各元件流过的是同一电流);并联电路以电压为参考相量(因各元件上的电压相同)。

(2) 根据各元件上的电流电压的相位关系画出电路的相量图。

(3) 根据各相量的几何关系求解各物理量。

例 2.5.6 图 2.5.7(a)所示为一 RC 移相电路。已知,$R=100\ \Omega$,输入信号的频率为 500 Hz。如要求输出电压 u_2 与输入电压 u_1 的相位差为 45°,试求电容值。

解 因是串联电路,以电流为参考相量,画出相量图如图 2.5.7(b)所示。

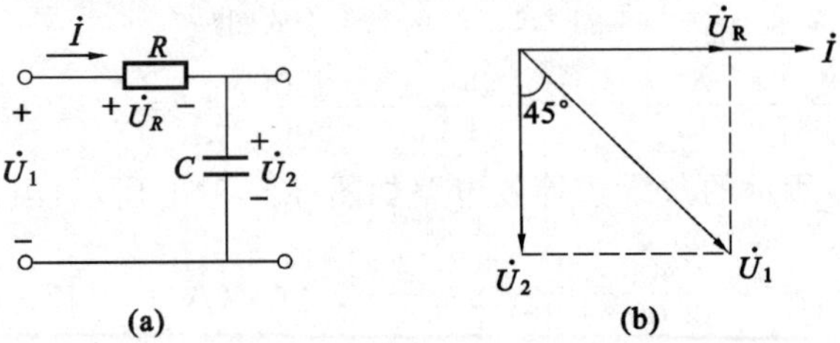

图 2.5.7 例 2.5.6 的图

由相量图可知

$$\tan 45^\circ=\frac{U_R}{U_2}=\frac{IR}{IX_C}=\frac{R}{X_C}$$

$$X_C=\frac{R}{\tan 45^\circ}=100\ (\Omega)$$

又

$$X_C=\frac{1}{2\pi fC}$$

所以

$$C=\frac{1}{2\pi fX_C}=\frac{1}{2\pi\times50\times100}=31.8\ (\mu\mathrm{F})$$

例 2.5.7 电路如图 2.5.8(a)所示。已知,$R=X_L$,$X_C=10\ \Omega$,$I_C=10$ A,$\dot{U}$ 与 $\dot{I}$ 同相位。求:I、I_{RL}、U、R、X_L。

解 因是并联电路,以电压为参考相量,画出相量图如图 2.5.8(b)所示。因为 $R=X_L$,所以 $\dot{I}_{RL}$ 滞后于 $\dot{U}$45°。

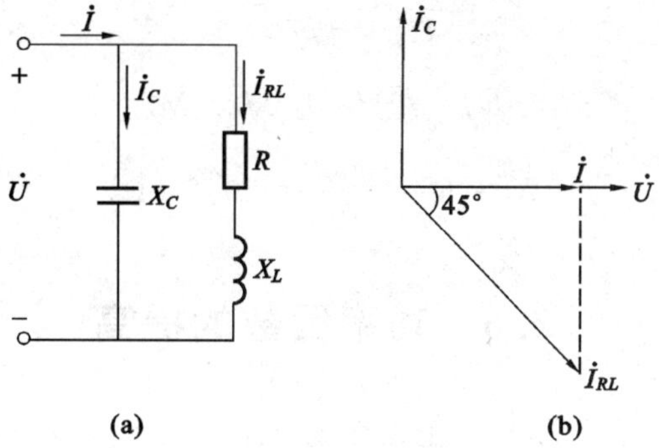

图 2.5.8　例 2.5.7 的图

由相量图可知

$$I=I_C=10\ (\mathrm{A})$$

$$I_{RL}=\frac{I}{\cos 45^\circ}=10\sqrt{2}\ (\mathrm{A})$$

$$U=I_CX_C=100\ (\mathrm{V})$$

$$\sqrt{R^2+X_L^2}=\frac{U}{I_{RL}}=\frac{100}{10\sqrt{2}}=5\sqrt{2}\ (\Omega)$$

因为　$R=X_L$

所以　$R=X_L=5\ (\Omega)$

例 2.5.8　电路如图 2.5.9(a)所示。已知：$I_1=I_2=10$ A，$U=100$ V，$\dot{U}$ 与 $\dot{I}$ 同相。求：I、R、X_C、X_L。

解　此电路既有串联也有并联，取并联支路的电压 $\dot{U}_1$ 为参考相量，画出相量图如图 2.5.9(b)所示。

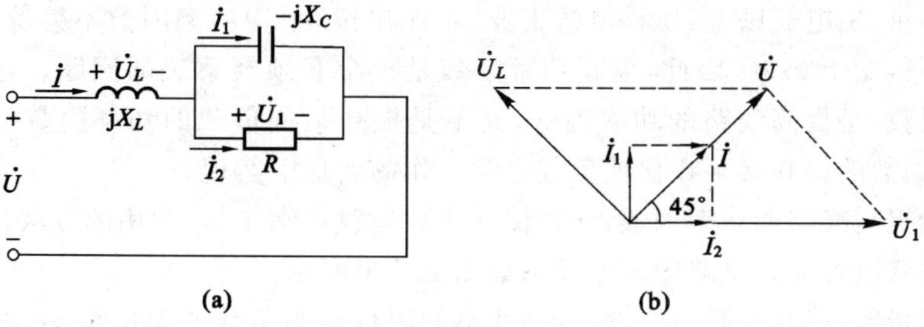

图 2.5.9　例 2.5.8 的图

由相量图，得

$$I=\sqrt{I_1^2+I_2^2}=10\sqrt{2}\ (\mathrm{A})$$

$$U_L=U=100\ (\mathrm{V})$$

$$X_L=\frac{U_L}{I}=\frac{100}{10\sqrt{2}}=5\sqrt{2}\ (\Omega)$$

$$U_1=\sqrt{2}U=100\sqrt{2}\ (\text{V})$$

$$X_C=R=\frac{100\sqrt{2}}{10}=10\sqrt{2}\ (\Omega)$$

2.6 功率因数的提高

从前面的分析中，我们得到了正弦交流电路中功率因数 $\cos\varphi$ 的计算公式为

$$\cos\varphi=\frac{P}{S}$$

功率因数是正弦交流电路中一个很重要的物理量。功率因数低会带来两方面的不良影响。

(1) $\cos\varphi$ 低，输电线路损耗大。设线路电阻为 r，则线路损耗为 I^2r。因为 $I=\frac{P}{U\cos\varphi}$，当输电线路的电压和传输的有功功率一定时，输电线上的电流与功率因数成反比。功率因数越小，输电线上的电流越大，线路损耗越大。

(2) $\cos\varphi$ 低，电源的利用率低。因为电源的容量 S_N 是一定的，由 $P=S_N\cos\varphi$ 可知，电源能够输出的有功功率与功率因数成正比。如当负载的 $\cos\varphi=0.5$时，电源的利用率只有 50%。

由此可见，功率因数的提高有着非常重要的经济意义。

实际电路中，功率因数低的主要原因是因为工业上大都是感性负载。如三相异步电动机，满载时的功率因数为 0.7～0.9，轻载时只有 0.4～0.5，空载时甚至只有 0.2。

按照供、用电规则，高压供电的工业、企业单位，平均功率因数不得低于0.95，其他单位不得低于 0.9。因此，提高功率因数是一个必须要解决的问题。这里说的提高功率因数，是提高线路的功率因数，而不是提高某一负载的功率因数。应注意的是，功率因数的提高必须在保证负载正常工作的前提下实现。

既能提高线路的功率因数，又要保证感性负载正常工作，常用的方法是在感性负载两端并联电容器。电路图和相量图如图 2.6.1 所示。

由相量图可知，并联电容器以前，线路的阻抗角为负载的阻抗角 φ_1，线路的功率因数为负载的功率因数 $\cos\varphi_1$（较低），线路的电流为负载的电流 I_1（较大）；并联电容器以后，因电容上的电流超前于电压 90°，故抵消掉了部分感性负载电流的无功分量，使得线路的电流 I 减小（$I<I_1$），线路的阻抗角 φ 减小（$\varphi<\varphi_1$），因此线路的功率因数 $\cos\varphi$ 提高（$\cos\varphi>\cos\varphi_1$）。由于电容器是并联在负载两端的，负载的电压未发

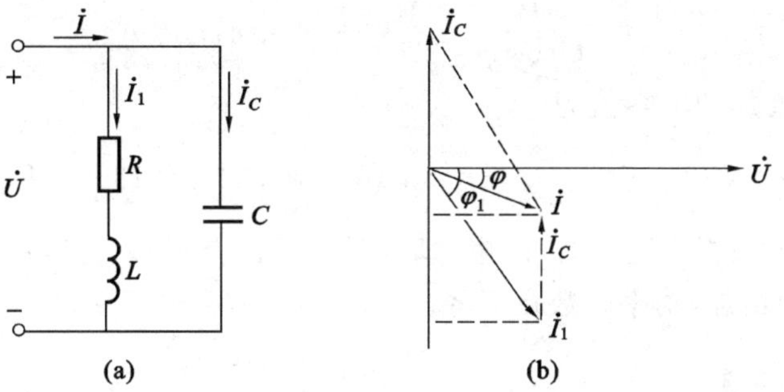

图 2.6.1　感性负载并联电容提高功率因数

生变化，所以，负载的工作状况也就不会发生变化。下面讨论一下提高功率因数与需要并联的电容器容量之间的关系。

设负载的电压、阻抗角和有功功率分别为 U、φ_1 和 P；它们也是并联电容器前线路的电压、阻抗角和有功功率。并联电容器后，线路的电压、阻抗角和有功功率分别为 U、φ 和 P。注意：由于电容不产生有功功率，所以，并联电容器前、后 P 不变。据相量图，得

$$I_C = I_1 \sin\varphi_1 - I\sin\varphi = \frac{P}{U\cos\varphi_1}\cdot\sin\varphi_1 - \frac{P}{U\cos\varphi}\cdot\sin\varphi$$

即

$$C = \frac{P}{\omega U^2}(\tan\varphi_1 - \tan\varphi) \tag{2.6.1}$$

这就是把功率因数由 $\cos\varphi_1$ 提高到 $\cos\varphi$ 所需并联电容器容量的计算公式。

由上述分析可见，并联电容器后，改变的只是线路的功率因数、电流和无功功率，而负载的工况及电路的有功功率没有发生变化！

例 2.6.1　有一电感性负载，功率为 10 kW，功率因数为 0.6，接在电压为220 V、50 Hz 的交流电源上。

(1) 若将功率因数提高到 0.95，需并联多大的电容？

(2) 计算并联电容前、后的线路电流；

(3) 若要将功率因数从 0.95 再提高到 1，还需并多大电容？

(4) 若电容继续增大，功率因数会怎样变化？

解　(1) 由 $\cos\varphi_1 = 0.6$ 得 $\varphi_1 = 53°$

由 $\cos\varphi = 0.95$ 得 $\varphi = 18°$

代入式(2.6.1)得　$C = \frac{10\times10^3}{220^2\times2\pi\times50}(\tan 53° - \tan 18°) = 656\ (\mu F)$

(2) 并联电容前的线路电流即负载电流为

$$I_1 = \frac{P}{U\cos\varphi_1} = \frac{10\times10^3}{220\times0.6} = 75.6\ (A)$$

并联电容后的电流

$$I=\frac{P}{U\cos\varphi}=\frac{10\times10^3}{220\times0.95}=47.8\ (\text{A})$$

(3) 需再增加的电容值为

$$C=\frac{10\times10^3}{220^2\times2\pi\times50}(\tan 18^\circ-\tan 0^\circ)=213.6(\mu\text{F})$$

(4) 功率因数提高到1时，产生并联谐振(后面介绍)。再增加电容，电路呈现容性，随着电容的增加，功率因数在下降。

【练习与思考】

2.6.1 对于感性负载，能否采用串联电容的方法提高功率因数？为什么？

2.6.2 试用相量图说明，并联电容过大，功率因数反而下降的原因。

2.6.3 感性负载并联上合适的电容提高功率因数时，电路中哪些量发生了变化？如何变？哪些量不变，为什么？

2.7 电路的谐振

在含有 R、L、C 元件的交流电路中，因感抗、容抗都是频率的函数，所以当改变电感元件、电容元件的参数或电源的频率时，感抗和容抗就会发生变化，引起电压与电流之间的相位差的变化。当电路的输入电压与输入电流同相位，即电路呈电阻性时，称电路的这种状态为**谐振**。谐振分为串联谐振和并联谐振。

2.7.1 串联谐振

在 R、L、C 串联的电路中发生的谐振，称**串联谐振**。在图 2.7.1(a)所示的串联电路中，其复阻抗

$$Z=R+\text{j}(X_L-X_C)=\sqrt{R^2+(X_L-X_C)^2}\angle\arctan\frac{X_L-X_C}{R}$$

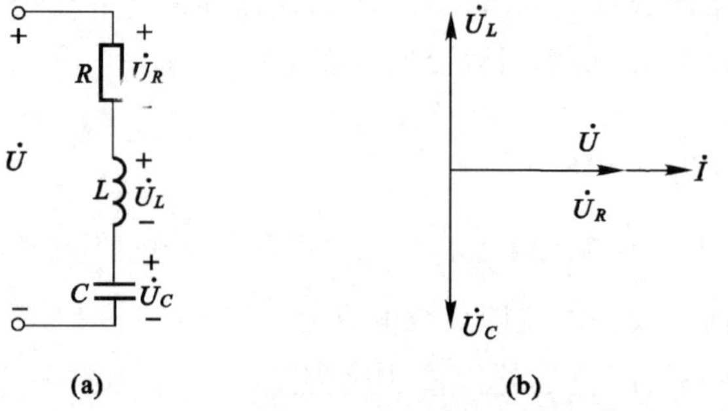

图 2.7.1 串联谐振

若感抗和容抗相等，即

$$X_L = X_C$$

则
$$\varphi = \arctan \frac{X_L - X_C}{R} = 0°$$

即电源电压 $\dot{U}$ 与电路中的 $\dot{I}$ 同相位，电路发生谐振。

由此，可得出谐振条件为

$$\omega_0 L = \frac{1}{\omega_0 C} \tag{2.7.1}$$

谐振角频率为
$$\omega_0 = \frac{1}{\sqrt{LC}} \tag{2.7.2}$$

或
$$f_0 = \frac{1}{2\pi \sqrt{LC}} \tag{2.7.3}$$

即当电源频率和电路参数 L 和 C 之间满足以上关系时，电路发生串联谐振。

由上式可知，谐振频率完全是由电路本身的参数决定的，是电路本身的固有性质。每一个 R、L、C 串联的电路都对应一个谐振频率。当电源的频率一定时，改变电路的参数 L 或 C，可以使电路发生谐振；当电路参数一定时，改变电源频率 f，也可使电路产生谐振。

串联谐振具有以下特征：

(1) 电路的阻抗角 $\varphi=0$，电压与电流同相位，电路呈电阻性。

串联谐振时的相量图如图 2.7.1(b)所示。$\dot{U}$ 与 $\dot{I}$ 同相，阻抗角 $\varphi=0$，$\cos\varphi=1$，电源只给电阻提供能量，电感和电容的能量交换在它们两者之间进行。

(2) 电路中的阻抗值最小。电源电压 U 一定时，电流 I 最大。因为

$$|Z| = \sqrt{R^2 + (X_L - X_C)^2} = R$$

所以
$$I_0 = \frac{U}{R} \tag{2.7.4}$$

阻抗和电流随频率变化的曲线如图 2.7.2 所示。I_0 是谐振电流的有效值。当电源电压 U 一定时，I_0 的大小，只是取决于 R。R 越小，I_0 越大。

(3) 串联谐振时，将在电感元件和电容元件上产生高电压。因为谐振时，电感元件和电容元件上的电压大小相等，方向相反，相互抵消，电阻元件上的电压为电源电压 U。

$$U_L = U_C = I_0 X_L = I_0 X_C \tag{2.7.5}$$

$$U = U_R = I_0 R \tag{2.7.6}$$

若 $X_L = X_C \gg R$ 时，则

$$U_L = U_C \gg U$$

当电压过高时，将有可能击穿线圈和电容器的绝缘介质，产生事故。所以，在电

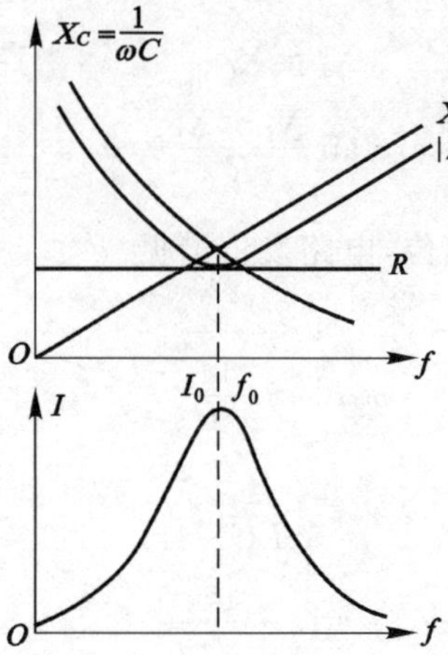

图 2.7.2 阻抗和电流随频率变化的曲线

力系统中,应尽量避免谐振。但在无线电工程中,则常常利用谐振这个特点,在某个频率上获得大电压信号。

由于串联谐振能在电感和电容上产生高于电源许多倍的电压,故串联谐振也称**电压谐振**。

在无线电工程中,通常用串联谐振来选择频率。如收音机里的调谐电路,如图 2.7.3所示。天线线圈接收到空间电磁场中各种频率的信号,*LC* 回路中感应出频率不同的电动势 e_1、e_2、e_3…,改变 *C*,对所需信号频率调到谐振,这时,*LC* 电路中该频率的电流最大,电容器上该频率的电压也最大。该频率的信号就被选择出来了。选择出的信号被放大、处理后,推动喇叭发出声音。

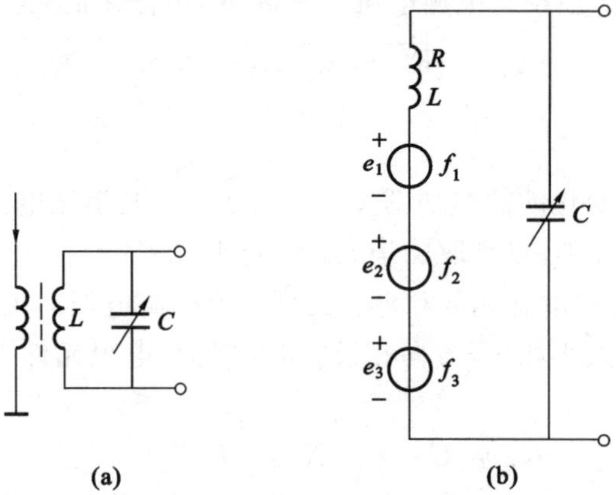

图 2.7.3 收音机的调谐电路

这里有一个选择性的问题。选择性的好坏用**品质因数** *Q* 来衡量,品质因数的定义为

$$Q=\frac{U_L}{U}=\frac{U_C}{U}=\frac{\omega_0 LI_0}{RI_0}=\frac{\omega_0 L}{R}=\frac{1}{\omega_0 RC} \tag{2.7.7}$$

当品质因数 Q 值越大时，图 2.7.4 所示的谐振曲线越尖锐，选择性越好。

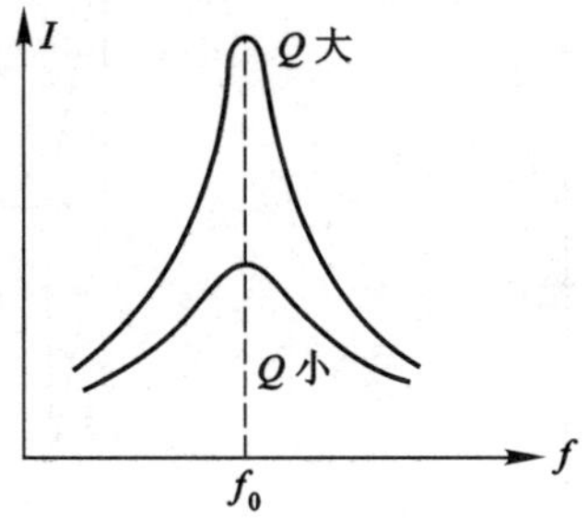

图 2.7.4　Q 与谐振曲线的关系

2.7.2　并联谐振

图 2.7.5 是一个电容器与一个线圈并联的电路。R 表示线圈的电阻，L 表示线圈的电感，C 表示电容。该电路谐振时，其电流 $\dot{I}$ 与电压 $\dot{U}$ 同相位，即阻抗角 φ 为零。所以，我们可以通过复阻抗推导其谐振条件。其等效复阻抗为

$$Z=\frac{(R+\mathrm{j}\omega L)\cdot\frac{1}{\mathrm{j}\omega C}}{R+\mathrm{j}\omega L+\frac{1}{\mathrm{j}\omega C}}=\frac{R+\mathrm{j}\omega L}{\mathrm{j}\omega RC-\omega^2 LC+1}$$

通常，线圈的电阻很小，所以，谐振时，$\omega_0 L\gg R$ 。上式可写为

$$Z\approx\frac{\mathrm{j}\omega L}{\mathrm{j}\omega RC-\omega^2 LC+1}=\frac{1}{\frac{RC}{L}+\mathrm{j}\omega C-\mathrm{j}\,\frac{1}{\omega L}}$$

若阻抗角为零，则有

$$\omega C=\frac{1}{\omega L}$$

由此，可得出谐振条件或谐振频率为

$$\omega_0\approx\frac{1}{\sqrt{LC}} \tag{2.7.8}$$

或

$$f_0\approx\frac{1}{2\pi\sqrt{LC}} \tag{2.7.9}$$

即当电源频率 f_0 和电路参数 L 和 C 之间满足上式关系时，则发生并联谐振。可见，调节 L 或 C 或 f 都能使电路发生谐振。

并联谐振具有以下特征：

(1) 电路的阻抗角 $\varphi=0°$，输入电压与输入电流同相位，电路呈电阻性。相量图

如图2.7.6所示。因为线圈中电阻很小，所以 $\dot{I}_1$ 与 $\dot{U}$ 的相位差接近 90°。

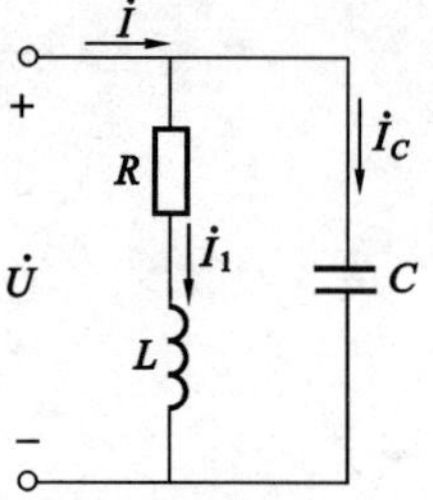

图 2.7.5　并联电路

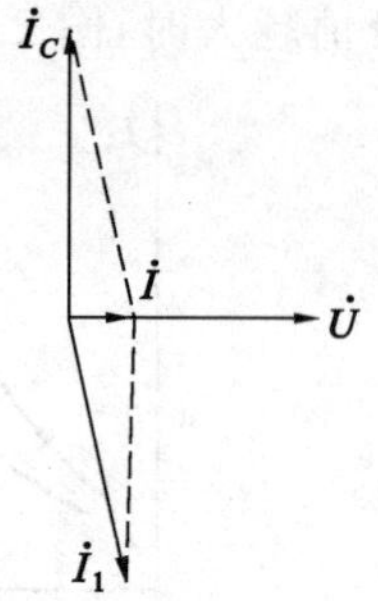

图 2.7.6　并联谐振的相量图

(2) 电路中的阻抗值最大(阻抗的分母值最小，阻抗值最大)。电源电压 U 一定时，电流 I 最小。

$$|Z| = \frac{L}{RC}$$

$$I = \frac{U}{|Z|} = \frac{U}{\frac{L}{RC}} \tag{2.7.10}$$

(3) 并联谐振时，电感支路和电容支路上的电流可能远远大于电路中的总电流，如相量图 2.7.6 所示。所以，并联谐振也称**电流谐振**。

谐振时的大电流可能给电气设备造成损坏。所以，在电力系统中，应尽量避免谐振。但在无线电领域，也可以利用这个特点，进行频率选择。

选择性的好坏也用品质因数来表示。在 $Q \gg 1$ 的条件下，则

$$Q = \frac{I_C}{I} \approx \frac{1}{\omega_0 RC} = \frac{\omega_0 L}{R}$$

同样，品质因数 Q 值越大，其选择性越好。

【练习与思考】

2.7.1　某收音机的输入电路中，$L=0.3$ H，$R=16$ Ω。今欲收听 640 kHz 的广播，应将电容调到多少？如在调谐回路中感应出电压 $U=2$ μV，试求这时回路中该信号的电流多大？电容两端的电压多大？

2.7.2　比较一下串联谐振和并联谐振的特点。

2.7.3　分析一下电路发生谐振时能量的消耗和互换情况。

2.7.4　试说明 R、L、C 串联电路中低于和高于谐振频率时电路的性质。

习　题

2.1　已知：正弦交流电压 u，电流 i_1、i_2 的相量图如题图 2.1 所示，试分别用三角函数式、复数式和波形图表示它们。

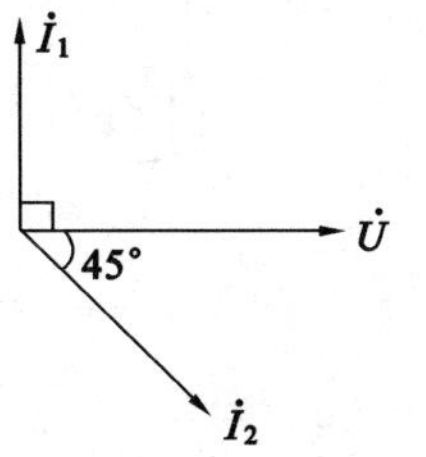

题图 2.1　习题 2.1 的电路

2.2　已知相量 $\dot{I}_1=5+\mathrm{j}5$ A，$\dot{I}_2=5-\mathrm{j}5$ A，$\dot{I}_3=-5+\mathrm{j}5$ A，$\dot{I}_4=-5-\mathrm{j}5$ A，试分别用瞬时值表达式及相量图表示它们（设 $\omega=1\ 000$ rad/s）。

2.3　已知：(1) $\dot{U}_1=6\angle 30°$ V，$\dot{U}_2=8\angle 120°$ V；(2) $\dot{I}_1=10\angle -30°$ A，$\dot{I}_2=10\angle 60°$ A。试用相量图求：

(1) $\dot{U}=\dot{U}_1+\dot{U}_2$，并求电压 u 的瞬时值表达式；

(2) $\dot{I}=\dot{I}_1-\dot{I}_2$，并求电压 i 的瞬时值表达式。

2.4　已知：$L=100$ mH，$f=50$ Hz。

(1) $i_L=7\sqrt{2}\sin\omega t$ A 时，求电压 $u_L=$？

(2) $\dot{U}_L=127\angle -30°$ V 时，求 $\dot{I}_L=$？并画相量图。

2.5　已知：$C=4\ \mu$F，$f=50$ Hz。

(1) $u_C=220\sqrt{2}\sin\omega t$ V 时，求电流 $i_C=$？

(2) $\dot{I}_C=0.1\angle -60°$ A 时，求 $\dot{U}_C=$？并画相量图。

2.6　一个电阻与电感相串联的无源二端网络，当外加电压为 $u=311\sin(100t+15°)$ V 时，输入电流为 $i=14.14\sin(100t-45°)$ A。试求该网络中电阻 R 与感抗。

2.7　已知 R、L、C 串联的电路中，$R=10\ \Omega$，$L=1/31.4$ H，$C=\dfrac{10^6}{3\ 140}\ \mu$F。在电容元件的两端并联一开关 S。

(1) 当电源电压为 220 V 的直流电压时，试分别计算开关闭合和断开两种情况下的电流 I 及 U_R、U_L、U_C；

(2) 当电源电压为 $u=220\sqrt{2}\sin(314t+60°)$ V 时，试分别计算在上述两种情况下的电流 I 及 U_R、U_L、U_C。

2.8 在题图 2.2 所示电路中，试画出各电压、电流的相量图，并计算未知电压和电流。

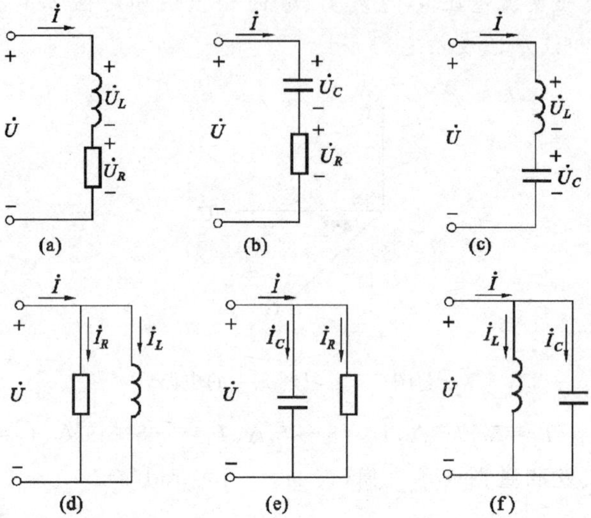

题图 2.2 习题 2.8 的电路

(a) $U_R=U_L=10$ V，$U=$？(b) $U=100$ V，$U_R=60$ V，$U_C=$？(c) $U_L=200$ V，$U_C=100$ V，$U=$？(d) $I_R=4$ A，$I=5$ A，$I_L=$？(e) $I_C=I_R=5$ A，$I=$？(f) $I=10$ A，$I_C=8$ A，$I_L=$？

2.9 在题图 2.3 所示电路中，Z_1、Z_2 上的电压分别为 $U_1=6$ V，$U_2=8$ V。

(1) 设 $Z_1=R$，$Z_2=\mathrm{j}X_L$，$U=$？

(2) 若 $Z_2=\mathrm{j}X_L$，Z_1 为何种元件时 U 最大，最大值是多少？Z_1 为何种元件时 U 最小，最小值是多少？

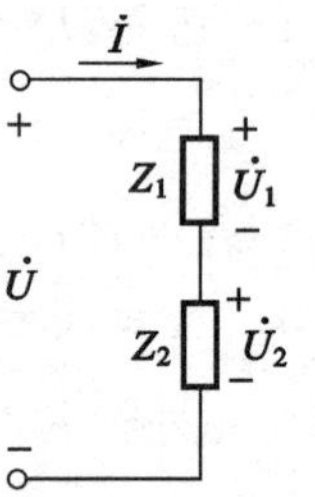

题图 2.3 习题 2.9 的电路

2.10 测得题图 2.4(a)所示无源网络 N 的电压、电流波形如题图 2.4(b)所示，$f=50$ Hz(初相位由图估算)。

(1) 用瞬时值表达式、相量图、相量式分别表示电压、电流；

(2) 画出 N 的串联等效电路，并求元件参数；

(3) 计算该网络的 P、Q、S。

2.11 一线圈的电阻为 1.6 kΩ，接入 $U=380$ V，$f=50$ Hz 的交流电源，测得线圈电流 $I=30$ mA，求线圈电感 L。

2.12 RC 串联电路，输入电压为 u_1，阻抗值 $|Z|=2\ 000\ \Omega$，$f=1\ 000$ Hz，若从

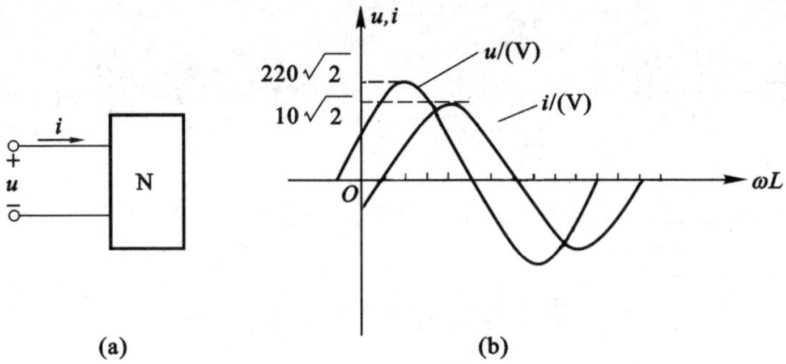

题图 2.4　习题 2.10 的电路

电容两端输出 u_2，通过相量图说明输出电压 u_2 与输入电压 u_1 的相位关系；若两者之间的相位差为 30°，计算 R 和 C。若从电阻两端输出呢？

2.13　在题图 2.5 所示电路中，已知：$u=100\sqrt{2}\sin(1\,000t+20°)$ V。试求 i_R、i_L、i_C、i。

2.14　在题图2.6 所示电路中，已知：$X_L=X_C=R$，$I_1=10$ A。画出相量图并求 I_2、I_3 的数值。

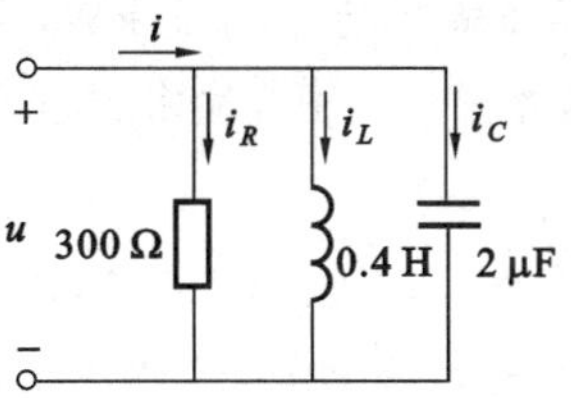

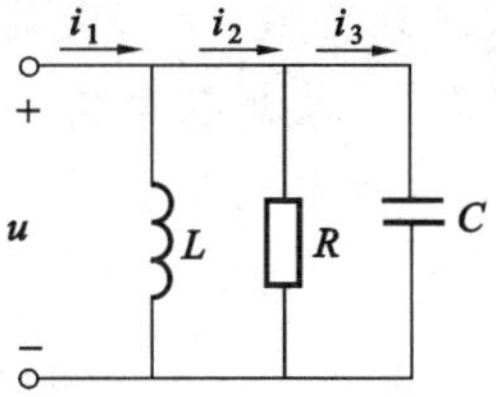

题图 2.5　习题 2.13 的电路　　　　题图 2.6　习题 2.14 的电路

2.15　已知 R、L、C 串联电路，其中，$R=100\ \Omega$，$C=1.3\ \mu$F，$L=0.1$ H，$\dot{U}=100\angle30°$ V，$f=400$ Hz。试求：

(1) 电路的复阻抗 Z、电流 $\dot{I}$；

(2) 各元件上的电压 U_R、U_L、U_C；

(3) 电路的 P、Q、S。

2.16　在 R、L、C 串联电路中，已知：端口电压为 10 V，电流为 4 A，$U_R=8$ V，$U_L=12$ V，$\omega=10$ rad/s。试求电容电压 U_C 及 R、L、C。

2.17　在题图 2.7 所示电路中，已知，$\dot{U}=10\angle0°$ V，求：

(1) 电路的等效复阻抗；

(2) 电路的有功功率 P。

2.18　在题图 2.8 所示电路中，求 A、V_1 表的读数。

2.19　日光灯可等效为一个 R、L 串联电路。已知 30 W 日光灯的额定电压为 220 V，灯管电压为 75 V，若镇流器上的功率损耗可忽略，计算电路的电流及功率因

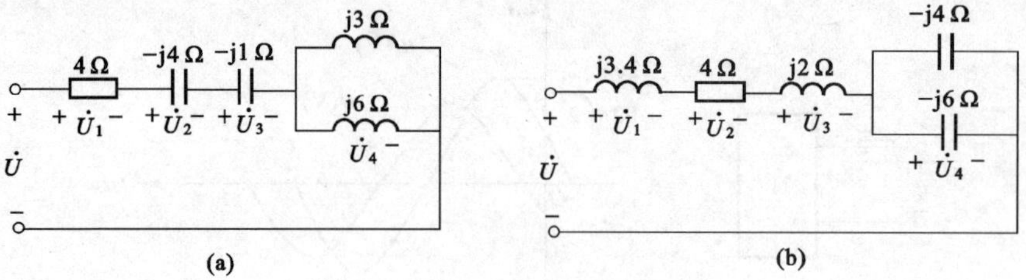

题图 2.7　习题 2.17 的电路

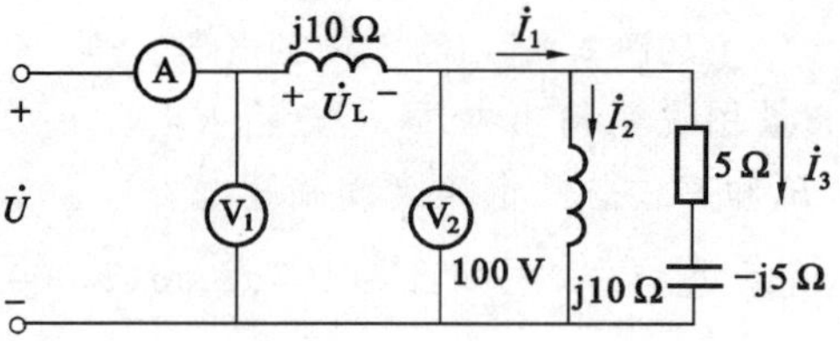

题图 2.8　习题 2.18 的电路

数。

2.20　一纯电阻负载，其额定电压为 220 V，额定功率为 1 kW，今不得不接在 380 V 的工频电源上，故想在负载上串接一电容器进行分压，试求电容值及电源供给的视在功率、无功功率和功率因数。

2.21　在图 2.9 电路中，$\dot{U}_s=100\angle 0°$ V，$\dot{I}_s=10\sqrt{2}\angle -45°$ A，$Z_1=Z_3=10$ Ω，$Z_2=-\mathrm{j}10$ Ω，$Z_4=\mathrm{j}5$ Ω。试分别用结点电位法和戴维宁定理求 $\dot{I}$。

2.22　在题图 2.10 所示电路中，已知 $\dot{U}_C=1\angle 0°$ V。求 $\dot{U}$ 及 P。

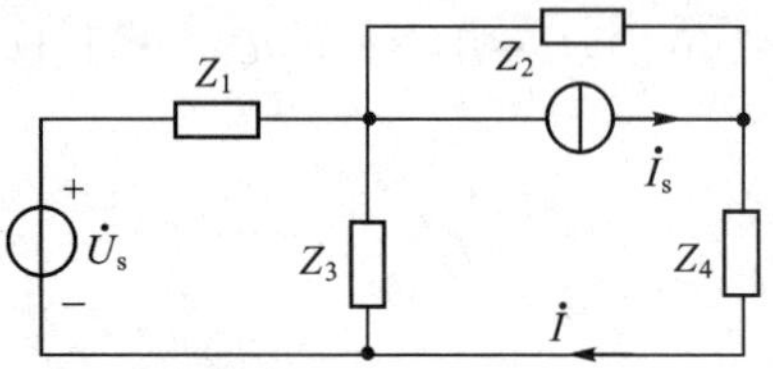

题图 2.9　习题 2.21 的电路

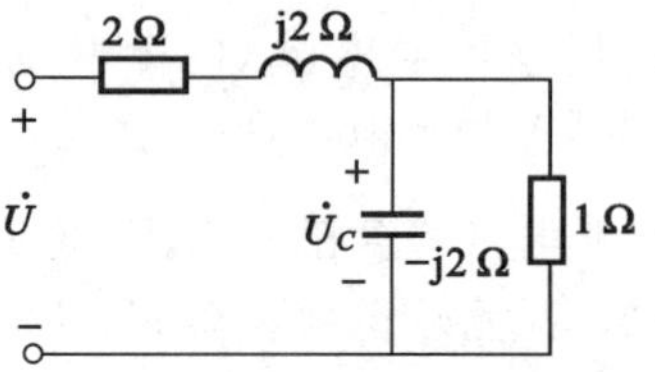

题图 2.10　习题 2.22 的电路

2.23　已知一感性负载的电压为 220 V，频率为 50 Hz，电流为 30 A，$\cos\varphi=0.5$。欲把功率因数提高到 0.9，应并电容器的电容量为多少？

2.24　某电动机接在 220 V 的交流电源上，通入电动机的电流为 11 A，其输入功率为1.21 kW。若要将电动机的功率因数提高到 0.91，应和电动机并联多大的电容？

2.25　电路如题图 2.11 所示，已知，$R=12$ Ω，$L=40$ mH，$C=100$ μF，电源电压 $U=220$ V，$f=50$ Hz。求：

(1) 各支路电流，电路的 P、Q、S 及 $\cos\varphi$；

(2) 若将功率因数提高到 1，应增加多少电容？

(3) 画出相量图。

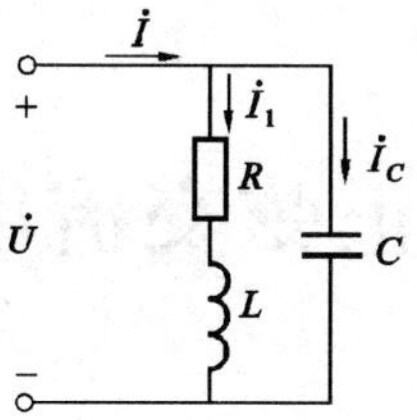

题图 2.11 习题 2.25 的电路

2.26 某收音机输入电路的电感约为 0.3 mH，与可变电容器组成串联谐振回路，可变电容器的调节范围为 25～360 pF。试问能否满足收听 535～1 605 kHz 的要求？

2.27 有一 R、L、C 串联电路，接于频率可调节的电源上，电源电压保持在 10 V。当频率增加时，电流从 10 mA(500 Hz)增加到最大值 60 mA(1 000 Hz)。试问，当电流为最大值时，电路处于什么状态？此时电路的性质为何？电路内部的能量传输如何完成？求 R、L、C 及谐振时的 U_C。

2.28 R、L、C 串联电路在 $f=500$ Hz 时发生谐振。谐振时电流为 0.2 A，容抗 $X_C=314\ \Omega$，并测得电容电压 U_C 为电源电压的 20 倍。求 R 及 L。

第3章

三相正弦交流电路

无论是从电能的产生,或是电能的输送和使用,与单相正弦交流电相比,三相正弦交流电都有显著的优点。因此,目前世界各国电力系统普遍采用三相输配电制。城市供电局提供给用户的就是三相正弦交流电,一般称为市电。本章将主要介绍三相电源的联接方式和三相负载的联接方式及其特点。

基本要求

(1) 掌握三相四线制电路中单相及三相负载的正确联接,了解中性线的作用;

(2) 掌握相电压(相电流)与线电压(线电流)在对称三相电路中的相互关系;

(3) 掌握对称三相电路中电压、电流和功率的计算方法。

3.1 三相电源

三相正弦交流电由三相发电机产生。发电机无论从结构上或是从安全运行方面考虑,产生的电压等级都不能太高,一般为3.15~20 kV。发电厂一般建立在水力资源丰富的地方或靠近燃料生产区,而用户分散在远离电厂的地方。为了减少输送电能的损耗,发电厂升压站的三相变压器将电压升成35~500 kV的高压,由高压输电线送到用户附近。从安全用电的角度出发,城市附近的区域变电所将35~500 kV的高压经变压器降成6~10 kV的高压,由高压配电线送到用户变电所。用户所在地的变电所再由三相变压器将其降成380/220 V,作为一般的工业用电和居民用电。这样,从发电到用电就要建立电力输送和分配的线路,这种输配电线路通常称为**电力网**,简称**电网**。图3.1.1是从发电厂到用户的输配电示意图。

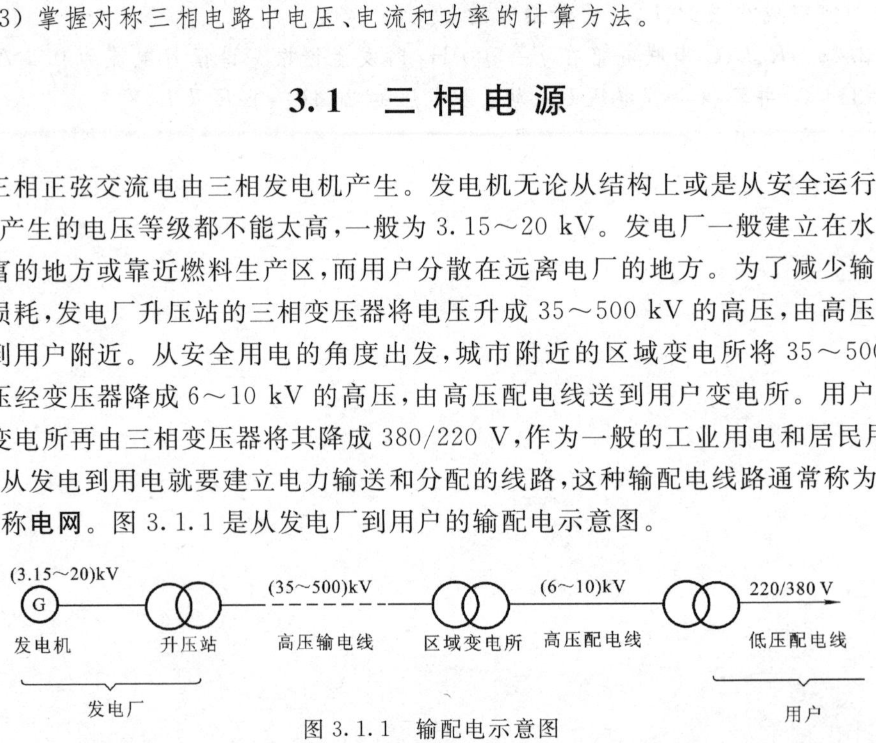

图 3.1.1 输配电示意图

3.1.1 对称三相电源

由于一般用户是从变压器获取电能，所以，也将变压器视为电源。三相发电机与三相变压器以对称三相电源的方式对外送电。

三相发电机和三相变压器的副边都有三个绕组，如图 3.1.2 所示。图中 A、B、C 称为绕组的首端，X、Y、Z 称为绕组的末端，分别称为 A 相绕组、B 相绕组、C 相绕组。

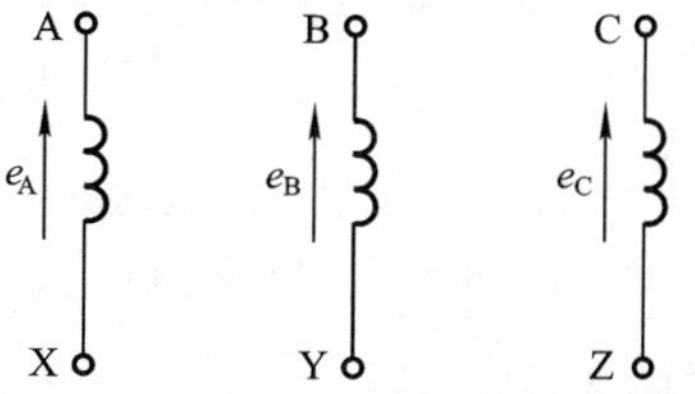

图 3.1.2 三相绕组

三相绕组产生的电动势分别为 e_A、e_B、e_C，参考方向如图所示。三相电动势之间存在如下的关系

$$\left.\begin{aligned} e_A &= E_m \sin \omega t \\ e_B &= E_m \sin(\omega t - 120^\circ) \\ e_C &= E_m \sin(\omega t - 240^\circ) = E_m \sin(\omega t + 120^\circ) \end{aligned}\right\} \quad (3.1.1)$$

即三相电动势幅值相等，频率相同，相位上互差 120°。有上述关系的三相电动势称为**对称三相电动势**，相应的电源称为**对称三相电源**。对称三相电动势也可用相量表示。

$$\left.\begin{aligned} \dot{E}_A &= E\angle 0^\circ = E \\ \dot{E}_B &= E\angle -120^\circ \\ \dot{E}_C &= E\angle 120^\circ \end{aligned}\right\} \quad (3.1.2)$$

对称三相电动势的相量图如图 3.1.3(a)所示，正弦波形如图 3.1.3(b)所示。

从(3.1.2)式和图 3.1.3 中可知，在任意瞬间，对称三相电动势之和为零，即

$$\left.\begin{aligned} e_A + e_B + e_C &= 0 \\ \dot{E}_A + \dot{E}_B + \dot{E}_C &= 0 \end{aligned}\right\} \quad (3.1.3)$$

三相电动势按正弦规律达到正幅值的次序称为**相序**。图 3.1.3 所示三相电动势的次序为 $e_A - e_B - e_C$，这样的相序为 A－B－C，称为**正相序**。如相序为 A－C－B，则称为**负相序**。在工业生产中，相序有十分重要的意义。为了表明相序，三相母线牌往往以色标黄、绿、红对应 A、B、C 三相，对使用者起警示作用。

频率相同、幅值相等、相位互差 120°的三相电量，称为**对称三相电量**。

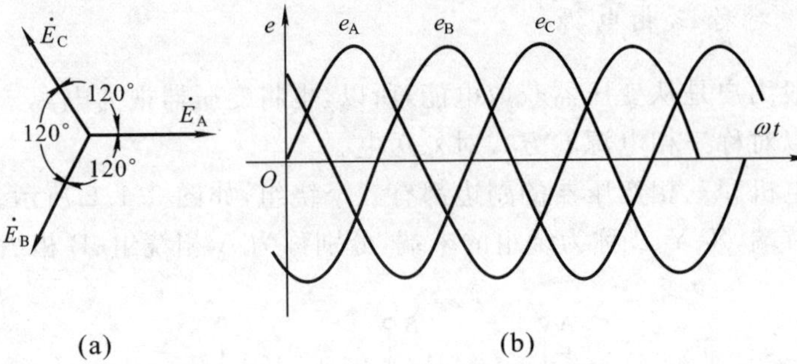

图 3.1.3　对称三相电动势

(a) 相量图；(b) 波形图

3.1.2　三相电源的联接

1. 三相电源的星形联接(Y 接)

我国低压配电线路将三相变压器副边三个绕组的末端联在一起，称为**中点**或**零点**，用 N 表示，中点经接地体可靠接地。从中点引出的导线称为**中线、零线**或**地线**。从首端 A、B、C 引出的导线称为**相线**或**端线**，通常也称为**火线**。我们所用的市电就是这样形成的三相四线制，如图 3.1.4 所示。电源对负载可提供两种等级的电压：端线与中线间形成的电压称为**相电压**，如图中的 u_A、u_B 和 u_C；端线与端线间形成的电压称为**线电压**，如图中的 u_{AB}、u_{BC}、u_{CA}。

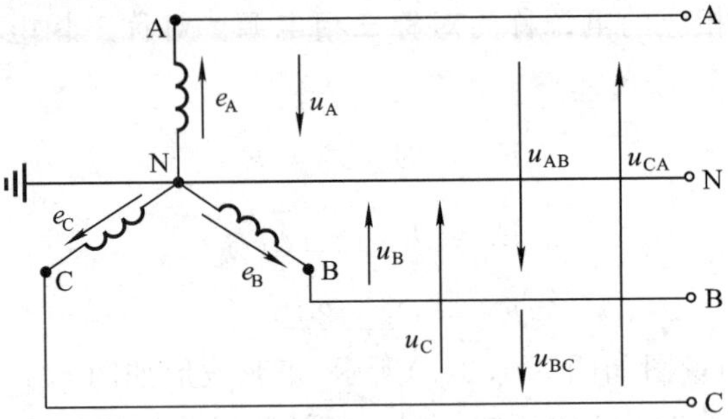

图 3.1.4　三相电源星形联接(Y 接)

由于电源绕组的阻抗很小，负载时可忽略绕组上的压降。因此，无论是否带负载，相电压均可视为相应绕组的电动势，即

$$u_A = e_A, u_B = e_B, u_C = e_C$$

因此，电源提供的三相相电压是**对称三相电压**。一般用 U_P 表示相电压的有效值，参照式(3.1.1)有

$$\left.\begin{aligned} u_A &= \sqrt{2}U_P\sin\omega t \\ u_B &= \sqrt{2}U_P\sin(\omega t-120°) \\ u_C &= \sqrt{2}U_P\sin(\omega t+120°) \end{aligned}\right\} \tag{3.1.4}$$

由图 3.1.4 可得到线电压与相电压瞬时值的关系

$$u_{AB}=u_A-u_B$$

$$u_{BC}=u_B-u_C$$

$$u_{CA}=u_C-u_A$$

用相量表示为

$$\dot{U}_{AB}=\dot{U}_A-\dot{U}_B$$

$$\dot{U}_{BC}=\dot{U}_B-\dot{U}_C$$

$$\dot{U}_{CA}=\dot{U}_C-\dot{U}_A$$

作出相电压与线电压的相量图，如图 3.1.5 所示。从图中可以看出：

(1) 线电压 u_{AB}、u_{BC}、u_{CA}，也是对称三相电压，一般用 U_L 表示线电压的有效值。

(2) 在相位上线电压超前相应相电压 30°，即 u_{AB} 超前 u_A30°，u_{BC} 超前 u_B30°，u_{CA} 超前 u_C30°。

(3) 线电压的有效值为相电压有效值的$\sqrt{3}$倍，即 $U_L=\sqrt{3}U_P$。

我国城市供电中的低电压公用配电线路，相电压 $U_P=220$ V，线电压 $U_L=\sqrt{3}U_P=380$ V，城市居民使用的是相电压。当然，它们的频率都是 50 Hz。

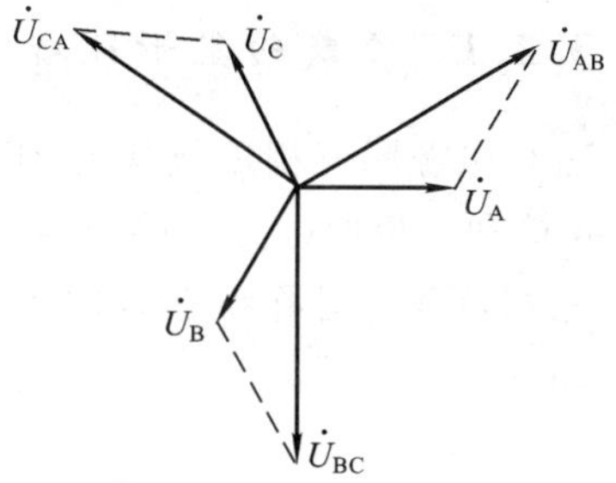

图 3.1.5 相电压、线电压相量图

2. 三相电源的三角形联接(△接)

将电源的三相绕组的末端、首端依次相联，即 X 与 B、Y 与 C、Z 与 A 相联，组成闭合三角形，再由三个联接点引出端线，就形成电源的三角形联接(△接)，如图 3.1.6 所示。电源三角形联接只能向负载提供一种电压，即线电压。此时，线电压即为相应绕组的电动势。电源的三角形联接一般只用于工业用户。

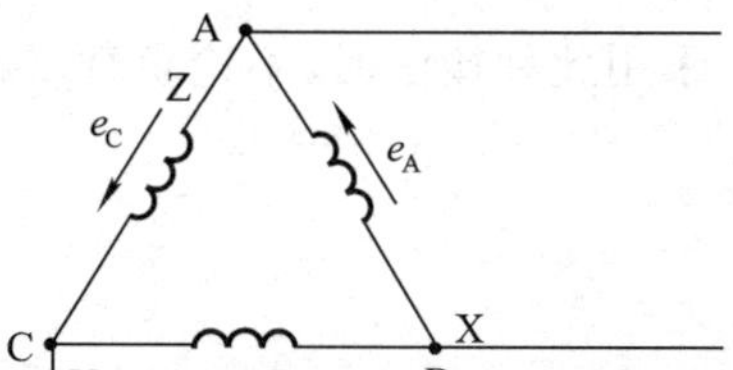

图 3.1.6 电源三角形联接

在电气制图的国家标准中规定，对于交流

系统的相序，对电源方，第一相标 L_1、第二项标 L_2、第三相标 L_3；对设备端（负载端），依次为 U、V、W。但目前在交流系统中绘制相量图时，习惯上仍沿用 A、B、C。为了使线路与相量图一致，本章相序仍统一采用 A、B、C，特此说明。

【练习与思考】

3.1.1 对称三相电流 i_A、i_B、i_C 瞬时值之间的关系为 $i_A+i_B+i_C=0$；i_1、i_2、i_3 为同一结点的三条支路的电流，且参考方向均为指向结点，根据基尔霍夫电流定律，有公式 $i_1+i_2+i_3=0$。两者公式形式相同，试指出它们本质上的区别。

3.1.2 三相四线制的对称三相电路中，如已知 $u_B=220\sqrt{2}\sin(\omega t-15°)$，试写出 u_A、u_C、$\dot{U}_{AB}$、$\dot{U}_{BC}$、$\dot{U}_{CA}$ 的表达式。

3.2 三相负载的联接

3.2.1 负载的星形联接（Y 接）

三相电源同三相负载联接，组成完整的三相电路。三相负载的联接方式有星形（Y）联接和三角形（△）联接两种。

三相负载有对称和不对称两种情况。对称负载的特征是每相负载的复阻抗相等。即

$$Z_A = Z_B = Z_C = |Z| \angle\varphi \tag{3.2.1}$$

将三相负载 Z_A、Z_B、Z_C 的一端联在一起，与电源的中点联接，各相负载的另一端与相应的电源火线联接，如图 3.2.1 所示，这种联接方式为负载星形联接的三相四线制电路，每相负载上的电压等于电源的相电压；流过每相负载的电流称为**相电流**，记作 I_P；流过每根火线的电流称为**线电流**，记作 I_L；流过中线的电流称为**中线电流**，记作 I_N。显然，负载星形联接时，线电流等于相应的相电流。即

$$I_L = I_P \tag{3.2.2}$$

采用此种接法时，不论负载对称与否，其相电压总是对称且恒定的。每相电流为

$$\left.\begin{aligned}\dot{I}_A &= \frac{\dot{U}_A}{Z_A}\\ \dot{I}_B &= \frac{\dot{U}_B}{Z_B}\\ \dot{I}_C &= \frac{\dot{U}_B}{Z_C}\end{aligned}\right\} \tag{3.2.3}$$

中线电流为

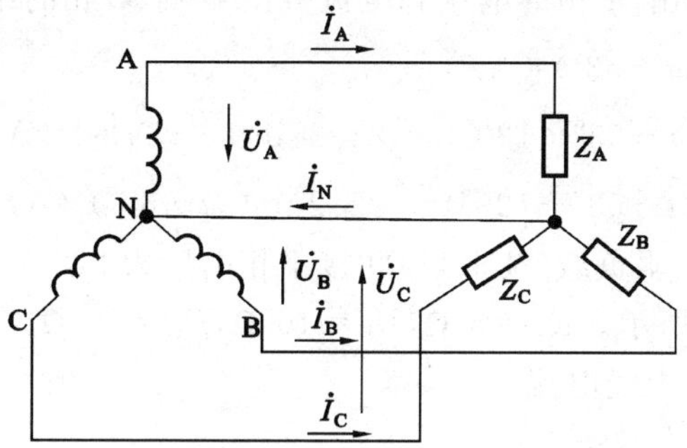

图 3.2.1 负载星形联接的三相四线制电路

$$\dot{I}_N = \dot{I}_A + \dot{I}_B + \dot{I}_C \tag{3.2.4}$$

若三相负载对称，则相、线电流对称，中线电流为零，此时中线就不再起作用了，可以省去。这样，图 3.2.1 所示的电路就变成了图 3.2.2 所示的三相三线制电路。工业上大量使用的三相异步电动机就是典型的三相对称负载。

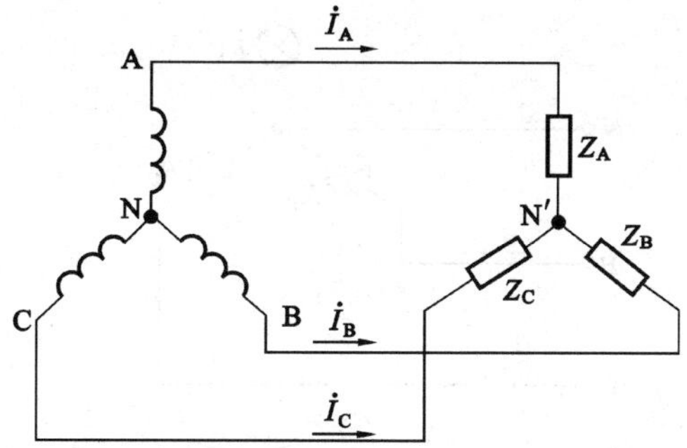

图 3.2.2 对称负载星形联接的三相三线制电路

需要强调的是，若负载不对称，中线一般不能去掉，否则，负载上的相电压将会出现不对称现象，有的相电压高于额定电压，有的相电压低于额定电压，负载不能正常工作。所以，星形联接的不对称三相负载，一般采用三相四线制电路。而且为了防止中线突然断开，在中线里不准安装开关和熔断器。

对于三相对称负载，其电流和电压大小相等，相位互差 120°，因此，只需计算一相，利用对称性即可推导出另外两相。

例 3.2.1 星形联接的对称负载，每相负载阻抗为 $Z=6+\mathrm{j}8\ \Omega$，接入线电压 $u_{AB}=380\sqrt{2}\sin(\omega t+30°)$ V 的三相对称电源。求电流 i_A、i_B、i_C。

解 由前述可知，相电压 $\dot{U}_A=\dfrac{380}{\sqrt{3}}\angle(30°-30°)=220\angle 0°$ (V)

所以
$$\dot{I}_A=\frac{\dot{U}_A}{Z_A}=\frac{220\angle 0°}{6+\mathrm{j}8}=22\angle -53° \text{ (A)}$$

因为负载对称,所以可由 A 相的电压和电流推出 B 相、C 相的结果。

即 $$i_A = 22\sqrt{2}\sin(\omega t - 53°)\ (A)$$

$$i_B = 22\sqrt{2}\sin(\omega t - 53° - 120°) = 22\sqrt{2}\sin(\omega t - 173°)\ (A)$$

$$i_C = 22\sqrt{2}\sin(\omega t - 53° + 120°) = 22\sqrt{2}\sin(\omega t + 67°)\ (A)$$

例 3.2.2 三相照明负载(纯电阻)联接于相电压为 220 V 的三相四线制对称电源上。如图 3.2.3(a)所示。$R_A = 5\ \Omega$,$R_B = 10\ \Omega$,$R_C = 20\ \Omega$。试求下列情况下的负载相电压、负载电流及中线电流。

(1) 如上所述,正常状态下;

(2) A 相短路;

(3) A 相短路,中线又断开;

(4) A 相断开;

(5) A 相断开,中线又断开。

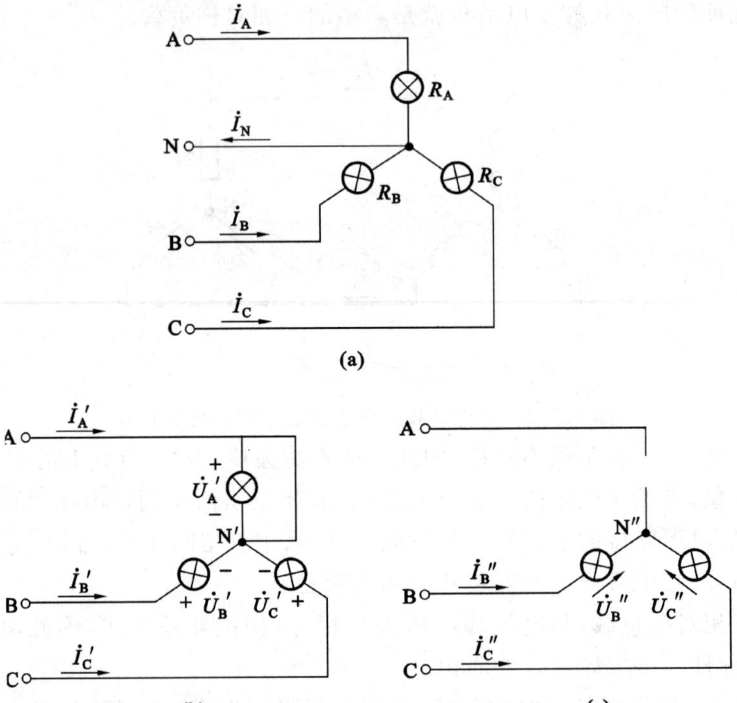

图 3.2.3 例 3.2 的图

解 (1) 因为是三相四线制,所以,不论负载对称与否,负载上的三相电压总是对称的,且均为 220 V。

各相电流为

$$\dot{I}_A=\frac{\dot{U}_A}{R_A}=\frac{220\angle 0^\circ}{5}=44\angle 0^\circ\ (\text{A})$$

$$\dot{I}_B=\frac{\dot{U}_B}{R_B}=\frac{220\angle -120^\circ}{10}=22\angle -120^\circ\ (\text{A})$$

$$\dot{I}_C=\frac{\dot{U}_C}{R_C}=\frac{220\angle 120^\circ}{20}=11\angle 120^\circ\ (\text{A})$$

中线电流为

$$\dot{I}_N=\dot{I}_A+\dot{I}_B+\dot{I}_C=44\angle 0^\circ+22\angle -120^\circ+11\angle 120^\circ=29.1\angle -19^\circ$$

(2) A 相短路，则 A 相电流很大，将 A 相中的熔断器熔断，B、C 两相未受影响，电压、电流同上。

(3) A 相短路，中线又断开时的电路如图 3.2.3(b)所示。此时，负载中点 N′即为 A，因此负载各相电压为

$$\dot{U}'_A=0,\quad U'_A=0\ (\text{V})$$

$$\dot{U}'_B=\dot{U}_{BA},\quad U'_B=380\ (\text{V})$$

$$\dot{U}'_C=\dot{U}_{CA},\quad U'_C=380\ (\text{V})$$

B、C 两相的电压都是线电压，都超过了电灯的额定电压，这是不允许的。

(4) A 相断开时，B、C 两相未受影响，电压、电流同(1)。

(5) A 相断开，中线又断开时的电路如图 3.2.3(c)所示。这时，电路成为单相电路。B、C 两相负载串联接在电源的线电压上。

$$U''_B=U_{BC}\times\frac{R_B}{R_B+R_C}=380\times\frac{10}{10+20}\approx 127\ (\text{V})$$

$$U''_C=U_{BC}\times\frac{R_C}{R_B+R_C}=380\times\frac{20}{10+20}\approx 253\ (\text{V})$$

可以看出，B、C 两相电压可能比额定值高，也可能比额定值低，这都是不允许的。

3.2.2 负载的三角形联接(△接)

当负载的额定电压与电源的线电压相等时，负载应采用三角形联接(△接)，如图 3.2.4所示。显然，这种联接方式没有中线。

从图中可知，每相负载承受电源相应的线电压。相电流为 i_{AB}、i_{BC}、i_{CA}，线电流为 i_A、i_B、i_C。相电流的有效值用 I_P 表示，线电流的有效值用 I_L 表示。计算时先计算相电流，然后计算线电流。

$$\dot{I}_{AB}=\frac{\dot{U}_{AB}}{Z_{AB}},\dot{I}_{BC}=\frac{\dot{U}_{BC}}{Z_{BC}},\dot{I}_{CA}=\frac{\dot{U}_{CA}}{Z_{CA}} \tag{3.2.5}$$

$$\dot{I}_A=\dot{I}_{AB}-\dot{I}_{CA},\dot{I}_B=\dot{I}_{BC}-\dot{I}_{AB},\dot{I}_C=\dot{I}_{CA}-\dot{I}_{BC} \tag{3.2.6}$$

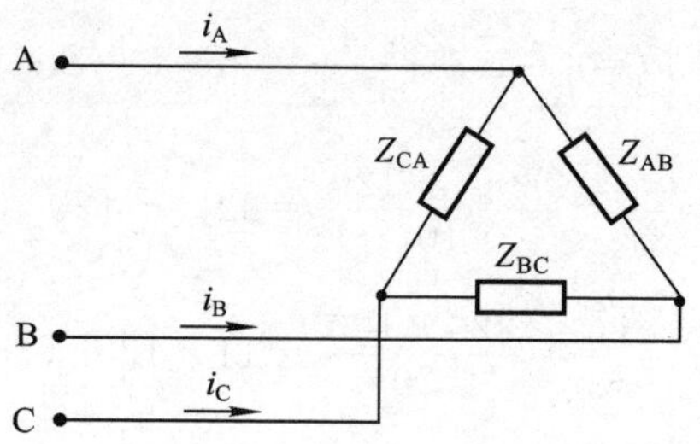

图 3.2.4 负载三角形联接

如果负载是对称三相负载，即 $Z_{AB}=Z_{BC}=Z_{CA}=Z=|Z|e^{j\varphi}$，且 $\varphi>0$，并设 $\dot{U}_{AB}$ 为参考相量，则

$$\dot{I}_{AB}=\frac{\dot{U}_{AB}}{Z}=\frac{U_L}{|Z|}\angle -\varphi$$

$$\dot{I}_{BC}=\frac{\dot{U}_{AB}}{Z}=\frac{U_L}{|Z|}\angle(-\varphi-120^\circ)$$

$$\dot{I}_{CA}=\frac{\dot{U}_{CA}}{Z}=\frac{U_L}{|Z|}\angle(-\varphi+120^\circ)$$

此时，相电流为对称三相电流。作出相应的相量图，并由相量图计算线电流，如图 3.2.5 所示。从图中可以得到结论：线电流也是对称三相电流，线电流滞后相应相电流 30°，即 i_A 滞后 i_{AB} 30°，i_B 滞后 i_{BC} 30°，i_C 滞后 i_{CA} 30°；线电流有效值为相电流有效值的 $\sqrt{3}$ 倍，$I_L=\sqrt{3}I_P$。

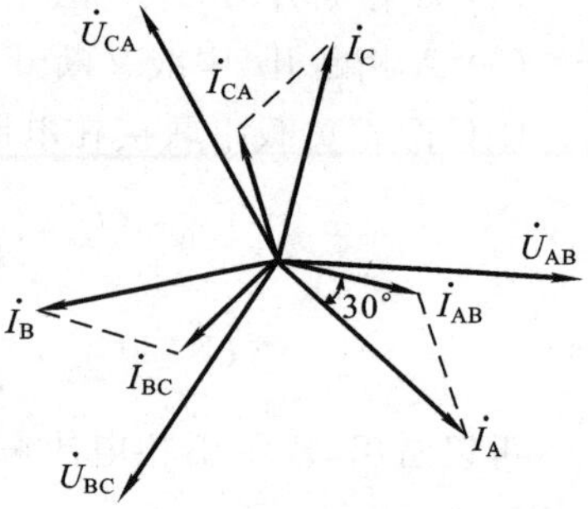

图 3.2.5 对称负载三角形联接时的相量图

三相异步电动机的定子绕组既可接成星形，也可接成三角形，视绕组额定电压而定。居民用电按三相四线制接成星形，在负荷分配时尽量做到三相平衡。图 3.2.6 为低压公用配电线路中负载联接的示意图。

图上导线标号按国家标准标注，图中低压配电线主干线中的电线不设置开关和熔断器。但用户从安全、维修方便的角度出发，都应在进线的火线、地线上安装开关和熔断器。

例 3.2.1 有一三相电动机，每相等效电阻 $R=29\ \Omega$，等效感抗 $X_L=21.8\ \Omega$，试求在下列两种情况下，电动机的相电流、线电流以及从电源输入的功率，并比较所得结果：(1) 绕组联接成星形接于 $U_L=380$ V 的三相电源上；(2) 绕组联成三角形接于 $U_L=220$ V 的三相电源上。

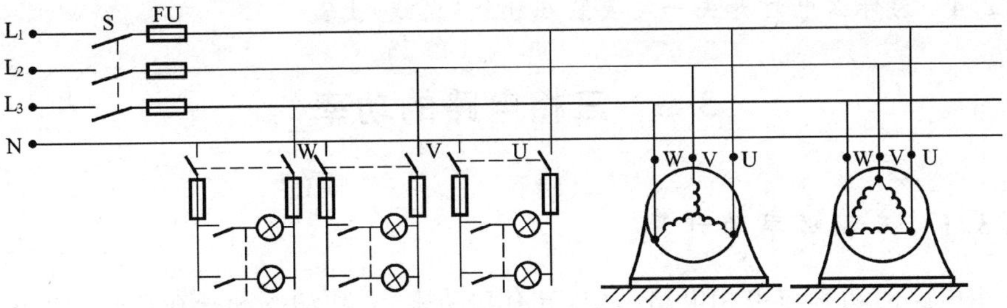

图 3.2.6　低压配电线负载联接示意图

解　(1) $I_P=\dfrac{U_P}{|Z|}=\dfrac{220}{\sqrt{29^2+21.8^2}}=6.1\ (\text{A})$

$I_L=I_P=6.1\ \text{A}$

$p=\sqrt{3}U_L I_L\cos\varphi=\sqrt{3}\times380\times6.1\times\dfrac{29}{\sqrt{29^2+21.8^2}}$

$=\sqrt{3}\times380\times6.1\times0.8=3\ 200\ (\text{W})=3.2\ (\text{kW})$

(2) $I_P=\dfrac{U_P}{|Z|}=\dfrac{220}{\sqrt{29^2+21.8^2}}=6.1\ (\text{A})$

$I_L=\sqrt{3}I_P=\sqrt{3}\times6.1=10.5\ (\text{A})$

$p=\sqrt{3}U_L I_L\cos\varphi=\sqrt{3}\times220\times10.5\times\dfrac{29}{\sqrt{29^2+21.8^2}}$

$=\sqrt{3}\times220\times10.5\times0.8=3\ 200\ (\text{W})=3.2\ (\text{kW})$

比较(1)、(2)的结果：

有的三相电动机有两种额定电压，如 220/380 V。这表示当电源电压(指线电压)为 220 V 时，电动机的绕组应联成三角形；当电源电压为 380 V 时，电动机应联成星形。在两种联接法中，相电压、相电流及功率都未改变，仅线电流在(2)的情况下增大为在(1)的情况下的$\sqrt{3}$倍。

【练习与思考】

3.2.1　若三相负载的复阻抗分别为 $Z_1=10\ \Omega$，$Z_2=10\angle90°\ \Omega$，$Z_3=-\text{j}10\ \Omega$，此三相负载是否对称？为什么？

3.2.2　在三相电路中，什么情况下 $U_L=\sqrt{3}U_P$？什么情况下 $I_L=\sqrt{3}I_P$？

3.2.3　某三相异步电动机的额定电压为 380/220 V，什么情况下需接成 Y 或△形？

3.2.4　在三相四线制电路中，为什么中性线不能接开关？也不能接入熔断器？

3.2.4 为什么电灯开关一定要装在相线(火线)上?

3.3 三相电路的功率

3.3.1 三相功率的计算

三相电路的功率与单相电路一样,分有功功率、无功功率和视在功率。不论负载怎样联接,三相有功功率等于各相有功功率之和,即

$$P = P_A + P_B + P_C \tag{3.3.1}$$

因此可分别计算出各相的功率,然后相加便得出总的有功功率,当三相负载星形联接时

$$P = P_A + P_B + P_C = U_A I_A \cos\varphi_A + U_B I_B \cos\varphi_B + U_C I_C \cos\varphi_C \tag{3.3.2}$$

当三相负载三角形联接时

$$P = P_A + P_B + P_C = U_{AB} I_{AB} \cos\varphi_A + U_{BC} I_{BC} \cos\varphi_B + U_{CA} I_{CA} \cos\varphi_C \tag{3.3.3}$$

对于三相对称负载,不论负载怎样联接,每相的有功功率相同,三相总功率的计算公式都可简化成

$$P = 3P_P = 3U_P I_P \cos\varphi \tag{3.3.4}$$

通常,在实际中测量线电压与线电流比较方便,所以上式常常应用线电压与线电流的形式来表示。

当对称负载为星形联接时

$$U_L = \sqrt{3} U_P,\ I_P = I_L$$

所以

$$P = 3\frac{U_L}{\sqrt{3}} \cdot I_L \cdot \cos\varphi = \sqrt{3} U_L I_L \cos\varphi$$

当对称负载为三角形联接时

$$U_P = U_L,\ I_L = \sqrt{3} I_P$$

所以

$$P = 3U_L \cdot \frac{I_L}{\sqrt{3}} \cos\varphi = \sqrt{3} U_L I_L \cos\varphi$$

因而,无论负载是星形联接还是三角形联接,对称三相电路的有功功率(简称三相功率)都可表示为

$$P = \sqrt{3} U_L I_L \cos\varphi \tag{3.3.5}$$

同理,可得出三相无功功率和三相视在功率的计算公式为

$$Q = \sqrt{3} U_L I_L \sin\varphi \tag{3.3.6}$$

$$S = \sqrt{3} U_L I_L \tag{3.3.7}$$

使用上式时应注意,式中的功率因数角是相电压与相电流的相位差角,即是每相负载的阻抗角。

例 3.3.1 三相对称负载星形联接,其电源线电压为 380 V、电流为 10 A、功率为 5 700 W。求负载的功率因数,各相负载的等效阻抗,电路的无功功率和视在功率。

解 因为 $P=\sqrt{3}U_L I_L \cos\varphi$

所以

$$\cos\varphi=\frac{P}{\sqrt{3}U_L I_L}=\frac{5\ 700}{\sqrt{3}\times 380\times 10}=0.866$$

$$|Z|=\frac{U_P}{I_P}=\frac{380/\sqrt{3}}{10}=22\ (\Omega)$$

$$\varphi=\arccos 0.866=30^\circ$$

$$Z=22\angle 30^\circ\ (\Omega)$$

$$Q=\sqrt{3}U_L I_L \sin\varphi=\sqrt{3}\times 380\times 10\times \sin 30^\circ=3\ 291\ (\text{var})$$

$$S=\sqrt{3}U_L I_L=\sqrt{3}\times 380\times 10=6\ 582\ (\text{V}\cdot\text{A})$$

3.3.2 三相功率的测量

三相四线制对称负载常采用的功率测量方法是一表法。即测得一相的功率乘以 3 即为三相总功率。一表法测量时,功率表的电流线圈通过的是相电流,电压线圈加的是相电压。如图 3.3.1 所示。

三相四线制不对称负载常采用三表法测量功率。即分别测得三相负载的功率,将它们相加即为总功率。三表法测量时,每次功率表的电流线圈通过的是其中的一个相电流,电压线圈加的是该相电压。如图 3.3.2 所示。

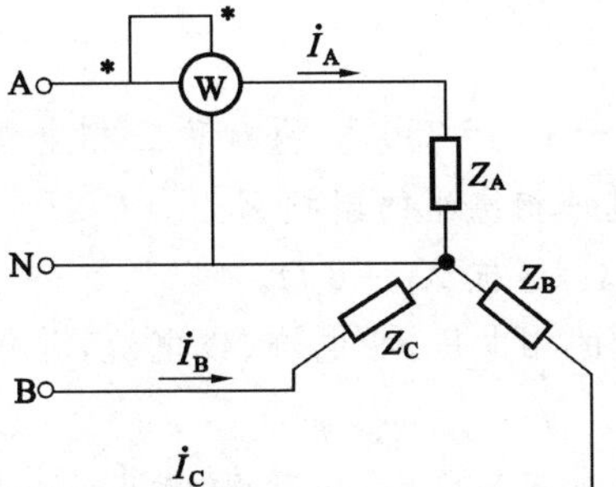

图 3.3.1 一表法测量三相功率

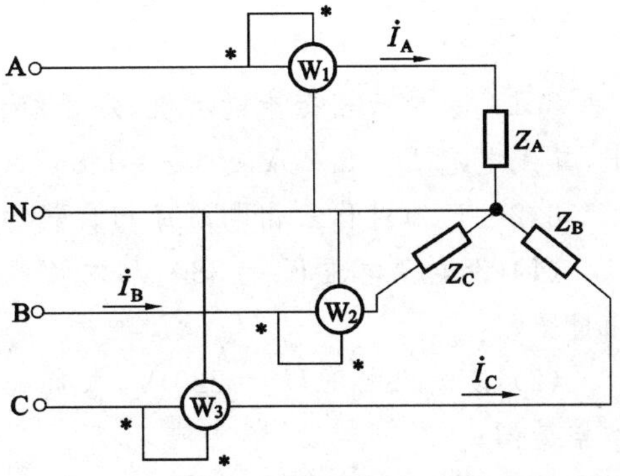

图 3.3.2 三表法测量三相功率

对于三相三线制电路,不论负载对称与否,不管电路的联接形式是星形还是三角形,都可采用两表法测量功率。即每次测量时,功率表的电流线圈通过的是线电流,电压线圈加的是线电压。如图 3.3.3 所示。两次读数相加,即为三相总功率。需要指出的是,用两表法测量功率时,单独一次的读数是没有意义的。

下面以星形接法的三相三线制电路为例证明两表法的正确性。如图3.3.4所示,其三相瞬时功率为

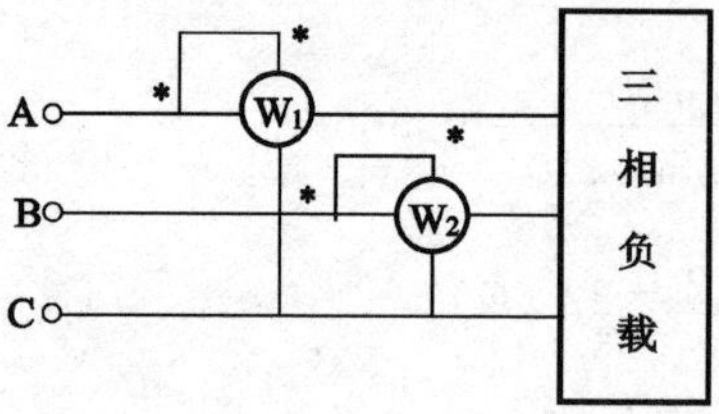

图 3.3.3 两表法测量三相功率

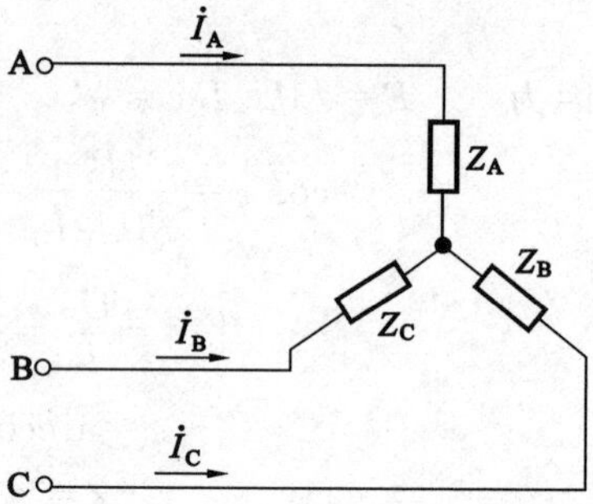

图 3.3.4 星形联接的三相三线制电路

$$p=u_Ai_A+u_Bi_B+u_Ci_C$$

因为

$$i_A+i_B+i_C=0,\ i_C=-(i_A+i_B)$$

所以

$$\begin{aligned}p&=u_Ai_A+u_Bi_B+u_C(-i_A-i_B)=u_Ai_A+u_Bi_B-u_Ci_A-u_Ci_B\\&=i_A(u_A-u_C)+i_B(u_B-u_C)=i_Au_{AC}+i_Bu_{BC}=p_1+p_2\end{aligned}$$

由上式可知,三相总功率可用两表法测得。应注意,两个电压线圈的一端都接在未串联电流线圈的一线上,两个电流线圈串联在其他两线中。

习 题

3.1 一台三相交流电动机,定子绕组星形联接于 $U_L=380$ V 的对称三相电源上,其线电流 $I_L=2.2$ A,$\cos\varphi=0.8$。试求该电动机每相绕组的阻抗 Z。

3.2 已知对称三相电路每相负载的电阻 $R=8\ \Omega$,感抗 $X_L=6\ \Omega$。

(1) 设电源电压 $U_L=380$ V,求负载星形联接时的相电压、相电流、线电流,并作相量图;

(2) 设电源电压 $U_L=220$ V,求负载三角形联接时的相电压、相电流、线电流,并作相量图;

(3) 设电源电压 U_L 仍为 380 V,求负载三角形联接时的相电压、相电流、线电流;

(4) 分析比较以上三种情况。当负载额定电压为 220 V、电源线电压为 380 V 时,应如何联接?电源线电压为 220 V 时,应如何联接?

3.3 题图 3.1 所示电路的电源电压 $U_L=380$ V，每相负载的阻抗值为 10 Ω。

(1) 该三相负载能否称其为对称负载？为什么？

(2) 计算各相电流和中线电流，画出相量图；

(3) 求三相总功率 P。

3.4 对称三相负载星形联接。已知每相阻抗 $Z=31+j22$ Ω，电源线电压为 380 V。求三相电路的 P、Q、S 及功率因数。

3.5 题图 3.2 所示为三相四线制电路，三个负载联接成星形。已知电源的线电压 $U_L=380$ V，负载电阻 $R_A=11$ Ω，$R_B=R_C=22$ Ω。试求：

(1) 负载的各相电压、相电流、线电流及三相总功率 P；

(2) 中线断开、A 相又短路时的各相电流、线电流；

(3) 中线断开、A 相也断开时的各相电流、线电流。

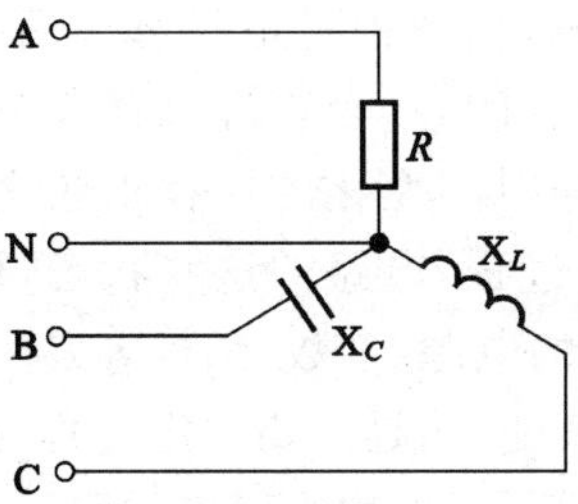

题图 3.1 习题 3.3 的电路

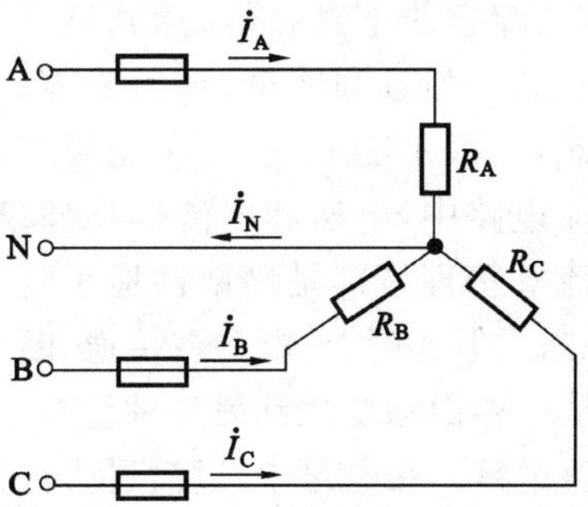

题图 3.2 习题 3.5 的电路

3.6 三相对称负载三角形联接，其线电流 $I_L=5.5$ A，有功功率 $P=7\ 760$ W，功率因数 $\cos\varphi=0.8$。求电源的线电压 U_L、电路的视在功率 S 和每相阻抗 Z。

3.7 在题图 3.3 所示电路中，已知，$Z=12+j16$ Ω，$I_L=32.9$ A。求 $U_L=$？

3.8 在线电压为 380 V 的三相电源上，接有两组电阻性对称负载，如题图 3.4 所示。试求线路电流 I。

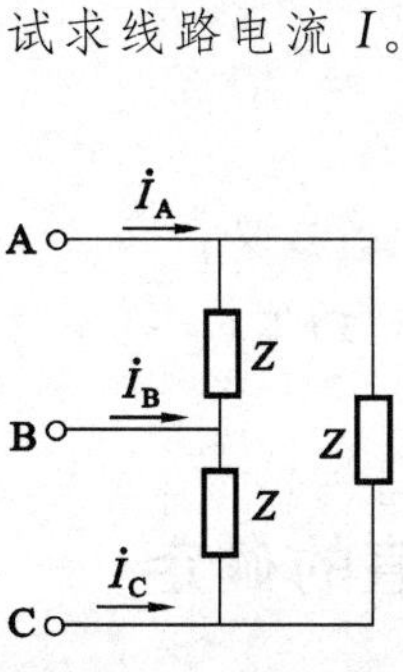

题图 3.3 习题 3.7 的电路

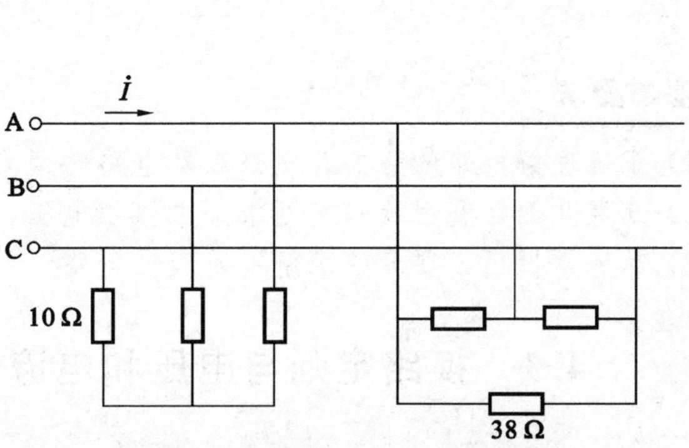

题图 3.4 习题 3.8 的电路

第4章

电路的暂态分析

在一定条件下，事物的运动有一个稳定状态，当条件改变时，其原稳定状态遭到破坏，经过一定时间后又到达新的稳定状态。如电动机从静止状态(原稳定状态)启动，其转速从零逐步上升，最后达到某一固定转速(新稳定状态)；当电动机停下来时，它的转速从某一值逐渐降低，最后为零。由此可见，从一种稳定状态转换到另一种新的稳定状态，一般不能跃变，而是需要一过程(时间)的，这个物理过程称为**过渡过程**。

在直流电路中，电压和电流等物理量都是不随时间变化的。在正弦交流电路中，电压和电流等物理量都是周期性地重复所发生的过程，电路的这些状态，称为**稳定状态**，简称**稳态**。但实际上，电路在接通、断开或电路的电源、参数、结构等发生变化时，电路的状态从一种稳态变化到另一种稳态往往不能跃变，而是需要一定过程，这个变化过程称为**过渡过程**。在电路中，过渡过程往往非常短暂，故也称为**暂态过程**，简称**暂态**。

电路的过渡过程持续时间虽然短暂，但会产生许多新问题、新现象，具有重要的工程实际意义。为了认识和掌握暂态过程的规律，充分利用其有利的一面，有效地预防和抑制其有害的一面，就需要学习和研究电路的暂态过程。

本章主要分析 RC 和 RL 一阶线性电路在直流激励下的暂态过程，着重分析暂态过程中电压和电流随时间变化的规律，重点要掌握 L、C 元件充放电的物理概念和分析方法。

基本要求

(1) 正确理解电路的暂态与稳态以及电路时间常数的物理意义；

(2) 掌握并熟练利用换路定则求解电路中电压、电流的初始值；

(3) 熟练掌握用三要素法求解一阶线性电路。

4.1　换路定则与电压和电流初始值的确定

当电路中有储能元件(电感元件 L 或电容元件 C)时，电感和电容往往会有一定的储能。能量是不能突变的，因为 $p=\frac{\mathrm{d}W}{\mathrm{d}t}$，若能量突变，就会出现 $p\to\infty$，这在客观上是不可能的。电容元件的储能为 $W_C=\frac{1}{2}Cu_C^2$，能量不能突变说明电容元件的电压 u_C 不能突变；电感元件的储能为 $W_L=\frac{1}{2}Li_L^2$，能量不能突变，说明电感元件的电流 i_L 不能突变。因此，电容元件的电压和电感元件的电流从一个稳态变化到另一个稳态时，需要一个过渡过程。

电容元件的电压和电感元件的电流不能突变也可以从另一个角度来解释。因为 $i_C=C\frac{\mathrm{d}u_C}{\mathrm{d}t}$，$u_L=L\frac{\mathrm{d}i_L}{\mathrm{d}t}$。若电容元件的电压和电感元件的电流能够突变，则电容元件的电流和电感元件的电压为无穷大，而无穷大的电流和电压是不存在的。

1. 换路定则

设 $t=0$ 为换路瞬间，$t=0_-$ 表示换路前的终了瞬间，$t=0_+$ 表示换路后的初始瞬间，则从 $t=0_-$ 到 $t=0_+$ 瞬间，电容元件的电压和电感元件的电流不能突变，这称为**换路定则**。用公式表示为

$$\begin{cases}u_C(0_+)=u_C(0_-)\\ i_L(0_+)=i_L(0_-)\end{cases}\tag{4.1.1}$$

2. 电压和电流初始值的确定

若 $t=0$ 为换路瞬间，则把 $t=0_+$ 时电路中的各电压和电流的值，称为暂态过程的初始值。确定初始值是暂态分析中首先要解决的问题，分析步骤如下：

① 求出 $t=0_-$ 时电路中电容元件的电压和电感元件的电流，即 $u_C(0_-)$ 和 $i_L(0_-)$。

② 根据换路定则，$u_C(0_+)=u_C(0_-)$，$i_L(0_+)=i_L(0_-)$，确定电容元件的初始电压 $u_C(0_+)$ 和电感元件的初始电流 $i_L(0_+)$。

③ 画出 $t=0_+$ 瞬间的等效电路。将电容元件作为理想电压源处理，其电压值和方向由 $u_C(0_+)$ 确定；将电感元件作为理想电流源处理，其电流值和方向由 $i_L(0_+)$ 确定。利用该等效电路求出其他各量的初始值。

例 4.1.1 在图 4.1.1(a)所示电路中，$t=0$ 时开关闭合，设开关闭合前电路已处于稳态。求开关闭合后瞬间的初始电压 $u_C(0_+)$、$u_L(0_+)$，初始电流 $i_C(0_+)$、$i_L(0_+)$、$i_R(0_+)$、$i_s(0_+)$。

解 (1) 画出 $t=0_-$ 时的电路，如图 4.1.1(b)所示。从此电路中可求出

$$u_C(0_-)=10\times\frac{2}{2+2}\times2=10\ (\mathrm{V})$$

$$i_L(0_-)=10\times\frac{2}{2+2}=5\ (\mathrm{mA})$$

(2) 根据换路定则，得 $u_C(0_+)=u_C(0_-)=10\ (\mathrm{V})$

$$i_L(0_+)=i_L(0_-)=5\ (\mathrm{mA})$$

(3) 画出 $t=0_+$ 时的等效电路，如图 4.1.1(c)所示。其中，电容元件作理想电压

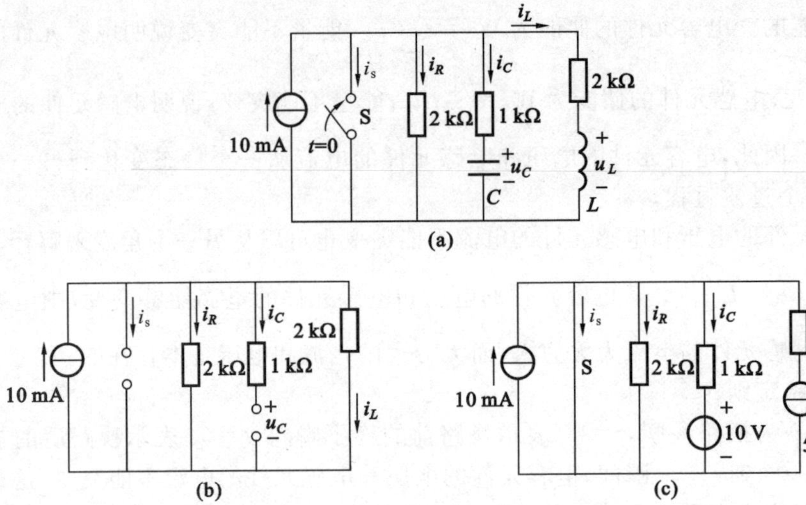

图 4.1.1　例题 4.1.1 的电路

源处理，其值为 $u_C(0_+)=10$ V；电感元件作理想电流源处理，其值为 $i_L(0_+)=5$ mA。由该电路求得其他各物理量的初始值为

$$i_R(0_+)=0\ (\mathrm{A})$$

$$i_C(0_+)=-\frac{10}{1}=-10\ (\mathrm{mA})$$

$$u_L(0_+)=-5\times2=-10\ (\mathrm{V})$$

$$i_s(0_+)=10-i_R(0_+)-i_C(0_+)-5=10-0-(-10)-5=15\ (\mathrm{mA})$$

【练习与思考】

4.1.1　电感元件的电压和电容元件的电流能否突变？电路中还有哪些量可以突变？

4.1.2　在图 4.1.2 所示的电路中，试确定在开关 S 断开后初始瞬间的电压 u_C 和电流 i_C、i_1、i_2 的值。假设 S 断开前电路已处于稳态。

4.1.3　在图 4.1.3 所示的电路中，已知 $R=2\ \Omega$，电压表的内阻为 2.5 kΩ，电源电压 $U=4$ V。试求开关 S 断开瞬间电压表两端的电压 U_V。设换路前电路已处于稳态。

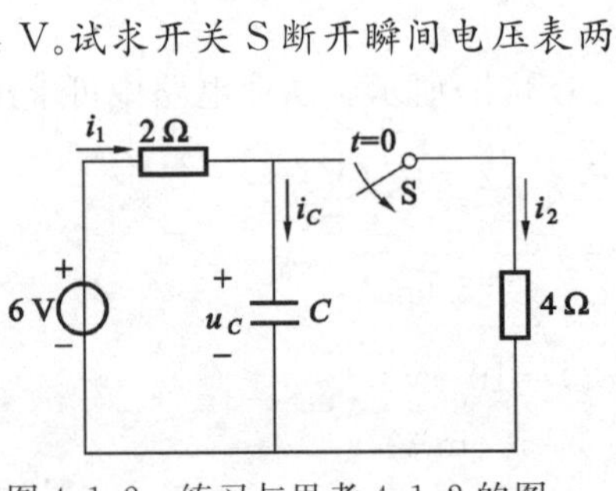

图 4.1.2　练习与思考 4.1.2 的图

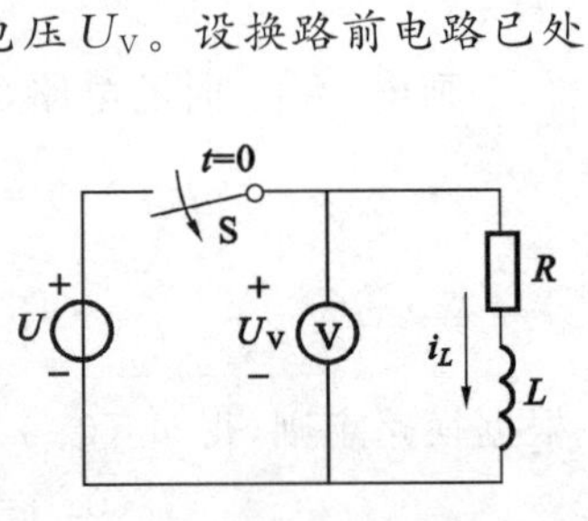

图 4.1.3　练习与思考 4.1.3 的图

4.2 *RC* 电路的响应

电路暂态过程的分析方法很多，其中最基本的分析方法有经典法，即根据电路的基本定律列出以时间为自变量的微分方程，然后，利用已知的初始条件求解电路的微分方程以得出电路的响应。由于电路的激励和响应都是时间的函数，所以这种分析属于时域分析。

本节用经典法讨论一阶 *RC* 电路的响应。

4.2.1 *RC* 电路的零输入响应

所谓 *RC* 电路的零输入，是指无电源激励，输入信号为零。在此条件下，由电容元件的初始状态 $u_C(0_+)$所产生的电路的响应，称为**零输入响应**。

分析 *RC* 电路的零输入响应，实际上就是分析它的放电过程。图 4.2.1 是一 *RC* 串联电路。在换路前，开关 S 是合在位置 2 上的，电源对电容元件充电。在 $t=0$ 时将开关从位置 2 合到位置 1，使电路脱离电源，输入信号为零。此时，电容元件已储有能量，其上电压的初始值 $u_C(0_+)=U_0$，于是电容元件经过电阻 *R* 开始放电。

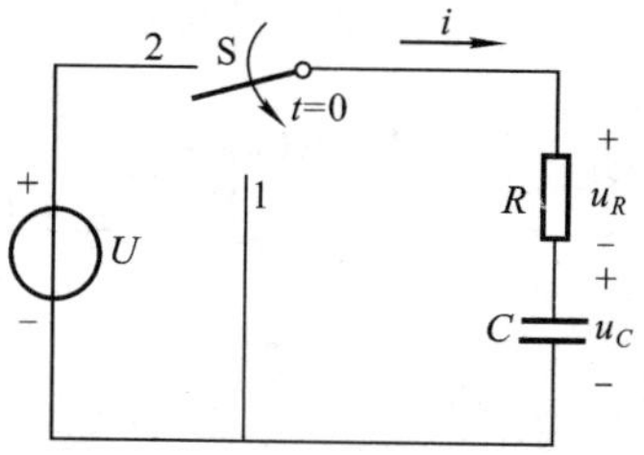

图 4.2.1　*RC* 放电电路

根据基尔霍夫电压定律，列出 $t\geqslant 0$ 时的电路微分方程

$$RC\frac{\mathrm{d}u_C}{\mathrm{d}t}+u_C=0 \qquad (4.2.1)$$

式中

$$i=C\frac{\mathrm{d}u_C}{\mathrm{d}t}$$

令式(4.2.1)的通解为

$$u_C=A\mathrm{e}^{pt}$$

代入式(4.2.1)并消去公因子 $A\mathrm{e}^{pt}$，得出该微分方程的特征方程为

$$RCp+1=0$$

其根为

$$p=-\frac{1}{RC}$$

于是，式(4.2.1)的通解为

$$u_C=A\mathrm{e}^{-\frac{1}{RC}t} \qquad (4.2.2)$$

下一步要定出积分常数 *A*。根据换路定则，在 $t=0_+$ 时，$u_C(0_+)=U_0$，则 $A=U_0$。所以

$$u_C=U_0\mathrm{e}^{-\frac{1}{RC}t}=U_0\mathrm{e}^{-\frac{t}{\tau}} \qquad (4.2.3)$$

其随时间的变化曲线如图 4.2.2 所示。它的初始值为 U_0，按指数规律衰减而趋于零。

在式(4.2.3)中

$$\tau = RC$$

因为它具有时间的量纲，所以称为 RC 电路的**时间常数**。电压 u_C 衰减的快慢决定于电路的时间常数。

当 $t=\tau$ 时，

$$u_C = U_0 e^{-1} = \frac{U_0}{2.718} = (36.8\%) U_0$$

可见时间常数 τ 等于电压 u_C 衰减到初始值 U_0 的 36.8% 所需的时间。可以用数学证明，指数曲线上任意点的次切距的长度都等于 τ。以初始点为例，如图 4.2.2(a) 所示。

$$\left.\frac{du_C}{dt}\right|_{t=0} = -\frac{U_0}{\tau}$$

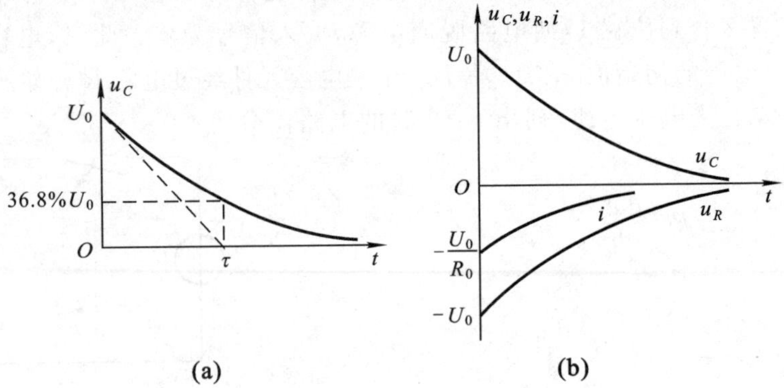

图 4.2.2 u_C、u_R、i 的变化曲线

从理论上讲，电路只有经过 $t=\infty$ 的时间才能达到稳定。但是，由于指数曲线开始变化较快，而后逐渐缓慢，如表 4.2.1 所示。

表 4.2.1 $e^{-\frac{t}{\tau}}$ 随时间而衰减

τ	2τ	3τ	4τ	5τ	6τ
e^{-1}	e^{-2}	e^{-3}	e^{-4}	e^{-5}	e^{-6}
0.368	0.135	0.050	0.018	0.007	0.002

所以，实际上经过 $t=5\tau$ 的时间，就足可认为达到稳定状态了。这时

$$u_C = U_0 e^{-5} = 0.007 U_0 = (0.7\%) U_0$$

时间常数 τ 愈大，u_C 衰减（电容器放电）愈慢，如图 4.2.3 所示。因为在一定初始电压 U_0 下，电容 C 愈大，则储存的电荷愈多；而电阻 R 愈大，则放电电流愈小。这

都促使放电变慢。因此，改变 R 或 C 的数值，也就是改变电路的时间常数，就可以改变电容器放电的快慢。

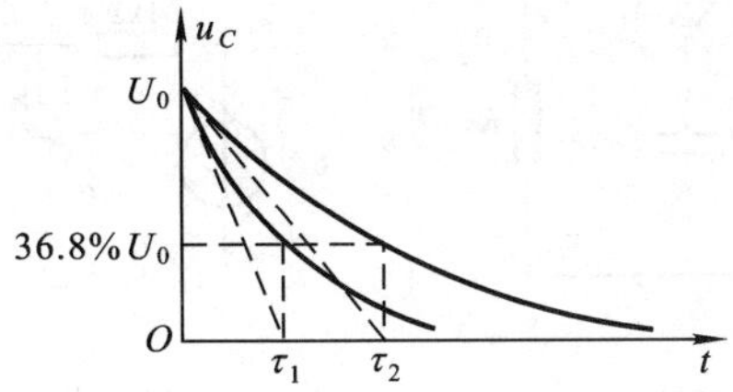

图 4.2.3 τ 愈大，u_C 衰减愈慢

至于 $t\geqslant 0$ 时电容器的放电电流和电阻元件 R 上的电压，也可求出，即

$$i = C\frac{\mathrm{d}u_C}{\mathrm{d}t} = -\frac{U_0}{R}\mathrm{e}^{-\frac{t}{\tau}} \tag{4.2.4}$$

$$u_R = Ri = -U_0\mathrm{e}^{-\frac{t}{\tau}} \tag{4.2.5}$$

上两式中的负号表示放电电流的实际方向与图 4.2.1 中所选定的参考方向相反。其变化曲线如图 4.2.2(b)所示。

所求 u_C、u_R 及 i 随时间变化的曲线画在一起，如图 4.2.2(b)所示。

例 4.2.1 在图 4.2.4 中，开关长期合在位置 1 上，如在 $t=0$ 时把它合到位置 2 后，试求电容器上电压 u_C 及放电电流 i。已知 $R_1=1\ \mathrm{k\Omega}$，$R_2=2\ \mathrm{k\Omega}$，$R_3=3\ \mathrm{k\Omega}$，$C=1\ \mu\mathrm{F}$，电流源 $I=3\ \mathrm{mA}$。

解 在 $t=0_-$ 时，$u_C(0_-)=R_2I=2\times10^3\times3\times10^{-3}=6\ (\mathrm{V})$

按图中所标的参考方向，则 $t\geqslant 0$ 时

$$R_3 i - u_C = 0$$

$$i = -C\frac{\mathrm{d}u_C}{\mathrm{d}t}$$

由此得

$$R_3C\frac{\mathrm{d}u_C}{\mathrm{d}t} + u_C = 0$$

和式(4.2.1)一样，于是得

$$u_C = A\mathrm{e}^{-\frac{1}{R_3C}t} = 6\mathrm{e}^{-\frac{1}{3\times10^{-3}}t} = 6\mathrm{e}^{-3.3\times10^2 t}\ (\mathrm{V})$$

而电流

$$i = -C\frac{\mathrm{d}u_C}{\mathrm{d}t} = 2\times10^{-3}\mathrm{e}^{-\frac{1}{3\times10^{-3}}t}\mathrm{A} = 2\mathrm{e}^{-3.3\times10^2 t}\ (\mathrm{mA})$$

式中，

$$\tau = R_3C = 3\times10^3\times1\times10^{-6} = 3\times10^{-3}(\mathrm{s})$$

例 4.2.2 电路如图 4.2.5 所示，开关 S 闭合前电路已处于稳态。在 $t=0$ 时，将

开关闭合，试求 $t \geqslant 0$ 时电压 u_C 和电流 i_C、i_1 及 i_2。

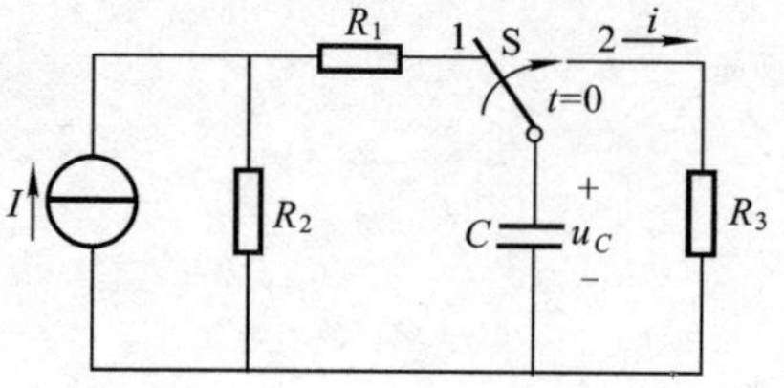

图 4.2.4　例 4.2.1 的图

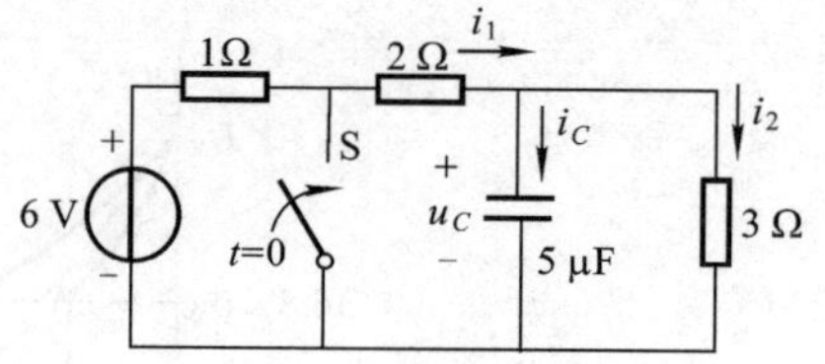

图 4.2.5　例 4.2.2 的图

解　在 $t=0_-$ 时

$$u_C(0_-)=\frac{6}{1+2+3}\times 3=3\ (\text{V})$$

在 $t \geqslant 0$ 时，6 V 电压源与 1 Ω 电阻串联的支路被开关短路，对右边电路不起作用。这时电容器经两支路放电，时间常数为

$$\tau=\frac{2\times 3}{2+3}\times 5\times 10^{-6}=6\times 10^{-6}\,(\text{s})$$

由式(4.2.3)可得

$$u_C=3\ \mathrm{e}^{-\frac{10^6}{6}t}=3\ \mathrm{e}^{-1.7\times 10^5 t}\,(\text{V})$$

并由此得

$$i_C=C\frac{\mathrm{d}u_C}{\mathrm{d}t}=-2.5\ \mathrm{e}^{-1.7\times 10^5 t}\,(\text{A})$$

$$i_2=\frac{u_C}{3}=\mathrm{e}^{-1.7\times 10^5 t}\,(\text{A})$$

$$i=i_2+i_C=-1.5\mathrm{e}^{-1.7\times 10^5 t}\,(\text{A})$$

4.2.2　*RC* 电路的零状态响应

所谓 *RC* 电路的零状态，是指换路前电容元件未储有能量，$u_C(0_-)=0$。在此条件下，由电源激励所产生的电路的响应，称为**零状态响应**。

分析 *RC* 电路的零状态响应，实际上就是分析它的充电过程。图 4.2.6 是一 *RC* 串联电路。在 $t=0$ 时将开关 S 合上，电路即与一恒定电压为 U 的电压源接通，对电容元件开始充电。此时实为输入一阶跃电压 U，如图 4.2.7 所示，其表达式为

$$u=\begin{cases}0, & t<0\\ U, & t\geqslant 0\end{cases}\tag{4.2.6}$$

式中 U 为其幅值。

根据基尔霍夫电压定律，列出 $t \geqslant 0$ 时电路中电压和电流的微分方程

$$U=Ri+u_C=RC\frac{\mathrm{d}u_C}{\mathrm{d}t}+u_C\tag{4.2.7}$$

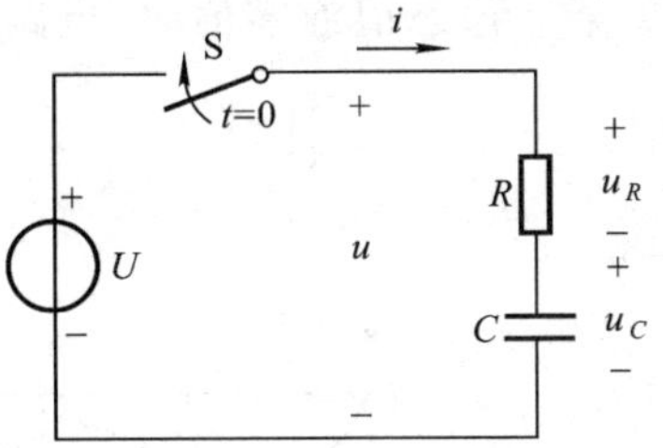

图 4.2.6　RC 充电电路

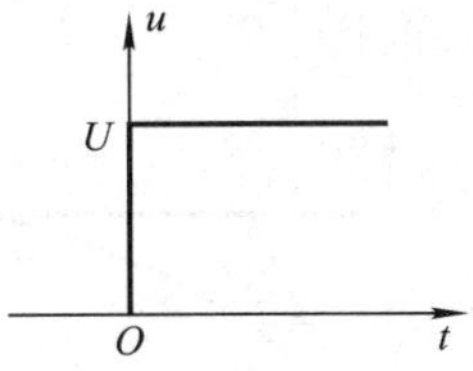

图 4.2.7　阶跃电压

式(4.2.7)的解有两个部分,一个是特解 u_C',一个是通解 u_C''。

特解与已知函数 U 有相同的形式,设 $u_C'=K$,代入式(4.2.7),得

$$U=RC\frac{dK}{dt}+K$$

于是

$$K=U$$

因而可求得特解

$$u_C'=U$$

通解是齐次微分方程

$$RC\frac{du_C}{dt}+u_C=0$$

的解,与式(4.2.2)相同,即

$$u_C''=Ae^{-\frac{1}{RC}t}$$

因此,式(4.2.7)的解为

$$u_C=u_C'+u_C''=U+Ae^{-\frac{1}{RC}t}$$

下一步要定出积分常数 A。根据换路定则,在 $t=0_+$ 时,$u_C(0_+)=0$,则 $A=-U$。所以电容元件两端的电压为

$$u_C=U-Ue^{-\frac{1}{RC}t}=U(1-e^{-\frac{1}{RC}t})=U(1-e^{-\frac{t}{\tau}}) \qquad (4.2.8)$$

所求电压 u_C 随时间的变化曲线如图 4.2.8 所示。u_C'不随时间而变,u_C''按指数规律衰减而趋于零。因此,电压 u_C 按指数规律随时间增长而趋于稳态值。

当 $t=\tau$ 时

$$\begin{aligned}u_C&=U(1-e^{-1})=U\left(1-\frac{1}{2.718}\right)\\&=U(1-0.368)=(63.2\%)U\end{aligned}$$

从电路的角度来看,暂态过程中电容元件两端的电压 u_C 可视为由两个分量相加而得:其一是 u_C',即到达稳定状态时的电压,称为**稳态分量**,它的变化规律和大小都与电源电压 U 有关;其二是 u_C'',仅存在于暂态过程中,称为**暂态分量**,它的变化规律

与电源电压无关，总是按指数规律衰减，但是它的大小与电源电压有关。当电路中储能元件的能量增长到某一稳态值或衰减到某一稳态值或零值时，电路的暂态过程随即终止，暂态分量也趋于零。

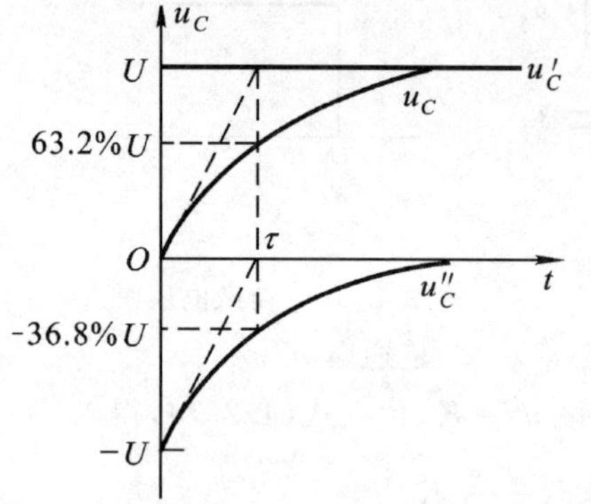

图 4.2.8　u_C 的变化曲线

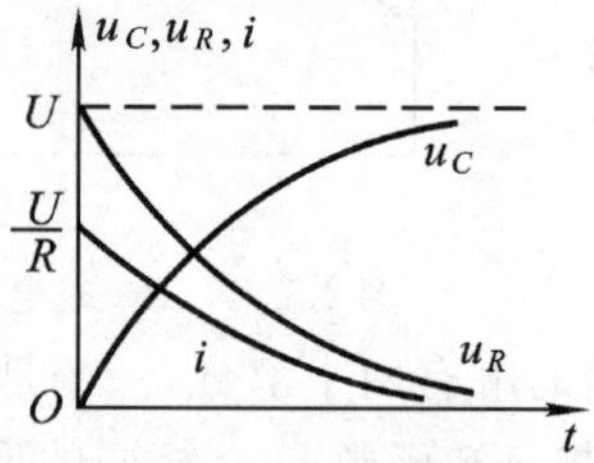

图 4.2.9　u_C、u_R 及 i 的变化曲线

至于 $t \geqslant 0$ 时电容器充电电路中的电流，也可求出，即

$$i = C\frac{\mathrm{d}u_C}{\mathrm{d}t} = \frac{U}{R}\mathrm{e}^{-\frac{t}{\tau}} \tag{4.2.9}$$

由此也可得出电阻元件 R 上的电压为

$$u_R = Ri = U\mathrm{e}^{-\frac{t}{\tau}} \tag{4.2.10}$$

u_C、u_R 及 i 随时间变化的曲线如图 4.2.9 所示。

在分析较复杂电路的暂态过程时，第 1 章所介绍的电路分析方法都可以在此应用。

例 4.2.3　在图 4.2.10(a)所示的电路中，$U=9$ V，$R_1=6$ kΩ，$R_2=3$ kΩ，$C=1\ 000$ pF，$u_C(0)=0$。试求 $t \geqslant 0$ 时的电压 u_C。

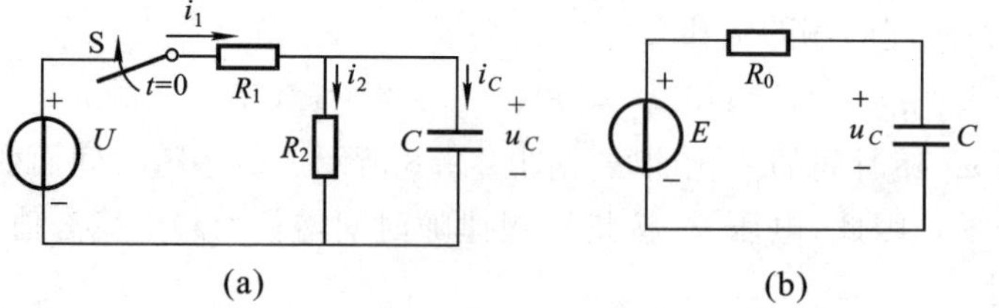

图 4.2.10　例 4.2.3 的图

(a) 电路图；(b) $t \geqslant 0$ 时的等效电路

解　应用戴维宁定理将换路后的电路化为图 4.2.10(b)所示的等效电路。等效电源的电动势和内阻分别为

$$E=\frac{R_2U}{R_1+R_2}=\frac{3\times10^3\times9}{(6+3)\times10^3}=3\ (\text{V})$$

$$R_0=\frac{R_1R_2}{R_1+R_2}=\frac{(6\times3)\times10^6}{(6+3)\times10^3}=2\ (\text{k}\Omega)$$

电路的时间常数为

$$\tau=R_0C=2\times10^3\times1\ 000\times10^{-12}=2\times10^{-6}(\text{s})$$

于是由式(4.2.8)得

$$u_C=E(1-\text{e}^{-\frac{t}{\tau}})=3(1-\text{e}^{-\frac{t}{2\times10^{-6}}})=3(1-\text{e}^{-5\times10^5t})\ (\text{V})$$

4.2.3 *RC* 电路的全响应

所谓 RC 电路的**全响应**，是指电源激励和电容元件的初始状态 $u_C(0_+)$ 均不为零时电路的响应，也就是零输入响应与零状态响应两者的叠加。

在图 4.2.6 的电路中，阶跃激励的幅值为 U，$u_C(0_-)=U_0$。$t\geqslant0$ 时的电路的微分方程和式(4.2.7)相同，也由此得出

$$u_C=u'_C+u''_C=U+A\text{e}^{-\frac{1}{RC}t}$$

但常数 A 与零状态时不同。在 $t=0_+$ 时，$u_C(0_+)=U_0$，则 $A=U_0-U$。所以

$$u_C=U+(U_0-U)\text{e}^{-\frac{1}{RC}t} \tag{4.2.11}$$

整理后得出

$$u_C=U_0\text{e}^{-\frac{t}{\tau}}+U(1-\text{e}^{-\frac{t}{\tau}}) \tag{4.2.12}$$

显然，右边第一项即为式(4.2.3)，是零输入响应；第二项即为式(4.2.8)，是零状态响应。于是

全响应＝零输入响应＋零状态响应

这是叠加原理在电路暂态分析中的体现。在求全响应时，可把电容元件的初始状态 $u_C(0_+)$ 看作为一种电压源。$u_C(0_+)$ 和电源激励分别单独作用时所得出的零输入响应和零状态响应叠加，即为全响应。

如果来看式(4.2.11)，它的右边也有两项：U 为稳态分量；$(U_0-U)\text{e}^{-\frac{t}{\tau}t}$ 为暂态分量。于是全响应也可表示为

全响应＝稳态分量＋暂态分量

求出 u_C 后，就可得出

$$i=C\frac{\text{d}u_C}{\text{d}t},u_R=Ri$$

例 4.2.4 在图 4.2.11 中，开关长期合在位置 1 上，如在 $t=0$ 时把它合到位置 2 后，试求电容元件上的电压 u_C。已知 $R_1=1\ \text{k}\Omega$，$R_2=2\ \text{k}\Omega$，$C=3\ \mu\text{F}$，电压源 $U_1=3\ \text{V}$ 和 $U_2=5\ \text{V}$。

解 在 $t=0_-$ 时，

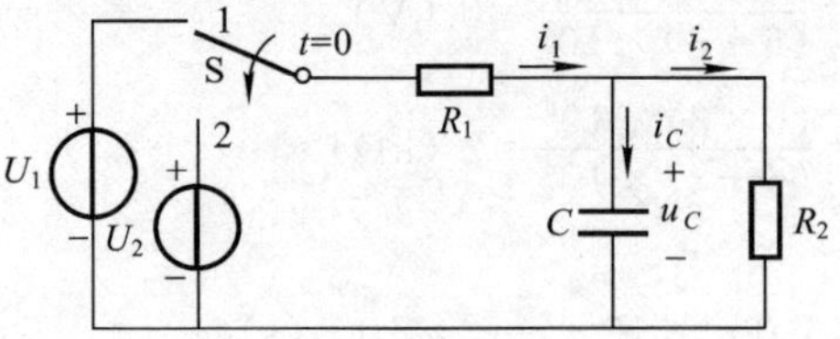

图 4.2.11　例 4.2.4 的电路

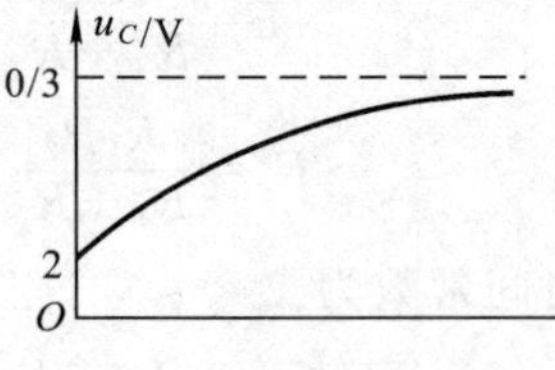

图 4.2.12　u_C 的变化曲线

$$u_C(0_-)=\frac{U_1R_2}{R_1+R_2}=\frac{3\times(2\times10^3)}{(1+2)\times10^3}=2\ (\mathrm{V})$$

在 $t\geqslant 0$ 时，根据基尔霍夫电流定律列出

$$i_1-i_2-i_C=0$$

$$\frac{U_2-u_C}{R_1}-\frac{u_C}{R_2}-C\frac{\mathrm{d}u_C}{\mathrm{d}t}=0$$

经整理后得

$$R_1C\frac{\mathrm{d}u_C}{\mathrm{d}t}+\left(1+\frac{R_1}{R_2}\right)u_C=U_2$$

或

$$(3\times10^{-3})\frac{\mathrm{d}u_C}{\mathrm{d}t}+\frac{3}{2}u_C=5$$

解之，得

$$u_C=u_C'+u_C''=\frac{10}{3}+A\mathrm{e}^{-\frac{1}{2\times 0^{-3}}t}(\mathrm{V})$$

当 $t=0_+$ 时，$u_C(0_+)=2$ V，则 $A=-\frac{4}{3}$，所以

$$u_C=\frac{10}{3}-\frac{4}{3}\mathrm{e}^{-\frac{1}{2\times10^{-3}}t}=\frac{10}{3}-\frac{4}{3}\mathrm{e}^{-500t}(\mathrm{V})$$

u_C 的变化曲线如图 4.2.12 所示。

【练习与思考】

4.2.1　试从能量角度说明 RC 电路的零输入响应随时间按指数规律衰减。

4.2.2　常用万用表的“$R\times1000$”挡来检查电容器（电容量应较大）的质量。如果出现下列现象之一，试评估其质量之优劣，并说明原因。

(1) 表针不动；

(2) 表针偏转后慢慢返回原刻度处(∞)；

(3) 表针偏转后不能返回原刻度处(∞)。

4.2.3　电路如图 4.2.13 所示，试作出开关 S 闭合后($t\geqslant 0$)电流 i 的波形。

4.2.4　电路如图 4.2.14 所示，开关 S 闭合时电容器充电，S 再断开时电容器放电，试分别求出充电和放电时电路的时间常数。

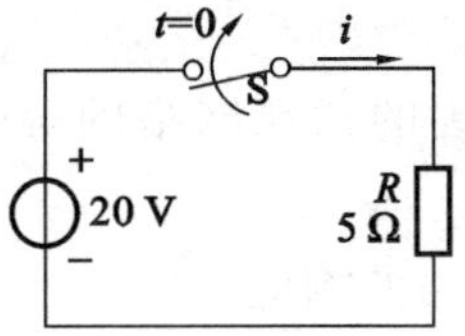

图 4.2.13 练习与思考 4.2.3 的图

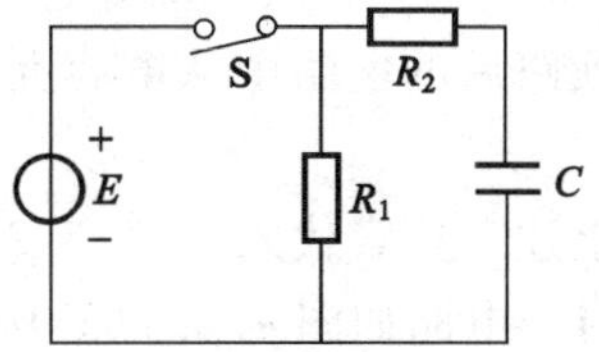

图 4.2.14 练习与思考 4.2.4 的图

4.3 一阶线性电路暂态分析的三要素法

只含一个储能元件或可等效为一个储能元件的线性电路，不论是简单的或复杂的，当电路中元件参数为常数时，列出的微分方程是一阶常系数线性微分方程，这种电路称为**一阶线性电路**。

通过前面的分析可知，对一阶线性电路而言，只要电路中电压或电流的初始值、稳态值和时间常数确定了，电路的暂态响应也就确定了，见式(4.2.12)。暂态过程中电压和电流都是按指数规律变化的，在它的**初始值**、**稳态值**及**时间常数**这三个要素确定以后，我们就能立即画出它的波形图，并写出相应的解析表达式。

一阶线性电路的响应是稳态分量（包括零值）和暂态分量两部分的叠加。若写成一般表达式，则为

$$f(t)=f'(t)+f''(t)=f(\infty)+A\mathrm{e}^{-\frac{t}{\tau}} \tag{4.3.1}$$

式中，$f(t)$是电压或电流；$f(\infty)$是稳态分量；$A\mathrm{e}^{-t/\tau}$是暂态分量。

若初始值为$f(0_+)$，则得 $A=f(0_+)-f(\infty)$，于是可写出分析一阶线性电路暂态过程中任意响应的一般公式为

$$f(t)=f(\infty)+[f(0_+)-f(\infty)]\mathrm{e}^{-\frac{t}{\tau}} \tag{4.3.2}$$

这种不需求解电路的微分方程而只利用 $f(0_+)$、$f(\infty)$和 τ 这三个要素求解一阶线性电路暂态响应的方法叫做一阶线性电路暂态分析的**三要素法**。需要注意的是，三要素法只适用于在直流电源作用下的 RC 或 RL 一阶线性电路。

三要素法是分析一阶线性电路暂态响应的有效方法，其求解步骤为：

(1) 计算初始值 $f(0_+)$。$f(0_+)$表示换路后瞬间响应的初始值，即 $t=(0_+)$时电压或电流的值。该值可利用换路定则计算。

(2) 计算稳态值 $f(\infty)$。$f(\infty)$表示响应的稳态值，即 $t\to\infty$，电路处于新稳态时的电压或电流值。计算时首先画出电路到达新稳态时的等效电路（电容元件视为开路，电感元件视为短路），然后用电路的分析方法计算各电压或电流值。

(3) 计算时间常数 τ。τ 表示一阶线性电路的时间常数，改变它可以改变暂态过

程进程的快慢。对于 RC 电路，计算公式为

$$\tau=R_0C \tag{4.3.3}$$

式中，R_0 是换路后的电路中从电容元件两端看进去的二端网络的等效电阻；C 为等效电容值。

(4) 将上述三要素代入式(4.3.2)即可求得电路的响应。

例 4.3.1 电路如图 4.3.1(a)所示，已知 $R_1=R_2=R_3=3\ \text{k}\Omega$，$C=10^3\ \text{pF}$，$U=12\ \text{V}$，$t=0$ 时将开关 S 断开。试求 $t\geqslant 0$ 时电压 u_C 和 u_o 的变化规律。设开关 S 断开前电路已处于稳态。

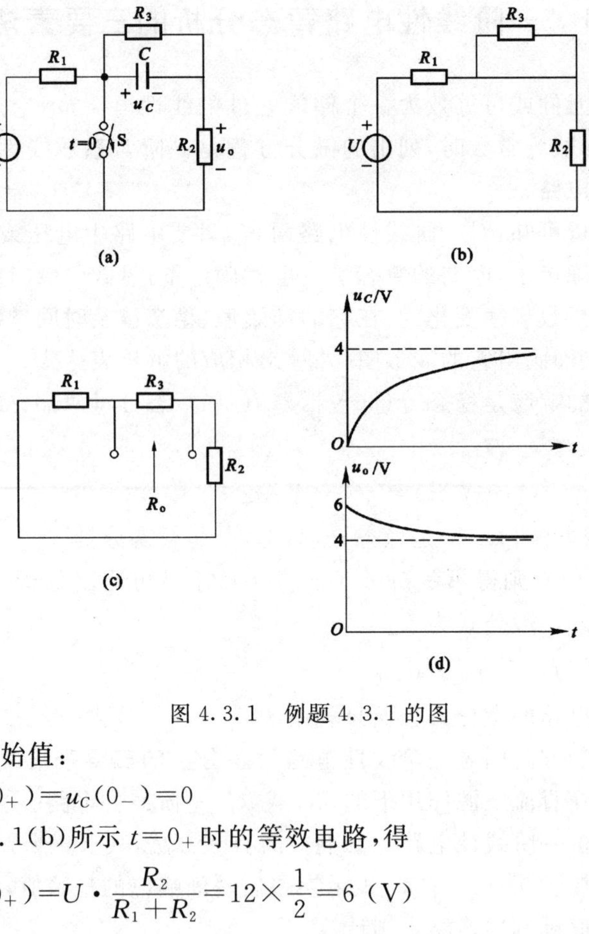

图 4.3.1 例题 4.3.1 的图

解 (1) 初始值：

$$u_C(0_+)=u_C(0_-)=0$$

根据图 4.3.1(b)所示 $t=0_+$ 时的等效电路，得

$$u_o(0_+)=U\cdot\frac{R_2}{R_1+R_2}=12\times\frac{1}{2}=6\ (\text{V})$$

(2) 稳态值：

$$u_C(\infty)=U\cdot\frac{R_3}{R_1+R_2+R_3}=12\times\frac{1}{3}=4\ (\text{V})$$

$$u_o(\infty)=U\cdot\frac{R_2}{R_1+R_2+R_3}=12\times\frac{1}{3}=4\ (\text{V})$$

(3) 时间常数：

根据图 4.3.1(c)所示电路，得

$$R_o = R_3 /\!/ (R_1 + R_2) = \frac{3 \times 6}{3+6} = 2\ (\text{k}\Omega)$$

$$\tau = R_o C = 2 \times 10^3 \times 10^3 \times 10^{-12} = 2 \times 10^{-6}\ \ (\text{s})$$

(4) 将三要素代入公式(4.3.2)，得

$$u_C(t) = 4 + [0-4]\mathrm{e}^{-\frac{t}{2\times10^{-6}}} = 4(1-\mathrm{e}^{-5\times10^5 t})\ (\text{V})$$

$$u_o(t) = 4 + [6-4]\mathrm{e}^{-\frac{t}{2\times10^{-6}}} = 4 + 2\mathrm{e}^{-5\times10^5 t}\ \ (\text{V})$$

变化曲线如图 4.3.1(d)所示。

例 4.3.2 电路如图 4.3.2 所示，换路前开关 S 闭合在 a 端，电路已处于稳态。在 $t=0$ 时刻将 S 合到 b 端。试求换路后电流 i_1 的变化规律。

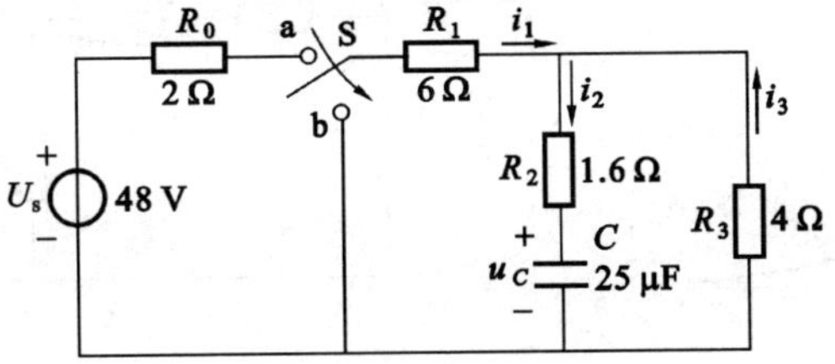

图 4.3.2 例题 4.3.2 的图

解 (1) 确定 $i_1(0_+)$：

根据换路前瞬间的电路求 $u_C(0_-)$：

$$u_C(0_-) = \frac{U_s}{R_0 + R_1 + R_3} \cdot R_3 = \frac{48}{2+6+4} \times 4 = 16\ (\text{V})$$

由换路定则有

$$u_C(0_+) = u_C(0_-) = 16\ (\text{V})$$

由换路后的电路求从 C 两端看进去的等效电阻为

$$R = R_2 + \frac{R_1 \cdot R_3}{R_1 + R_3} = 1.6 + \frac{6 \times 4}{6+4} = 4\ (\Omega)$$

因而

$$i_2(0_+) = -\frac{u_C(0_+)}{R} = -\frac{16}{4} = -4\ (\text{A})$$

$$i_1(0_+) = \frac{R_3}{R_1 + R_3} \cdot i_2(0_+) = \frac{4}{6+4} \times (-4) = -1.6\ (\text{A})$$

(2) 确定 $i_1(\infty)$：

由于换路后，电路中无外部电源激励，故

$$i_1(\infty) = 0\ (\text{A})$$

(3) 确定 τ：

$$\tau=R\cdot C=4\times25\times10^{-6}=10^{-4}\ \text{(s)}$$

(4) 将三要素代入公式(4.3.2),得

$$i_1(t)=0+(-1.6-0)\times e^{-\frac{t}{10^{-4}}}=-1.6e^{-10^4t}\ \text{(A)}$$

【练习与思考】

4.3.1 从物理意义解释 RC 电路中 R 越大,时间常数 τ 越大的原因。

4.3.2 试用三要素法写出图 4.3.3 所示指数曲线的表达式 $u_C(t)$。

4.3.3 分别求图 4.3.4 所示电路开关 S 接通和断开两种情况下的时间常数。已知:$U=200$ V,$R_1=R_2=R_3=R_4=100\ \Omega$,$C=0.01\ \mu$F。

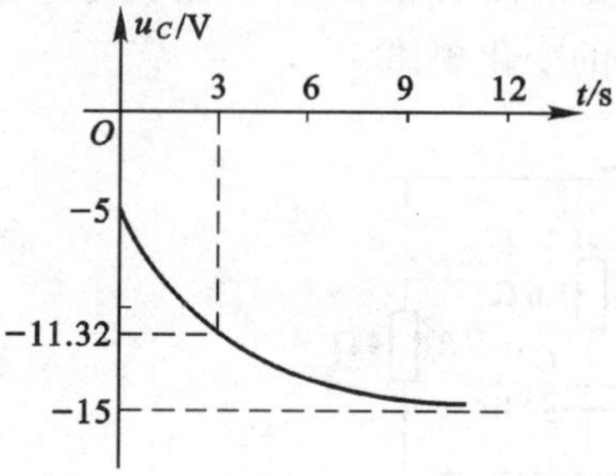

图 4.3.3 练习与思考 4.3.2 的图

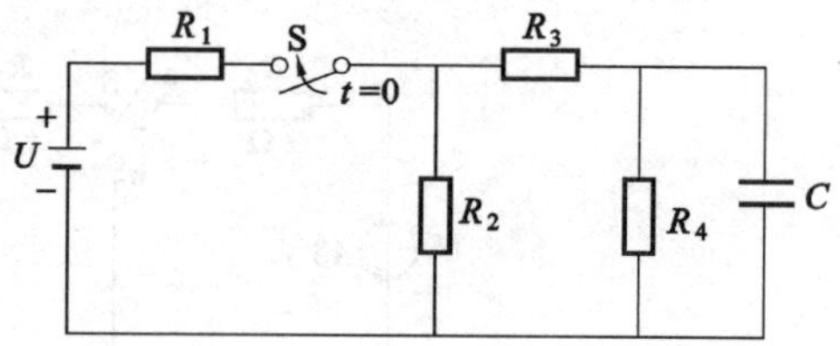

图 4.3.4 练习与思考 4.3.3 的图

4.3.4 已知全响应 $u_C(t)=20+(5-20)\cdot e^{-\frac{t}{10}}$ V 或 $u_C(t)=5\cdot e^{-\frac{t}{10}}+20(1-e^{-\frac{t}{10}})$ V,试作出 $u_C(t)$ 随时间变化的曲线,并在同一图上分别作出稳态分量、暂态分量和零输入响应、零状态响应曲线。

4.4 *RL* 电路的响应

电机、电磁铁、电磁继电器等电磁元器件都可等效为 R、L 串联电路。因 L 是储能元件,所以含有电感元件的电路在换路时也产生暂态过程。

同 RC 电路一样,RL 电路暂态过程的响应也可以用经典法来分析。而且,用经典法分析 RL 电路与分析 RC 电路暂态过程的响应有许多相似之处,如电路微分方程的形式相同,方程的求解过程相同,响应解析式的形式相同,电路时间常数的大小对暂态过程进程的影响相同等等。分析过程不再赘述,需要注意的是电路时间常数的表达式不同。在 RL 电路中,电路的时间常数为

$$\tau=L/R \tag{4.4.1}$$

对于 RC 和 RL 一阶线性电路,三要素法同经典法分析的结果完全一样,但三要素法的分析过程却很简单。下面通过几个例子来介绍用三要素法来分析一阶 RL 电路暂态过程的响应。

例 4.4.1 在图 4.4.1 所示的电路中，已知 $U_{s1}=9$ V，$U_{s2}=6$ V，$R_1=6$ Ω，$R_2=3$ Ω，$L_1=1$ H。开关 S 闭合前电路处于稳态，$t=0$ 时开关闭合，试求 $t\geqslant 0$ 时 $i_L(t)$。

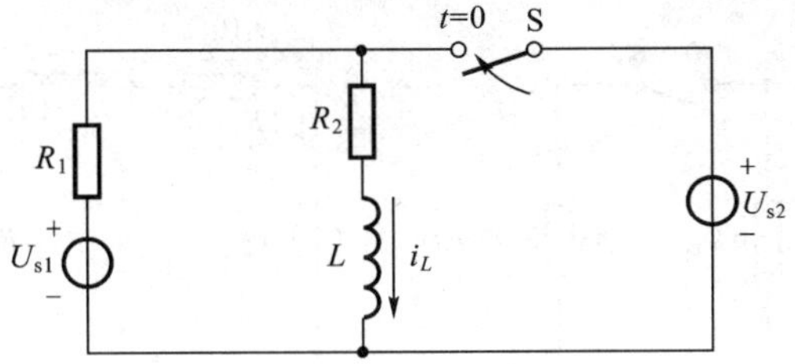

图 4.4.1 例 4.4.1 的图

解 (1) 确定初始值：

开关闭合前电路处于稳态，电感可视为短路，因此

$$i_L(0_-)=\frac{U_{s1}}{R_1+R_2}=\frac{9}{6+3}=1\ (\text{A})$$

所以 $$i_L(0_+)=i_L(0_-)=1\ (\text{A})$$

(2) 确定稳态值：

当 $t=\infty$ 时，电路进入新的稳态，电感视作短路，有

$$i_L(\infty)=\frac{U_{s2}}{R_2}=\frac{6}{3}=2\ (\text{A})$$

(3) 确定时间常数 τ：

将电感断开，恒压源短路可得等效电阻

$$R=R_2=3\ \Omega,\tau=\frac{L}{R}=\frac{1}{3}\ (\text{s})$$

(4) 将三要素代入公式(4.3.2)，得

$$i_L=2+(1-2)\mathrm{e}^{-3t}=2-\mathrm{e}^{-3t}\ \ (\text{A})$$

例 4.4.2 电路如图 4.4.2(a)所示，已知 S 在 $t=0$ 时闭合，换路前电路处于稳态，求 $i_L(t)$和 $u(t)$。

解 (1) 确定初始值 $i_L(0_+)$、$u(0_+)$：

$$i_L(0_+)=i_L(0_-)=\frac{U}{R_1+R_2}=\frac{12}{4+6}=1.2\ (\text{A})$$

$t=0_+$ 时等效电路如图 4.4.2(b)所示。

$$u(0_+)=\frac{R_2}{R_2+R_3}i_L(0_+)R_3=\frac{6}{6+3}\times 1.2\times 3=2.4\ (\text{V})$$

(2) 确定 $i_L(\infty)$、$u(\infty)$：

$t=\infty$ 时等效电路如图 4.4.2(c)所示。

$$i_L(\infty)=\frac{U}{R_1+R_2/\!/R_3}=\frac{U}{R_1+\dfrac{R_2R_3}{R_2+R_3}}=\frac{12}{4+\dfrac{6\times 3}{6+3}}=2\ (\text{A})$$

$$u(\infty)=\frac{R_2}{R_2+R_3}i_L(\infty)\times R_3=\frac{6}{6+3}\times 2\times 3=4\ (\text{V})$$

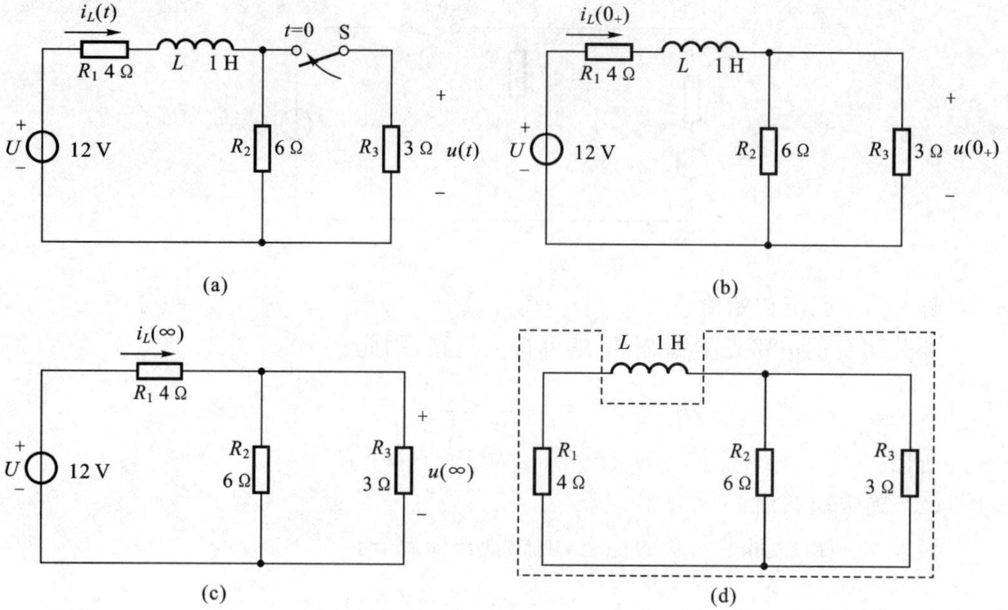

图 4.4.2 例 4.4.2 的图

(3) 确定 τ：

在换路以后的电路中，去掉电感，得到一有源二端网络，该有源二端网络的等效电阻 R 可由图 4.4.2(d)来求得。

$$R=R_1+R_2 /\!/ R_3=R_1+\frac{R_2R_3}{R_2+R_3}=4+\frac{6\times 3}{6+3}=6\ (\Omega)$$

$$\tau=\frac{L}{R}=\frac{1}{6}\ (\text{s})$$

(4) 将三要素代入公式(4.3.2)，得

$$i_L(t)=2+(1.2-2)\text{e}^{-6t}=2-0.8\text{e}^{-6t}\ (\text{A})$$

$$u(t)=4+(2.4-4)\text{e}^{-6t}=4-1.6\text{e}^{-6t}\ (\text{V})$$

例 4.4.3 图 4.4.3 所示电路为直流电机的励磁电路。已知 $U=220$ V，$L=10$ H，$R=80\ \Omega$，$R_f=30\ \Omega$。$t=0$ 时开关断开电源，并与泄放电阻 R' 接通。假设换路前电路已处于稳态。

(1) 若初选 $R'=1$ kΩ，试计算负载两端的初始电压 $u_{RL}(0_+)$；

(2) R' 多大时，能保证 $u_{RL}(0_+)$ 不超过其额定电压 220 V?

(3) 写出 $t\geqslant 0$ 时 i_L 的表达式 $i_L(t)$；

(4) 根据(2)中所选的 R'，开关接通 R' 后多长时间，线圈才能将所储存的能量释

放掉 95%？

解 （1）换路瞬间流过负载电流的初始值为

$$i_L(0_+)=i_L(0_-)=\frac{U}{R+R_f}=\frac{220}{80+30}=2\ (\text{A})$$

$t=0_+$ 时，负载两端的电压为 $i_L(0_+)$ 在 R' 和 R_f 上产生的压降之和，其绝对值为

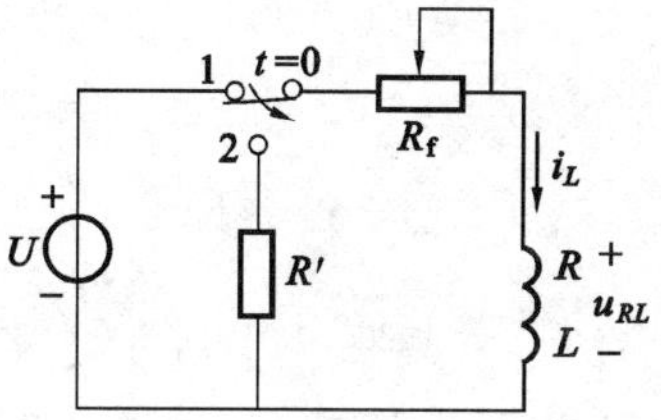

图 4.4.3 例题 4.4.3 的图

$$u_{RL}(0_+)=i_L(0_+)(R'+R_f)$$
$$=2\times(1\ 000+30)=2\ 060\ (\text{V})$$

（2）如果要使 $u_{RL}(0_+)$ 不超过 220 V，则

$$220\geqslant i_L(0_+)(R'+R_f)=2\times(R'+30)\ (\text{V})$$

所以得 $R'\leqslant 80\ \Omega$。选 $R'=80\ \Omega$。

（3）$i_L(0_+)=2$ A，$i_L(\infty)=0$ A

$$\tau=\frac{L}{R_0}=\frac{10}{R'+R_f+R}=\frac{10}{80+30+80}=\frac{1}{19}\ (\text{s})$$

$$i_L(t)=2e^{-19t}\ (\text{A})$$

（4）设磁能泄放掉 95%时的 i_L 为 i，则

$$\frac{1}{2}\cdot L\cdot i^2=(1-0.95)\times\frac{1}{2}\cdot L\cdot i_L^2(0_+)$$

$$i=0.447\ \text{A}$$

代入 $i_L(t)$ 的表达式，得

$$0.447=2e^{-19t}\quad，即\ t=0.079\ \text{s}$$

【练习与思考】

4.4.1 在图 4.4.5 所示的电路中，与 RL 线圈并联一二极管 D。设二极管的正向电阻为零，反向电阻为无穷大。试问，二极管在此起何作用？

4.4.2 电路如图 4.4.6 所示，试求 $t\geqslant 0$ 时的电流 i_L。换路前电路已处于稳态。

4.4.3 有一台直流电动机，它的励磁线圈的电阻为 50 Ω，当加上额定励磁电压经过0.1 s后，励磁电流增长到稳态值的 63.2%。试求电动机励磁线圈的电感 L。

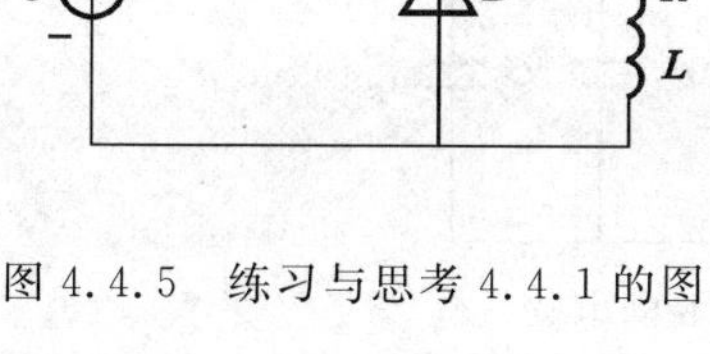

图 4.4.5 练习与思考 4.4.1 的图

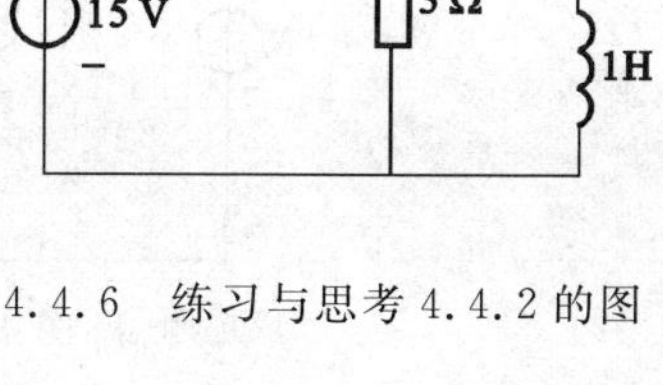

图 4.4.6 练习与思考 4.4.2 的图

习 题

4.1 在题图 4.1 所示电路中，已知 $E=100\ \mathrm{V}$，$R_1=1\ \Omega$，$R_2=99\ \Omega$。开关闭合前电路已到达稳态。

(1) 求开关闭合瞬间各元件电压、电流的初始值；

(2) 开关闭合后，到达稳定状态时各元件电压、电流的值。

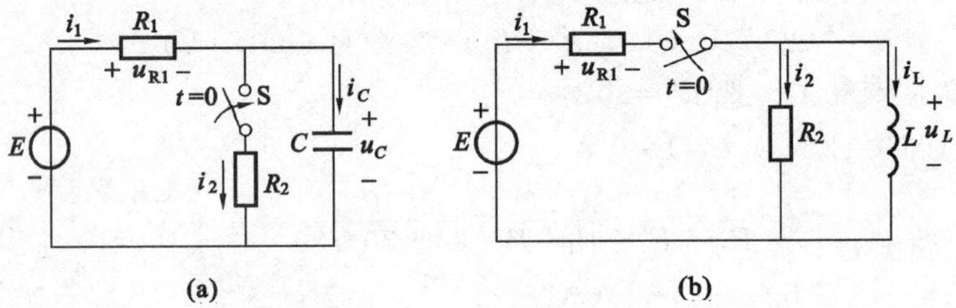

题图 4.1 习题 4.1 的电路

4.2 题图 4.2 所示电路换路前已处于稳态。试求：

(1) 换路后瞬间的 $u_C(0_+)$、$i_L(0_+)$、$i_1(0_+)$，$i_2(0_+)$、$i_C(0_+)$、$u_L(0_+)$；

(2) 换路后电路到达新的稳态时的 $u_C(\infty)$、$i_L(\infty)$、$i_1(\infty)$，$i_2(\infty)$、$i_C(\infty)$、$u_L(\infty)$。

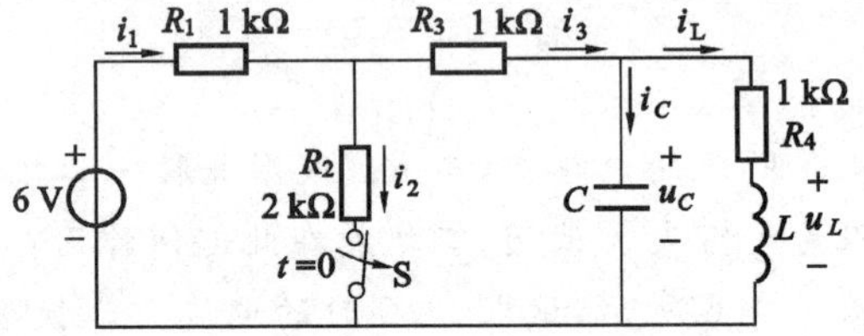

题图 4.2 习题 4.2 的电路

4.3 在题图 4.3 所示电路中，$E=20\ \mathrm{V}$，$R_1=12\ \mathrm{k\Omega}$，$R_2=6\ \mathrm{k\Omega}$，$C_1=10\ \mu\mathrm{F}$，$C_2=10\ \mu\mathrm{F}$，电容元件原先未储能。求 $t\geqslant 0$ 时的 $u_C(t)$，并画出曲线。

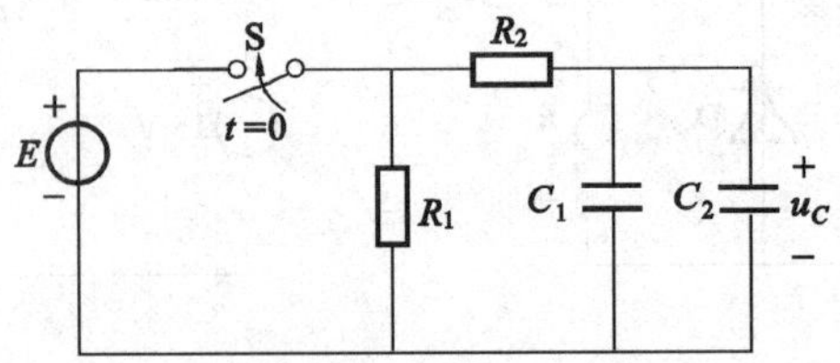

题图 4.3 习题 4.3 的电路

4.4 在题图 4.4 所示电路中，开关闭合前 $i=0$。在 $t=0$ 时合上开关，求：

(1) 电路电流 $i(t)$；

(2) $t=3$ ms 时的电流值。

4.5 求题图 4.5 所示电路中的 $u_C(t)$、$i_C(t)$，并画出波形。换路前电路已处于稳态。

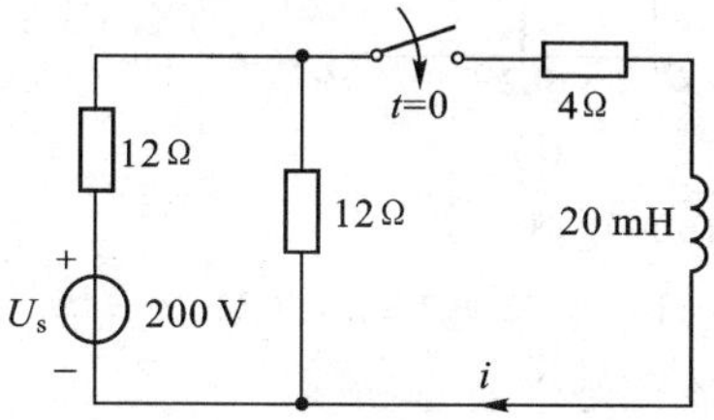

题图 4.4 习题 4.4 的电路

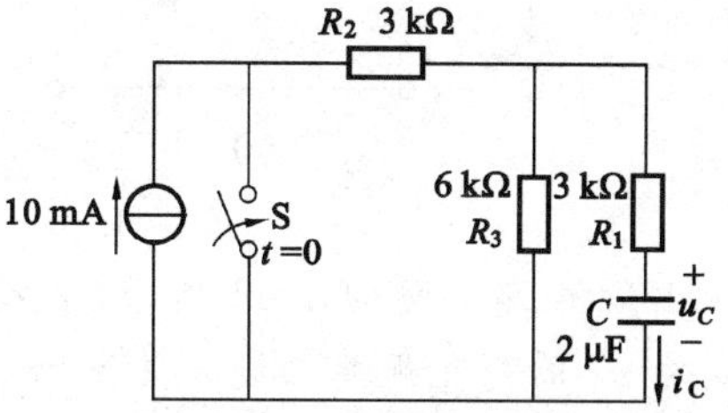

题图 4.5 习题 4.5 的电路

4.6 求题图 4.6 所示电路中的 $u_C(t)$、$i_C(t)$。已知 $E=100$ V，$C=0.25$ μF，$R_1=R_2=R_3=4$ Ω。换路前电路已处于稳态。

4.7 在题图 4.7 中，$U_s=10$ V，$R_1=2$ kΩ，$R_2=4$ kΩ，$R_3=4$ kΩ，$L=200$ mH，开关未断开前电路已处于稳态。$t=0$ 时开关断开，试求：

(1) 电感电流 $i_L(t)$；

(2) 电感电压 $u_L(t)$。

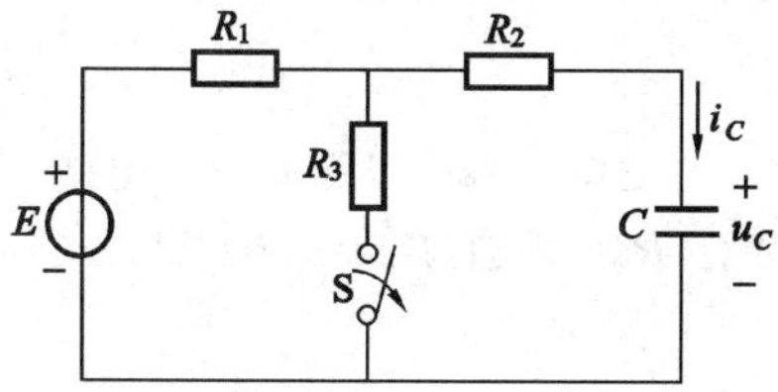

题图 4.6 习题 4.6 的电路

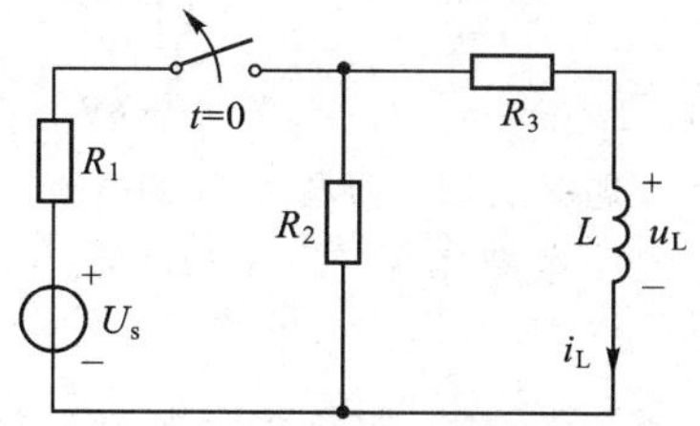

题图 4.7 习题 4.7 的电路

4.8 在题图 4.8 所示电路中，$E_1=10$ V，$E_2=5$ V，$R_1=R_2=4$ kΩ，$R_3=2$ kΩ，$C=100$ μF。开关 S 接通 E_1 时电路已处于稳态。求 $t\geqslant 0$ 时的 $u_C(t)$、$i_C(t)$、$i(t)$。

4.9 电路如题图 4.9 所示，$U=20$ V，$C=4$ μF，$R=50$ kΩ。在 $t=0$ 时闭合 S_1，在$t=0.1$ s时闭合 S_2。求 S_2 闭合后的电压 $u_R(t)$。设 $u_C(0)=0$。

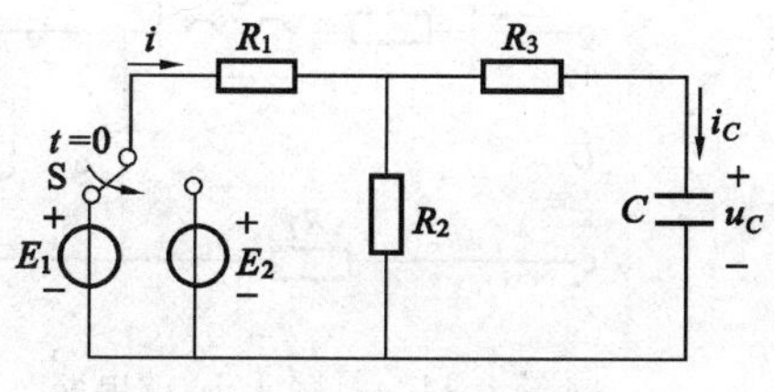

题图 4.8 习题 4.8 的电路

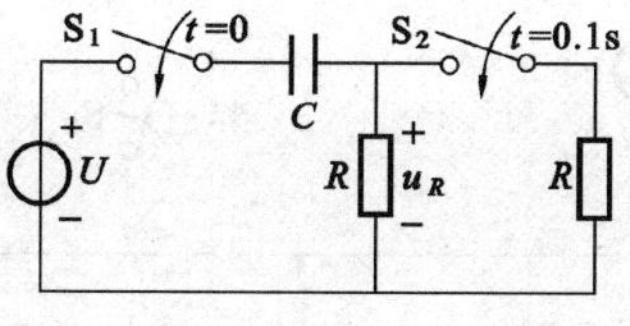

题图 4.9 习题 4.9 的电路

4.10 题图 4.10(a)所示电路输入题图 4.10(b)所示的电压，试画出 u_o的波形。已知 $R=1\ k\Omega$，$C=10\ \mu F$。

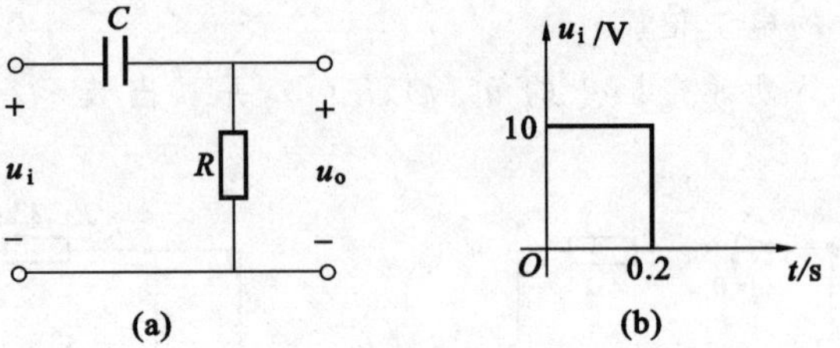

题图 4.10　习题 4.10 的电路

4.11 电路如题图 4.11 所示，求 $t\geqslant 0$ 时：(1) 电容电压 u_C；(2) B 点电位 v_B 和 A 点电位 v_A 的变化规律。设开关 S 闭合前电路已处于稳态。

4.12 在题图 4.12 所示电路中，开关闭合前电路已处于稳态。求开关闭合后的 $i_L(t)$。其中，$E=4\ V$，$R_1=5\ \Omega$，$R_2=R_3=15\ \Omega$，$L=10\ mH$ 。

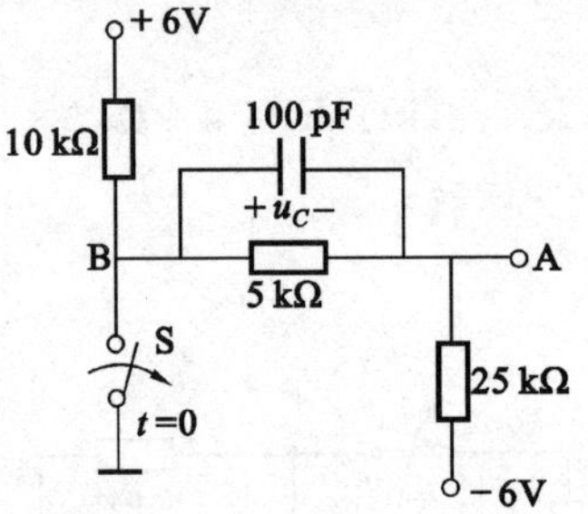

题图 4.11　习题 4.11 的电路

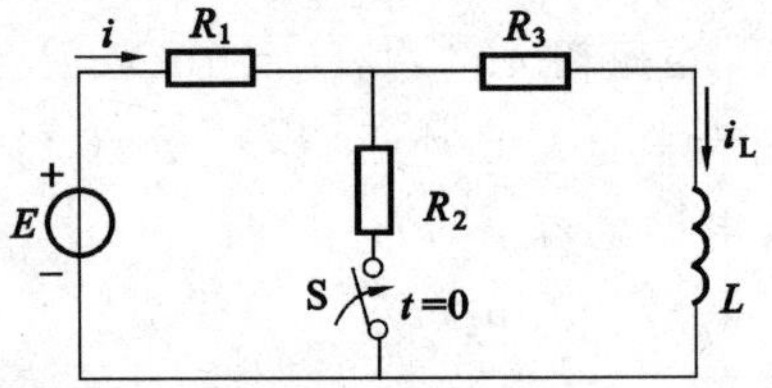

题图 4.12　习题 4.12 的电路

4.13 在题图 4.13 所示电路中，$R_1=2\ \Omega$，$R_2=1\ \Omega$，$L_1=0.01\ H$，$L_2=0.02\ H$，$E=6\ V$。

(1) S_1 闭合后，求电路中电流 i_1、i_2 的变化规律；

(2) 当 S_1 闭合后电路到达稳定状态时再闭合 S_2，试求 i_1、i_2 的变化规律。

4.14 电磁继电器线圈的 $R=1\ \Omega$，$L=0.2\ H$，如题图 4.14 所示。当其中的电流 $i=30\ A$ 时，继电器动作切断电源。设负载电阻 $R_L=20\ \Omega$，线路电阻 $R_l=1\ \Omega$，直流电源电压$U=220\ V$。试求当负载短路多少时间后，继电器才能将电源切断？

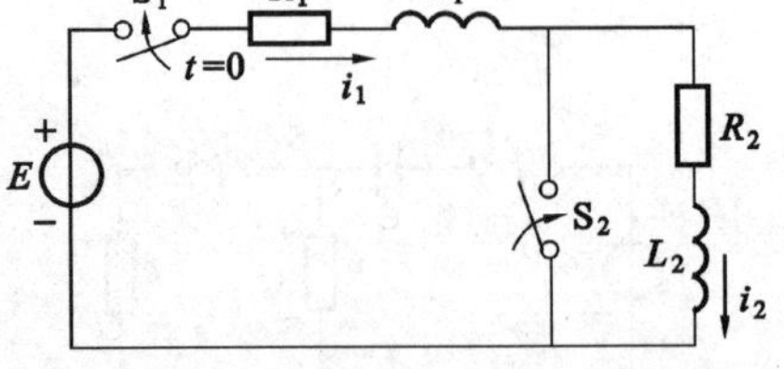

题图 4.13　习题 4.13 的电路

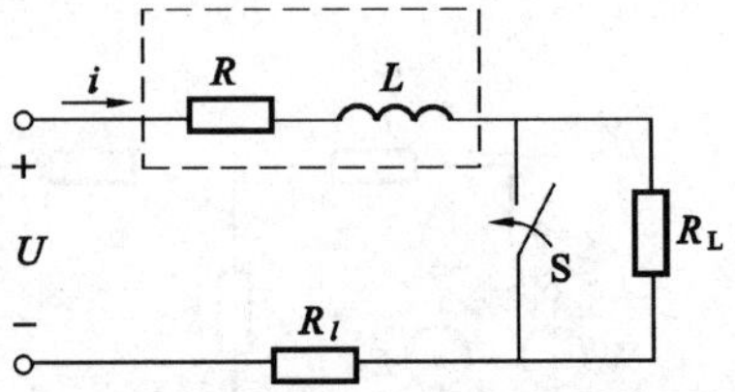

题图 4.14　习题 4.14 的电路

4.15　在题图4.15所示电路中，虚线框起来的部分为电机的励磁绕组电路，为了使电路断开时绕组上的电压不超过200 V，并使电流在0.03 s内衰减到初始值的5%以下，电阻R'的数值应是多大？

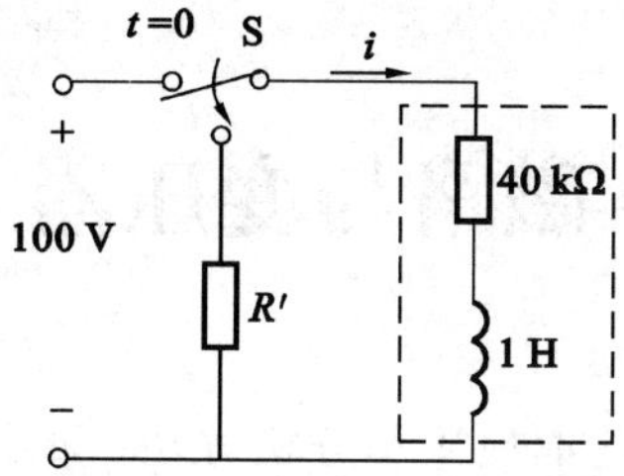

题图4.15　习题4.15的电路

4.16　题图4.16所示为一个延时继电器电路。继电器的$R_L=250\ \Omega$，$L=14.4$ H，它的最小启动电流为6 mA，外加电压$E=6$ V。为了能改变它的延时时间，在电路中又串接了一个电阻R，其阻值在0～250 Ω范围内连续可调。试求该继电器延时时间的变化范围。

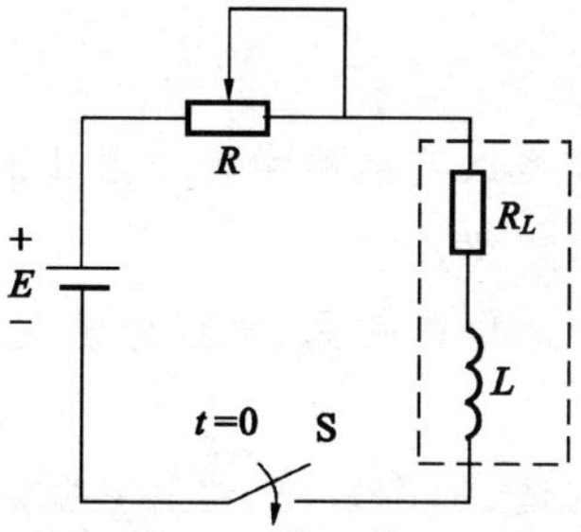

题图4.16　习题4.16的电路

第5章

磁路与变压器

前面几章介绍了电路的基本规律和分析方法。但许多电工设备和装置如电机、变压器、继电器等都是利用电与磁的相互作用来实现能量的传输和转换的，它们的工作原理既有电路的问题，同时还有磁路的问题，只有同时掌握了电路和磁路的基本理论，才能对这些电工设备作全面的分析。

本章主要介绍磁路的基本知识，以便较好地理解电磁耦合传递电能和机电能量相互转换的原理和方法，并在此基础上介绍变压器的工作原理、主要性能和应用。

基本要求

(1) 了解磁性材料的磁性能以及磁路中几个基本物理量的意义和单位；

(2) 了解分析磁路的基本定律；

(3) 理解铁芯线圈电路中的电磁关系、电压电流关系以及功率与能量问题，熟练掌握 $U \approx 4.44 fn\Phi$ 关系式；

(4) 了解变压器的基本构造、工作原理、铭牌数据、外特性和绕组的同极性端，掌握其电压、电流、阻抗的变换功能；

(5) 了解电磁铁的吸力以及交流电磁铁与直流电磁铁的异同。

5.1 磁路基础与磁路的基本定律

5.1.1 磁路基础

1. 磁路的概念

在设计电机、电器时，为了使这些设备的工作效率高、体积小，总想用较小的电流产生较大的磁通。通常用导磁性能良好的铁磁材料做成具有一定形状的铁芯，使磁通的绝大部分通过此铁芯构成闭合路径，这种闭合的路径称为**磁路**。

图 5.1.1 表示变压器的磁路，它由闭合的铁芯构成。图 5.1.2 表示 E 型电磁铁处于释放位置时的磁路，在闭合的磁路中除铁芯外，还有很小的工作气隙。

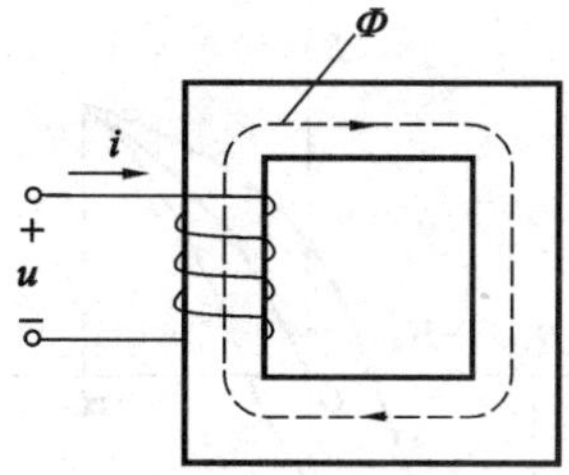

图 5.1.1 变压器的磁路

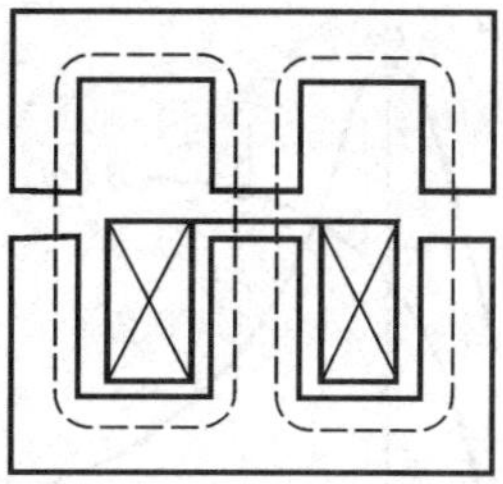

图 5.1.2 E 型电磁铁的磁路

由于磁路问题实际上是局限在一定路径内的磁场问题，因此磁场的主要物理量，如磁感应强度 B，磁场强度 H，磁通量 Φ 及磁导率 μ 等完全适用于磁路。由于这些量在物理学中都已学过，在此不再赘述。

磁路是由磁性材料组成的，下面简单介绍一下磁性材料及其特性。

2. 磁性材料

磁性材料主要是指铁、镍、钴及其合金以及铁氧体等材料。磁性材料具有高导磁性、磁饱和性和磁滞性等性能，这是因为它们在外磁场的激励下，具有被强烈磁化的特性。磁性材料中，磁感应强度 B（或磁通 Φ）与磁场强度 H（或励磁电流 I）的关系曲线，即 $B=f(H)$ 或 $\Phi=f(I)$，称为**磁化曲线**。

在直流励磁下，磁性材料的磁化曲线 B-H 或 Φ-I 如图 5.1.3 所示。磁化曲线上任何一点处的 B 与 H 之比称为**磁导率** μ，即

$$\mu=\frac{B}{H} \tag{5.1.1}$$

它是表征磁场媒质导磁能力的一个物理量。根据磁化曲线上各点的 B 和 H 的数值可画出 μ-H 曲线。为比较起见，图 5.1.3 中同时画出了在相同励磁条件下磁路媒质为非磁性材料的 μ_0-H 曲线和 B_0-H 曲线。不难看出，磁性材料的导磁能力远远超过非磁性材料，其倍数高达几百、几千甚至上万倍。正是磁性材料的高导磁性能，使得它们在电工和电子技术等领域中获得了广泛的应用。

由图 5.1.3 所示曲线可知，磁性材料的磁化特性还呈现磁饱和性，即 B（或 Φ）不会随 H（或 I）的增加而无限增大，表现为起始段近似呈线性快速增长；饱和段则增长缓慢。整条磁化曲线不是一条直线，表明磁性材料的 B-H 或 Φ-I 关系为非线性。因此，μ 不是常数。

交流励磁时磁性材料的 B-H 曲线是一条封闭曲线，称为**磁滞回线**，如图5.1.4所示。由图可见，当 H 由 $+H_m$ 减小时，B 并不沿原始磁化曲线减小，而是沿其上部的另一条曲线减小；当 H 减小到零时，B 并没减小到零，表明铁芯中仍存在剩磁，我们把 B_r 称为**剩磁感应强度**；若要去掉剩磁，应施加反向磁场强度 $-H_c$，称为**矫顽磁力**。这种在磁性材料中出现的 B（或 Φ）的变化总要滞后于 H（或 I）的变化特性，称为**磁滞性**。

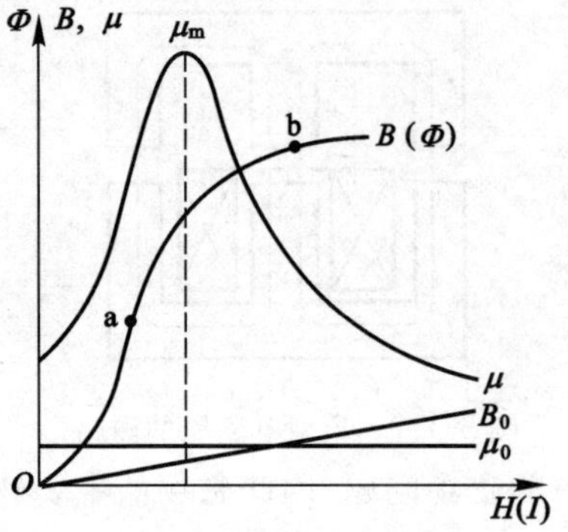

图 5.1.3 磁化曲线

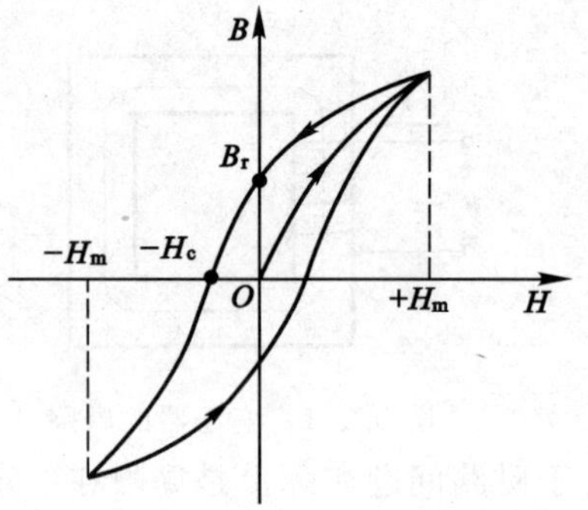

图 5.1.4 磁滞回线

根据磁滞特性，磁性材料可分为：

(1) 软磁材料。其磁滞回线较窄，剩磁 B_r、矫顽力 H_c 都较小，一般用来制造变压器、电机及电器的铁芯。常用的软磁性材料有铸铁、硅钢、坡莫合金及铁氧体等。

(2) 永磁材料。其磁滞回线较宽，剩磁 B_r、矫顽力 H_c 都较大，通常用来制造永久磁铁。常用的永磁性材料有碳钢、钴钢及铁镍铝钴合金等。

(3) 矩磁材料。其磁滞回线接近矩形，具有较小的 H_c 和较大的 B_r，稳定性也较好，常用作计算机和控制系统中的记忆元件、开关元件和逻辑元件，常用的矩磁材料有镁锰铁氧体及 1J51 型铁镍合金等。

磁性物质不同，其磁化曲线和磁滞回线也不同。图 5.1.5 示出了几种常用磁性材料的磁化曲线。

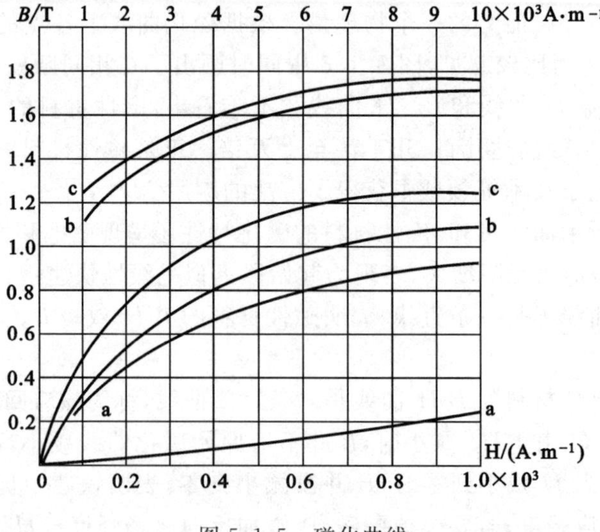

图 5.1.5 磁化曲线

a—铸铁；b—铸钢；c—硅钢片

5.1.2 磁路的基本定律

对磁路进行分析与计算时，常用到磁路的欧姆定律。磁路的欧姆定律反映了磁路磁通 Φ、磁动势 F 和磁阻 R_m 之间的关系。

磁场中磁场强度与励磁电流的关系，遵循物理学中的**安培环路定律**（又称**全电流定律**），该定律为：**在磁场中沿任何闭合曲线磁场强度矢量 $\boldsymbol{H}$ 的线积分，等于穿过该闭合曲线所围曲面上的电流的代数和**，其数学表达式为

$$\oint \boldsymbol{H} \cdot \mathrm{d}\boldsymbol{l} = \sum I \tag{5.1.2}$$

计算电流 I 时，以预先任取的闭合曲线绕行的方向为准，凡参考方向符合右手螺旋法则的电流为正，反之为负。

图 5.1.6 所示理想磁路（无漏磁）是由一种材料构成的，各处截面积相等，若取铁芯中心线作为积分路径 l，沿路径 l 各点的 B 和 H 均有相同的值，其方向处处与积分路径的绕行方向一致（即 $\boldsymbol{H}$与 $\mathrm{d}\boldsymbol{l}$ 同方向）。匝数为 N 的励磁线圈绕在铁芯上，其中电流为 I，即线圈中电流 I 穿绕磁路 N 次。因此式(5.1.2)可写为

$$\oint \boldsymbol{H} \cdot \mathrm{d}\boldsymbol{l} = Hl = NI \quad 或 \quad H = \frac{NI}{l} \tag{5.1.3}$$

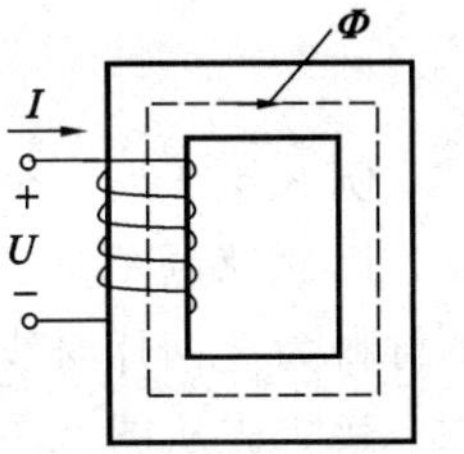

图 5.1.6 理想磁路

式中乘积 NI 称为**磁动势**，用 F 表示，即 $F=NI$，其单位为安培(A)。

若磁场为均匀磁场，即 $\Phi=BS, B=\mu H$，则 $\Phi=\mu HS$。

将式(5.1.3)代入上式可得

$$\Phi = \mu \frac{NI}{l} S = \frac{NI}{\frac{l}{\mu S}} = \frac{F}{\frac{l}{\mu S}}$$

令 $R_m = \dfrac{l}{\mu S}$，$F=IN$，则

$$\Phi = \frac{F}{R_m} \tag{5.1.4}$$

式(5.1.4)在形式上与电路中的欧姆定律($I=E/R$)相似，称为**磁路的欧姆定律**。磁路中磁通 Φ 对应于电路中的电流 I；磁动势 F 反映通电线圈励磁能力的大小，它对应于电路中的电动势 E；$R_m=l/\mu S$ 称为**磁阻**，它对应于电路中的电阻 R，是表示磁路的材料对磁通起阻碍作用的物理量，反映磁路导磁性能的强弱，它只与磁路的尺寸及材料的磁导率有关。对于磁性材料，由于 μ 不是常数，其 R_m 也不是常数，故式(5.1.4)主要用来定性分析磁路，一般不能直接用于磁路计算。

对于由不同材料或不同截面组成的几段磁路，如图 5.1.7 所示的带有空气隙的

磁路。磁路的总磁阻为各段磁阻之和，由 $R_m = l/\mu S$，对于空气隙这段磁路，其 l_0 虽小，但因 μ_0 很小，故 R_m 很大，从而使整个磁阻大大增加。若磁动势 $F = NI$ 不变，则磁路中空气隙愈大，磁通 Φ 就愈小；反之，如线圈的匝数 N 一定，要保持磁通 Φ 不变，则空气隙愈大，所需的励磁电流 I 也愈大。

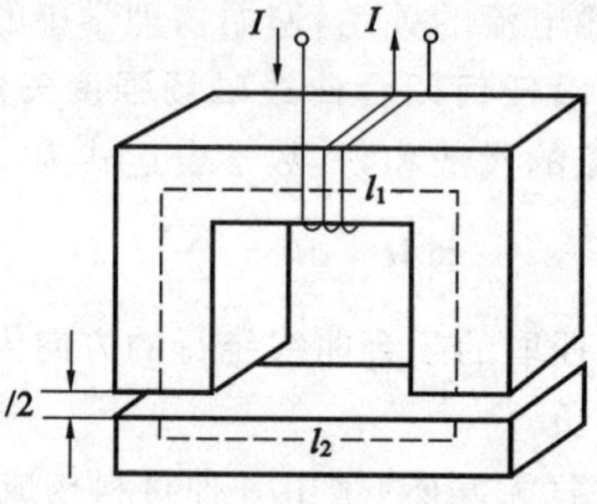

图 5.1.7 带有空气隙的磁路

例 5.1.1 一个闭合的均匀铁芯线圈，其匝数为 300，铁芯中的磁感应强度为 0.9 T，磁路的平均长度为 45 cm，试求：(1)铁芯材料为铸铁时线圈中的电流；(2)铁芯材料为硅钢片时线圈中的电流。

解 先从图 5.1.5 中的磁化曲线查出磁场强度 H，然后再根据式(5.1.3)算出电流。

(1) $H_1 = 9\ 000$ A/m，$I_1 = \dfrac{H_1 l}{N} = \dfrac{9\ 000 \times 0.45}{300} = 13.5$ (A)

(2) $H_2 = 260$ A/m，$I_2 = \dfrac{H_2 l}{N} = \dfrac{260 \times 0.45}{300} = 0.39$ (A)

可见，由于所用铁芯材料的不同，要得到同样的磁感应强度，则所需要的磁动势或励磁电流的大小相差就很悬殊。因此，采用磁导率高的铁芯材料，可使线圈的用铜量大为减少。

如果在上面(1)、(2)两种情况下，线圈中通有同样大小的电流 0.39 A，则铁芯中的磁场强度是相等的，都是 260 A/m。但从图 5.1.5 所示的磁化曲线查出的 $B_1 = 0.05$ T，$B_2 = 0.9$ T。两者相差 17 倍，磁通也相差 17 倍。在这种情况下，如果要得到相同的磁通，那么铸铁铁芯的截面积就必须增加 17 倍。因此，采用磁导率高的铁芯材料，可使铁芯的用铁量也大为减少。

例 5.1.2 有一环形铁芯线圈，其内径为 10 cm，外径为 15 cm，铁芯材料为铸钢。磁路中含有一空气隙，其长度等于 0.2 cm。设线圈中通有 1 A 的电流，如要得到 0.9 T 的磁感应强度，试求线圈匝数。

解 磁路的平均长度为

$$l = \frac{10 + 15}{2} \cdot \pi = 39.2\ \text{(cm)}$$

从图 5.1.5 所示的铸钢的磁化曲线查出，当 $B=0.9$ T 时，$H_1=500$ A/m，于是

$$H_1 l_1 = 500 \times (39.2 - 0.2) \times 10^{-2} = 195\ (\text{A})$$

空气隙中的磁场强度为

$$H_0 = \frac{B}{\mu_0} = \frac{0.9}{4\pi \times 10^{-7}} = 7.2 \times 10^5\ (\text{A/m})$$

于是

$$H_0 \delta = 7.2 \times 10^5 \times 0.2 \times 10^{-2} = 1\,440\ (\text{A})$$

总磁动势为 $$IN = \sum Hl = H_1 l_1 + H_0 \delta = 195 + 1\,440 = 1\,635\ (\text{A})$$

线圈匝数为 $$N = \frac{IN}{I} = \frac{1\,635}{1} = 1\,635$$

可见，当磁路中含有空气隙时，由于其磁阻较大，磁动势差不多都降在空气隙上面。

【练习与思考】

5.1.1 磁性材料有哪些特征？

5.1.2 试比较磁路的欧姆定律和电路的欧姆定律，说明其异同点。

5.2 铁芯线圈

将线圈绕制在铁芯上便构成了铁芯线圈。根据线圈所接电源的不同，铁芯线圈分为直流铁芯线圈和交流铁芯线圈，相应的磁路称为**直流磁路**和**交流磁路**。

5.2.1 直流铁芯线圈

直流铁芯线圈用直流电励磁，如直流电机、直流电磁铁及其他各种直流电器的线圈都是直流铁芯线圈，其特点是：

(1) 励磁电流 $I=U/R$，I 由外加电压 U 及励磁绕组的电阻 R 决定，与磁路特性无关。

(2) 励磁电流 I 产生的磁通是恒定磁通，不会在线圈和铁芯中产生感应电动势。

(3) 磁通 Φ 的大小不仅与线圈的电流 I(即磁动势 NI)有关，还决定于磁路中的磁阻 R_m。例如，对有空气隙的铁芯磁路，在 $F=IN$ 一定的条件下，当空气隙增大，即 R_m 增加时，磁通 Φ 减小；反之当空气隙减小，即 R_m 减小时，Φ 增大。

(4) 功率损耗 $P=I^2R$ 由线圈中的电流和电阻决定。因磁通恒定，在铁芯中不会产生功率损耗。

5.2.2 交流铁芯线圈

交流铁芯线圈用交流电励磁，如变压器、交流电机以及其他各种交流电器的线圈

都是交流铁芯线圈。图 5.2.1 为交流铁芯线圈，下面讨论其电磁关系和功率损耗。

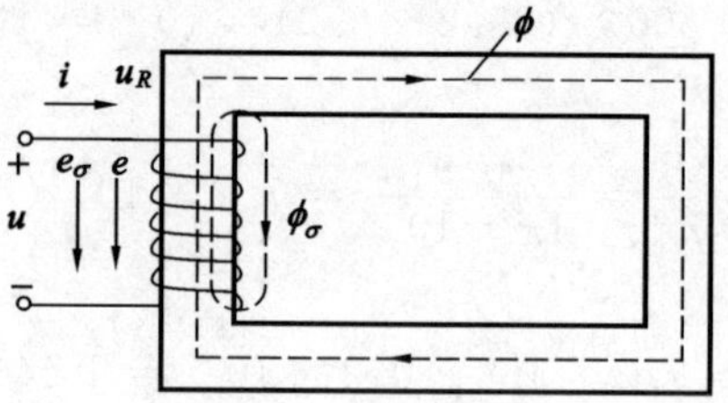

图 5.2.1 铁芯线圈

(1) 电磁关系。当外加交流电压 u 时，在线圈中产生交流励磁电流 i，磁动势 Ni 产生两部分交变磁通，即主磁通 ϕ 和漏磁通 ϕ_σ，它们又分别在线圈中产生两个感应电动势，即主磁电动势 e 和漏磁电动势 e_σ，其参考方向符合右手螺旋法则，如图 5.2.1所示。

根据基尔霍夫电压定律，铁芯线圈的电压平衡方程式为

$$u = Ri - e - e_\sigma$$

由于线圈电阻上的压降 Ri 和漏磁电动势 e_σ 都很小，与主磁电动势 e 比较，均可忽略不计，故上式可写成

$$u \approx - e \tag{5.2.1}$$

由电磁感应定律，在规定的参考方向下

$$e = - N\frac{\mathrm{d}\phi}{\mathrm{d}t}$$

故

$$u \approx N\frac{\mathrm{d}\phi}{\mathrm{d}t}$$

当电源电压 u 为正弦量时，ϕ 和 e 都为同频率的正弦量，令 $\phi = \Phi_\mathrm{m}\sin \omega t$，则

$$\begin{aligned} u &\approx N\frac{\mathrm{d}\phi}{\mathrm{d}t} = N\frac{\mathrm{d}}{\mathrm{d}t}(\Phi_\mathrm{m}\sin \omega t) = N\omega\Phi_\mathrm{m}\cos \omega t \\ &= 2\pi fN\Phi_\mathrm{m}\sin\left(\omega t + \frac{\pi}{2}\right) = U_\mathrm{m}\sin(\omega t + \frac{\pi}{2}) \end{aligned}$$

由上式可求出外加电压的有效值为

$$U = \frac{U_\mathrm{m}}{\sqrt{2}} = \frac{2\pi}{\sqrt{2}}fN\Phi_\mathrm{m} = 4.44fN\Phi_\mathrm{m} = 4.44fNB_\mathrm{m}S \tag{5.2.2}$$

式中，U 的单位为伏特(V)，f 的单位为赫兹(Hz)，Φ 的单位为韦伯(Wb)，B 的单位为特斯拉(T)，S 的单位为平方米(m^2)。上式表明，在忽略线圈电阻与漏磁通的条件下，当线圈匝数 N 与电源频率 f 一定时，主磁通的幅值 Φ_m 决定于励磁线圈外加电压的有效值，而与铁芯的材料及尺寸无关，这是交流磁路的一个重要特点，式(5.2.2)是分析计算交流电器磁路的重要公式。

(2) 功率损耗。交流铁芯线圈中的功率损耗包含**铜损**和**铁损**两部分。铜损是线圈导线电阻 R 消耗的功率，用 ΔP_{Cu} 表示（$\Delta P_{\mathrm{Cu}}=I^2R$）；铁损是铁芯在交变磁通作用下产生的损耗，包含磁滞损耗 ΔP_{h} 和涡流损耗 ΔP_{e}，用 ΔP_{Fe} 表示（$\Delta P_{\mathrm{Fe}}=\Delta P_{\mathrm{h}}+\Delta P_{\mathrm{e}}$），铁损将使铁芯发热，从而影响设备绝缘材料的使用寿命。

磁滞损耗与该铁芯磁滞回线所包围的面积成正比，同时还与励磁电流频率和磁感应强度有关，f 愈高，磁滞损耗愈大。为了减小磁滞损耗，应选用磁滞回线狭窄的磁性材料制造铁芯。涡流损耗如图 5.2.2(a)所示，当线圈中通入交流电流时，铁芯中的交变磁通在铁芯中产生感应电动势和感应电流，这种电流称为**涡流**。因铁芯中有一定的电阻，故涡流将在铁芯中产生损耗而发热，即为**涡流损耗**。涡流损耗与电源频率的平方及铁芯磁感应强度最大值的平方成正比。

为了减小涡流损耗，当线圈用于一般工频交流时，可采用由彼此绝缘且顺着磁场方向的硅钢片叠成铁芯，如图 5.2.2(b)所示，这样将涡流限制在较小的截面内流通，使涡流及其损耗大为减小。一般电机和变压器的铁芯常采用厚度为 0.35 mm 或 0.5 mm的硅钢片叠成。涡流也有其有利的一面，可利用其热效应来冶炼金属，如中频感应炉。利用涡流和磁场相互作用而产生电磁力的原理也可制造感应式仪器等。

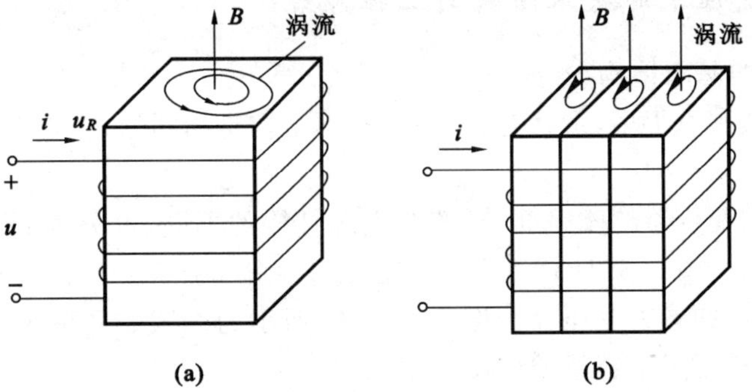

图 5.2.2 涡流的产生和减少

综上所述，交流铁芯线圈工作时的功率损耗为

$$\Delta P=\Delta P_{\mathrm{Cu}}+\Delta P_{\mathrm{Fe}}=I^2R+\Delta P_{\mathrm{h}}+\Delta P_{\mathrm{e}} \qquad (5.2.3)$$

【练习与思考】

5.2.1 若将交流铁芯线圈接到与其额定电压相等的直流电源上，或将直流铁芯线圈接到有效值与其额定电压相同的交流电源上，各会产生什么后果？为什么？

5.2.2 空心线圈的电感是常数，而铁芯线圈的电感不是常数，为什么？如果线圈的尺寸、形状和匝数相同，有铁芯和没有铁芯时，哪个电感大？铁芯线圈的铁芯在达到饱和和未达到饱和状态时，哪个电感大？

5.2.3 将一个空心线圈先后接到直流电源和交流电源上，或者在这个线圈中插入铁芯，再接到上述的直流电源和交流电源上，如果交流电源电压的有效值和直流电源电压相等，在上述四种情况下，试比较通过线圈的电流和功率的大小，并说明其理由。

5.3 变压器

变压器是根据电磁感应原理制成的一种静止的电气设备，它具有变换电压、变换电流和变换阻抗的功能，因而在各工业领域获得了广泛的应用。

在电力系统中，输送一定的电功率时，由于 $P=UI\cos\varphi$，在功率因数一定时，电压 U 越高，电流 I 就越小，这样不仅可以减小输电导线截面节省材料，而且还可以减少功率损耗，故电力系统中均用高电压输送电能，这需要变压器将电压升高。在用电方面，为了保证用电的安全和符合用电设备的电压要求，还要利用变压器将电压降低。在电子电路中，除电源变压器外，变压器还可用来传递信号和实现阻抗匹配。此外，还有调节电压用的自耦变压器，电加工用的电焊变压器和电炉变压器，测量电路用的仪用互感器等。

5.3.1 变压器的基本结构与工作原理

1. 变压器的基本结构

变压器虽然种类很多，形状各异，但其基本结构是相同的，主要部件是铁芯和高、低压绕组。

铁芯是构成变压器的磁路部分，按照铁芯结构的不同，可分为心式与壳式两种，如图 5.3.1 所示。图 5.3.1(a)为心式铁芯的变压器，绕组套在铁芯柱上，多用于容量较大的变压器，如电力变压器。图 5.3.1(b)所示为壳式铁芯的变压器，铁芯把绕组包围在中间，常用于小容量的变压器中。

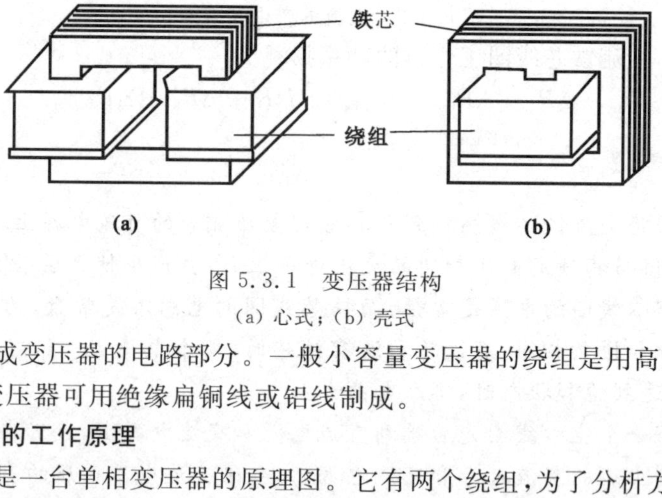

图 5.3.1 变压器结构
(a) 心式；(b) 壳式

绕组是构成变压器的电路部分。一般小容量变压器的绕组是用高强度漆包线绕成的，大容量变压器可用绝缘扁铜线或铝线制成。

2. 变压器的工作原理

图 5.3.2 是一台单相变压器的原理图。它有两个绕组，为了分析方便，我们将高

压绕组和低压绕组分别画在两边。接交流电源的绕组称为**原绕组**(又称原边或一次绕组),匝数为 N_1,其电压、电流和电动势分别用 u_1,i_1,e_1 表示;与负载相接的称**副绕组**(又称副边或二次绕组),匝数为 N_2,其相应的物理量分别用 u_2,i_2,e_2 表示,图中标明的是它们的参考方向。图中各物理量的参考方向是这样选定的:原边作为电源的负载,电流 i_1 的参考方向与 u_1 的参考方向一致;电流 i_1、感应电动势 e_1 及 e_2 的参考方向和主磁通 ϕ 的参考方向符合右手螺旋法则,因此图中 e_1 与 i_1 的参考方向是一致的。而副边作为负载的电源,规定 i_2 与 e_2 的参考方向一致。

当原绕组接上交流电压 u_1 时,原绕组中便有电流 i_1 通过。磁动势 i_1N_1 在铁芯中产生磁通 ϕ,从而在原、副绕组中感应出电动势 e_1、e_2。若副绕组上接有负载时,其中便有电流 i_2 通过。下面分别讨论变压器的电压变换、电流变换和阻抗变换。

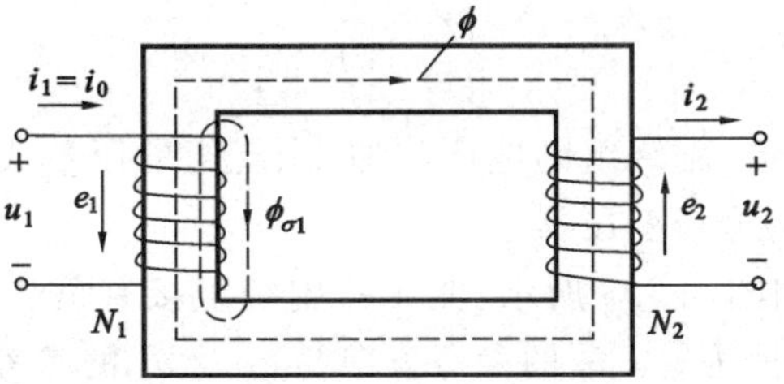

图 5.3.2 单相变压器的原理图

(1) 电压变换。当变压器空载运行时(副绕组开路,不接负载),如图 5.3.2 所示,在原绕组交流电源电压 u_1 作用下,原绕组中有电流 i_1 通过,此时 $i_1=i_0$,这个电流称为**空载电流**或**励磁电流**。磁动势 N_1i_0 将在铁芯中产生同时交链着原、副绕组的主磁通 ϕ,以及只和本身绕组相交链的漏磁通 $\phi_{\sigma1}$。因 $\phi_{\sigma1}$ 比主磁通 ϕ 在数值上要小得多,故在分析计算时,常忽略不计。根据电磁感应原理,主磁通在原、副绕组中分别产生频率相同的感应电动势 e_1 和 e_2

$$e_1=-N_1\frac{\mathrm{d}\phi}{\mathrm{d}t} \tag{5.3.1}$$

$$e_2=-N_2\frac{\mathrm{d}\phi}{\mathrm{d}t} \tag{5.3.2}$$

变压器空载时原绕组的情况与交流铁芯线圈中的情况类似。根据图示参考方向,忽略原绕组的电阻及漏磁通的影响时,根据式(5.2.1),可得

$$u_1\approx -e_1$$

对负载来说,变压器的副绕组是一个电源,即 e_2 为负载的电源电动势,若副绕组的开路电压记为 u_{20},则可写为

$$u_{20}=e_2$$

上两式如用相量表示,则为

$$\dot{U}_1\approx -\dot{E}_1 \tag{5.3.3}$$

$$\dot{U}_{20} = \dot{E}_2 \tag{5.3.4}$$

根据式(5.2.2)可得

$$U_1 \approx E_1 = 4.44 f N_1 \Phi_m$$
$$U_{20} = E_2 = 4.44 f N_2 \Phi_m$$

由此可以推出变压器的电压变换关系为

$$\frac{U_1}{U_{20}} \approx \frac{E_1}{E_2} = \frac{N_1}{N_2} = K \tag{5.3.5}$$

式中,K 称为变压器的**变比**。

当变压器副绕组接有负载时,在 e_2 的作用下,副绕组中就会产生电流 i_2,当忽略副绕组的线圈电阻和漏磁通的影响时,副边电压 u_2 近似为 e_2,则式(5.3.5)可近似为

$$\frac{U_1}{U_2} \approx K$$

此式表明:变压器原、副绕组的电压与原、副绕组的匝数成正比。当 $K>1$ 时为降压变压器,$K<1$ 时为升压变压器。

(2) 电流变换。如图 5.3.3 所示,变压器副绕组接有负载 Z_L 时,图中原绕组的电流为 i_1,副绕组的电流为 i_2。i_2 的参考方向与 e_2 及 u_2 的参考方向一致。铁芯中的交变主磁通在副绕组中感应出电动势 e_2,e_2 又产生 i_2 及磁动势 i_2N_2。根据楞次定律,i_2N_2 对主磁通的作用是阻止主磁通的变化。例如当 ϕ 增大时,i_2N_2 就应使 ϕ 减小。但由式(5.2.2)可知,当电源电压 u_1 及频率 f 一定时,Φ_m 不变。因此,随着 i_2 的出现及增大,原绕组电流 i_1 及磁动势 i_1N_1 也应随之增大,以抵消 i_2N_2 的作用。这就是说,变压器负载运行时,原、副绕组的电流 i_1、i_2 是通过主磁通紧密联系在一起的。当负载变化使 i_2 增加或减少时,必然引起 i_1 的增加或减少,以保证主磁通大小

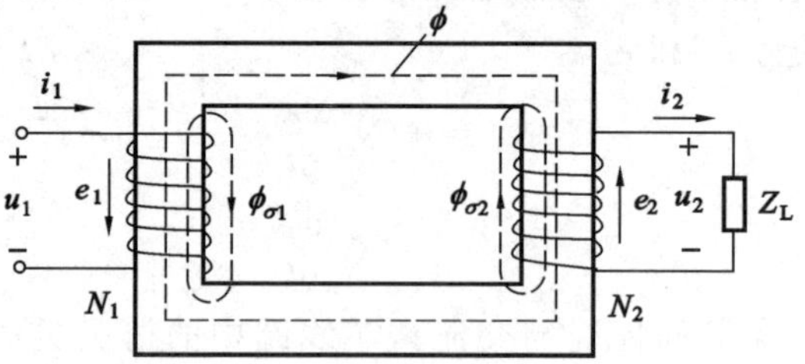

图 5.3.3　变压器的负载运行

不变。变压器空载时,主磁通由磁动势 i_0N_1 产生,变压器负载运行时,主磁通由合成磁动势($i_1N_1+i_2N_2$)产生。因为在 u_1 与 f 一定时,变压器的主磁通幅值几乎不变,所以,变压器在空载及负载运行时的磁动势近似相等,即

$$i_1N_1 + i_2N_2 \approx i_0N_1$$

用相量表示为

$$\dot{I}_1 N_1 + \dot{I}_2 N_2 \approx \dot{I}_0 N_1$$

即
$$\dot{I}_1 \approx \dot{I}_0 + \left(\frac{-N_2}{N_1} \cdot \dot{I}_2\right) = \dot{I}_0 + \dot{I}'_2 \tag{5.3.6}$$

式中 $\dot{I}'_2 = -\frac{N_2}{N_1} \cdot \dot{I}_2$。此式说明，变压器负载运行时，原绕组电流 $\dot{I}_1$ 由两个分量组成，其一是 $\dot{I}_0$，用来产生主磁通；其二是 $\dot{I}'_2$，用来抵消负载电流 $\dot{I}_2$ 对主磁通的影响，以保持 Φ_m 不变。无论 I_2 怎样变化，I_1 均能按比例自动变化。变压器的空载电流 I_0 很小，在变压器接近满载（额定负载）时，一般 I_0 约为原绕组额定电流 I_{1N} 的 2%～10%，即 $I_0 N_1$ 远小于 $I_1 N_1$ 和 $I_2 N_2$，故 $I_0 N_1$ 可忽略不计，即

$$\dot{I}_1 N_1 + \dot{I}_2 N_2 \approx 0$$

$$\dot{I}_1 N_1 \approx -\dot{I}_2 N_2 \tag{5.3.7}$$

原、副绕组电流的有效值之比为

$$\frac{I_1}{I_2} \approx \frac{N_2}{N_1} = \frac{1}{K} \tag{5.3.8}$$

上式说明，变压器负载运行时，其原绕组和副绕组电流有效值之比，近似等于它们的匝数比的倒数，即变比的倒数，这就是变压器的电流变换作用。

式(5.3.7)中的负号说明 $\dot{I}_1$ 和 $\dot{I}_2$ 的相位相反，即 $\dot{I}_2 N_2$ 对 $\dot{I}_1 N_1$ 有去磁作用。

(3) 阻抗变换。由上述分析可以看出，虽然变压器原、副绕组之间只有磁的耦合，没有电的直接联系，但实际上原绕组的电流会随着负载阻抗 Z_L 的大小而变化，若 $|Z_L|$ 减小，则 $I_2 = U_2/|Z_L|$ 增大，$I_1 = I_2/K$ 也增大。因此，从原边看变压器，可等效为一个能反映副边阻抗 Z_L 变化的等效阻抗 $|Z'_L|$。在图 5.3.4(a)中，负载阻抗 Z_L 接在变压器的副边，而图中点划线框中部分的总阻抗可用图5.3.4(b)所示的等效阻抗 Z'_L 来代替。所谓等效，就是图(a)和(b)中的电压、电流均相同。Z'_L 与 Z_L 的数值关系为

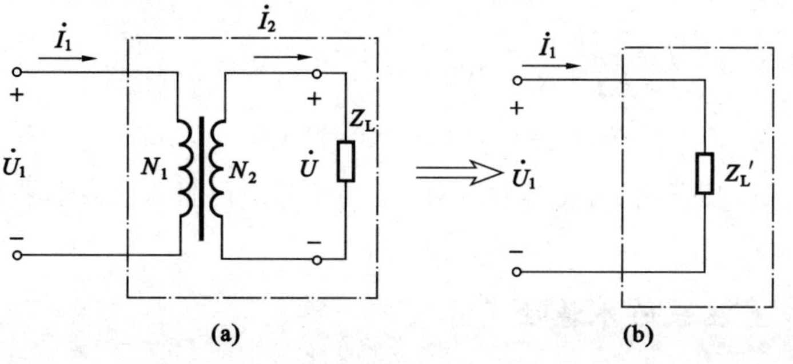

图 5.3.4 变压器的阻抗变换

$$|Z'_L| = \frac{U_1}{I_1} = \frac{KU_2}{\frac{1}{K}I_2} = K^2\frac{U_2}{I_2} = K^2|Z_L| \tag{5.3.9}$$

上式说明,接在变压器副边的负载阻抗$|Z_L|$,反映到变压器原边的等效阻抗是$|Z'_L|=K^2|Z_L|$,即增大K^2倍,这就是变压器的阻抗变换作用。

变压器的阻抗变换常用于电子电路中,例如,收音机、扩音机中扬声器(喇叭)的阻抗一般为几欧或十几欧,而其功率输出级要求负载与信号源内阻相等时才能使负载获得最大输出功率,这就叫做阻抗匹配。实现阻抗匹配的方法,就是在电子设备功率输出级和负载(如扬声器)之间接入一个输出变压器,适当选择其变比,就能获得所需要的阻抗。

例 5.3.1 交流信号源电动势$E=80$ V,内阻$R_s=400$ Ω,负载电阻$R_L=4$ Ω。

(1) 负载直接接在信号源上,求信号源的输出功率;

(2) 接入输出变压器,电路如图 5.3.5 所示。要使折算到原边的等效电阻$R_L=R_s=400$ Ω,求变压器变比及信号源输出功率。

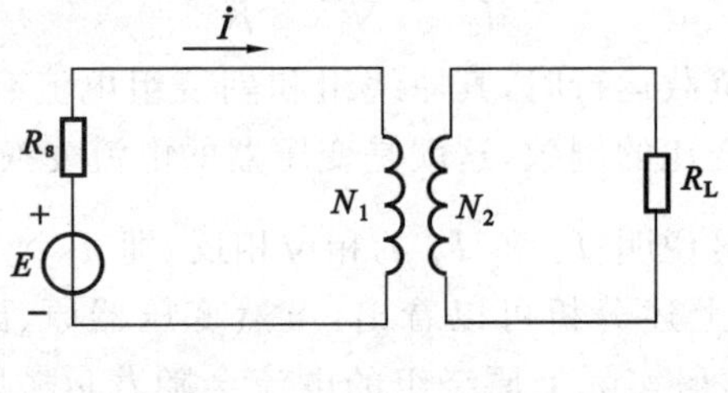

图 5.3.5 例 5.3.1 的图

解 (1) 负载直接接在信号源上,信号源的输出电流为

$$I = \frac{E}{R_s + R_L} = \frac{80}{400+4} = 0.198\ (\text{A})$$

输出功率为 $P=I^2R_L=(0.198)^2\times 4=0.156\ 8\ (\text{W})$

(2) 当$R'_L=R_s$时,输出变压器的变比为$K=\sqrt{R'_L/R_L}=\sqrt{400/4}=10$

输出电流为 $I=\dfrac{E}{R'_L+R_s}=\dfrac{80}{400+400}=0.1\ (\text{A})$

输出功率为 $P=I^2R'_L=(0.1)^2\times 400=4\ (\text{W})$

可见,接入变压器后,可使等效电阻R'_L与信号源内阻R_s匹配,获得最大的输出功率。

5.3.2 变压器的外特性

前面我们对变压器的工作原理进行了分析,但忽略了原、副绕组的电阻及漏磁通感应电动势对变压器工作情况的影响。实际上,在变压器运行中,随着输出电流I_2

的增大，变压器绕组本身的电阻压降及漏磁感应电动势都将增大，从而使变压器输出电压 U_2 降低。

在电源电压 U_1 及负载功率因数 $\cos\varphi$ 不变的条件下，副绕组的端电压 U_2 随副绕组输出电流 I_2 变化的关系 $U_2=f(I_2)$，称为变压器的**外特性**，特性曲线如图 5.3.6 所示。对电阻性或电感性负载，U_2 随 I_2 的增加而下降，负载功率因数愈低，U_2 下降愈大。

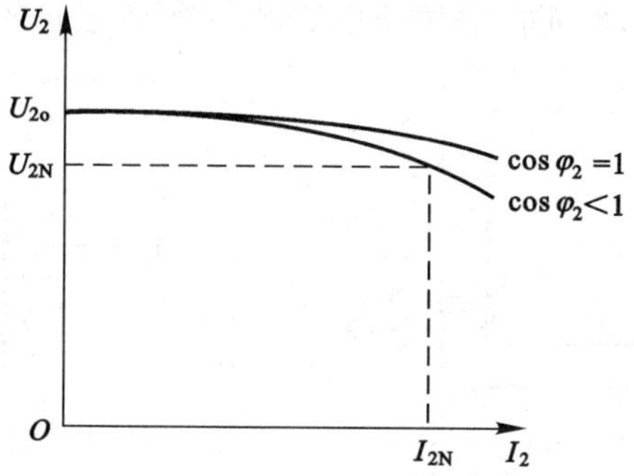

图 5.3.6　变压器的外特性曲线

变压器由空载到满载（额定负载 I_{2N}），副绕组端电压 U_2 的变化量称为**电压调整率**，用 $\Delta U\%$ 表示，即

$$\Delta U\% = \frac{U_{20}-U_{2N}}{U_{20}}\times 100\% \tag{5.3.10}$$

电压调整率表示了变压器运行时输出电压的稳定性，是变压器主要性能指标之一。电力变压器的电压调整率一般为 5%左右。

5.3.3　变压器的损耗与效率

变压器的功率损耗包括铜损耗和铁损耗两种，铜损耗是由原、副绕组中的电阻 R_1 和 R_2 产生的，即

$$\Delta P_{Cu} = I_1^2R_1 + I_2^2R_2$$

它与负载电流的大小有关。铁损耗是主磁通在铁芯中交变时所产生的磁滞损耗 ΔP_h 和涡流损耗 ΔP_e，即

$$\Delta P_{Fe} = \Delta P_h + \Delta P_e$$

它与铁芯的材料及电源电压 U_1、频率 f 有关，与负载电流大小无关。

变压器的效率是变压器的输出功率 P_2 与对应的输入功率 P_1 的比值，通常用百分数表示，即

$$\eta = \frac{P_2}{P_1}\times 100\% = \frac{P_2}{P_2+\Delta P_{Cu}+\Delta P_{Fe}}\times 100\% \tag{5.3.11}$$

通常在满载的 80%左右时，变压器的效率最高，大型电力变压器的效率可达

99%，小型变压器的效率为60%～90%。

5.3.4 变压器的同名端及其绕组的接法

1. 同名端

使用变压器时，绕组必须联接正确，否则，不仅不能正常工作，甚至还会出现故障。在图5.3.7中，1－2和3－4为原边绕组，5－6和7－8为副边绕组，使用时根据需要可进行串联或并联，然而在串联或并联时，必须注意同名端。

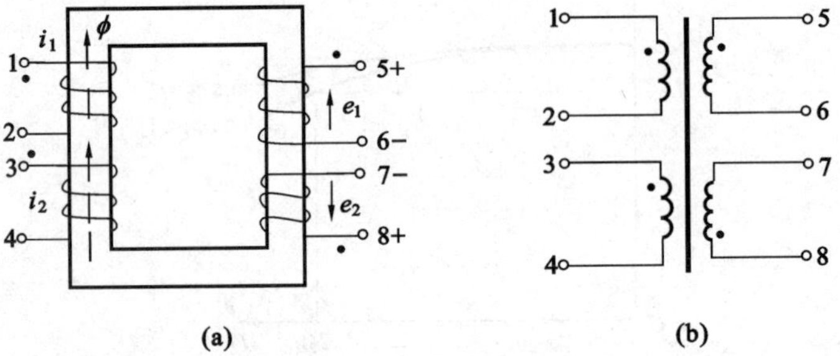

图5.3.7 多绕组变压器

在图5.3.7(a)中，若将电流 i_1 和 i_2 分别从绕组的1端和3端流入，那末铁芯中产生的磁通方向是一致的，所以1端和3端便称为这两个绕组的**同名端**，显然2端与4端也是同名端。

在变压器的符号图上常用“*”或“·”记号作为绕组同名端的标志，如图5.3.7(b)所示。

实际上同名端也反映了变压器各绕组电动势的相位关系。因为原、副绕组是在同一铁芯上，被同一磁通所铰链。故当磁通交变时，在各绕组中的感应电动势之间有固定的相位关系，例如当某一绕组的同名端在某一瞬间的极性为正时，另一绕组的同名端在该瞬间的极性也为正。所以同名端又称为同极性端，如图5.3.7(a)中副绕组5端和8端也为同名端。

2. 绕组的串联

在图5.3.7中，若原绕组1－2和3－4的额定电压都是110 V，而电源电压为220 V，则应将2与3端（异名端）联接，1与4端接电源，如图5.3.8(a)所示。如果按图5.3.8(b)方式联接，那么任何瞬间两绕组中产生的磁通都将互相抵消，由于没有磁通，所以线圈中将没有感应电动势，原边绕组中的电流将会很大，变压器迅速发热而烧毁。

另外，副绕组有时也可串联起来使用，例如图5.3.8(a)中将副绕组异名端6与8端相连，则

$$U_{57}=U_{56}+U_{87}$$

若将两绕组的同名端 6 与 7 相连，则

$$U_{58}=U_{56}-U_{87}$$

3. 绕组的并联

上述变压器若接在 110 V 的电源上，则原绕组应按图5.3.9所示方式接线，即 1 与 3 端相连，2 与 4 端相连后再接电源，此时输入总电流为每个绕组电流的两倍。

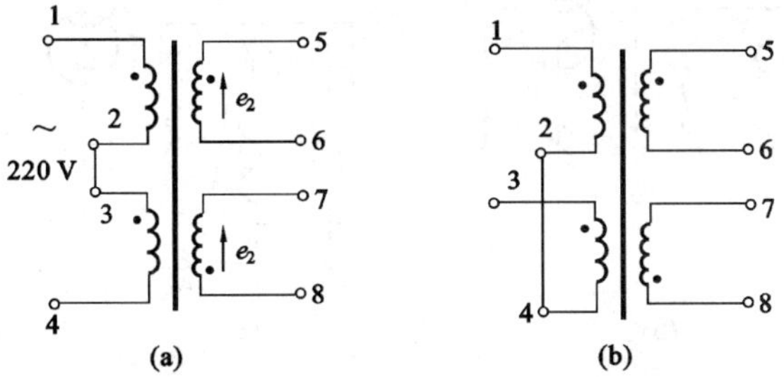

图 5.3.8 绕组的串联

(a) 正确串联；(b) 错误串联

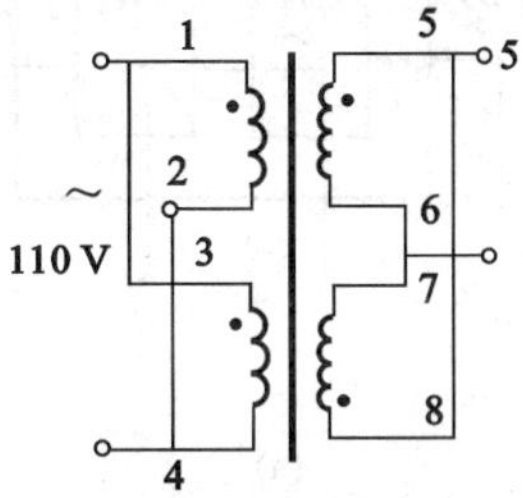

图 5.3.9 绕组的并联

如两个副绕组的电压都相同，此时将它们的同名端并联，则输出电压 $U_{57}=U_{56}=U_{87}$，而输出电流为每个绕组电流的两倍。**注意**：若绕组匝数不同时，绝不允许并联！

5.3.5 三相变压器

前面我们介绍了单相变压器的基本工作原理，目前在电力系统中，普遍采用三相制供电，用三相电力变压器来变换三相电压。变换三相电压可以采用三台技术指标相同的单相变压器联接成三相变压器组来完成，但通常用一台三相变压器来实现。三相变压器有三个原绕组和三个副绕组，其铁芯有三个心柱，每相的原、副绕组同心装在一个心柱上。高压绕组（原绕组）首端用 U_1、V_1、W_1 表示，末端用 U_2、V_2、W_2 表示；低压绕组（副绕组）首端用 u_1、v_1、w_1 表示，末端用 u_2、v_2、w_2 表示；如图 5.3.10(a) 所示。其工作原理与单相变压器工作原理相同。

三相变压器的高、低压绕组可以接成星形（Y）或三角形（△）。绕组接成Y形，其每相绕组的端电压是相电压，这样可以降低绕组绝缘的要求；绕组接成△形，其绕组中的电流只是线电流的 $1/\sqrt{3}$，当输出一定的线电流时，绕组导线的截面可以减小。工厂供电用电力变压器三相绕组常用的联接方式有 Y/Y_0 和 Y/△ 两种，如图 5.3.10(b)、(c)所示。其中分子表示高压绕组接法，分母表示低压绕组接法，Y_0 表示接成星形，并从中性点引出中性线。Y/Y_0 接法用于给三相四线制供电的配电变压器，高压不超过 35 kV，低压为 400/230 V；Y/△接法常应用于高压为 35 kV，低压为 3～10 kV 的变压器。

三相变压器与单相变压器一样，原绕组和副绕组相电压之比等于原、副绕组每相的匝数比，即

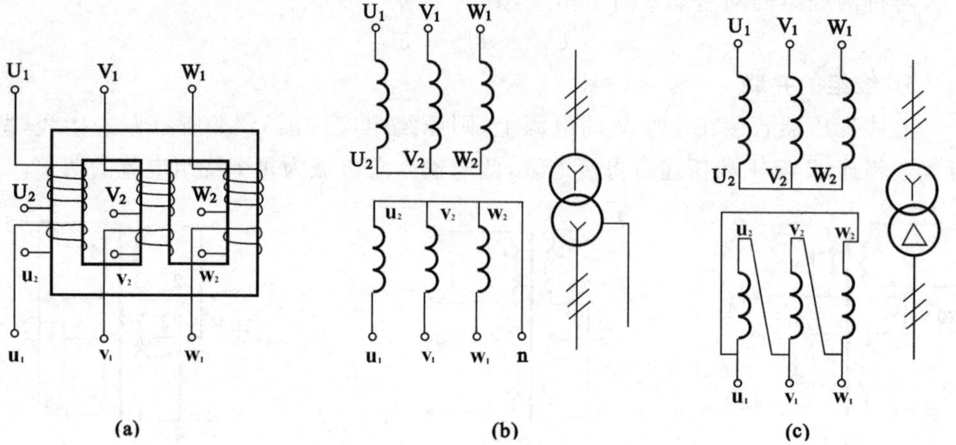

图 5.3.10 三相变压器

(a) 铁芯和绕组；(b) Y/Y_0 接法；(c) Y/△接法

$$\frac{U_{P1}}{U_{P2}}=\frac{N_1}{N_2}=K$$

但原、副绕组线电压的比值，不仅与变压器的变比有关，而且还与变压器绕组的联接方式有关。

Y/Y_0 联接时

$$\frac{U_{L1}}{U_{L2}}=\frac{\sqrt{3}U_{P1}}{\sqrt{3}U_{P2}}=\frac{N_1}{N_2}=K$$

Y/△联接时

$$\frac{U_{L1}}{U_{L2}}=\frac{\sqrt{3}U_{P1}}{U_{P2}}=\sqrt{3}\ \frac{N_1}{N_2}=\sqrt{3}K$$

以上两式中 U_{L1}、U_{L2} 分别为原、副绕组的线电压；U_{P1}、U_{P2} 分别为原、副绕组的相电压。

为了正确、合理地使用变压器，必须了解变压器的有关技术指标和额定值，变压器的技术指标通常标在其铭牌上，主要有：

(1) 原边额定电压 U_{1N}：指正常情况下原边绕组应当施加的电压。

(2) 原边额定电流 I_{1N}：指在 U_{1N} 作用下原边绕组允许通过的最大电流。

(3) 副边额定电压 U_{2N}：指原边为额定电压 U_{1N} 时副边的空载电压。

(4) 副边额定电流 I_{2N}：指原边为额定电压 U_{1N} 时副边绕组允许长期通过的最大电流（对三相变压器，额定电压与额定电流都指线电压与线电流）。

(5) 额定容量 S_N：指输出的额定视在功率。

单相变压器　$S_N=U_{2N}I_{2N}=U_{1N}I_{1N}$　(V·A)

三相变压器　$S_N=\sqrt{3}U_{2N}I_{2N}=\sqrt{3}U_{1N}I_{1N}$　(V·A)

(6) 额定频率 f_N:指电源的工作频率,我国的工业频率是 50 Hz。

5.3.6 特殊变压器

下面介绍几种特殊用途的变压器。

1. 自耦变压器

图 5.3.11 为一自耦变压器,其特点是副绕组是原绕组的一部分,因此原、副绕组之间不仅有磁的耦合,而且还有电的直接联系。其原、副边电压之比和电流之比分别为

$$\frac{U_1}{U_2}=\frac{N_1}{N_2}=K,\qquad \frac{I_1}{I_2}=\frac{N_2}{N_1}=\frac{1}{K}$$

即

$$U_2=\frac{N_2}{N_1}U_1$$

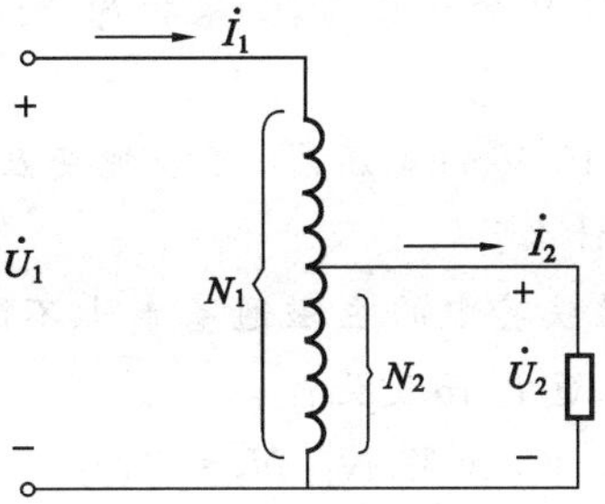

图 5.3.11 自耦变压器原理图

因为 N_2 可调,所以 U_2 也可调。与普通的具有两个绕组的变压器相比较,自耦变压器节约了一个副边绕组,但是由于原、副边绕组间有直接电的联系,不够安全,万一接错,将会发生触电事故,或烧毁调压器。请读者自行分析若不慎将副边接入电源后自耦变压器会烧毁的原因(设 $N_2=0$,即滑动触点在最下边)。

自耦变压器也叫调压器,一般用于需要调节电压的场合。

2. 电流互感器

电流互感器用来测量交流大电流或进行交流高电压下电流的测量,它是根据变压器的变流原理制成的,即

$$I_1=\frac{N_2}{N_1}\cdot I_2=\frac{1}{K}I_2=K_iI_2 \tag{5.3.12}$$

式中,K_i 称**电流变比**,$K_i=1/K$。K_i 为已知常数,根据测出的 I_2 就会算出待测的 I_1。电流互感器副边绕组的额定电流规定为 5 A 或 1 A。

图 5.3.12 为电流互感器的接线图和符号图。使用时切记副绕组不得开路!否则会在副边产生过高的危险电压并使铁芯严重发热。为安全起见,电流互感器的铁芯及副绕组的一端应该接地。

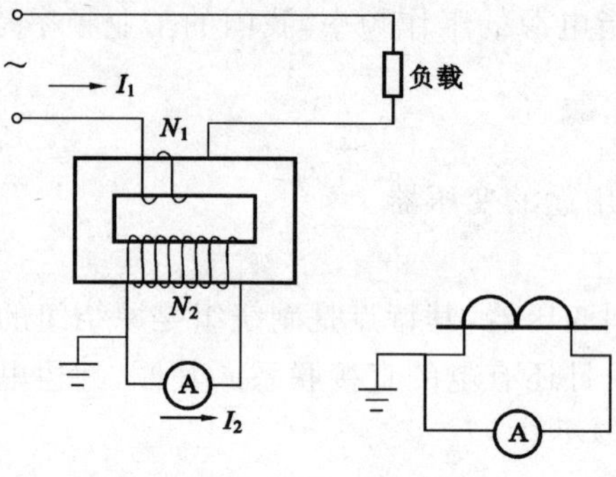

图 5.3.12　电流互感器

【练习与思考】

5.3.1　有一台 220/24 V 的变压器，如果把原绕组接 220 V 直流电源，问能否变压？会产生什么后果？

5.3.2　有一台 220/110 V 的变压器，可否把变压器原绕组绕 2 匝，副绕组绕 1 匝来满足变比的要求？为什么？

5.3.3　为什么变压器铁芯中的主磁通基本上不随负载电流 I_2 的变化而变化？为什么变压器原边电流 I_1 随 I_2 而变化？

5.3.4　在图 5.3.13 中，如果 $N_1/N_2=3$，$i_1=300\sqrt{2}\sin(\omega t-30°)$ mA，按图中所示方向，试求 i_2（励磁电流忽略不计）。

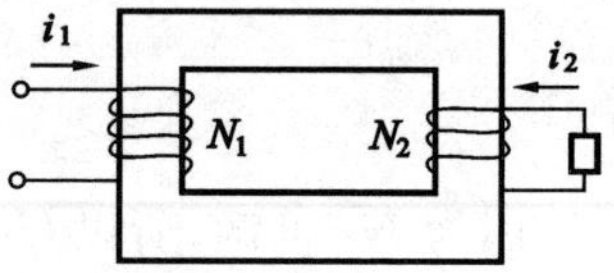

图 5.3.13　练习与思考 5.3.4 的图

5.3.5　某变压器的额定频率为 50 Hz，用于 25 Hz的交流电路中，能否正常工作？为什么？

5.3.6　一般都希望变压器的空载电流小一些，试说明下列几种措施中哪些能使空载电流减小？

(1) 增加原边绕组匝数；

(2) 减小铁芯截面积；

(3) 减小铁芯长度；

(4) 用磁导率较低的铁磁材料；

(5) 接到电源频率较高的电源上。

*5.4　电　磁　铁

电磁铁是在工业控制中常用的一种控制电器。

电磁铁的结构可分为线圈、铁芯及衔铁三部分。它的结构形式通常有图5.4.1所示的几种。其中图(a)为螺管抽吸式,图(b)为单 E 直动式,图(c)为拍合式。

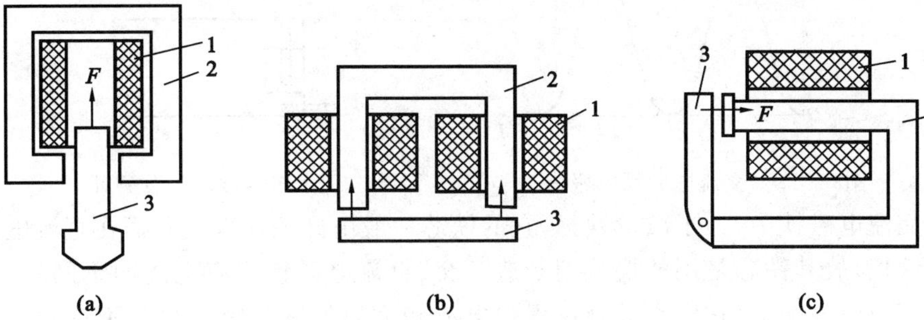

图 5.4.1 电磁铁的几种形式

1—线圈;2—铁芯;3—衔铁

当电磁铁的线圈通电时,产生电磁吸力,将衔铁吸合;当线圈断电时,电磁吸力消失,衔铁释放。电磁铁在生产实际中的应用是很广泛的,机床上的电磁离合器,液压或气动传动系统的电磁阀,从庞大的电磁吸盘到手指一样小的电磁干簧继电器等,都是基于电磁吸力的原理而工作的。吸力是电磁铁的主要参数之一,计算电磁吸力的公式为

$$F=\frac{10^7}{8\pi}B_0^2S_0 \quad (\mathrm{N}) \tag{5.4.1}$$

式中,B_0、S_0 分别是气隙的磁感强度和截面积,B_0 的单位是特斯拉,S_0 的单位是平方米,可见吸力的大小是和气隙处磁感应强度的平方成正比的。

交流电磁铁由于磁感应强度周期交变,其吸力也周期性变化,设 $B_0=B_m\sin\omega t$,则吸力为

$$\begin{aligned}F&=\frac{10^7}{8\pi}B_m^2S_0\sin^2\omega t=\frac{10^7}{8\pi}B_m^2S_0\left(\frac{1-\cos 2\omega t}{2}\right)\\&=F_m\left(\frac{1-\cos 2\omega t}{2}\right)=\frac{1}{2}F_m-\frac{1}{2}F_m\cos 2\omega t\end{aligned} \tag{5.4.2}$$

式中

$$F_m=\frac{10^7}{8\pi}B_m^2S_0 \tag{5.4.3}$$

式(5.4.3)为吸力的最大值,吸力随时间变化的情况如图 5.4.2 所示。可见,交流电磁铁的吸力以两倍于电源的频率在零与最大值 F_m 之间脉动。因而衔铁颤动引起噪声,同时触点容易损坏。为了消除这种现象,可在磁极的部分端面上套一个分磁环,如图 5.4.3 所示,于是分磁环(又称短路环)中便产生感应电流,以阻碍磁通的变化,使在磁极两部分中的磁通 Φ_1 与 Φ_2 之间产生一相位差,因而磁极各部分的吸力也就不会同时降为零,总的吸力就没有经过零的时刻,这就消除了衔铁的颤动,也就没有噪音。

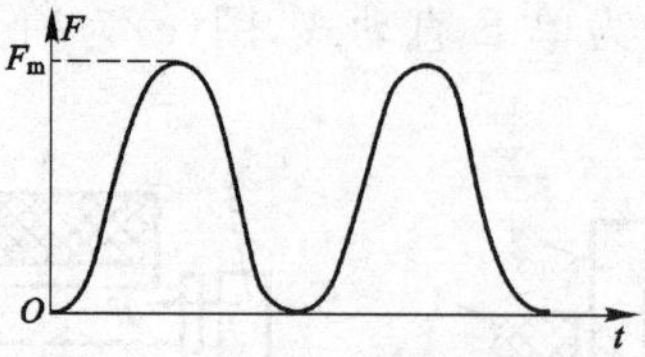

图 5.4.2 交流电磁铁的吸力

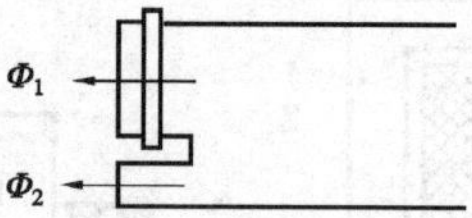

图 5.4.3 分磁环

在交流电磁铁中，为了减少铁损，它的铁芯一般由硅钢片叠成。而在直流电磁铁中没有铁损，故其铁芯是用整块软钢制造。交、直流电磁铁除有上述的不同外，在使用时我们还应该知道，它们在吸合过程中电流和吸力的变化情况也是不一样的。在直流电磁铁中，励磁电流仅与线圈电阻有关，不随气隙大小而变化，它的吸力随着气隙的减小而增大，这是因为在吸合过程中磁路中的磁阻减小，磁感应强度增大所致。而交流电磁铁在吸合过程中，线圈电流(有效值)变化很大，因为其电流不仅与线圈的电阻有关，而主要的还与线圈的感抗有关。在吸合过程中，随着气隙的减小，线圈的感抗增大，因而电流逐渐减小，因此，如果由于某种机械障碍，衔铁或机械可动部分被卡住，通电后衔铁吸合不上，线圈中就流过较大的电流而使线圈严重发热，甚至烧毁。

【练习与思考】

5.4.1 交流电磁铁在吸合过程中气隙减小，试问磁路磁阻、线圈电感、线圈电流以及铁芯中磁通的最大值将如何变化(增大、减小、不变或近于不变)？

5.4.2 直流电磁铁在吸合过程中气隙减小，试问磁路磁阻、线圈电感、线圈电流以及铁芯中的磁通将作何变化？

5.4.3 在交流电磁铁运行时，制造厂家对其每小时的最高通、断次数都作了一定的规定，不得超过，这是为什么？

5.4.4 在电压相等(交流电压指有效值)的情况下，如果把一个直流电磁铁接到交流电源上使用，或者把一个交流电磁铁接到直流上使用，将会发生什么后果？

习 题

5.1 有一交流铁芯线圈接在 $f=50$ Hz 的交流电源上，在铁芯中得到磁通的最大值 $\Phi_m=2.25\times10^{-3}$ Wb。现在此铁芯上再绕一个线圈，其匝数为 200，当此线圈开路时，求其两端的电压。

5.2 将一铁芯线圈接于 $U=100$ V，$f=50$ Hz 的交流电源上，其电流 $I_1=5$ A，$\cos\varphi=0.7$，若将此线圈中的铁芯抽出，再接于上述电源上，则线圈中的电流 $I_2=10$ A，$\cos\varphi=0.05$，试求此线圈在具有铁芯时的铜损和铁损。

5.3 有一台10 000/230 V的单相变压器，其铁芯截面积 $S=120\ cm^2$，磁感应强度的最大值 $B_m=1\ T$，当原边绕组接到 $f=50\ Hz$ 的交流电源上时，求原、副绕组的匝数 N_1、N_2 各为多少？

5.4 有一单相照明变压器，容量为10 kV·A，电压为3 300/220 V，今欲在副边接上60 W、220 V的白炽灯，如果要变压器在额定情况下运行，这种电灯可接多少个？并求原、副绕组的额定电流。

5.5 题图5.1所示变压器有两个相同的原边绕组，每个绕组的额定电压为110 V，副边绕组的额定电压为6.3 V。

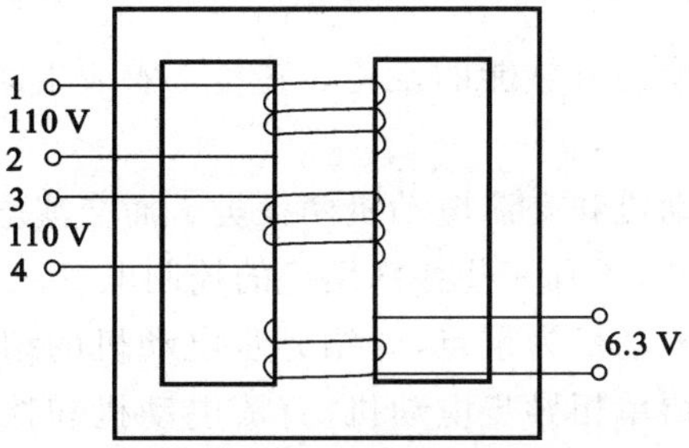

题图5.1 习题5.5的图

(1) 当电源电压在220 V和110 V两种情况下，原边绕组的四个接线端应如何正确联接？在这两种情况下，副边绕组的端电压及其电流有无变化？

(2) 如果把接线端2与4相连，而把1和3接到220 V电源上，试分析这时将发生什么情况？

5.6 在图5.3.5中，$R_L=8\ \Omega$，已知 $N_1=300$，$N_2=100$，信号源电动势 $E=6\ V$，内阻 $R_s=100\ \Omega$，试求信号源输出的功率。

5.7 某三相变压器 $S_N=5\ 000\ kV\cdot A$，Y/△接法，额定电压为35/10.5 kV，求高、低压绕组的相电压、相电流和线电流的额定值。

第6章

电动机和控制电机

电动机是将电能转换为机械能的设备。它是工农业生产中应用最广泛的动力机械。

电动机分为直流电动机和交流电动机两大类。而交流电动机又可分为同步电动机和异步动机。除此之外，还有一些特殊用途的控制电机。

本章以三相鼠笼式电动机为重点，介绍异步电动机的结构、工作原理、机械特性及使用方法等，然后，介绍单相异步电动机、直流电动机和控制电机的结构和工作原理。

基本要求

(1) 了解三相异步电动机的基本构造、转动原理、机械特性和经济运行，掌握启动和反转的方法，了解调速和制动的方法；

(2) 理解三相异步电动机的铭牌数据的意义；

(3) 了解单相异步电动机的构造、原理、特性和用途。

(4) 了解控制电机的常用类型。

6.1　三相异步电动机的结构

异步电动机具有结构简单、运行可靠、维护方便及成本低等优点。因此，在电力拖动系统中，异步电动机占有非常重要的地位，广泛应用于各种机床、起重机、鼓风机、水泵、皮带运输机等设备中。

异步电动机主要由定子和转子两部分组成，如图 6.1.1 所示。

(1) 定子。定子是电动机的固定部分。主要由定子铁芯、定子绕组和机座等组成。

定子铁芯是电动机磁路的组成部分，为了减少铁损，一般由 0.5 mm 的硅钢片叠成。铁芯内圆周表面有槽孔，用于嵌放定子绕组，如图6.1.2所示。

定子绕组是定子中的电路部分，中、小型电动机一般采用高强度漆包线绕制。三

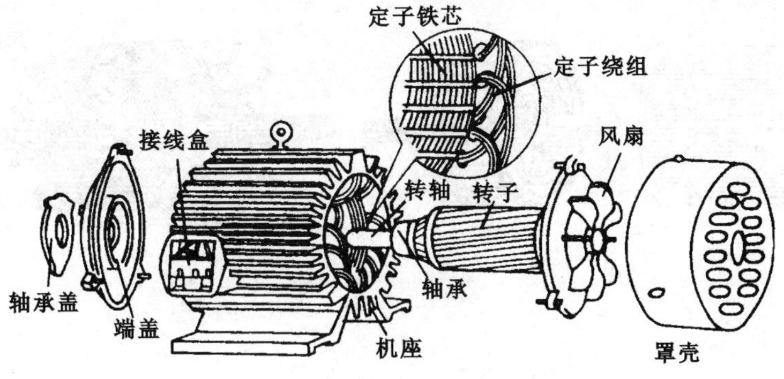

图 6.1.1 三相异步电动机的结构

相定子绕组对称分布，共有 6 个出线端。每相绕组的首端 U_1、V_1、W_1 和末端 U_2、V_2、W_2 通过机座的接线盒联接到三相电源上。根据铭牌规定，定子绕组可接成星形或三角形，如图 6.1.3 所示。

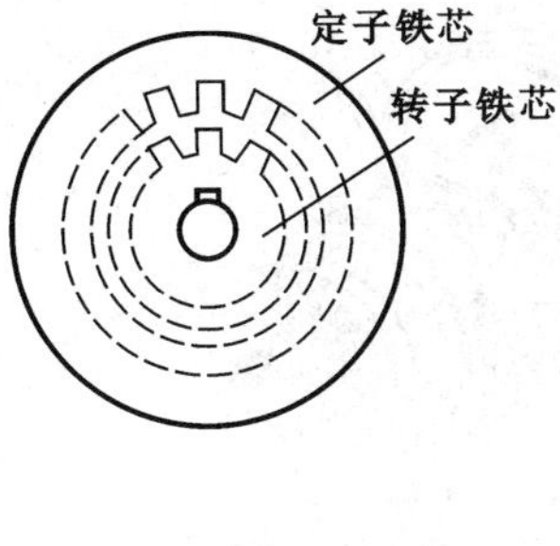

图 6.1.2 定子和转子铁芯片

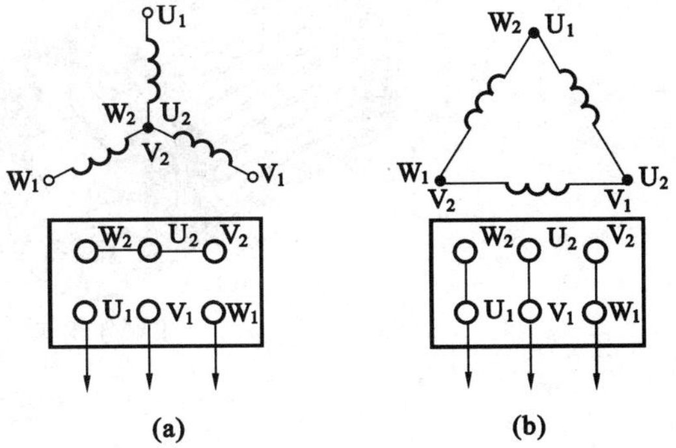

图 6.1.3 定子绕组的星形和三角形联接

(a) 星形；(b) 三角形

(2) 转子。转子是电动机的旋转部分。由转子铁芯、转子绕组、风扇及转轴等组成。

转子铁芯是一个由厚 0.5 mm 的硅钢片叠压而成的圆柱体。其外圆周表面冲有槽孔，以便嵌置转子绕组，如图 6.1.4 所示。

转子根据绕组结构的不同分为**鼠笼式**和**绕线式**两种。

鼠笼式转子是在转子铁芯槽内压进铜条，铜条两端分别焊在两个铜环上，如图 6.1.4(a)所示。由于转子绕组的形状像一只松鼠笼，故称为鼠笼式转子。为了节省铜材，现在中、小型电动机一般都采用铸铝转子，如图 6.1.4(b)所示。

绕线式转子的铁芯与鼠笼式相似，不同的是在转子的槽内嵌放对称的三相绕组。三相绕组接成星形，其首端分别接到转轴上 3 个彼此绝缘的铜制滑环上，滑环通过电刷将转子绕组的 3 个首端引到机座的接线盒上，以便在转子电路中串入附加电阻，用

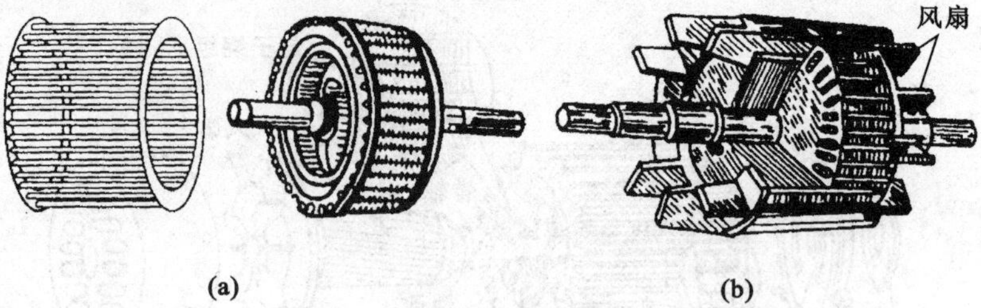

图 6.1.4 鼠笼式转子

(a) 铜条转子；(b) 铸铝转子

来改善电动机的启动和调速性能。绕线式异步电动机的结构如图 6.1.5 所示。

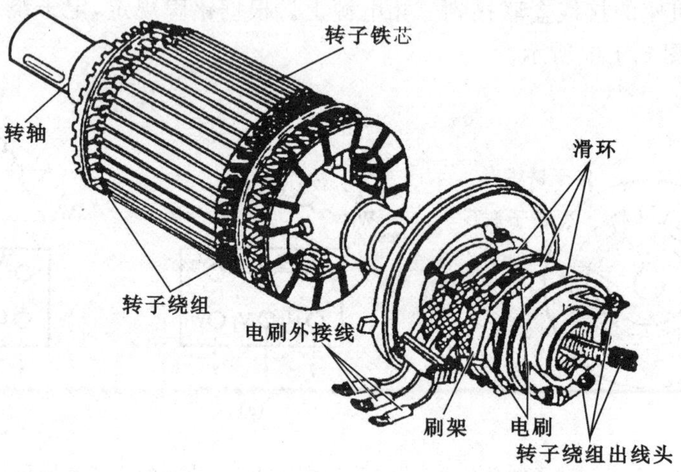

图 6.1.5 绕线式异步电动机结构

6.2 三相异步电动机的工作原理

三相异步电动机的三相定子绕组通入三相电流，便产生旋转磁场并切割转子导体，在转子电路产生感应电流，载流转子在磁场中受力产生电磁转矩，从而使转子旋转。所以，旋转磁场的产生是转子转动的先决条件。

6.2.1 旋转磁场

1. 旋转磁场的产生

图 6.2.1 为三相异步电动机定子绕组的示意图和接线图。三相对称绕组 U_1U_2、V_1V_2、W_1W_2 在空间互差 120°，将其星形联接（Y 接），即 U_2、V_2、W_2 联接在一

起，U_1、V_1、W_1 分别接到三相电源上，便有对称的三相交变电流通入相应的定子绕组。即

$$i_A = I_m \sin \omega t$$
$$i_B = I_m \sin(\omega t - 120°)$$
$$i_C = I_m \sin(\omega t + 120°)$$

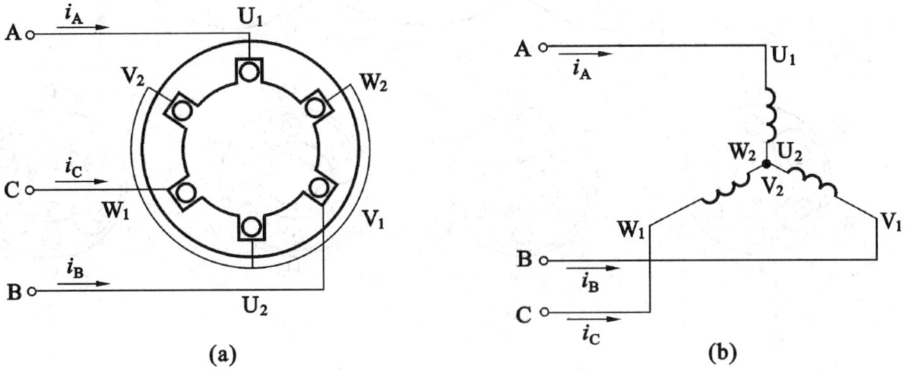

图 6.2.1　定子绕组

(a) 绕组分布示意图；(b) 绕组作星形联接

我们规定电流的正方向是从绕组首端流入，末端流出。三相绕组通入三相电流后，共同产生了一个随电流的交变而在空间不断旋转的合成磁场，这就是**旋转磁场**，如图 6.2.2 所示。为了便于分析，在图 6.2.2 中取 $\omega t = 0°$，$\omega t = 120°$，$\omega t = 240°$，$\omega t = 360°$四个时刻进行分析。

$\omega t = 0°$时，i_A 为 0，U_1U_2 绕组没有电流；i_B 为负，电流从末端 V_2 流入(⊗表示流入定子绕组)，从首端 V_1 流出(⊙表示流出定子绕组)；i_C 为正，电流从首端 W_1 流入，从末端 W_2 流出。

根据右螺旋定则，其合成磁场如图 6.2.2(a)所示。对定子而言，磁力线方向是自上而下的，因此，定子上方是 N 极，下方是 S 极。因是两极磁场，故称其为一对磁极，用 p 表示**极对数**，则 $p=1$。

$\omega t = 120°$时，i_B 为 0，V_1V_2 绕组没有电流；i_C 为负，电流从末端 W_2 流入，从首端 W_1 流出；i_A 为正，电流从首端 U_1 流入，从末端 U_2 流出。合成磁场如图6.2.2(b)所示，显然，与图(a)相比，磁场在空间沿顺时针方向旋转了 120°。

同理，$\omega t = 240°$ 和 $\omega t = 360°$时，可分别画出对应的合成磁场如图 6.2.2(c)和 6.2.2(d)所示。

由上述分析可以看出，当三相对称分布的定子绕组通入对称的三相电流时，将在电机中产生旋转磁场。且电流变化一个周期时，合成磁场在空间旋转 360°。

旋转磁场的磁极对数 p 与定子绕组的安排有关。通过适当的安排，也可以产生

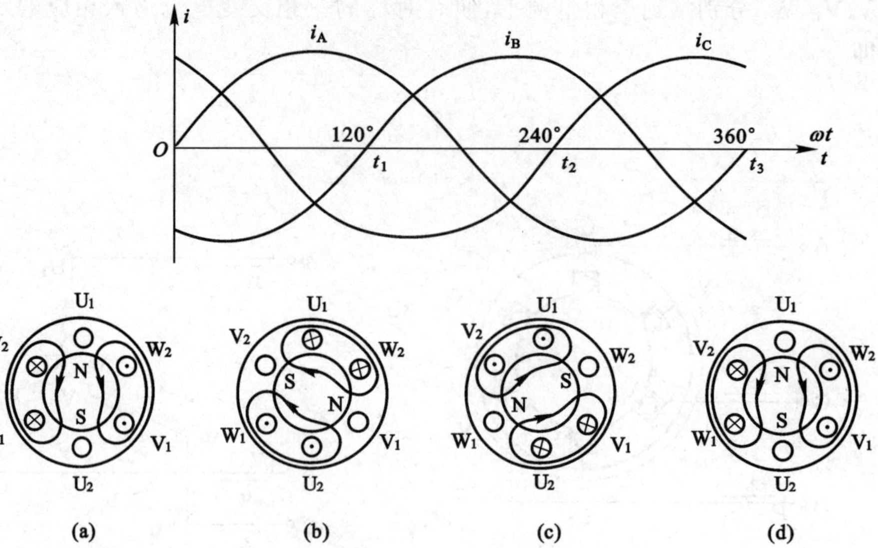

图 6.2.2 旋转磁场的形成($p=1$)

两对、三对或更多磁极对数的旋转磁场。

2. 旋转磁场的转速

根据上面的分析,电流在时间上变化一个周期,两极磁场在空间旋转一周,若电流的频率为 f,则旋转磁场的转速为每秒 f 转。旋转磁场的转速也称**同步转速**,若以 n_0 表示同步转速,则可得

$$n_0 = 60f \quad (\text{r/min})$$

如果设法使定子磁场为四极(极对数 $p=2$),可以证明,电流变化一个周期,合成磁场在空间旋转 180°,其同步转速为 $n_0=\dfrac{60f}{2}$ r/min。由此可以推广到 p 对磁极的异步电动机的同步转速为

$$n_0 = \frac{60f}{p} \quad (\text{r/min}) \tag{6.2.1}$$

由此可得,同步转速 n_0 取决于电源频率和电动机的磁极对数 p。我国的电源频率为 50 Hz,对不同磁极对数所对应的同步转速如表 6.2.1 所示。

表 6.2.1 不同磁极对数时的同步转速

p	1	2	3	4	5	6
$n_0/(\text{r}\cdot\text{min}^{-1})$	3000	1500	1000	750	600	500

(3) 旋转磁场的方向。旋转磁场的方向取决于三相电流的相序。从图6.2.2可以看出,当三相电流的相序为 A→B→C 时,旋转磁场的方向是沿绕组首端 U_1→V_1→W_1 方向旋转,与电流的相序一致。如果把三电源中的任意两根(如 B、C)对调,此

时,W 绕组通入 B 相电流,V 绕组通入 C 相电流,可以发现,此时旋转磁场的方向为 $U_1 \to W_1 \to V_1$,与原转向相反。

6.2.2 转子转动原理

图 6.2.3 是两极三相异步电动机转动原理示意图。设磁场以同步转速 n_0 顺时针方向旋转,转子与磁场之间有相对运动。即相当于磁场不动转子导体以逆时针方向切割磁力线,在导体中产生感应电动势,其方向由右手定则确定。由于转子导体的两端由端环连通,形成闭合的转子电路,在转子电路中就产生了感应电流。载流的转子导体在磁场中受电磁力 F 的作用(电磁力的方向可用左手定则决定)形成电磁转矩,在此转矩的作用下,转子就沿旋转磁场的方向转动起来,其转速用 n 表示。但 n 总是要小于旋转磁场的同步转速 n_0,否则,两者之间没有相对运动,就不会产生感应电动势及感应电流,电磁转矩也无法形成,电动机不可能旋转。这就是异步电动机名称的由来。又因转子中的电流是感应产生的,故又称感应电动机。

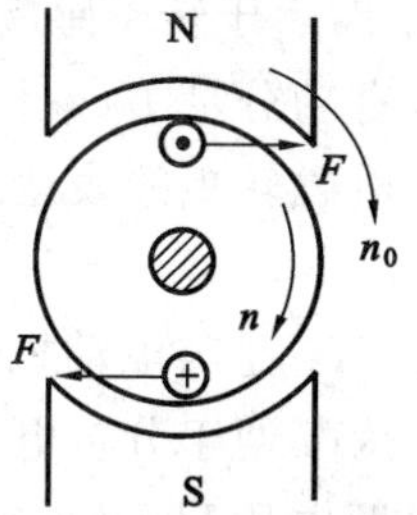

图 6.2.3 转子转动的原理图

通常,我们把同步转速 n_0 与转子转速 n 的差值与 n_0 的比值称为异步电动机的**转差率**,用 s 表示。即

$$s = \frac{n_0 - n}{n_0} \quad \text{或} \quad s = \frac{n_0 - n}{n_0} \times 100\% \tag{6.2.2}$$

转差率 s 是描述异步电动机运行状况的一个重要物理量。

在电动机启动瞬间,$n=0$,$s=1$,转差率最大。

空载运行时,转子转速最高,转差率最小,s 约为 0.5%。

额定负载运行时,转子转速较空载要低,s_N 为 1%~6%。

【练习与思考】

6.2.1 三相异步电动机的旋转磁场是如何产生的?怎样确定它的转速和转向?

6.2.2 异步电动机又叫感应电动机,试述这两个名称的由来。

6.2.3 如何从结构上识别鼠笼式电动机和绕线式电动机?

6.3 三相异步电动机的电磁转矩与机械特性

电磁转矩是三相异步电动机的重要物理量,机械特性是它的主要特性。它表征一台电动机拖动生产机械能力的大小和运行性能。

6.3.1 电磁转矩

由三相异步电动机的转动原理可知，驱动电动机旋转的电磁转矩是由转子导体中的电流 I_2 与旋转磁场每极磁通 Φ 相互作用而产生的。因此，电磁转矩的大小与 I_2 及 Φ 成正比。由于转子电路是一个交流电路，它既有电阻，又有感抗存在，故转子电流 I_2 滞后于转子感应电动势 E_2 一个相位差角 φ_2，其功率因数是 $\cos\varphi_2$，转子电流中只有有功分量 $I_2\cos\varphi_2$ 才能与旋转磁场相互作用而产生电磁转矩。因此，异步电动机的电磁转矩的表达式为

$$T = K_T \Phi I_2 \cos\varphi_2 \tag{6.3.1}$$

式中，K_T 是与电动机结构有关的常数。电磁转矩的单位是牛顿·米(N·m)。

为了便于分析电动机的运行特性，在式(6.3.1)的基础上进一步推导电磁转矩 T 与电源电压 U_1 及转差率 s 之间的相互关系。

三相异步电动机的电磁关系与变压器相似，它的定子电路和转子电路就相当于变压器的原绕组和副绕组。它的旋转磁场的主磁通将定子和转子交链在一起。它们的主要区别是：变压器是静止的，而异步电动机的转子是旋转的；变压器的主磁通通过铁芯而成闭合回路，而电动机的磁路中存在着一个很小的空气隙。

下面我们可参照变压器的工作原理来进行分析。

(1) 旋转磁场主磁通与电源电压 U_1 的关系。在变压器中，电源电压与主磁通最大值的关系为

$$U_1 \approx E_1 = 4.44 f_1 N_1 \Phi_m$$

在异步电动机中，当定子绕组接入三相交流电压 U_1 后，所产生的旋转磁场在定子每相绕组中会产生感应电动势 E_1，忽略定子绕组本身阻抗压降，其端电压有效值为

$$U_1 \approx E_1 = 4.44 K_1 f_1 N_1 \Phi \quad 或 \quad \Phi \approx \frac{U_1}{4.44 K_1 f_1 N_1} \tag{6.3.2}$$

式中，f_1 是外加电源电压的频率；N_1 是每相定子绕组的匝数；Φ 为旋转磁场的每极磁通量，在数值上等于通过定子每相绕组的磁通最大值 Φ_m；K_1 是考虑电动机定子绕组按一定规律沿定子铁芯内圆周分布而引入的绕组系数，K_1 小于1而约等于1。

上式说明，当电源 U_1 和 f_1 一定时，异步电动机旋转磁场的每极磁通量基本不变。

(2) 转子电流、功率因数与转差率的关系。在电动机接通电源的瞬间，转子仍处于静止状态，这时，转子转速 $n=0(s=1)$，旋转磁场的磁通 Φ 以同步转速 n_0 切割转子导体，在转子导体中感应出电动势 E_{20}，其有效值为

$$E_{20} = 4.44 K_2 f_1 N_2 \Phi \tag{6.3.3}$$

式中，K_2 是转子绕组的绕组系数，$K_2<1$；N_2 是转子每相绕组的匝数。这时，转子感

应电动势的频率就是 f_1。

转子每相绕组的感抗为

$$X_{20} = 2\pi f_1 L_2 \tag{6.3.4}$$

式中，L_2 是转子每相绕组的电感。

当电动机正常运行时，转子转速为 n，旋转磁场的转速为 n_0，它与转子导体间的切割速度为(n_0-n)，由式(6.2.1)可求得转子中感应电动势的频率为

$$f_2 = \frac{p(n_0-n)}{60} = \frac{n_0-n}{n_0}\cdot\frac{pn_0}{60} = sf_1 \tag{6.3.5}$$

上式表明，转子转动时，转子绕组感应电动势的频率 f_2 与转差率 s 成正比。当 s 很小时，f_2 也很小，电动机额定运行时，f_2 只有 2～3 Hz。这时，电动机 E_2 的有效值为

$$E_2 = 4.44K_2 f_2 N_2 \Phi = sE_{20} \tag{6.3.6}$$

转子的每相感抗为

$$X_2 = 2\pi f_2 L_2 = sX_{20} \tag{6.3.7}$$

故此可得

$$I_2 = \frac{E_2}{\sqrt{R_2^2+X_2^2}} = \frac{sE_{20}}{\sqrt{R_2^2+(sX_{20})^2}} \tag{6.3.8}$$

式中，R_2 是转子每相绕组的电阻。

转子每相绕组的功率因数为

$$\cos\varphi_2 = \frac{R_2}{\sqrt{R_2^2+X_2^2}} = \frac{R_2}{\sqrt{R_2^2+(sX_{20})^2}} \tag{6.3.9}$$

由上述可知，转子电路的各物理量：E_2，I_2，f_2，X_2，$\cos\varphi_2$ 都是转差率 s 的函数，即都与电动机的转速有关。特别是 I_2、$\cos\varphi_2$ 与 s 的关系可用图 6.3.1 表示。

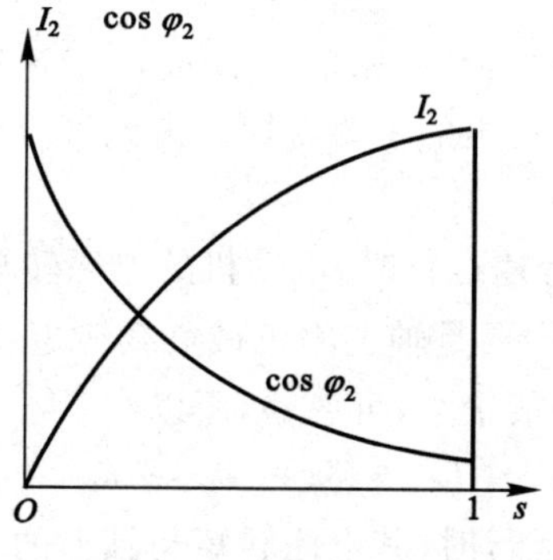

图 6.3.1 I_2、$\cos\varphi_2$ 与 s 的关系

(3) 异步电动机的电磁转矩。将式(6.3.8)、式(6.3.9)代入式(6.3.1)，即可得出

$$T = K_T\Phi\frac{sE_{20}}{\sqrt{R_2^2+(sX_{20})^2}}\cdot\frac{R_2}{\sqrt{R_2^2+(sX_{20})^2}} = K_T\frac{sE_{20}R_2}{R_2^2+(sX_{20})^2}$$

由式(6.3.2)、式(6.3.3)可知,当 f_1 一定时,$\Phi \propto U_1$,$E_{20} \propto \Phi \propto U_1$,故上式可写成

$$T = K'_{T} U_1^2 \frac{sR_2}{R_2^2 + (sX_{20})^2} \tag{6.3.10}$$

式中,K'_{T} 为常数;U_1 为定子绕组的相电压。由此可见,电磁转矩 T 与相电压 U_1 的平方成正比,所以电源电压的波动对电动机的电磁转矩将产生很大的影响。

6.3.2 机械特性

在式(6.3.10)中,当电源电压 U_1 和 f_1 一定,且 R_2、X_{20} 都是常数时,电磁转矩 T 只随转差率变化。它们的关系可用曲线 $T=f(s)$ 表示,称为异步电动机的转矩特性曲线,如图 6.3.2 所示。但在实际工作中,常用异步电动机的**机械特性**来分析问题。所谓机械特性就是在电源电压不变的条件下,电动机的转速 n 和电磁转矩 T 的函数关系,即 $n=f(T)$。只需将图 6.3.2 中 $T=f(s)$ 的曲线顺时针方向旋转 90°,再将表示 T 的横轴移下即得如图 6.3.3 所示的机械特性曲线。

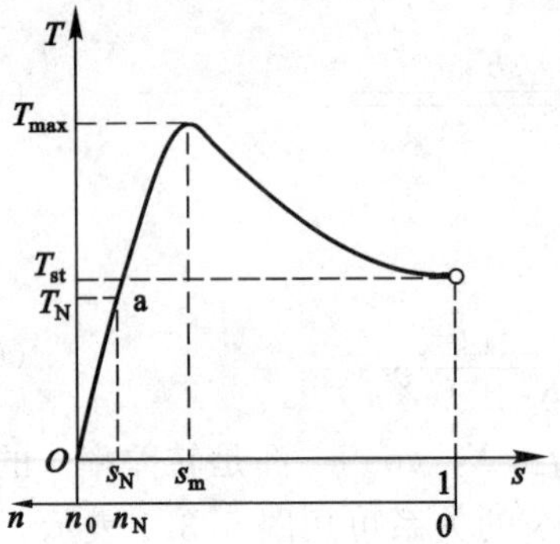

图 6.3.2 异步电动机的转矩特性曲线

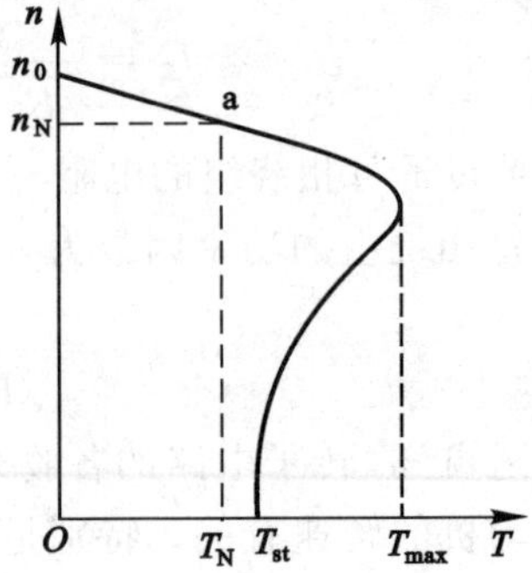

图 6.3.3 异步电动机的机械特性曲线

机械特性是三相异步电动机的主要特性。由此可分析电动机的运行性能。

1. 三个主要转矩

(1) 额定转矩 T_N。在等速运行时,电动机的电磁转矩 T 必须与阻力转矩 T_C 相平衡,即 $T=T_C$。阻力转矩主要是轴上的机械负载转矩 T_2,此外,还包括电动机的空载损耗转矩 T_0。由于 T_0 一般很小,可忽略,所以有

$$T_C = T_2 + T_0 \approx T_2$$

即可近似认为,电动机等速运行时,其电磁转矩与轴上的负载转矩相平衡。由此可得

$$T = T_2 = \frac{P_2 \times 10^3}{\omega} = \frac{P_2 \times 10^3}{\frac{2\pi n}{60}} = 9\ 550 \frac{P_2}{n} \quad (\text{N} \cdot \text{m}) \tag{6.3.11}$$

式中,P_2 是电动机轴上输出的机械功率,单位是 kW;n 是电动机的转速,单位是 r/min。

电动机的额定转矩是电动机在额定负载时的转矩。可从电动机名牌上的额定功率和额定转速并应用式(6.3.11)求得。即

$$T_N = 9\,550\frac{P_{2N}}{n_N} \quad (N\cdot m) \tag{6.3.12}$$

(2) 最大转矩 T_m。T_m 是三相异步电动机所能产生的最大转矩。对应于最大转矩的转差率为临界转差率 s_m,可由$\frac{dT}{ds}=0$求得

$$s_m = \frac{R_2}{X_{20}}$$

再将 s_m 代入式(6.3.10),则得

$$T_m = K'_T U_1^2 \frac{1}{2X_{20}} \tag{6.3.13}$$

由以上两式可见,T_m 与 U_1^2 成正比,而与转子电阻 R_2 无关;s_m 与 R_2 有关,R_2 越大,s_m 也越大,即 n_m 越小。

图 6.3.4 是 U_1 一定时,对应不同 R_2 的机械特性曲线。图中 $R'_2>R_2$ 故 $n'_m<n_m$。在同一负载转矩 T_2 作用下,R_2 越大,n 越小。

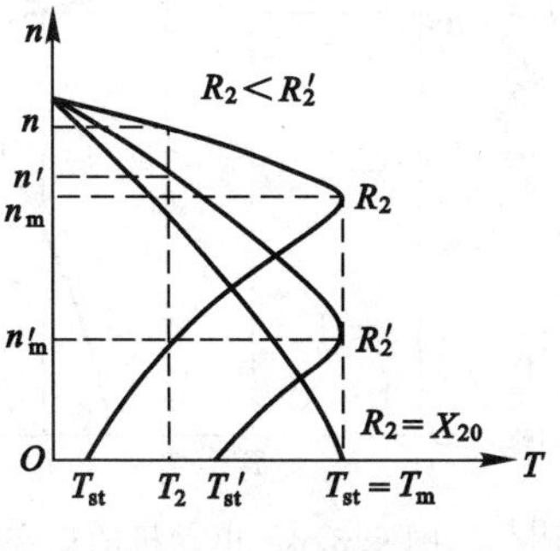

图 6.3.4 R_2 不同时的 $n=f(T)$ 曲线

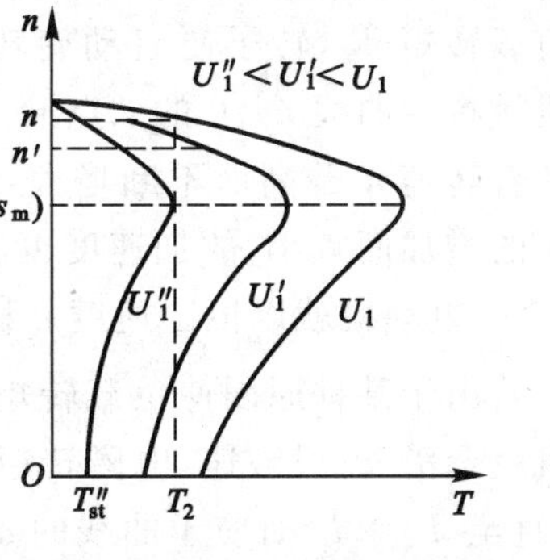

图 6.3.5 U_1 不同时的 $n=f(T)$ 曲线

图 6.3.5 是 R_2 为常数时对应不同 U_1 时的 $n=f(T)$曲线。在负载转矩 T_2 一定时,U_1 下降,即 $U_1>U'_1$ 时,电动机的转速下降,$n'<n$。U_1 进一步减小,T_2 将超过电动机的最大转矩 T_m,即 $T_2>T_m$,转速急剧下降至 $n=0$,电动机停转。而电动机的电流迅速升高至额定电流的 5～7 倍,电动机将严重过热,甚至烧毁。这种现象称为“**闷车**”或“**堵转**”。

在较短的时间内,电动机的负载转矩可以超过额定转矩而不至于过热。因此,最大转矩也表示电动机的短时允许过载能力。用过载系数 λ_m 表示,即

$$\lambda_m = \frac{T_m}{T_N} \tag{6.3.14}$$

一般三相异步电动机的过载系数为 1.8～2.2。

(3) 启动转矩 T_{st}。电动机接通电源瞬间 $n=0, s=1$ 的电磁转矩称为**启动转矩**。将 $s=1$ 代入式(6.3.10)得

$$T_{st} = K'_T U_1^2 \frac{R_2}{R_2^2 + X_{20}^2} \tag{6.3.15}$$

由上式可见，T_{st} 与 U_1^2 及 R_2 有关。当电源电压降低时，启动转矩会减小，如图 6.3.5 所示。当转子电阻适当加大时，启动转矩会增大，如图 6.3.4 所示。当 $R_2 = X_{20}$ 时，可得 $T_{st}=T_m$，$s_m=1$，见图 6.3.4，这时，T_{st} 达到最大值。但继续增大 R_2 时，T_{st} 就要减小。绕线式电动机通常采用改变 R_2 的方法来改善启动性能。

电动机的启动转矩必须大于电动机静止时的负载转矩才能带负载启动。启动转矩与负载转矩的差值越大，启动越快，启动过程越短。通常用 T_{st} 与 T_N 之比表示异步电动机的启动能力，称为**启动系数**，用 λ_s 表示，即

$$\lambda_s = \frac{T_{st}}{T_N} \tag{6.3.16}$$

一般三相异步电动机的启动系数为 1.0～2.2。

2. 电动机的稳定运行

异步电动机接通电源后，只要启动转矩大于轴上的负载转矩 T_2，转子便启动旋转，如图 6.3.6 所示。由机械特性曲线 $n=0$ 的 c 点沿 cb 段加速运行，cb 段 T 随着转速 n 升高而不断增大，经过 b 点后，由于 T 随 n 的增加而减小，故加速度也逐渐减小，直到 a 点，$T=T_2$，电动机就以恒定速度 n 稳定运行。

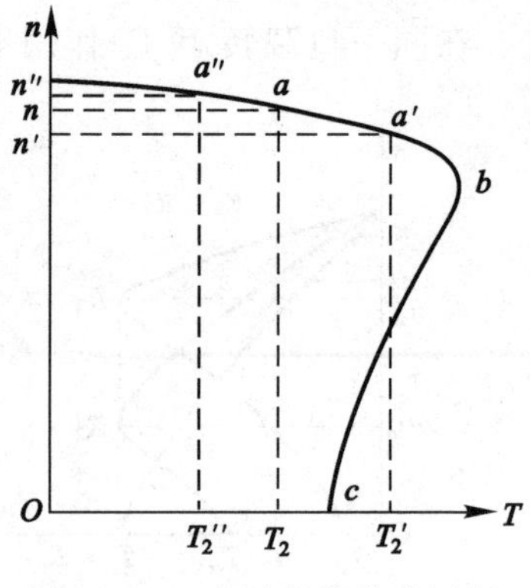

图 6.3.6 电动机的稳定运行

若由于某种原因使负载转矩增加，如 $T_2'>T$，电动机就会沿 ab 段减速，电磁转矩 T 随 n 的下降而增大，直至 $T_2'=T$，对应于曲线的 a' 点。电动机在新的稳定状态下，以较低的转速 n' 运行。反之，若负载转矩变小，如 $T_2''<T$，电动机将沿曲线 ab 段加速，上升至曲线的 a'' 点，这时，电磁转矩随 n 的增加而减小，又达新的稳定状态 $T_2''=T$，电动机以较高的转速 n'' 稳定运行。由此可见，在机械特性的 $n''b$ 段内，当负载转矩发生变化时，电动机能自动调节电磁转矩，使之适应负载转矩的变化，而保持稳定运行，故 $n''b$ 段称为**稳定运行区**。且在 $n''b$ 段，较大转矩的变化对应的转速的变化很小，异步电动机有**硬的机械特性**。

在电动机运行中，若负载转矩增加太多，使 $T_2>T_m$，电动机将越过机械特性的 b 点而沿 bc 段运行。在 bc 段，T 随 n 的下降而减小，T 的减小又进一步使 n 下降，电动机的转速很快下降到零，即电动机停转(堵转)。所以，机械特性 bc 段称为**不稳定运行区**。电动机堵转时，其定子绕组仍接在电源上，而转子却静止不动，此时，定、转子电流剧增，若不及时切断电源，电动机将迅速过热而烧毁。

例 6.3.1 有一台三相鼠笼式异步电动机，其额定功率 $P_{2N}=55\ \text{kW}$，额定转速 $n_N=1\ 480\ \text{r/min}$，$\lambda_m=2.2$，$\lambda_s=1.3$，试求这台电动机的额定转矩 T_N，启动转矩 T_{st} 和最大转矩 T_m 各为多少？

解 由式(6.3.12)，电动机的额定转矩为

$$T_N = 9\ 550\frac{P_{2N}}{n_N} = 9\ 550\frac{55}{1\ 480} = 354.9\ (\text{N}\cdot\text{m})$$

启动转矩 $T_{st}=1.3\times354.9=461\ (\text{N}\cdot\text{m})$

最大转矩 $T_m=2.2\times354.9=780\ (\text{N}\cdot\text{m})$

【练习与思考】

6.3.1 三相异步电动机的电磁转矩是如何产生的？它与哪些因素有关？

6.3.2 三相异步电动机接通电源后，如果转轴受阻，长久不能启动，对电动机有何影响？为什么？

6.3.3 三相异步电动机带额定负载运行，如果电源电压降低，电动机转矩、电流及转速有无变化？如何变化？有何问题？

6.3.4 三相异步电动机稳定运行时，当负载转矩增加，为什么定子电流和输入功率会自动增加？当负载转矩大于电动机的 T_m 时，电动机将会发生什么情况？

6.3.5 电动机的转子因故障已取出修理，若定子绕组上加额定电压，将会发生什么情况？为什么？

6.4 三相异步电动机的铭牌数据

要正确使用电动机必须看懂铭牌。今以 Y132M-4 型电动机为例，来说明铭牌上各个数据的意义。

三相异步电动机		
型号 Y132M-4	功率 7.5 kW	频率 50 Hz
电压 380 V	电流 15.4 A	接法 △
转速 1 440 r/min	绝缘等级 B	工作方式 连续
年 月 日	电机厂	

此外，它的主要技术数据还有：功率因数：0.85，效率：87%(可从手册上查出)。

(1) 型号。电动机的型号是表示电动机的类型、用途和技术特征的代号。用大写拼音字母和阿拉伯数字组成，各有一定含义。

例如

Y 132 M-4

- Y — 三相异步电动机
- 132 — 机座中心高
- M — 机座长度代号（S—短机座；M—中机座；L—长机座）
- 4 — 磁极数

常用三相异步电动机产品名称代号及其汉字意义见表 6.4.1。

表 6.4.1 常用三相异步电动机产品名称代号

产品名称	新代号	汉字意义	旧代号
鼠笼式异步电动机	Y,Y-L	异	J,JO
绕线式异步电动机	YR	异绕	JR,JRO
防爆型异步电动机	YB	异爆	JB,JBS
防爆安全型异步电动机	YA	异安	JA
高启动转矩异步电动机	YQ	异起	JQ,JQO

表中 Y,Y-L 系列是新产品。Y 系列定子绕组是铜线，Y-L 系列定子绕组是铝线。

(2) 功率、效率、功率因数。额定功率是电动机在额定运行状态下，其轴上输出的机械功率，用 P_{2N} 表示。输出功率 P_{2N} 与电动机从电源输入的功率 P_{1N} 不等，其差值($P_{1N}-P_{2N}$)为电动机的损耗；其比值(P_{2N}/P_{1N})为电动机的效率。即

$$\eta_N=\frac{P_{2N}}{P_{1N}}\times 100\%$$

电动机为三相对称负载，从电源输入的功率用下式计算

$$P_{1N}=\sqrt{3}U_N I_N\cos\varphi$$

其中，$\cos\varphi$ 是电动机的功率因数。

鼠笼式异步电动机在额定运行时，效率约 72%～93%，功率因数为 0.7～0.9。

(3) 频率。频率是指定子绕组上的电源频率，我国工业用电的标准频率为 50 Hz。

(4) 电压。电压是指额定运行时，定子绕组上应加的电源线电压值，称额定电压 U_N。一般规定异步电动机的电压不应高于或低于额定值的 5%。当电压高于额定值时，磁通将增大(因 $U=4.44fN\Phi$)，磁通的增大又将引起励磁电流的增大(由于磁路饱和，可能增的很大)。这不仅使铁损增加，铁芯发热，而且绕组也会有过热现象。

但若电压低于额定值，将引起转速下降，电流增加。如果在满载的情况下，电流的增加将超过额定值，使绕组过热；同时，在低于额定电压下运行时，和电压的平方成正比的最大转矩会显著下降，对电动机的运行是不利的。

三相异步电动机的额定电压有 380 V,3 000 V,6 000 V 等多种。

(5) 电流。电流是指电动机在额定运行时，定子绕组的线电流值，亦称额定电流 I_N。

(6) 接法。接法是指电动机在额定运行时定子绕组应采取的联接方式。有星形联接(Y)和三角形联接(△)两种，如图 6.1.3 所示。通常，Y 系列三相异步电动机容量在 4 kW 以上均采用三角形接法。

(7) 转速。转速是指电源为额定电压、频率为额定频率和电动机输出额定功率时，电动机每分钟的转速，称为额定转速 n_N。额定转速与同步转速的关系是 $n_N=(1-s_N)n_0$。由于额定状态下 s_N 很小，故 n_N 和 n_0 相差很小，由 n_N 可以判断出电动机的磁极对数。例如 $n_N=1\,440$ r/min，其磁极对数 $p=2$。

(8) 绝缘等级。绝缘等级是指电动机绕组所用的绝缘材料，按使用时的最高允许温度而划分的不同等级。常用绝缘材料的等级及其最高允许温度如下：

绝缘等级	A	E	B	F	H
最高允许温度(℃)	105	120	130	155	180

上述最高允许温度为环境温度(40℃)和允许温升之和。

(9) 工作方式。工作方式是对电动机在铭牌规定的技术条件下运行持续时间的限制。以保证电动机的温度不超过允许值。电动机的工作方式可分为以下三种：

① 连续工作：在额定状态下可长期连续工作。如机床，水泵，通风机等设备所用的异步电动机。

② 短时工作：在额定状态下，持续运行时间不允许超过规定的时限(分钟)，有 15,30,60,90 等四种。否则，会使电机过热。

③ 断续工作：可按一系列相同的工作周期，以间歇方式运行。如吊车，起重机等。

6.5 三相异步电动机的启动、调速、反转和制动

6.5.1 三相异步电动机的启动

电动机接通电源后开始转动，转速不断上升，直至达到稳定转速，这一过程称为启动。在电动机接通电源的瞬间，转子尚未转动，即 $n=0$，$s=1$。旋转磁场以同步转速 n_0 切割转子导体，在转子导体中产生很大的感应电动势和感应电流，转子电流增大，定子电流也相应地增大，一般是电动机额定电流的 5～7 倍，这就是电动机的启动电流 I_{st}。启动电流虽然很大，但启动时间短(一般为 1～3 s)，而且随着电动机转速的上升，启动电流会迅速减小，故对于容量不大，且启动不频繁的电动机影响不大。如果连续频繁的启动，则由于热量的积累，可能使电机过热，故在使用时应特别注意。

但是，电动机的启动电流对线路是有影响的。过大的启动电流会在输电线路上

产生较大的电压降，影响接在同一线路上的其他负载的正常工作。例如，电灯瞬间变暗，运行中的电动机转速下降，甚至停转。

根据异步电动机的机械特性，电动机的启动转矩 T_{st} 不大，启动系数只有1.0～2.2。原因是由于启动时($s=1$)，转子感抗大($X_2=sX_{20}$)，转子功率因数低，故启动转矩较小。而启动转矩小，则会使电动机不能在满载情况下启动，或者启动时间过长。

异步电动机常有如下启动方法：

1. 直接启动

利用闸刀开关、交流接触器、空气自动开关等电器将电动机直接接入电源启动，称为直接启动或全压启动。其优点是设备简单，操作方便，启动迅速，但是启动电流大。

一台异步电动机能否直接启动，各地电业部门都有一定的规定。

(1) 容量在 10 kW 及以下的异步电动机允许直接启动。

(2) 启动时，电动机的启动电流在供电线路上引起的电压降不超过正常电压的15%，如果没有独立变压器(与照明共用)，则不应超过5%。

(3) 用户有独立的变压器供电时，频繁启动的电动机容量小于变压器容量的20%时允许直接启动；不频繁启动，容量小于变压器容量的30%时允许直接启动。

2. 降压启动

电动机的容量较大，电源容量不能满足直接启动要求时，为了减小它的启动电流，常采用降压启动。降压启动是利用启动设备，在启动时降低加在定子绕组上的电压，当电动机的转速接近额定转速时，再加全电压(额定电压)运行。由于降低了启动电压，启动电流也就降低了。但因启动转矩正比于启动电压的平方，所以启动转矩显著减小。因此，降压启动只适用于启动时负载转矩不大的情况，如轻载或空载启动。

常用的降压启动方法有以下几种：

(1) 星形-三角形(Y-△)换接启动。这种方法只适用于正常运行时定子绕组接成三角形的电动机。图 6.5.1 是 Y-△启动电路图。启动时，将转换开关 QS_2 扳到“启动”位置，使定子绕组接成星形，待电动机的转速接近额定转速时，再迅速将转换开关 QS_2 扳到“运行”位置，定子绕组换接成三角形。

如图 6.5.2(a)所示，设电源的线电压为 U_1，定子绕组启动时的每相阻抗为 Z，当定子绕组 Y 联接降压启动时，线电流 I_{LY} 等于相电流 I_{PY}，即

$$I_{LY}=I_{PY}=\frac{U_1/\sqrt{3}}{|Z|}=\frac{U_1}{\sqrt{3}\,|Z|} \tag{6.5.1}$$

当定子绕组△联接直接启动时，如图 6.5.2(b)所示，其线电流为

$$I_{L\triangle}=\sqrt{3}\,I_{P\triangle}=\sqrt{3}\,\frac{U_1}{|Z|} \tag{6.5.2}$$

比较以上两式可得

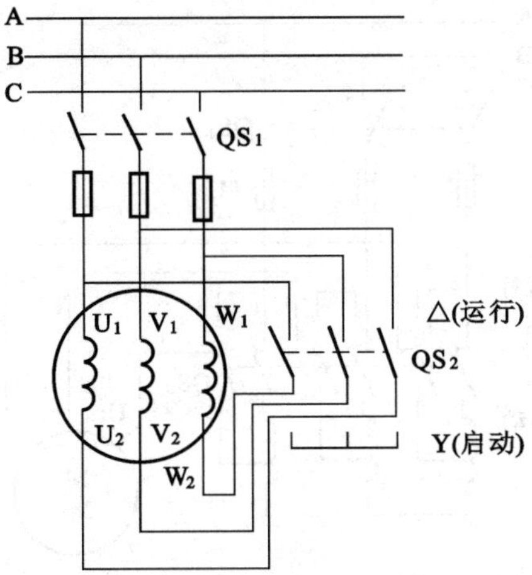

图 6.5.1　星形-三角形(Y-△)启动电路

$$\frac{I_{LY}}{I_{L\triangle}}=\frac{1}{3} \tag{6.5.3}$$

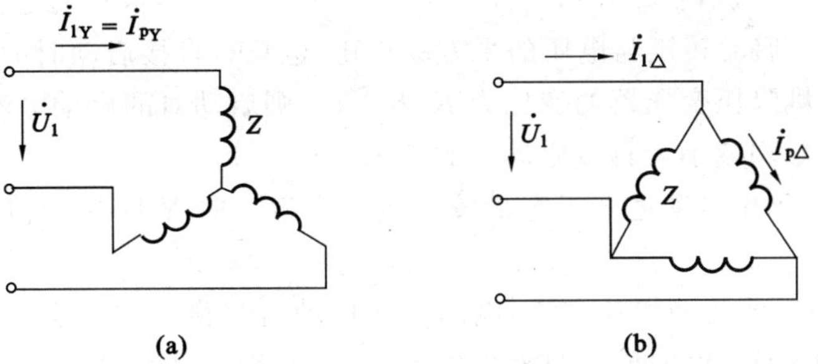

图 6.5.2　定子绕组 Y 联接和△联接时的启动电流

即采用 Y-△启动时，启动电流只是直接启动时的 1/3。但是，由于启动转矩正比于启动时每相定子绕组电压的平方，故 Y-△启动时，启动转矩也降为全电压启动的 1/3。

Y-△启动具有设备简单，体积小，寿命长，动作可靠等优点，加之现在 Y 系列中小型三相异步电动机(4～100 kW)都已设计为 380 V，△接，因此，Y-△启动得到了广泛的应用。

(2) 自耦变压器降压启动。图 6.5.3 是自耦变压器降压启动的电路图。启动时，先合上电源开关 QS_1，然后把启动器上的手柄开关扳到“启动”位置，使电动机定子绕组接通自耦变压器的副边而降压启动。待电动机的转速接近额定转速时，再迅速将转换开关 QS_2 扳到“运行”位置，使电动机定子绕组直接接在三相电源上，在额定电压下运行。

自耦变压器降压启动的变压器通常有几个抽头，使其输出电压分别为电源电压的 80%，60%，40%或 73%，64%，55%，可供用户根据要求进行选择。如选用 80%

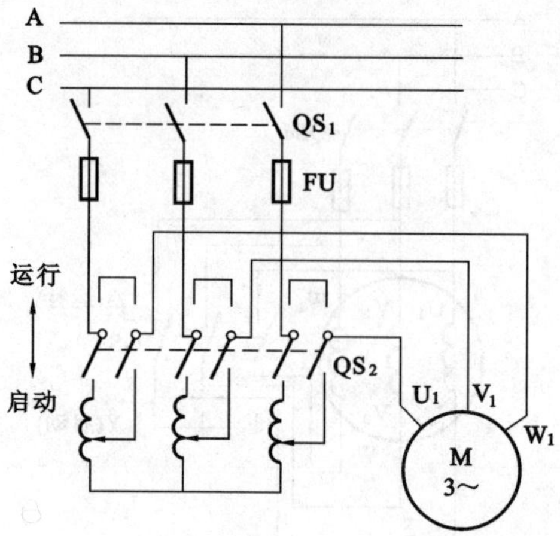

图 6.5.3　自耦变压器降压启动电路

抽头启动时，电动机的启动电流只有直接启动电流的 80%。而电源供给的线电流（即自耦变压器的一次电流 I_1）$I_l = I_1 = U_2/U_1 \cdot I_2 = 0.8I_2$，只有直接启动电流的 $(80\%)^2 = 64\%$。启动转矩与电压的平方成正比，也只有直接启动时的 64%。

故知，若自耦降压变压器的变比为 $K(K>1)$，则启动时的启动电流（变压器原边电流）和启动转矩均减小为直接启动时的 $1/K^2$。

自耦变压器降压启动适合于容量较大或正常运行时 Y 联接的鼠笼式异步电动机。

(3) 软启动。前几种启动方法，电动机在启动时都将因加到定子绕组电压的突然变化而受到不同程度的冲击，且对电网有一定的影响。随着电力电子技术和微机控制技术的发展，目前，一种性能优良的软启动控制器已经问世，并得到迅速推广。

软启动控制器采用了现代电力电子技术及先进的微机控制技术，在电动机启动过程中，可按用户期望的启动特性，通过自动调节加在电动机定子绕组的电压，使其平滑地完成启动过程。软启动器与电动机的接线图如图 6.5.4 所示。

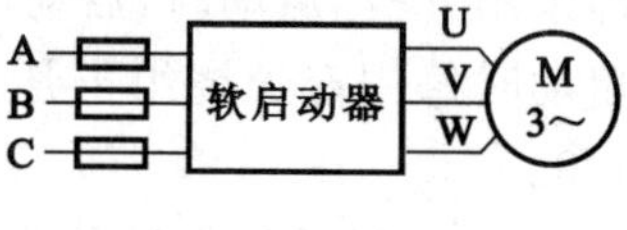

图 6.5.4　软启动器接线图

软启动控制器通常有限流启动和限压启动两种启动模式。

限流启动模式的启动过程如图 6.5.5 所示。电动机在这种启动模式下启动时，软启动控制器的输出电流从零迅速增加，直到输出电流达到设定的电流限幅值 I_m，然后在保证输出电流不大于该值的情况下，电压逐渐升高，电动机逐渐加速，最后达到稳定工作状态，使输出电流为电动机的负载工作电流 I_L。电流限幅值可根据实际负载情况设定为 0.5～4 倍的额定电流。图 6.5.5 还说明，在负载一定时，I_m 选得小，启动时间较长；反之，启动时间较短。

限压启动模式的启动过程如图 6.5.6 所示，电动机在限压模式下启动时，软启

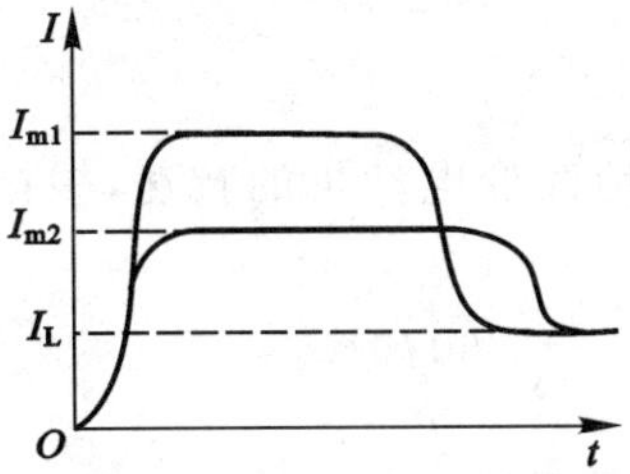

图 6.5.5 限流启动的电流

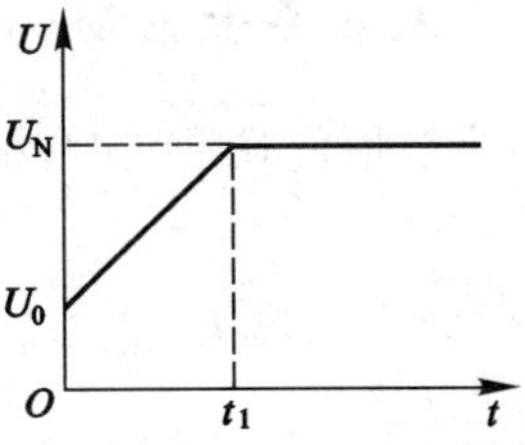

图 6.5.6 限压启动的电压

动控制器的输出电压从 U_0 开始逐渐升高直到额定电压 U_N。其初始电压 U_0 及启动时间 t_1 可根据负载情况和工艺要求进行设定，以获得满意的电压上升率。在该模式下，电动机可平滑地启动，避免电机转速冲击，做到启动时对电网电压的冲击最小。

电动机停车时，可直接断电停车，也可利用软启动控制器使输出电压逐渐平滑地减小至零，使电动机无机械应力地缓慢停车。

软启动控制器还兼有对电动机的过压、过载和缺相等保护功能，有时还可以根据负载的变化自动调节电压，使电机运行在最佳状态，达到节能的目的。因此软启动控制器功能完善，得到日益广泛的应用。

3. 绕线式异步电动机的启动

绕线式异步电动机由于它的转子电路可以经过滑环和电刷与外电路接通，故可采用在转子电路中串接电阻的方法来改善它的启动性能。启动时转子电路中接入适当的电阻 R_{st}，使转子电流减小，定子电流也相应减小，达到减小启动电流的目的。同时，转子电路中串入电阻后，还可提高转子电路的功率因数 $\cos\varphi_2$，即可提高启动转矩，如图 6.5.7 所示。

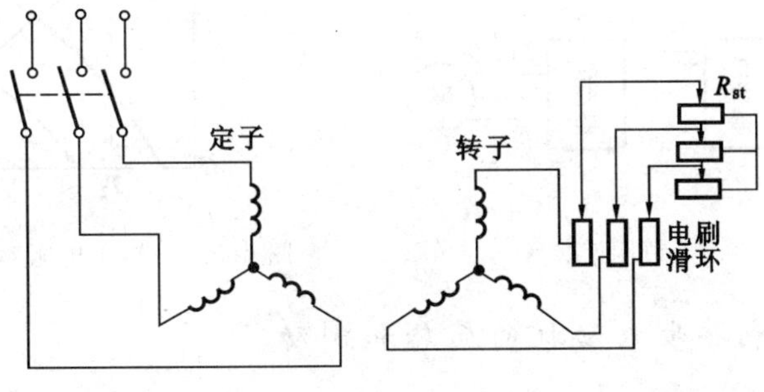

图 6.5.7 绕线式异步电动机启动时的接线图

启动时，先将全部电阻串入转子电路，再合上电源开关，电动机开始转动。随着电动机转速的逐渐升高，逐级减小启动电阻，当转速升高到额定值时，启动电阻全部切除，并将转子绕组短接，使电动机正常运行。

绕线式异步电动机可以重载启动，对于启动频繁，要求启动转矩较大的机械，如吊车、卷扬机等都是合适的。

6.5.2 三相异步电动机的调速

所谓调速是指负载不变时，根据需要人为地改变电动机的转速，根据式(6.2.2)可得

$$n=(1-s)n_0=(1-s)\frac{60f_1}{p} \tag{6.5.4}$$

由此式可以看出，异步电动机可通过改变电源频率 f_1 或极对数 p 实现调速。在绕线式异步电动机中也可用改变转子电阻的方法调速。

(1) 变频调速。变频就是改变异步电动机供电电源的频率。图 6.5.8 所示为变频调速装置的方框图。整流器先将 50 Hz 的交流电变换成直流电，再由逆变器将直流电逆变为频率和电压连续可调的三相交流电，从而实现了三相异步电动机的无级调速。

(2) 变极调速。对于三相异步电动机来说，可通过改变其定子绕组的接法实现改变旋转磁场的极对数 p，从而达到改变电动机转速的目的，这种方法称为变极调速，这种电动机称为多速电动机。然而，这种调速是有级的，不能平滑调速。

(3) 改变转子电路电阻调速。绕线式异步电动机的调速是通过改变串接在转子电路中的电阻而进行的。在图 6.5.9 中，转子电阻从 R_2 增加到 R_2' 时，若负载转矩 T_2 不变，则转差率由 s 增大到 s'，相应的转速也从 n 下降到 n'，由于转速变化时，s 随之而变，故又称为改变转差率调速。

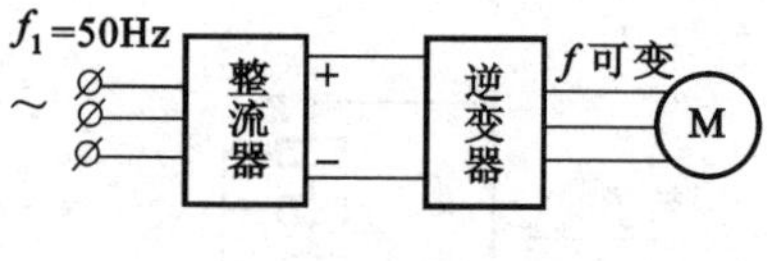

图 6.5.8 变频调速装置

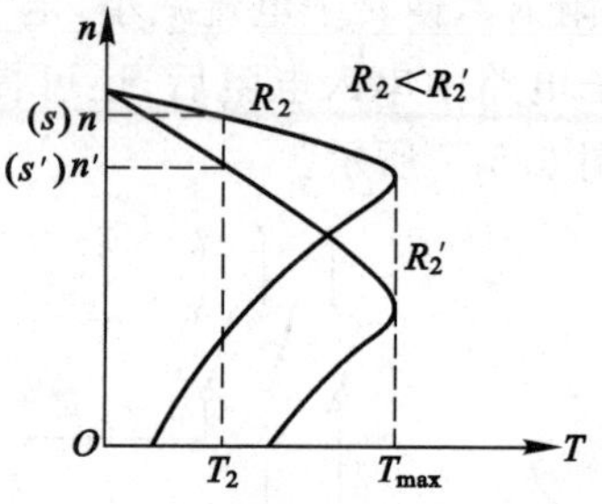

图 6.5.9 转子电阻对 s 的影响

6.5.3 三相异步电动机的反转和制动

1. 反转

三相异步电动机的转向取决于旋转磁场的转向，所以要使电动机反转，只需要将定子绕组上的三根电源线中的任意两根对调，改变接入电动机电源的相序，使旋转磁场反转即可。

2. 制动

制动又称刹车。当切断电动机的电源后，由于转子的惯性作用，电动机将继续转

动一段时间才能停下来。在生产中,为了提高生产率,保证产品质量及安全,常要求电动机能迅速而准确地停止转动,就需要对电动机进行制动。

制动的方法有机械的方法和电气的方法及机电结合的方法。常用的电气制动方法有:

(1) 反接制动:反接制动是利用电动机的反向转矩进行制动的。当电动机停车时,在切断电源后将电源的三根导线中的任意两根对调位置再合上电源,使同步旋转磁场反向,产生一个与转子旋转方向相反的电磁转矩(制动转矩),使电动机迅速减速,如图 6.5.10 所示。当转速接近零时,必须立即切断电源,否则,电动机将会反转。

反接制动的特点是简单,制动效果较好,但能量消耗大,机械冲击大。有些中小型车床和机床主轴的制动多采用这种方法。

(2) 能耗制动:能耗制动是在电动机断电后,立即在定子绕组通入直流电流,产生一个固定的磁场,由于转子仍继续朝原方向惯性运行,转子导体切割这个固定磁场的磁力线,产生感应电动势和感应电流。根据右手定则和左手定则不难确定,这时的转子电流与固定磁场相互作用产生的转矩的方向与电动机转动的方向相反,因而起制动作用。制动转矩的大小与直流电流的大小有关。直流电流的大小约为电动机额定电流的 0.5～1 倍。图 6.5.11 是能耗制动的原理图。这种方法是消耗转子动能(转换成电能)来进行制动的,故称为能耗制动。其特点是制动平稳准确,能耗小,但需另加直流电源。

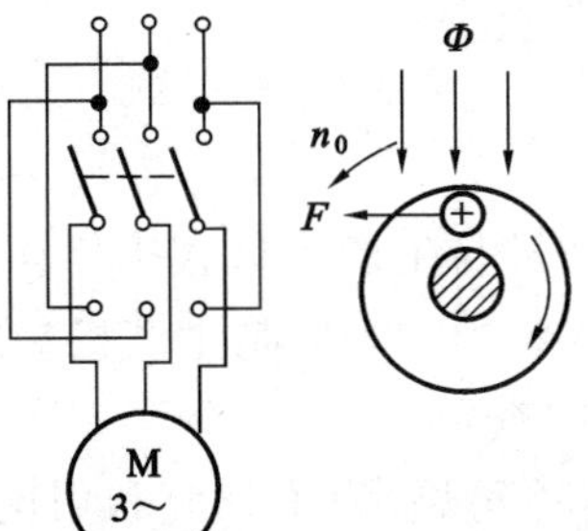

图 6.5.10 反接制动

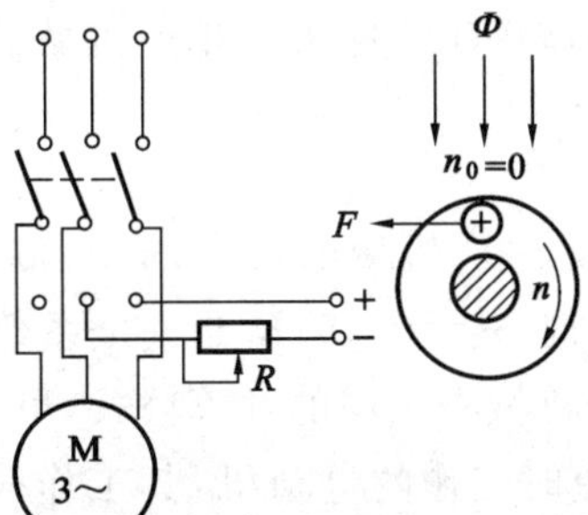

图 6.5.11 能耗制动

*6.5.4 三相异步电动机的选用

异步电动机应用很广,它所拖动的生产机械多种多样,要求也各不相同。选用异步电动机应从技术和经济两方面来考虑。以实用、合理、经济和安全为原则,正确选择其种类、型式、容量、电压和转速等,以确保安全可靠地运行。

(1) 种类选择。三相异步电动机分为鼠笼式和绕线式两类。鼠笼式异步电动机有结构简单、坚固耐用、工作可靠、维护方便、价格低廉等优点;其缺点是调速性能差、启动电流大。故凡无特殊要求的一般生产机械如各种泵、通风机、压缩机、金属切削机床等都选用它来拖动。

绕线式异步电动机的启动性能和调速性能都比鼠笼式异步电动机好。但结构复杂,启动、维护都较麻烦,价格较高。它适用于需较大的启动转矩,且要求在一定范围内进行调速的生产机械,如起重机、卷扬机、电梯等。

(2) 结构选择。电动机的外形结构可分为开放式、防护式、封闭式及防爆式等。应根据电动机的工作环境来进行选择,以确保安全、可靠地运行。

开放式:在结构上无特殊防护装置,通风散热好,价格便宜,适用于干燥、无灰尘的场所。

防护式:在电动机机壳或端盖处有通风孔,可防雨、防溅及防止铁屑等杂物掉入电机内部。但不能防尘、防潮。适用于灰尘不多且较干燥的场所。

封闭式:电动机外壳严密封闭,能防止潮气和灰尘进入。但体积较大,散热差,价格较高,适用于多尘、潮湿的场所。

防爆式:电动机外壳和接线端全部密闭,不会让电火花窜到壳外。能防止外部易燃、易爆气体侵入机内。适用于石油、化工、煤矿及其他有爆炸气体的场所。

(3) 容量选择。电动机的容量(功率)决定于它所拖动的生产机械的工作方式和所需的功率。电动机的容量应大于负载的功率。但容量过大,将使电动机的功率因数和效率降低,不经济。如容量过小,电动机将长期过载,不能正常工作,甚至烧坏。

① 连续工作的电动机:选择容量时,先计算出生产机械的功率。所选电动机的额定功率应等于或略大于生产机械的功率,其计算公式为

$$P_{2N} = K\frac{P_L}{\eta_1 \eta_2} \tag{6.5.5}$$

式中,η_1 是生产机械的效率;η_2 是传动效率,电动机与生产机械直接传动时,$\eta_2=1$,皮带传动时,$\eta_2=0.95$;K 是安全系数,其值为 1.05～1.4;P_L 是生产机械的功率,不同的生产机械有不同的计算公式,可在有关手册中查到。

② 短时工作的电动机:其工作时间短,停机时间长,为了充分利用电动机的容量,允许电动机短时过载。通常根据过载系数来选择短时工作电动机的功率。电动机的额定功率可以是生产机械所要求功率的 $1/\lambda_m$。

③ 断续工作的电动机:其工作与停歇是交替进行的。选择这类电动机时应考虑工作时间与停歇时间的相对长短。常用暂载率 ε 来表示。暂载率 ε 的表达式为

$$\varepsilon = \frac{t_W}{t_W + t_\varepsilon} \times 100\% \tag{6.5.6}$$

式中,t_W、t_ε 分别是一个工作周期中的工作时间和停歇时间。标准暂载率有四种,即15%,25%,40%,60%。同一型号的电动机暂载率越小,其额定功率越大。

(4) 电压选择。Y 系列异步电动机的额定电压只有 380 V 一种。功率大于100 kW的应考虑采用 3 000 V 或 6 000 V 的高压异步电动机。

(5) 转速选择。电动机的额定转速应尽可能接近生产机械的转速。采用直接传动以简化传动设备。如生产机械的转速很低(如低于 500 r/min),则不宜采用低速电动机。因电动机转速越低,体积越大,效率越低,价格也贵。这时,应选用较高速的电动机,并用减速器传动生产机械。

【练习与思考】

6.5.1 为什么异步电动机启动电流大,而启动转矩小?

6.5.2 三相异步电动机在满载和空载下启动,其启动电流和启动转矩是否一样?为什么?

6.5.3 绕线式异步电动机采用转子串电阻启动,所串接的电阻越大,其启动转矩是否也越大?

6.5.4 有些电动机有 380/220 V 两种电压,定子绕组可以接成星形,也可以接成三角形,试问在什么情况下,采用星形和三角形接法?采用这两种接法时,电动机的额定值(功率、相电压、线电压、相电流、线电流、效率、功率因数、转速)有无改变?

6.5.5 如果电动机的三角形联接误接成星形联接,或者星形联接误接成三角形联接,其后果如何?

6.6 单相异步电动机

在单相电源电压作用下运行的异步电动机称为单相异步电动机。单相异步电动机的结构特征为:定子绕组为单相,转子大多是鼠笼式;其磁场特征为:当单相正弦电流通过定子绕组时,会产生一个空间位置固定不变,而大小和方向随时间作正弦交变的脉动磁场,而不是旋转磁场,如图 6.6.1 所示。其工作特征为:由于脉动磁场不能旋转,故不能产生启动转矩,因此电动机不能自行启动。但当外力使转子旋转起来后,脉动磁场产生的电磁转矩能使其继续沿原旋转方向运行。

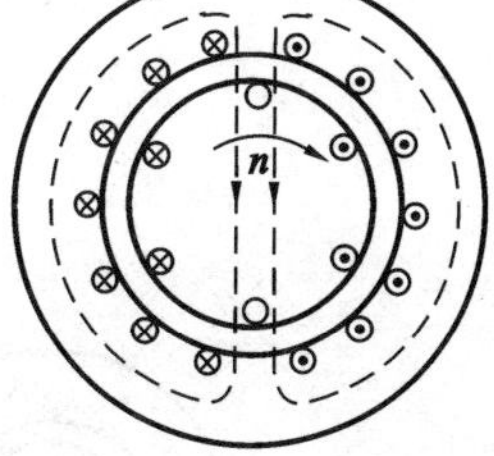

图 6.6.1 单相异步电动机的脉动磁场

为了使单相异步电动机通电后能产生一个旋转磁场,自行启动,常用电容式和罩极式两种方法。现介绍电容式单相异步电动机的基本工作原理。

图 6.6.2 为电容式单相异步电动机的结构原理图。电动机定子上有两个绕组 AX 和 BY。AX 是工作绕组,BY 是启动绕组。两绕组在定子圆周上的空间位置相差 90°,如图 6.6.2(a)所示。启动绕组 BY 与电容 C 串联后,再与工作绕组 AX 并联接入电源。工作绕组为感性电路,其电流 $\dot{I}_A$ 滞后于电源电压 $\dot{U}$ 一个角度 φ_A,当电

容 C 的容量足够大时，启动绕组为一容性电路，电流 $\dot{I}_B$ 超前于电源电压 $\dot{U}$ 一个角度 φ_B，如果电容器的容量选择适当，可使两绕组的电流 $\dot{I}_A$、$\dot{I}_B$ 的相位差为 90°，这称为分相。即电容器的作用使单相交流电分裂成两个相位相差 90°的交流电。其接线图和相量图分别如图 6.6.2(b)、(c)所示。

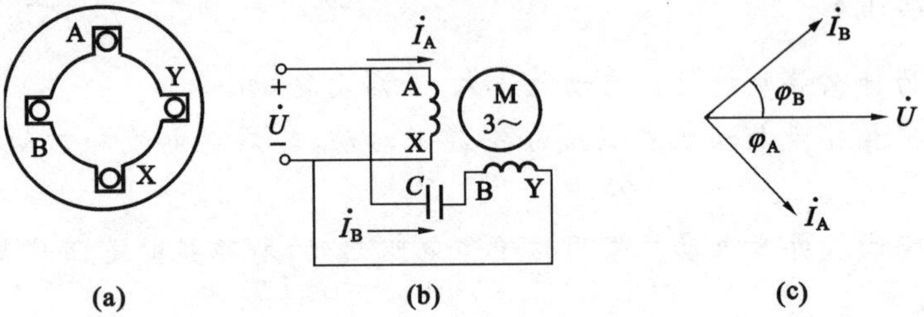

图 6.6.2 电容式单相异步电动机

(a) 绕组的空间位置；(b) 接线图；(c) 电压电流相量图

空间位置相差 90°的两个绕组通入相位相差 90°的两个电流 $\dot{I}_A$ 和 $\dot{I}_B$ 以后，在电动机内部产生一个旋转磁场。在该旋转磁场的作用下，电动机就有启动转矩产生，转子就自行转动起来。其分析方法如同三相异步电动机的转动原理一样。图 6.6.3 是电容式单相异步电动机的电流波形和旋转磁场。

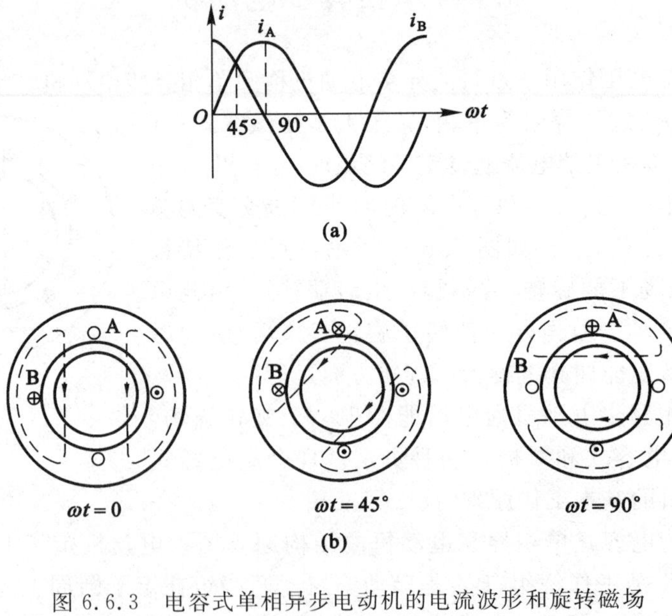

图 6.6.3 电容式单相异步电动机的电流波形和旋转磁场

(a) 电流波形；(b) 旋转磁场

电容式单相异步电动机启动后，启动绕组可以留在电路中，也可以在转速上升到一定数值后利用离心开关的作用切除它，只留下 AX 绕组工作。这时，电动机仍能继续运转。

电容式单相异步电动机也可以反向运行。只要利用一个转换开关将工作绕组和启动绕组互换即可，如图 6.6.4 所示。读者可自行分析其工作原理，这种电路常应用在洗衣机中。其转换开关由定时器自动控制。

单相异步电动机的功率因数和效率都较低，过载能力较差。容量一般在1 kW以下。常应用于家用电器（如风扇、洗衣机、电冰箱等）、小功率生产机械（如电钻、搅拌机等）的驱动及医疗器械等。

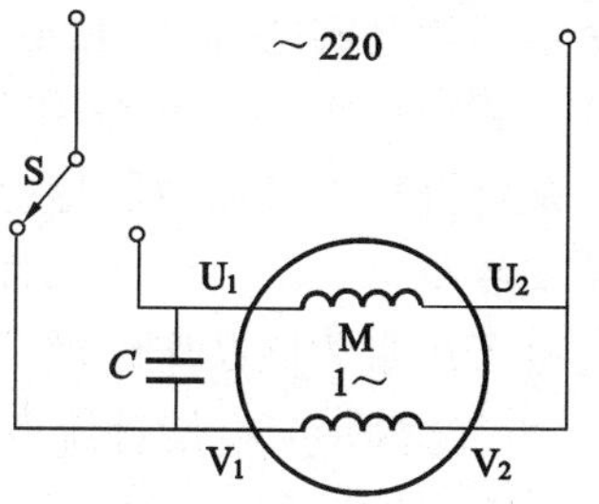

图 6.6.4 可以反方向运行的电容式单相异步电动机

【练习与思考】

6.6.1 单相异步电动机为什么要有启动绕组？试述电容式单相异步电动机的启动原理。

6.6.2 如何使电容式单相异步电动机反转？试述其工作原理。

*6.7 直流电动机

直流电机是机械能和直流电能互相转换的旋转机械装置。它具有可逆性，作发电机用时，它将机械能转换为电能；作电动机用时，将直流电能转换为机械能。

直流电动机的调速性能好，启动转矩大，因此对调速要求较高或需要较大启动转矩的生产机械，常采用直流电动机驱动。本节主要讨论直流电动机的工作原理、机械特性和使用。

6.7.1 直流电动机的结构及其工作原理

1. 直流电动机的结构

直流电动机主要由磁极、电枢和换向器三个部分组成，如图 6.7.1 所示。

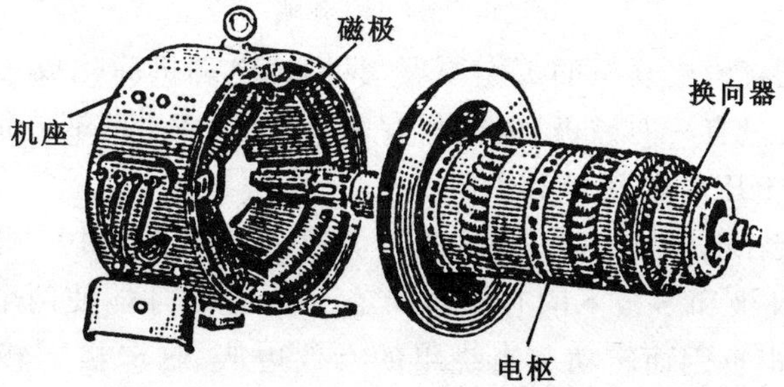

图 6.7.1 直流电动机的结构

（1）磁极。磁极是产生磁场的，如图 6.7.2 所示。它是用钢片叠成的，固定在机座上，机座也是磁路的一部分。磁极由极心 1 和极掌 2 及绕组 3 组成。极掌的作用是使电机空气隙中磁感应强度分布最合适，同时也方便安装绕组。绕组里通入直流励磁电流（小型直流电动机也可用永久磁铁作磁极）。

（2）电枢。电枢是直流电动机的旋转部分，也称为转子。它由铁芯和绕组两部分构成。铁芯呈圆柱状，由硅钢片叠成，其表面冲有许多槽，槽中放置绕组。

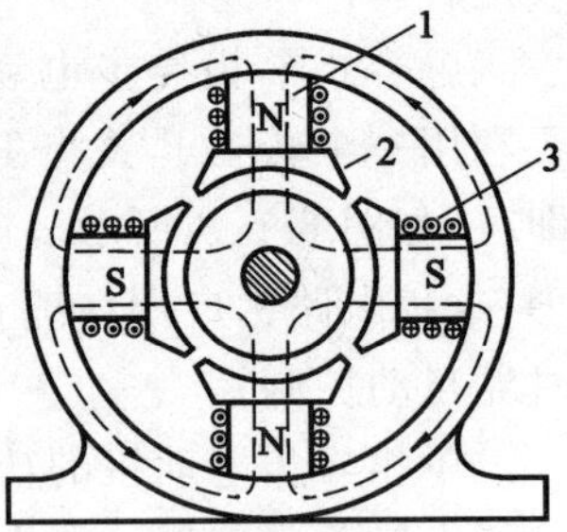

图 6.7.2　直流电动机的磁极和磁路

电枢绕组是直流电动机的重要部分。电枢绕组里通入直流电流而产生电磁转矩，实现了电能与机械能的转换。绕组线圈与铁芯绝缘，安放在铁芯外表面的槽中，每个线圈的两个端头按一定规律各焊在一个换向片上。

（3）换向器。换向器主要由换向铜片和电刷组成。换向铜片放在圆形套筒上，铜片间由云母垫片绝缘。换向器与电枢转轴同轴且紧固在一起，其表面用弹簧压着固定的电刷，使转动的电枢绕组得以同外电路联接起来。

2. 直流电动机的工作原理

直流电动机按励磁方式的不同可分为他励、并励、串励和复励四种。其中并励和他励两种电动机较常用，其接线如图 6.7.3 所示。并励是励磁绕组与电枢绕组用同一电源供电，他励是用单独的励磁电源供电。

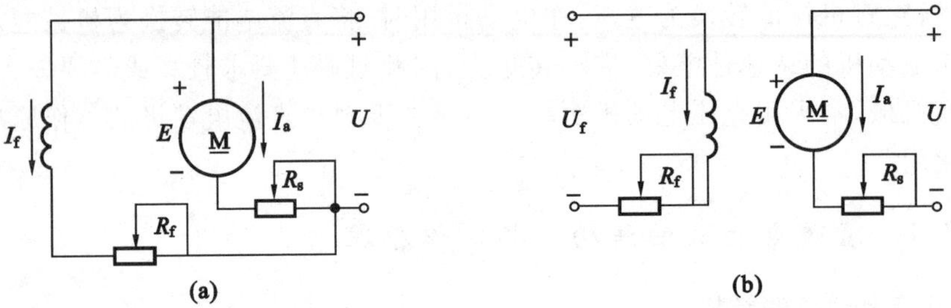

图 6.7.3　并励和他励电动机的接线图

（a）并励；（b）他励

为了方便讨论直流电动机的工作原理，我们把电动机简化成图 6.7.4 所示的原理图。假设电动机只有一对磁极，电枢只有一个绕组，绕组两端分别联在两个换向片 A 和 B 上，换向片上压着电刷 C 和 D。

将直流电源接在电动机电刷之间，使电流通入电枢绕组中。电枢绕组中电流的方向总是保持在 N 极和 S 极下的有效边固定不变，这样才能使两个线圈边上受到的电磁力方向一致，电枢因而转动。当绕组的有效边从 N(S)极下转到 S(N)极下时，各有效边中电流的方向会同时改变，使电磁力的方向不变，这是换向器的作用。

电枢绕组中的电流 I_a 与磁通 Φ 相互作用产生电磁力和电磁转矩，它就是直流电动机的驱动转矩。在电磁转矩的作用下，电动机带动生产机械旋转，即把电能转换成机械能输出。电磁转矩可用下式表示：

$$T = K_T \Phi I_a \tag{6.7.1}$$

式中，K_T 是与电动机的结构有关的常数。

若电动机输出的机械功率是 P_2，电枢转速是 n，则电磁转矩也可以表示为

$$T = 9\,550 \frac{P_2}{n} \quad (\text{N} \cdot \text{m})$$

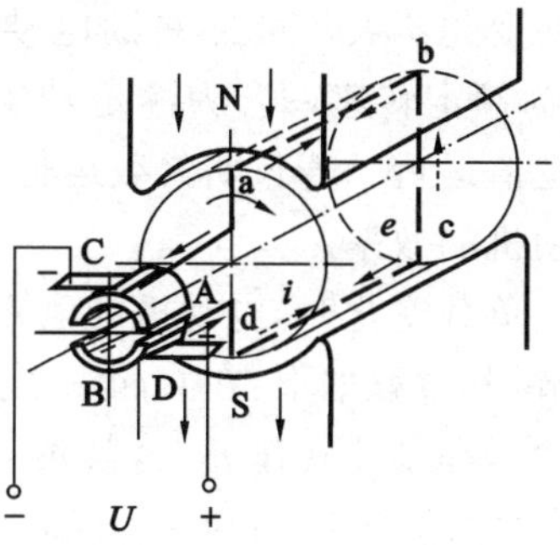

图 6.7.4　直流电动机的工作原理

当电枢在磁场中转动时，绕组中要产生感应电动势 E，E 的方向总是与电流 I_a 和电源电压的方向相反，故称之为反电动势。E 的大小可由下式表示

$$E = K_E \Phi n \tag{6.7.2}$$

式中，K_E 是与电机的结构有关的常数。

电枢电压 U、电流 I_a 以及反电动势 E 三者之间的关系为

$$U = E + I_a R_a \tag{6.7.3}$$

即电枢的电压 U 用来平衡反电动势和电枢绕组压降。由于电枢电阻很小，所以，电源电压主要是用来平衡反电动势。

6.7.2　并励电动机的机械特性

直流电动机的性能与励磁绕组的联接方式有关。并励和他励直流电动机较为常用，且其特性基本相同，因此以并励电机为例分析其机械特性。

当电动机带动负载稳定运行时，输出转矩 T 与负载转矩 T_L 相平衡，即 $T=T_L$。由(6.7.1)、(6.7.2)、(6.7.3)式可以推出机械特性方程为

$$n = \frac{U}{K_E \Phi} - \frac{R_a}{K_E K_T \Phi^2} T = n_0 - \Delta n \tag{6.7.4}$$

式中，$n_0 = U/K_E\Phi$ 是 T 为零时的转速，称**理想空载转速**。但这种情况实际上不存在，因为即使负载转矩 T_L 为零，还有空载损耗转矩 T_0 存在。

$\Delta n = \dfrac{R_a}{K_E K_T \Phi^2} T$ 是转速降。它表示当负载增加时，电动机的转速会下降。因为当保持 R_a、Φ、U 为常数时，若负载增加，I_a 增加（$T=K_T\Phi I_a$），于是 E 会减小（$U=E+I_aR_a$）。由于 $E=K_E\Phi n$，所以转速 n 将下降。可见，电动机加负载后转速下降是由电枢电阻 R_a 引起的。

并励电动机的机械特性曲线如图 6.7.5 所示。由于 R_a 很小，在负载变化时，转

速的变化不大。可见并励电动机的机械特性很硬。曲线上n_N为额定转速，T_N为额定转矩。一般要求电动机尽可能按额定值运行。若长期欠载运行，不但浪费设备容量，而且降低电动机的效率。

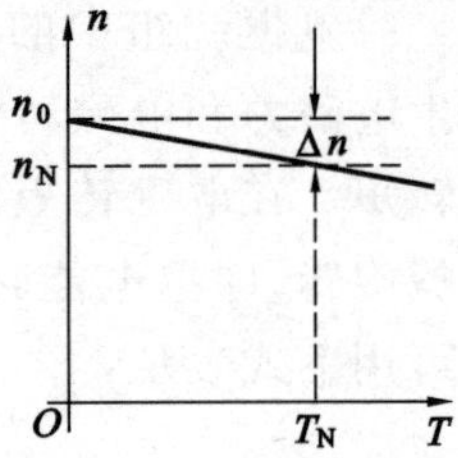

图 6.7.5 并励电动机的机械特性

负载变化时，电动机的电磁转矩、电枢电流及转速能自动调节，其过程如下：在U、Φ一定的情况下，设电动机带负载稳定运行在某一转速n上，其负载转矩为T_L，此时电枢电流为I_a。若阻转矩增加到T_L'，这时电磁转矩T来不及变化，致使$T<T_L'$，于是转速开始下降。由$E=K_E\Phi n$可知，反电动势将减小。又由$U=E+I_aR_a$和$T=K_T\Phi I_a$可知，电枢电流和电磁转矩会增大。但是只要电磁转矩$T<T_L'$，电枢转速将会继续下降。当电磁转矩增大到$T=T_L'$时，电动机转速就不再下降而稳定在n'上。此时，$n'<n$，$I_a'>I_a$，即电动机输入功率增加了。负载减小时各个量的自动调节过程读者可自行分析。

6.7.3 并励和他励电动机的启动和反转

1. 启动

在直流电动机启动瞬间，由于$n=0$，$E=0$，所以电枢电流为

$$I_{as}=\frac{U}{R_a} \tag{6.7.5}$$

由于R_a很小，所以启动电流将达到额定电流的10～20倍，这是不允许的。同时，由于并励及他励电动机电磁转矩正比于电枢电流，所以启动转矩将很大，它会产生强烈的机械冲击而使传动机构遭到损坏。因此，必须采取某种启动方法来限制电动机的启动电流。一般启动电流不应超过额定电流的1.5～2.5倍。

1）电枢回路串联启动电阻

对并励和他励电动机，在电枢电路中串联启动电阻器R_s，如图6.7.3所示。启动时，将R_s调到最大，随着电动机转速升高，逐渐切除R_s。当转速达到稳定运行值时，R_s全部切除。这种启动方法设备简单，只需要启动电阻器。启动电流为

$$I_{as}=\frac{U}{R_a+R_s} \tag{6.7.6}$$

注意：R_s是按短时运行设计的，它不能长期接在电路中运行。

2）降低电枢电压

由式(6.7.5)，降低电枢电压U可减小启动电流I_{as}。这就需要一个由小到额定值之间可以连续调节的直流电源，目前多用晶闸管整流电源或斩波器实现。

直流电动机在启动或工作时，必须保证励磁电路接通。否则，由于磁路中只有很小一点剩磁，就可能发生下面的事故：

(1) 如果电动机处于启动状态,由于启动转矩太小而不能启动,此时 $E=0$,电枢电流将很大,有烧坏电枢绕组的危险。

(2) 如果电动机正有载运行,断励磁后,由于反电动势立即减小而使电枢电流增大。而磁通减小的影响超过电枢电流增大的影响,造成电磁转矩小于负载转矩而使电动机迅速减速以致停转,从而导致电枢电流剧增而烧坏电枢绕组和换向器。

(3) 若电动机正空载运行,断励磁会使电动机迅速上升到很高的转速(称为"飞车"),使电动机遭受严重的机械损坏,同时因电枢电流很大而烧坏绕组。

2. 反转

改变直流电动机的转动方向,必须改变电磁转矩的方向,在磁极固定的情况下,可以改变电枢电流方向(即改变电枢电压方向)。电动机需要频繁正反转时常采用这种方法。

6.7.4 并励和他励电动机的调速

根据式(6.7.4),改变转速可以用三种方法,即变电枢电阻,变电枢电压,变磁通。常用的方法为后两种。

1. 改变磁通调速

当保持电枢电压和电阻不变,调节励磁电阻 R_f,将改变磁通 Φ,磁通 Φ 减小(因为电动机额定运行时磁路已接近饱和,所以只能减小磁通)时,使 n_0 升高。因为 Δn 随 Φ 的减小而发生较大的变化,因此机械特性变软,但是仍有一定硬度,如图 6.7.6 所示。在小于额定磁通 Φ_N 的一定范围内改变磁通,可以获得各种高于 n_N 的转速。

这种调速方法调速范围较宽,机械特性较硬,稳定性好,控制方便,电能损耗小。但是只适用于在高于额定转速以上的范围内调速的场合。

上述调速的讨论是保持负载转矩不变。由于减小磁通 Φ 会使 I_a 增大,若调速前已经是额定电流运行,那么调速后的电流势必超过额定电流,这是不允许的。为保证调速前后电枢电流不变,要求电动机高速运行时其负载转矩必须减小。

2. 改变电枢电压调速

当保持 Φ、R_a 为额定值时,改变他励电动机的电枢电压,n_0 将发生改变,因此机械特性曲线是一组平行线,如图 6.7.7 所示。可见,在小于电枢额定电压的一定电压范围内,改变电枢电压可以得到小于 n_N 的各种转速。

由于调速时磁通不变,电枢电压减小,转速和反电势均减小,所以调速前后电枢电流和输出电磁转矩可以保持不变。因此,调压调速也称为恒转矩调速。例如起重机、皮带传输机等适用于这种方法调速。

这种调速方法调速范围宽,且机械特性硬度不变,调速稳定性好。连续调节电枢电压,可以实现平滑的无级调速。另外,用一套晶闸管可控整流电源或斩波器既可实现降压启动,又可实现调压调速,因此,该方法应用最为广泛。

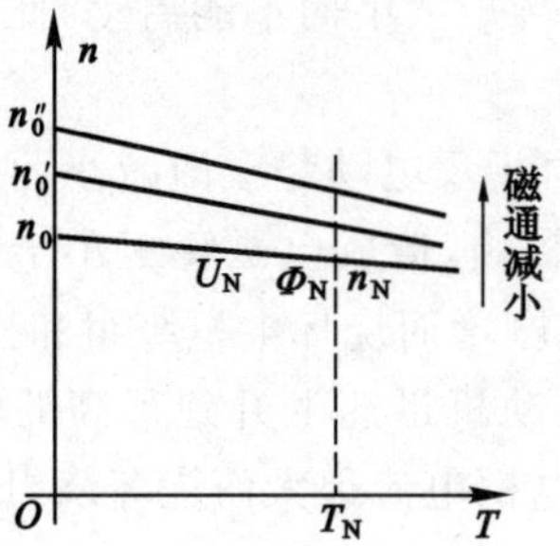

图 6.7.6 改变磁通的机械特性

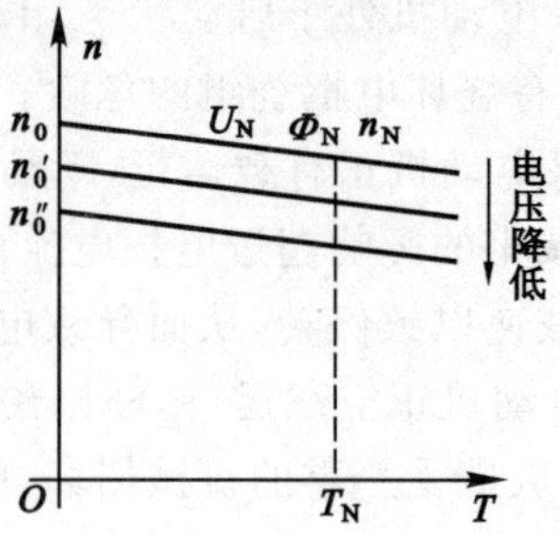

图 6.7.7 改变电枢电压的机械特性

例 6.7.1 某他励电动机，其额定数据如下：$U_N=220$ V，$I_{aN}=53.8$ A，$n_N=1\ 500$ r/min，$R_a=0.7\ \Omega$。今将电枢电压降低到 $0.5U_N$，负载转矩不变，计算降压后的电动机转速（设磁通保持不变）。

解 由 $T_N=K_T\Phi_N I_{aN}$ 可知，Φ 不变，I_a 也不变，即调速前后电流均为 I_a。

设调速后的转速为 n'，则

$$\frac{n'}{n_N}=\frac{E'/K_E\Phi_N}{E/K_E\Phi_N}=\frac{E'}{E}=\frac{110-53.8\times0.7}{220-53.8\times0.7}=0.4$$

因此

$$n'=0.4n_N=1500\times0.4=600\ (\text{r/min})$$

【练习与思考】

6.7.1 换向器在直流电动机中起何作用？

6.7.2 为什么电枢中电动势称为反电动势？

6.7.3 一台直流电动机能否作发电机用？简述其工作原理。

6.7.4 直流电动机在负载增加时，为什么会产生转速降？

6.7.5 电动机增加负载后，简述转速、电枢电流、转矩的自动调节过程。

6.7.6 电动机的额定转速为 3 000 r/min，若保持电枢电压和励磁电流为额定值，让电动机长期运行在 1 500 r/min 上，是否合适？简述其理由。

6.7.7 将并励电动机的两根电源线对调一下，能否改变转向？为什么？

6.7.8 对比三相异步电动机，直流电动机启动电流大的原因与其是否相同？

6.7.9 为什么调压调速时，机械特性硬度不变，而调磁调速时，机械特性硬度稍有改变？

6.7.10 并励电动机采用调压调速是否恰当？

*6.8 控制电机

在自动控制系统中大量使用着具有特殊功能的微型电机，一般称它们为控制电机。其主要任务是转换和传递各种控制信号。

控制电机的种类很多，如伺服电机、测速发电机、步进电机、旋转变压器、自整角机等。本节只介绍伺服电动机、测速发电机和步进电动机。

6.8.1 伺服电动机

伺服电动机也称为执行电动机。它的转矩和转速受加在其控制绕组上的信号电压的控制。当信号电压的大小和极性变化时，其转矩、转速和转向将准确地随之变化。在自动控制系统中，可以利用它根据控制信号来驱动控制对象。

一般对伺服电动机有以下几方面的要求：(1)灵敏度高，即对控制信号反映灵敏，具有快速启动的性能；(2)无"自转"现象，即当控制电压为零时能迅速停转；(3)运行稳定，即在控制电压改变时，电动机能在较宽广的范围内稳定运行。另外，还对机械特性和调节特性的线性度有一定要求。

伺服电动机分直流和交流两种伺服电动机。

1. 直流伺服电动机

直流伺服电动机与普通直流电动机的结构和工作原理相似，不过体积和容量都很小。为了减小转动惯量，伺服电动机的转子一般都做得细长一些。由直流电动机的机械特性方程

$$n = \frac{U}{K_E\Phi} - \frac{R_a}{K_E K_T \Phi^2}T$$

可知，伺服电动机转速的控制方法可以分为电枢电压控制和磁极磁通控制。下面仅介绍电枢电压控制式伺服电动机。

电枢电压控制式伺服电动机的磁极有永磁式(用永久磁铁)和他励式。他励式如图 6.8.1 所示。励磁电压为恒定电压 U_f。磁路一般不饱和，因此，主磁通 $\Phi \propto U_f$，即

$$\Phi = K_\Phi U_f \tag{6.8.1}$$

当电枢绕组接收到控制信号电压 U_K 时，电枢中有电流 I_K 流过并产生电磁转矩 T，可表示为

$$T = K_T \Phi I_K$$

将式(6.8.1)代入上式，可得

$$T = K_T K_\Phi U_f I_K \tag{6.8.2}$$

由上式可见，在 K_T、K_Φ、U_f 为定值的情况下，若 $U_K=0$，则 $I_K=0$，即 $T=0$。显然控制电压为零时，电动机会立即停转而无自转现象。

将式(6.8.1)代入机械特性方程，电枢电压取控制信号电压 U_K，得

$$n = \frac{U_K}{K_E K_\Phi U_f} - \frac{R_a}{K_E K_T K_\Phi^2 U_f^2}T \tag{6.8.3}$$

由上式可见，在 K_E、K_T、K_Φ、R_a、U_f 为定值的情况下，若改变 U_K，可以得到一组

平行的机械特性曲线如图 6.8.2 所示。

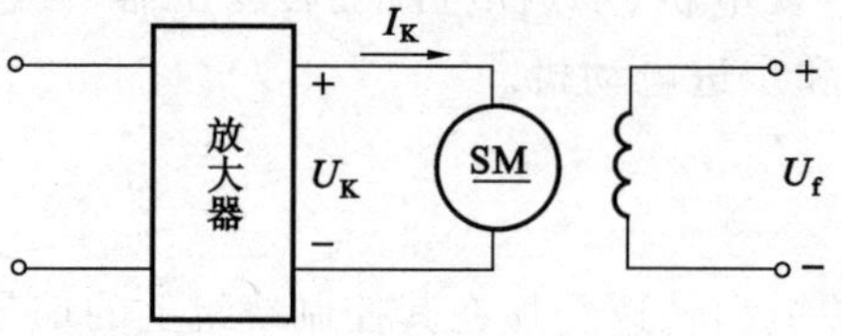

图 6.8.1　直流伺服电动机原理电路

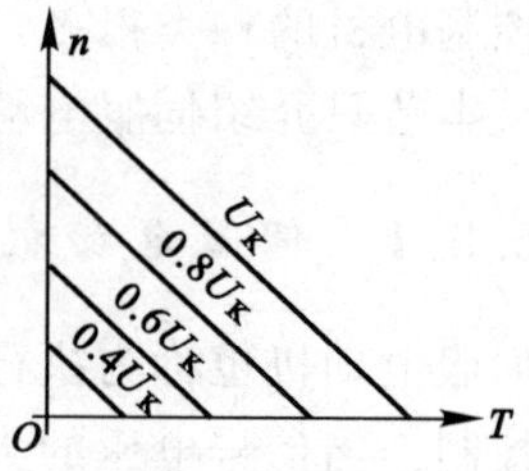

图 6.8.2　改变控制电压时的机械特性

在负载转矩一定的情况下，直流伺服电动机在控制电压改变时可以在较宽的转速范围内稳定运行。而较大的启动转矩可以使伺服电动机迅速启动，从而对控制信号作出灵敏的反应。同时，在不同控制电压作用下，机械特性的线性度也很好。

直流伺服电动机的输出功率一般在 1～600 W，有的达数千瓦，常用在较大功率的控制系统中。

直流伺服电动机要通过换向器和电刷引入控制信号，在两者滑动接触时容易产生火花，造成对无线电设备的干扰，这是它的缺点。

2. 交流伺服电动机

交流伺服电动机实质上是两相异步电动机。它的定子上装有空间互差 90°的两相绕组，一个是励磁绕组，另一个是控制绕组，其原理电路如图 6.8.3 所示。和单相电容分相式异步电动机相同，励磁绕组串联电容接到电源上，使励磁电压 $\dot{U}_f$ 与电源电压 $\dot{U}$ 有近 90°的相位差。控制电压 $\dot{U}_c$ 与电源电压 $\dot{U}$ 频率相同，相位相同或相反。因此，$\dot{U}_f$ 与 $\dot{U}_c$ 频率也相同，相位差也近 90°。

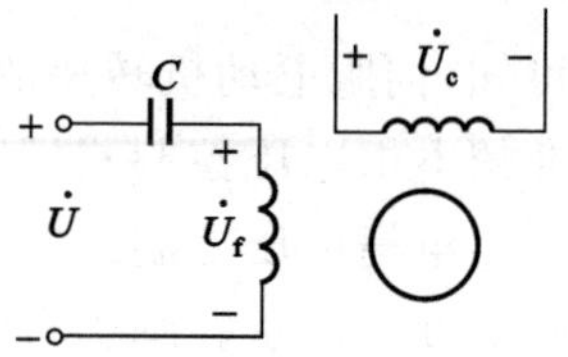

图 6.8.3　交流伺服电动机原理电路图

交流伺服电动机转子结构有两种：一种为笼型；另一种为杯型。笼型的结构与三相笼型异步电动机的转子相似，只是较为细长以减小转动惯量。杯型伺服电动机的结构如图 6.8.4 所示，其转子采用铝合金或铜合金制成薄壁金属杯型；其定子分为内定子和外定子以减小磁阻，完善磁路，杯型转子放在内、外定子之间。

由于 $\dot{U}_f$ 和 $\dot{U}_c$ 的频率相同，相位互差 90°，励磁绕组电流 $\dot{I}_f$ 与控制绕组的电流 $\dot{I}_c$ 的相位也互差约 90°，$\dot{I}_f$ 与 $\dot{I}_c$ 可形成两相旋转磁场。旋转磁场切割转子产生电磁转矩，驱动转子旋转。旋转的方向由电流 $\dot{I}_f$ 与 $\dot{I}_c$ 的相序决定。在改变电动机转向时，励磁电压 $\dot{U}_f$ 不变，将控制电压 $\dot{U}_c$ 反相，则 $\dot{I}_f$ 与 $\dot{I}_c$ 的相序与原来的相反，旋转磁场的方向随之改变，于是电动机反转。

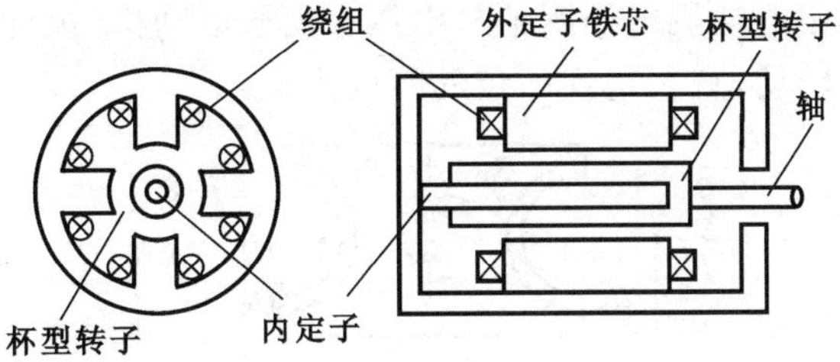

图 6.8.4 杯型伺服电动机结构图

交流伺服电动机的转速可由控制电压 $\dot{U}_c$ 控制，在负载转矩不变的情况下，$\dot{U}_c$ 为额定值 $\dot{U}_{cN}$ 时，电动机转速最高，随着 $\dot{U}_c$ 的减小，转速下降。交流伺服电动机的机械特性如图 6.8.5 所示。当控制电压 $\dot{U}_c=0$ 时，伺服电动机处于单相运行状态。由于伺服电动机的转子电阻 R_2 设计得较大，使临界转差率 $s_c>1$，其 $T-s$ 曲线如图 6.8.6所示。其中曲线 a、b 为等效的正、反向旋转磁场所产生的正、反转矩，曲线 c 为合成转矩。由此可见，伺服电动机在单相运行时，其合成转矩是与转子转动方向相反的制动转矩。所以，如果伺服电动机的控制电压 $\dot{U}_c=0$，则不能启动；在运行时，一旦 $\dot{U}_c$ 消失，立刻产生制动转矩，迫使其迅速停转。

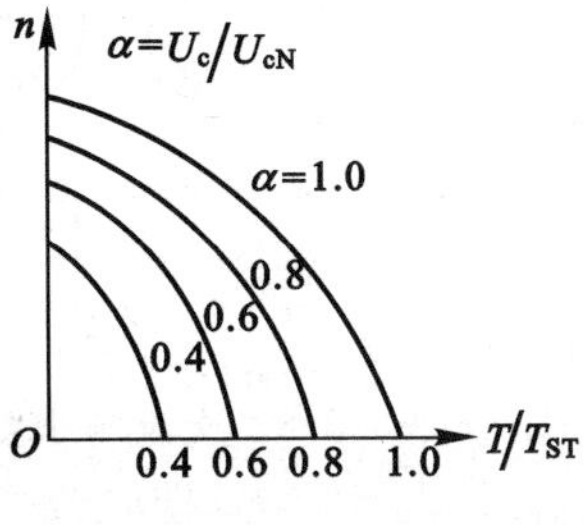

图 6.8.5 交流伺服电动机的机械特性

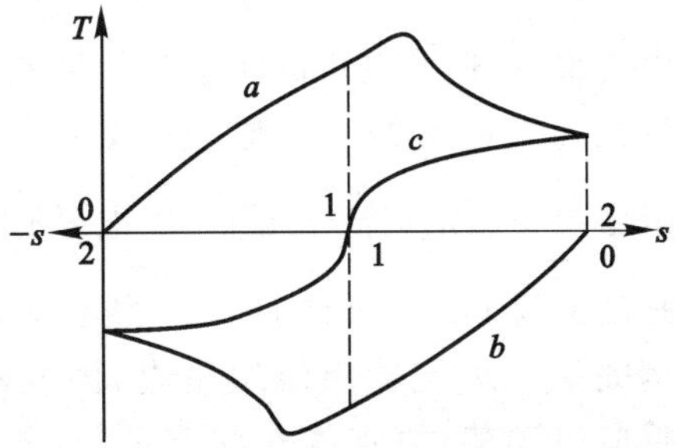

图 6.8.6 交流伺服电动机的 T-s 曲线

从图 6.8.5 中可以看出，交流伺服电动机的机械特性很软，且斜率随控制电压大小而变化，这是它的缺点，不利于控制系统的稳定。

图 6.8.7 是伺服电动机在位置随动系统中的应用示意图。θ 和 θ' 是电位器 R_p 和 R_p' 的轴的旋转角度，它们分别正比于 U_g 和 U_f。θ 是控制指令，θ' 是被调量。被控机械与 R_p' 联轴，伺服电动机通过传动机构驱动被控机械，使 θ' 跟随 θ 变化，实现随动控制。其控制原理是：控制指令 θ 通过电位器 R_p（给定元件）将希望的位移量转换为给定电压 U_g，由电位器 R_p'（检测元件）检测出被控机械（受控对象）的实际位移并转

换成反馈电压 U_f，与给定电压 U_g 比较得出差值电压 U_d 送到放大器去放大，放大器输出的电压就是伺服电动机的控制信号电压。伺服电动机(执行元件)根据信号电压向消除偏差的方向转动，直至达到一定的精度为止。

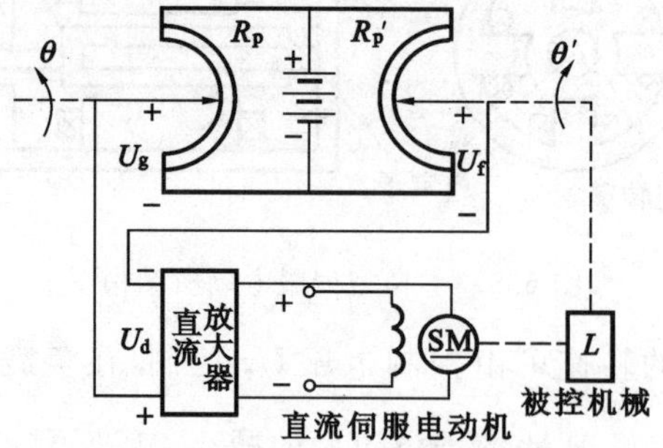

图 6.8.7　位置随动系统示意图

6.8.2　测速发电机

测速发电机的功能是将转速转变为电压信号。其输出电压与转速成正比，在自动控制系统中用来测量和调节转速。

测速发电机有直流和交流两种。本书只讲述应用较多的交流异步测速发电机。

交流测速发电机的结构与交流伺服电动机相似，定子上有互相垂直的两个绕组，一个为励磁绕组，另一个为输出绕组，测速发电机的转子为杯型的。

交流测速发电机的工作原理图如图 6.8.8 所示。励磁绕组由单相恒定交流电源 $\dot{U}_f$ 供电，励磁电流 $\dot{I}_f$ 产生空间脉动磁通 Φ_f，由于磁路设计得不饱和，Φ_f 与 $\dot{U}_f$ 成正比例关系。Φ_f 与输出绕组垂直，因此输出绕组中不产生感应电动势，原在静止状态的转子不会启动旋转，输出电压 $\dot{U}_o$ 为零。当转子被拖动旋转时，转子切割磁通 Φ_f，产生感应电动势 $\dot{E}_r$ 和感应电流 $\dot{I}_r$，$\dot{I}_r$ 产生磁通 Φ_r，其方向与输出绕组的轴线一致，因而 Φ_r 互不链输出绕组，产生感应电压 $\dot{U}_o$ 输出，且 $\dot{U}_o$ 与转速 n 成正比例。

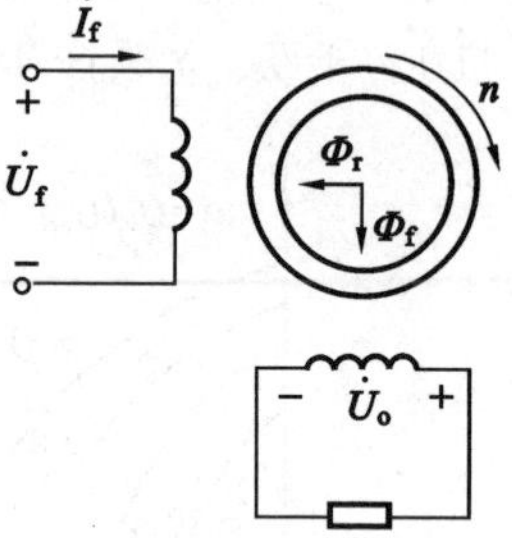

图 6.8.8　交流测速发电机原理电路图

当转子的旋转方向改变时，转子感应电动势的相位变化 180°，与前反相，因此输出电压 $\dot{U}_o$ 也反相。所以，$\dot{U}_o$ 的相位反映旋转的方向，$\dot{U}_o$ 的有效值反映旋转的转速。$\dot{U}_o$ 的频率与励磁电压 $\dot{U}_f$ 的频率相同。

6.8.3 步进电动机

步进电动机是能把电脉冲信号转换成直线位移或角位移的执行元件。其转轴输出的角位移量与输入的脉冲数成正比。

图 6.8.9 是反应式步进电动机的结构示意图。其定子和转子都是由硅钢片或其他软磁性材料构成的。定子具有六个均匀分布的磁极，每两个相对的磁极上绕着一相绕组，转子上不设绕组，假定转子是均匀分布的四个齿。下面介绍反应式步进电动机几种工作方式的原理。

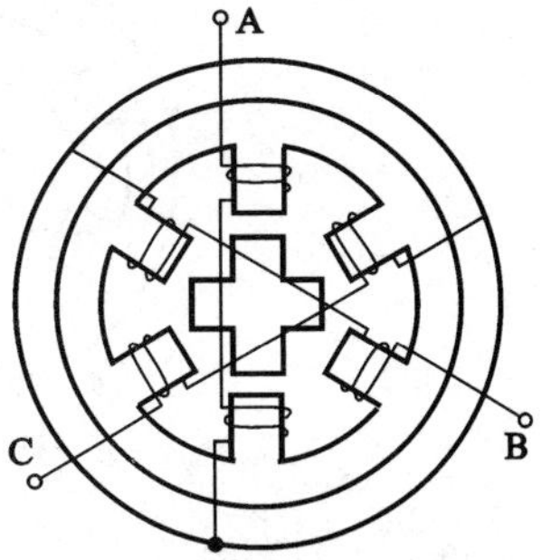

图 6.8.9 反应式步进电动机结构示意图

1. 单三拍方式

设 A 相绕组首先通电，B、C 相不通电，产生的磁通如图 6.8.10(a)所示。在磁场作用下，转子总是力图转到磁阻最小的位置，于是，转子的齿对齐 A、A′的位置。接着 B 相通电，A、C 相不通电，转子又顺时针转过 30°与 B、B′对齐，如图 6.8.10(b)所示。之后 C 相通电，A、B 相不通电，转子又顺时针转过 30°与 C、C′对齐，如图 6.8.10(c)所示。可见，当上述过程连续时，按 A—B—C—A 的顺序轮流通电，转子就按顺时针方向不断地一步步地转动。每步的转角都是 30°，这个角称为步距角。电流换接三次，转子转过一个齿距角(4 个齿时为 90°)。如果按 A—C—B—A 顺序通电，则转子反转。这种工作方式称为单三拍方式。

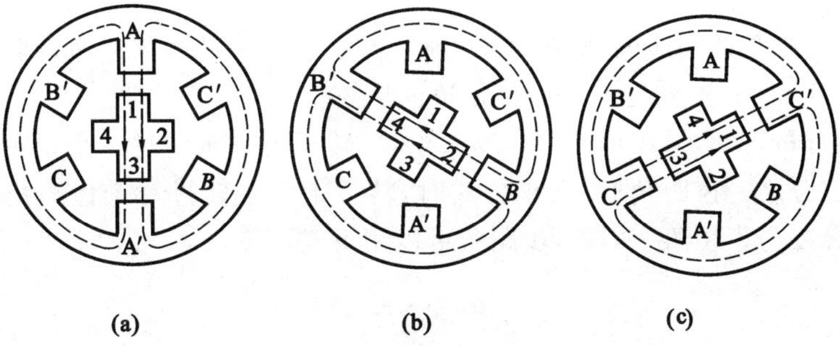

图 6.8.10 单三拍方式工作原理

(a) A 相通电；(b) B 相通电；(c) C 相通电

2. 六拍方式

设 A 相首先通电，转子位置如图 6.8.11(a)所示。之后 A 相和 B 相同时通电，这时，A、A′极和 B、B′极对转子都有磁拉力，转子转到两个磁拉力相平衡的位置，如图 6.8.11(b)所示，步距角为 15°。此后 A、C 断电，B 继续通电，转子又转过 15°，如图 6.8.11(c)所示的位置。而后，B、C 同时通电，转子又转过 15°，如图 6.8.11(d)所示的位置。这样，如图按 A—A、B—B—B、C—C—C、A—A…的顺序轮流通电，则转子便顺时针方向一步一步地转动,步距角为 15°。电流换接六次,转子转过一个齿距角。若按 A—A、C—C—C、B—B—B、A—A…的顺序通电,转子则反转。这种工作方式称为六拍方式。

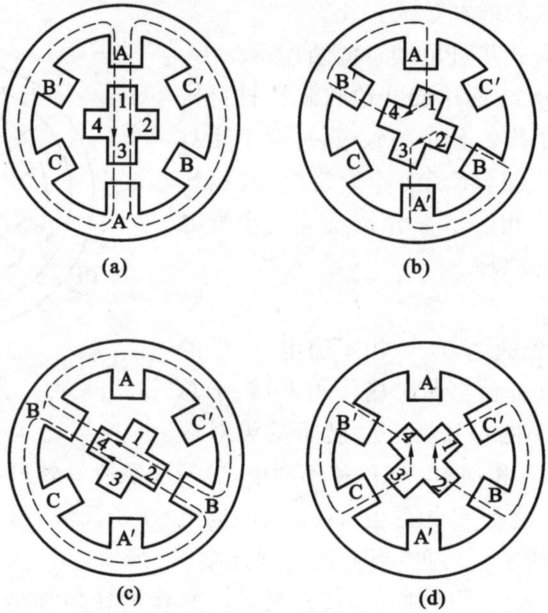

图 6.8.11 六拍工作方式原理

(a) A 相通电;(b) A、B 相通电;(c) B 相通电;(d) B、C 相通电

3. 双三拍方式

如果每次都是两相通电,即按 AB—BC—CA—AB…的顺序通电,则称为双三拍方式。由图 6.8.11(b)和(d)可见,步距角也是 30°。

由上述分析可知,采用单三拍和双三拍时,转子走三步转过一个齿距角,即每走一步,转过三分之一齿距角;用六拍方式时,转子走六步转过一个齿距角,即每走一步,转过六分之一齿距角。因此,步距角可以用下式计算

$$\theta=\frac{360^\circ}{ZN} \tag{6.8.4}$$

式中,Z 是转子齿数;N 是转子转过一个齿距角的运行拍数。

采用六拍方式运行时,因为步距角只是单三拍方式时的一半,故在应用式(6.8.4)时,不同工作方式下的 N 值不同。对单三拍和双三拍方式,$N=3$,而对六拍方式时,$N=6$。例如,若转子齿数为 4,单三拍和双三拍方式时,其步距角 $\theta=\frac{360^\circ}{4\times3}=30^\circ$。若采用六拍方式时,其步距角为 $\theta=\frac{360^\circ}{4\times6}=15^\circ$。

步进电动机是由专门的驱动电源供电的。其驱动电源是由脉冲发生器、脉冲分

配器和功率放大器几个基本部分组成的。

步进电动机能实现高精度的角位移控制，被广泛应用于各种数控设备上。如数控机床，自动记录仪表，计算机的外部设备（打印机、绘图仪、磁盘驱动器等）以及过程控制等方面。

图 6.8.12 是数控线切割机的工作原理示意图。线切割机是利用钼丝和工作台之间的电火花放电所产生的电蚀现象来完成制造工模等金属加工的。在加工过程中，钼丝的位置固定，而工件在 X、Y 平面上按一定规律移动，就能切割出所需要的形状。图中利用步进电动机控制工作台在 X、Y 平面上按事先设计好的规律移动，则工作台上的工件就被加工成预定的形状。

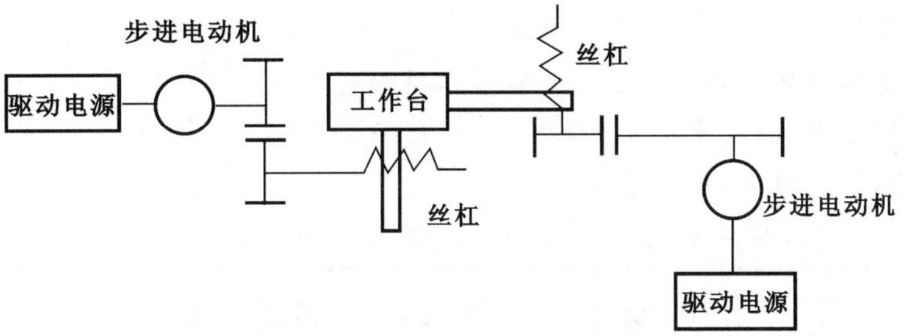

图 6.8.12　线切割机中步进电动机对工作台的控制示意图

【练习与思考】

6.8.1　直流伺服电动机的励磁电压 U_1 和控制电压 U_2 不变时，如果将负载转矩减小，试问此时电枢电流 I_2、电磁转矩 T 和转速 n 将怎样变化？

6.8.2　交流伺服电动机和单相异步电动机有哪些异同点？为什么加大转子电阻可以使交流伺服电动机消除"自转"现象？

6.8.3　空心杯转子伺服电动机为什么要加内定子？为什么杯形转子要做得细又长、轻而薄？

6.8.4　什么是步进电动机的步距角？一台步进电动机可以有两个步距角，这是什么意思？什么是单三拍、双三拍、六拍工作方式？

6.8.5　在应用步进电动机的步距角计算公式时应注意什么问题？

6.8.6　步进电动机为什么可以实现转速控制？

习　题

6.1　已知 Y180-6 型电动机的额定功率 $P_{2N}=15$ kW，额定转差率 $s_N=0.03$，电源频率 $f_1=50$ Hz。求同步转速 n_0、额定转速 n_N、额定转矩 T_N。

6.2　已知 Y112M-4 型异步电动机的 $P_{2N}=4$ kW，$U_N=380$ V，$n_N=1440$ r/min，$\cos\varphi=0.82$，$\eta_N=84.5\%$，△接法。试计算：额定电流 I_N，额定转矩 T_N，额定转差率 s_N 及额定负载时的转子电流频率 f_2。设电源频率为 $f_1=50$ Hz。

6.3　有一台三相异步电动机，其技术数据如下表所示：

P_{2N} /kW	U_N/V	η_N/%	I_N/A	$\cos\varphi$	I_{st}/I_N	T_m/T_N	T_{st}/T_N	n_N /(r·min^{-1})
3.0	220/380	83.5	11.18/6.47	0.84	7.0	2.0	1.8	1430

(1) 求磁极对数；

(2) 电源线电压为 380 V 时，定子绕组应如何联接？

(3) 求额定转差率 s_N，转子电流频率 f_2，额定转矩 T_N；

(4) 求直接启动电流 I_{st}，启动转矩 T_{st}，最大转矩 T_m；

(5) 额定负载时，求电动机的输入功率 P_{1N}；

(6) 若需降压启动，应采用哪种方法？

6.4　有一台三相异步电动机，技术数据如下表所示：

P_{2N} /kW	n_N /(r·min^{-1})	U_N/V	η_N/%	接法	$\cos\varphi$	I_{st}/I_N	T_{st}/T_N	f/Hz
11.0	1460	380	88.0	△	0.84	7.0	2	50

试求：

(1) T_N 和 I_N；

(2) 用 Y-△启动时的启动电流 I_{st}和启动转矩 T_{st}；

(3) 当负载转矩为额定转矩的 70%和 25%时，能否采用 Y-△启动？

6.5　有一台三相异步电动机，额定功率为 20 kW，额定转速为 970 r/min，额定电压为 220/380 V，额定效率为 88%，额定功率因数为 0.86。问：当电源电压为 220 V或 380 V 时，其额定电流和转差率各是多少？

*6.6　有一台 Z2-32 型他励电动机，其额定数据为：$P_{2N}=2.2$ kW，$U_N=U_f=110$ V，$n_N=1\,500$ r/min，$\eta_N=0.8$，$R_a=0.4\ \Omega$，$R_f=82.7\ \Omega$。试求：

(1) 额定电枢电流及此时的反电动势；

(2) 额定励磁电流和励磁功率；

(3) 额定转矩。

第7章

电气控制技术基础

在现代化工农业生产中，生产机械的运动部件大多数是由电动机拖动的，通过对电动机的自动控制(如正反转、启动、调速、制动等)，实现对生产机械的自动控制。由各种有触点的控制电器(如继电器、接触器、按钮等)组成的控制系统称为继电接触器控制系统。

本节介绍各种常用控制电器的结构、工作原理以及由它们组成的各种基本控制线路。

基本要求

(1) 掌握常用低压控制电器的工作原理；

(2) 了解电动机的基本控制方法；

(3) 理解电动机时间和行程控制的方法。

7.1 常用低压控制电器

低压控制电器种类繁多，一般可分为手动电器和自动电器两类。手动电器是人工操纵的，如闸刀开关、组合开关、按钮等。自动电器是按某些信号(如电压、电流等)或某些物理量的变化而自动动作的，如继电器、接触器、行程开关等。

7.1.1 手动电器

1. 闸刀开关

闸刀开关是一种最简单的手动电器，广泛用于各种配电设备和供电线路中，作为电源隔离开关。图 7.1.1 是闸刀开关的结构示意图和符号。

闸刀开关按触刀片数多少分为单极、双极、三极等，每种又有单投和双投之别。

用闸刀分断感性负载电路时，在触刀和静触头之间会产生电弧。较大的电弧会把触刀和触头灼伤或烧熔，甚至使电源相间短路而造成火灾和人身事故。所以，闸刀开关不宜用来切换容量较大的感性负载，且不能频繁操作，闸刀开关可以对小容量的

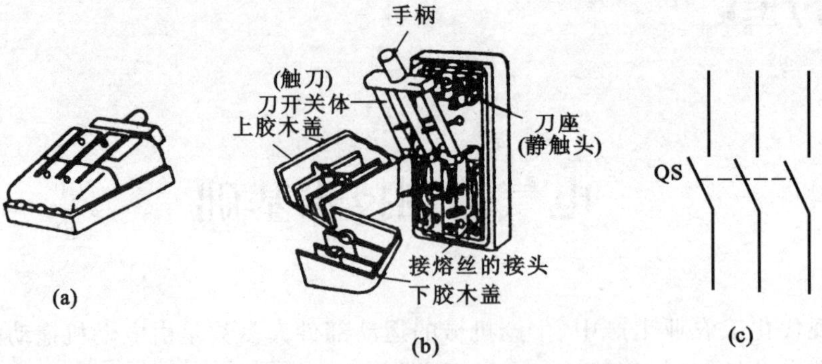

图 7.1.1 闸刀开关结构示意图和电路符号
(a) 外形图；(b) 内部结构；(c) 电路符号

电动机进行启停控制。

安装闸刀开关要把电源进线接在静触头上，负载线应接在可动的触刀一侧。这样，当断开电源时触刀就不会带电。闸刀开关一般垂直安装在开关板上，静触头在上方。

2. 组合开关

在一些控制电路中，组合开关常用来作为电源引入开关，也可以用它来直接启动、停止小容量电动机或使电动机正反转。

图 7.1.2 是一种组合开关的结构示意图。多对静触片 1 分装在各层绝缘垫板 2 上，每个静触片的一端固定在绝缘垫板上，另一端伸出盒外作为接线端子。多个动触片 3 分几层套在装有手柄的绝缘转动轴 4 上，而且不同层的动触片互相错开一个角度。转动手柄时，动触片一起转过一定角度，一些动、静触片接通，另一些动、静触片断开。所以组合开关是一种多触点、多位置式可以控制多个回路的控制电器。根据实际需要，组合开关的动、静触片的个数可以随意组合。常用的有单极、双极、三极、四极等多种。图 7.1.3 是用一个组合开关控制异步电动机启停的接线示意图。

3. 按钮

按钮是广泛使用的控制电器。图 7.1.4 是按钮的结构示意图。在未按下按钮之前，上面一对静触点与动触点接通，称为**常闭触点**；下面一对动、静触点是断开的，称为**常开触点**。只具有常开或常闭触点的按钮称单按钮；既有常开又有常闭触点的按钮称为复合按钮，其符号如图 7.1.4(b)所示。复合按钮的动作原理是：按下按钮帽，动触点下落，常闭触点断开，常开触点闭合。松开按钮，在弹簧的作用下动触头恢复原位，即常开触点恢复断开，常闭触点恢复闭合，也称按钮自动复位。必须注意的是，复合按钮动作时，各触点的通断有先后顺序：即按下按钮时，常闭触点先断开，常开触点后闭合；当松开按钮时，常开触点先断开，常闭触点后闭合。了解这个动作顺序，对

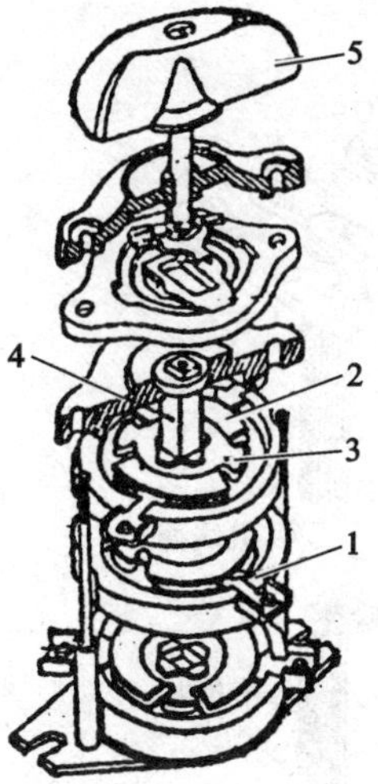

图 7.1.2 组合开关的结构示意图

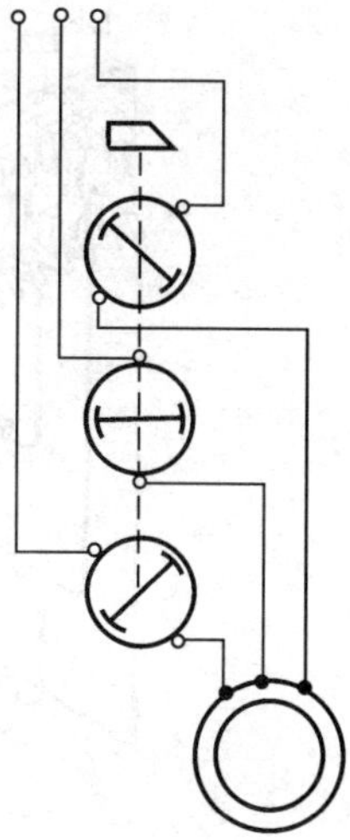

图 7.1.3 组合开关接通异步电动机示意图

分析控制电路的工作是非常有用的。

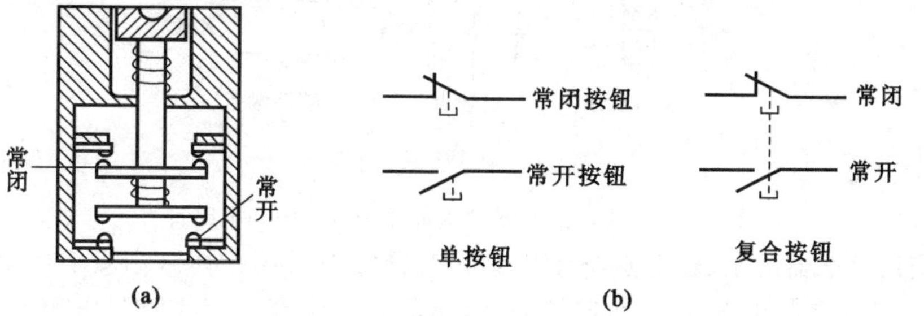

图 7.1.4 按钮的结构示意图和电路符号

(a) 结构图；(b) 电路符号

7.1.2 自动电器

1. 交流接触器

交流接触器常用来接通和断开电动机或其他用电设备的主电路。接触器分为交流和直流接触器两种，图 7.1.5(a)是交流接触器的结构示意图。电磁铁和触点是接触器的主要组成部分。电磁铁由静铁芯、动铁芯和吸引线圈组成。铁芯端面的一部分安装短路环。根据用途不同，触点可以分为主触点和辅助触点两类。主触点能通过大电流，一般接在主电路中。触点的开闭都是由动铁芯带动的，各触点间没有电联系只有机械联系。主、辅触点的符号如图 7.1.5(b)所示。CJ10-20 型交流接触器有 3 个常开主触点，4 个辅助触点(2 个常开，2 个常闭)。

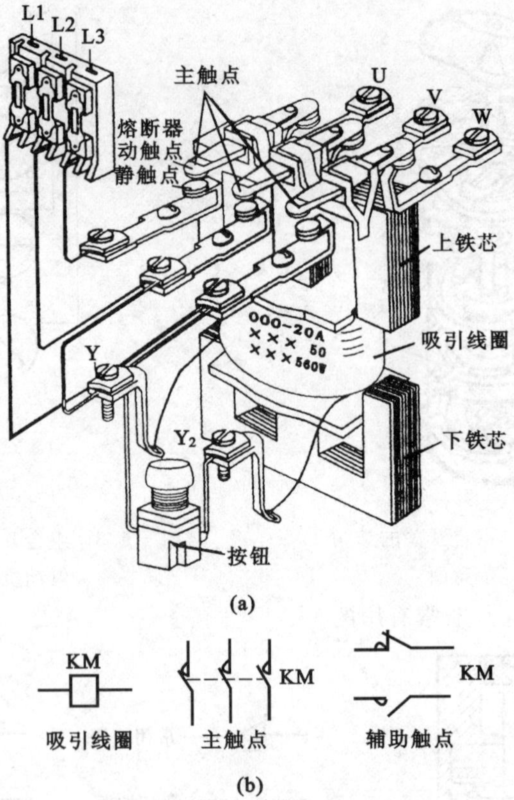

图 7.1.5 交流接触器的主要结构示意图和电路符号

交流接触器的主、辅触点与动铁芯相互绝缘但联成一体。当吸引线圈通电时，动铁芯下落，使常开的主、辅触点闭合，常闭的触点断开。当线圈欠电压或失去电压时，动铁芯在支撑弹簧的作用下弹起，带动主、辅触点恢复常态。

主触点通过主电路的大电流，在触点断开时，触点间会产生电弧而烧坏触点。所以，交流接触器的主触点通常做成桥式。它有两个断点，以降低当触点断开时加在触点上的电压，使电弧容易熄灭。交流接触器一般都有灭弧罩。

选用接触器时，应该注意主触点的额定电流、线圈电压及触点数量。

2. 中间继电器

中间继电器是一种大量使用的继电器，它具有记忆、传递、转换信息等控制作用。或者用来直接控制小容量电动机或其他电器执行元件。

中间继电器的结构与交流接触器基本相同，只是其电磁机构尺寸较小，结构紧凑，触点数量较多。但触头通过电流较小，所以一般不配灭弧罩。选用中间继电器主要考虑线圈电压及触点数量。

3. 热继电器

热继电器主要用作电器设备的过载保护，使之免受长期过载的危害。

热继电器的主要组成部分是热元件、双金属片、执行机构、整定装置和触点。图7.1.6是热继电器的结构示意图和电路符号。热元件1是电阻不太大的电阻丝，接在电动机的主电路中。热元件绕在上端固定于外壳上的双金属片2上(图中只画了两个热元件和双金属片)，热元件和双金属片之间要绝缘。双金属片是由两种不同膨胀系数的金属碾压而成的。图中，每个双金属片的右片较左片膨胀系数大。当主电路电流过载一段时间后，热元件发热使双金属片受热膨胀而向左弯曲，通过导板3推动补偿双金属片4向左移致使常闭触点5(串在控制电路中)断开，切断接触器线圈电路使主电路断电。热元件断电便使双金属片冷却恢复常态，使用手动复位装置6使触点复位。

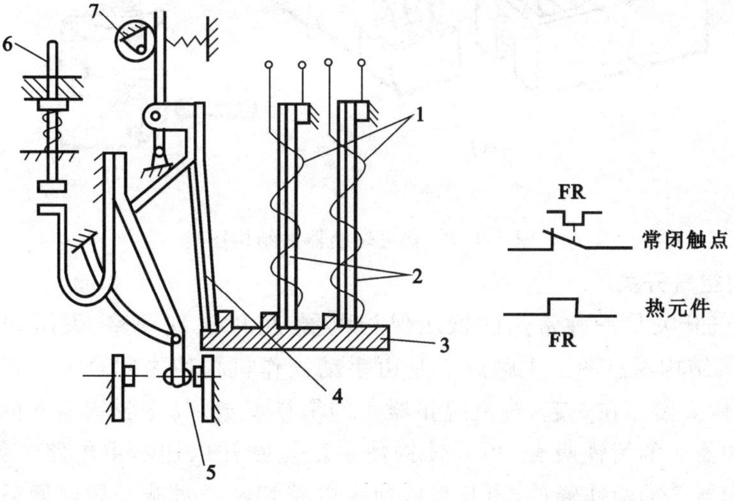

图7.1.6 热继电器的结构示意图和电路符号

热继电器是利用热效应工作的。在电动机启动和短时过载时，热继电器不会动作，以避免不必要的停机。在发生短路时，由于热惯性热继电器不能立即动作，所以热继电器不能用来进行短路保护。

热继电器的主要技术指标是整定电流。所谓整定电流就是热元件中通过的电流超过此值的20%时，热继电器应当在20分钟内动作。每种型号的热继电器的整定电流各有一定范围，例如，JRO-40型的整定电流为0.6～40 A，热元件有九种规格。使用时要根据实际情况通过整定旋钮7进行整定。整定电流与电动机的额定电流基本一致，要根据整定电流选用热继电器。

4. 熔断器

熔断器是有效的短路保护电器。熔断器中的熔体是由电阻率较高的易熔合金制作的。熔体串联在被保护的电路中，一旦线路发生短路或严重过载，熔体即会立即熔断。故障排除后，更换熔体即可。

图 7.1.7 是常见熔断器的结构图。图(a)为管式，图(b)为插入式，图(c)为螺旋式。

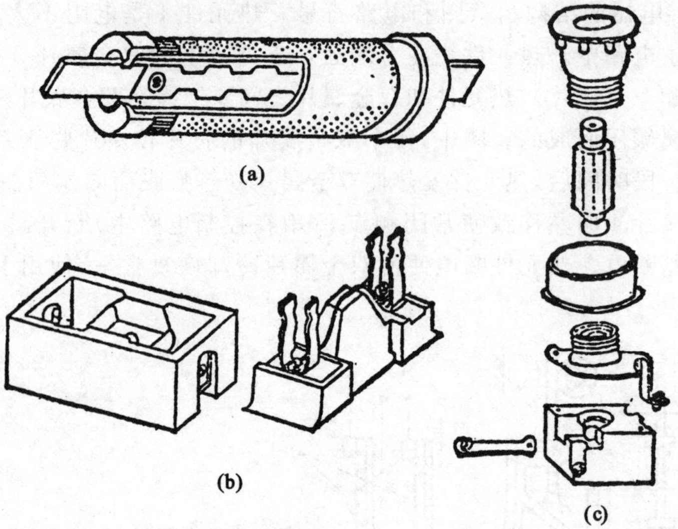

图 7.1.7　常见熔断器的结构图

5. 自动空气开关

自动空气开关是一种常用的低压保护电器，可以实现短路、失压和过载保护。图 7.1.8是其结构示意图。主触点 1 是由手动操作机构使之闭合的。正常情况下，连杆 2 和锁钩 3 紧扣在一起，过流脱扣器 4 的衔铁释放，欠压脱钩器 5 的衔铁吸合。过流时，脱扣器 4 的衔铁吸合，顶开锁钩使主触点断开以切断主电路。欠压或失压时，欠压脱扣器 5 的衔铁释放，顶开锁钩使主电路切断。过载一段时间后，双金属片 6 动作(图中只画了一相)，通过推杆 7 顶开锁钩以断开主电路。故障排除后，重新合闸才能工作。

6. 行程开关

行程开关是根据运动部件的位移信号而动作的控制电器。是行程控制和限位保护不可缺少的电器。

常用的行程开关有撞块式(也称按钮式)和滚轮式。滚轮式又分为自动恢复式和非自动恢复式。非自动恢复式需要运动部件反向运行时撞压使其复位。运动部件速度慢时要选用滚轮式。撞块式和滚轮式的工作原理与复合按钮相同。图 7.1.9 是撞块式行程开关的示意图。撞块在常态时(未压下)，常闭触点闭合，常开触点断开。撞块受压时，常闭触点先断开，常开触点后闭合。撞块被释放时，常开和常闭触点均自动复位。

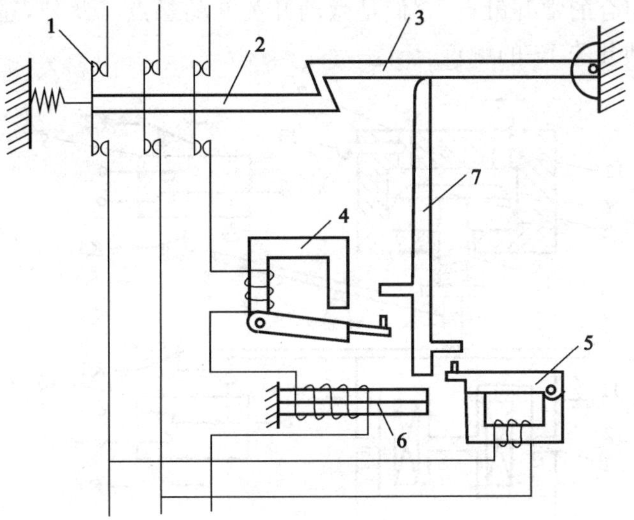

图 7.1.8　自动空气开关的结构示意图

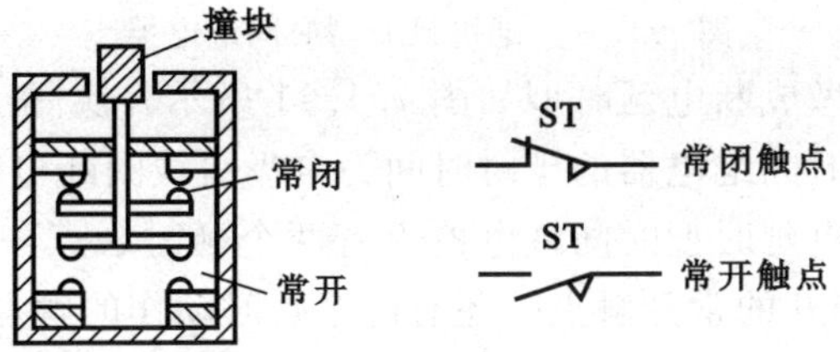

图 7.1.9　行程开关的结构示意图和电路符号

7. 时间继电器

时间继电器是一种能对控制电路实现时间控制的电器。较常见的有电磁式、电动式、电子式和空气阻尼式时间继电器。

图 7.1.10 是空气阻尼式通电延时型时间继电器的结构示意图。它是利用空气阻尼作用而达到延时的目的。当吸引线圈 1 通电后动铁芯 2 被吸下,使动铁芯与活塞杆 3 之间有一段距离。在释放弹簧 4 的作用下,活塞杆就向下移动。在伞形活塞 5 的表面固定有一层橡皮膜 6。因此当活塞向下移动时,在膜上面造成空气稀薄的空间,活塞受到下面空气的压力,不能迅速下移。当空气由进气孔 7 进入时,活塞才逐渐下移。移动到最后位置时,杠杆 8 使延时动作微动开关 9 动作。延时时间为自吸引线圈通电时刻起到延时微动开关动作时为止的这段时间。通过调节螺钉 10 调节进气孔的大小,就可调节延时时间。

吸引线圈断电后,依靠恢复弹簧 11 的作用使各触点复位。空气经由出气孔 12 被迅速排出。

图 7.1.10 所示的时间继电器有两个延时动作的触点:一个是延时断开的常闭触

点；一个是延时闭合的常开触点，它们是微动开关 9 的触点。此外，还有两个瞬时动作的触点，即微动开关 13 的触点。

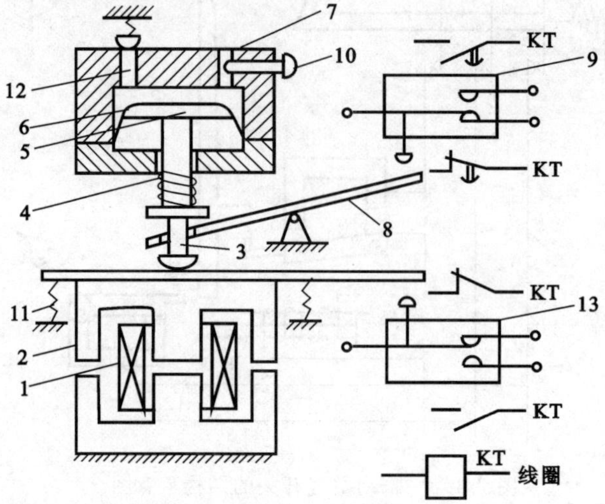

图 7.1.10　通电延时型时间继电器

时间继电器也可做成断电延时型如图 7.1.11 所示。实际上只要把铁芯倒装一下就成。断电延时型时间继电器的延时时间为自吸引线圈断电时刻起到延时开关动作止的这段时间。断电延时型时间继电器也有两个延时触点：一个是延时闭合的常闭触点；一个是延时断开的常开触点。还有两个瞬时动作的触点。

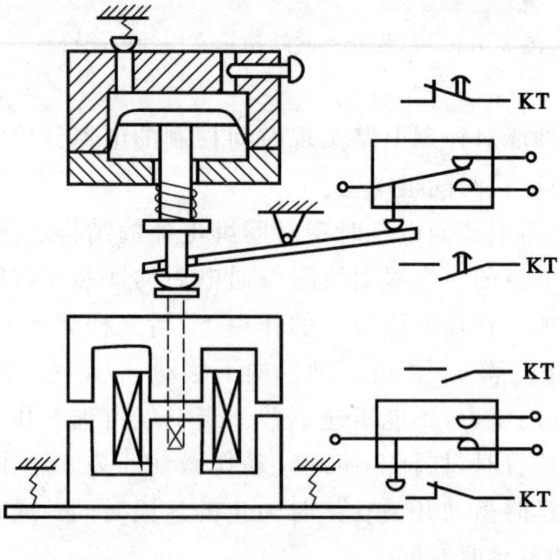

图 7.1.11　断电延时型时间继电器

空气式时间继电器的延时范围有 0.4～60 s 和 0.4～180 s 两种。与电磁式和电动式时间继电器比较，其结构较简单，但准确度较低。

电子式时间继电器与空气阻尼式时间继电器比较,前者体积小、重量轻、耗电少,定时准确度高,可靠性好。

近年来,各种控制电器的功能和造型都在不断地改进。例如:LC 和 LA 系列产品,把交流接触器、时间继电器等做成组件式结构。当使用交流接触器嫌触点不够用时,可以把一组或几组触点组件插入接触器上固定的座槽里,组件的触点就受接触器电磁机构的驱动,从而节省了中间继电器的电磁机构。当需要使用时间继电器时,可以把空气阻尼组件插入接触器的座槽中,接触器的电磁机构就作为空气阻尼组件的驱动机构,也节省了时间继电器的电磁机构。这样既减小了控制柜的体积和重量,也节省了电能,是一举多得的举措。

【练习与思考】

7.1.1 用闸刀开关切断电感负载电路时,为什么触头会产生电弧?

7.1.2 额定电压为 220 V 的交流接触器线圈误接入 380 V 电源上,会出现什么现象?

7.1.3 交流接触器频繁操作(通、断)为什么会发热?

7.1.4 交流接触器的线圈通电后若动铁芯不能吸合,会有什么后果?

7.1.5 交流接触器的铁芯端面上,为什么要安装短路环?

7.1.6 热继电器为什么不能作短路保护?

7.2 三相鼠笼式电动机的基本控制

任何复杂的控制电路都是由一些基本的控制电路组成的。掌握一些基本控制电路,是阅读和设计较复杂的控制电路的基础。

绘制控制电路原理图的原则是:

(1) 主电路和控制电路要分开画。主电路是电源与负载相连的部分电路,通过较大的负载电流;由按钮、接触器线圈、时间继电器线圈等组成的电路称控制电路,其电流较小。

(2) 所有电器均用图形和文字符号表示。同一电器上的各组成部分可能分别画在主电路和控制电路里,但要使用相同的文字符号。

(3) 电器上的所有触点均按常态画,即没有通电和没有发生机械动作时的状态。

(4) 各种电器的线圈不能串联联接。

7.2.1 具有短路、过载和失压保护的直接启停控制电路

图 7.2.1 是鼠笼式电动机直接启停控制电路原理图。由组合开关(或闸刀开关)QS、熔断器 FU、接触器的三个主触点 KM、热继电器 FR 的发热元件、鼠笼式电动机

M 组成了主电路。

控制电路中，SB_1 是按钮的常闭触点，SB_2 是另一个按钮的常开触点。接触器的线圈和辅助常开触点均用 KM 表示。FR 是热继电器的常闭触点。

合上组合开关 QS，为电动机启动做好准备。按下启动按钮 SB_2，控制电路中接触器线圈 KM 通电，其三个主触点闭合，电动机 M 通电并启动。松开 SB_2，由于线圈 KM 通电时其常开辅助触点 KM 与主触点同时闭合，所以线圈通过闭合的辅助触点仍继续通电而使其所有常开触点保持闭合状态。与 SB_2 并联的常开触点 KM 叫**自锁触点**。按下 SB_1，线圈 KM 断电，接触器动铁芯释放，各触点恢复常态，电动机停转。

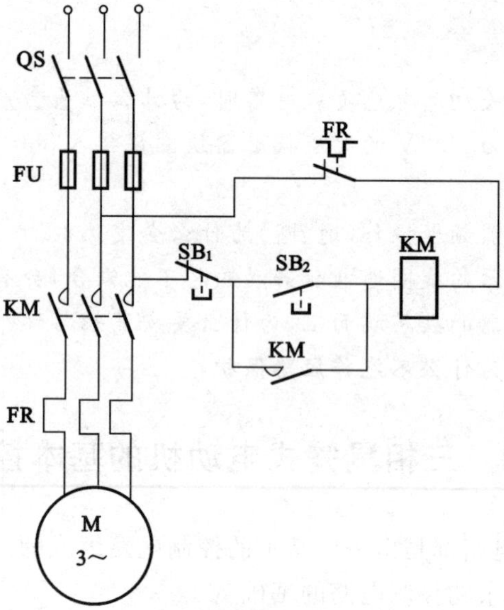

图 7.2.1　鼠笼式电动机直接启停控制电路

图中的熔断器起短路保护作用。一旦发生短路，其熔体立即熔断而切断主电路，电动机立即停转。

热继电器起过载保护作用。当过载一段时间后，主电路中的热元件 FR 发热使双金属片动作，将控制电路中的常闭触点 FR 断开，使接触器线圈断电，主触点断开，电动机停转。另外，当电动机在单相运行时(断一根火线)，仍有两个热元件通有过载电流，因而也保护了电动机不会长时间单相运行。

交流接触器在此起失压保护作用。当暂时停电或电源电压严重下降时，接触器的动铁芯释放而使主触点断开，电动机自动脱离电源。当复电时，若不重新按 SB_2，则电动机不会自行启动。这种作用称为**失压或零压保护**。如果用闸刀开关直接控制电动机启停，由于停电时未及时断开闸刀，复电时，电动机会自行启动而造成事故。必须指出，如果不使用按钮 SB_2 而使用不能自动复位的其他开关，即使使用了接触器也是不能实现失压保护的。

7.2.2 点动控制

所谓点动控制，就是按下启动按钮电动机转动，松开按钮电动机即停。这种控制是经常用到的。

将图 7.2.1 中与 SB_2 并联的触点 KM 去掉，就可以实现这种控制。如果既需要点动，也需要连续运行(也称长动)，可用一个开关对常开辅助触点 KM 进行控制，如图 7.2.2 所示。合上 S，常开触点 KM 起自锁作用，可以长动。断开 S，自锁触点不起作用，只能点动。

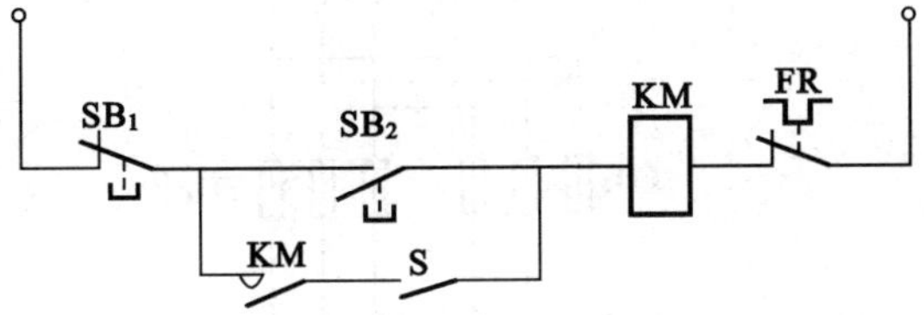

图 7.2.2 点动控制电路

7.2.3 异地控制

所谓异地控制，就是在多处设置的控制按钮，均能对同一台电动机实现启停等控制。

图 7.2.3 是在两地控制一台电动机的控制原理图，其原理是两个启动按钮相并联，两个停车按钮相串联。

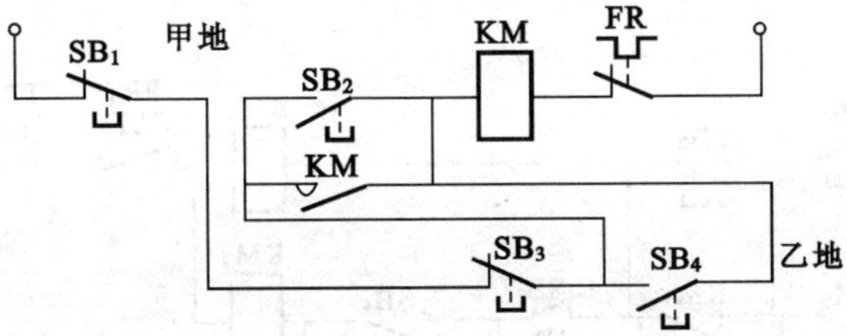

图 7.2.3 异地控制电路

在甲地：按 SB_2，控制电路电流经过 FR→线圈 KM→SB_2→SB_3→SB_1 构成通路，线圈 KM 通电，电动机启动。松开 SB_2，自锁触点 KM 进行自锁。按下 SB_1，电动机停。

在乙地：按 SB_4，控制电路电流经过 FR→线圈 KM→SB_4→SB_3→SB_1 构成通路，线圈 KM 通电，电动机启动。松开 SB_4，自锁触点 KM 进行自锁。按下 SB_3，电动机停。

7.2.4 多台电动机的联锁控制

在生产实践中，常见到多台电动机拖动一套设备的情况。这几台电动机的启、停等动作常常有先后顺序，以满足各种生产工艺的需要。

图 7.2.4 中的主电路有两台电动机 M_1 和 M_2。启动时，按下 SB_2，KM_1 通电并自锁，M_1 先启动；再按下 SB_4，KM_2 通电并自锁，M_2 才能启动；停车时，先按下 SB_3，KM_2 断电，M_2 先停，再按下 SB_1，KM_1 断电，M_1 才能停。

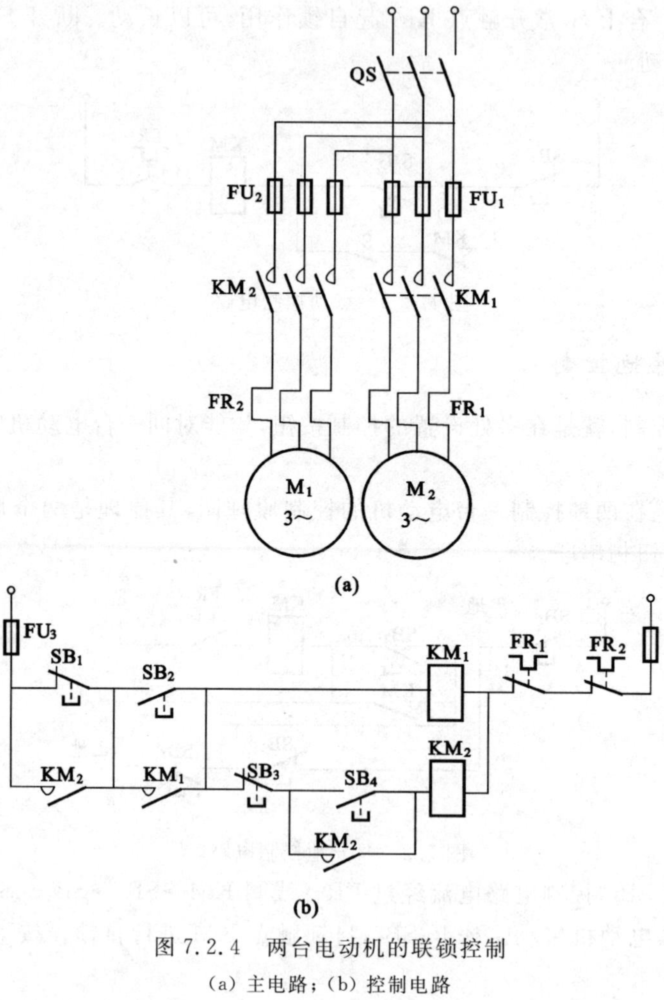

图 7.2.4 两台电动机的联锁控制

(a) 主电路；(b) 控制电路

7.2.5 正反转控制

在生产上往往要求运动部件向正反两个方向运动。例如，机床工作台的前进与后退，主轴的正转与反转，起重机的提升与下降，等等。为了实现正反转，我们在学习三相异步电动机的工作原理时已经知道,只要将电动机接入电源的任意两根线对调一下即可。为此,用两个交流接触器就能实现这一要求,如图7.2.5所示。当只有正转接触器 KM_F 工作时,电动机正转;当只有反转接触器 KM_R 工作时,由于调换了两根电源线,所以电动机反转。如果两个接触器同时工作,那么从图 7.2.5 可以见到,将有两根电源线通过它们的主触点而将电源短路了。所以对正反转控制线路最根本的要求是:必须保证两个接触器不能同时工作。在同一时间里两个接触器只允许一个工作的控制作用称为**互锁**或**联锁**。下面分析两种有联锁保护的正反转控制线路。

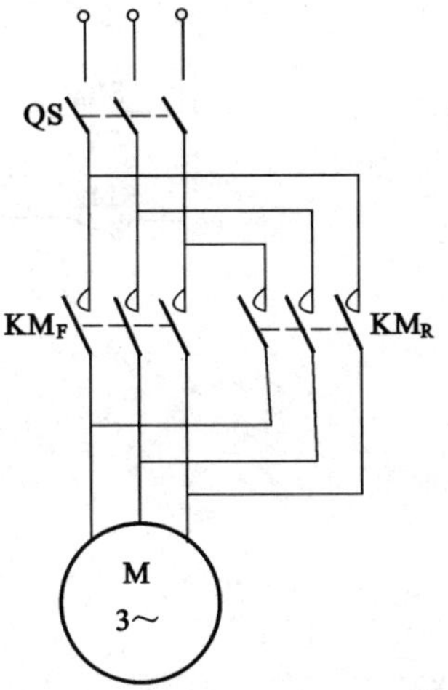

图 7.2.5　正反转控制的主电路

在图 7.2.6(a)所示的控制线路中,正转接触器 KM_F 的一个常闭辅助触点串接在反转接触器 KM_R 的线圈电路中,而反转接触器 KM_R 的一个常闭辅助触点串接在正转接触器 KM_F 的线圈电路中。这两个常闭触点称为联锁触点或互锁触点。这样一来,当按下正转启动按钮 SB_F 时,正转接触器线圈通电,主触点 KM_F 闭合,电动机正转。与此同时,联锁触点 KM_F 断开了反转接触器 KM_R 的线圈电路。因此,即使误按反转启动按钮 SB_R,反转接触器也不能动作。

但是这种控制电路有个缺点,就是在正转过程中要求反转时,必须先按停止按钮 SB_1,让联锁触点 KM_F 闭合后,才能按反转启动按钮使电动机反转,带来操作上的不方便。为了解决这个问题,在生产上常采用按钮和触点联锁的控制电路,如图 7.2.6(b)所示。当电动机正转运行时,按下反转启动按钮 SB_R,它的常闭触点先断开,常开触点后闭合,使正转接触器线圈 KM_F 断电,主触点 KM_F 断开;与此同时,串接在反转控制电路中的常闭触点 KM_F 恢复闭合,反转接触器线圈 KM_R 通电,电动机即反转。而串接在正转控制电路中的常闭触点 KM_R 断开,起着联锁作用。

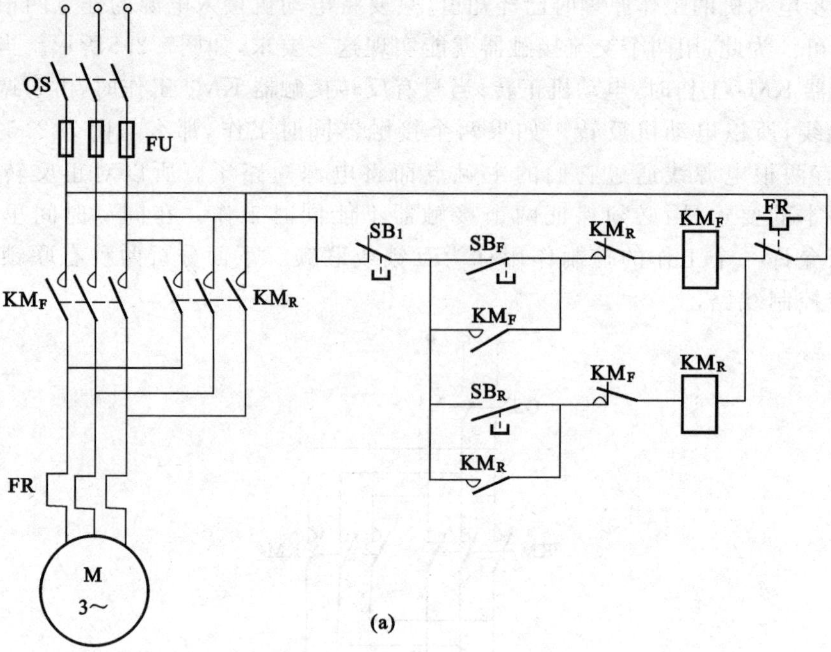

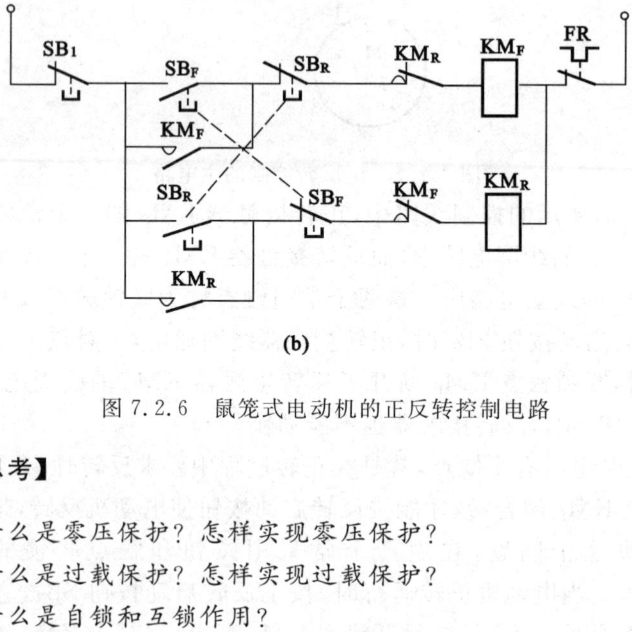

图 7.2.6　鼠笼式电动机的正反转控制电路

【练习与思考】

7.2.1　什么是零压保护？怎样实现零压保护？

7.2.2　什么是过载保护？怎样实现过载保护？

7.2.3　什么是自锁和互锁作用？

7.2.4　为实现图 7.2.2 和 7.2.4 的控制功能，试采用别的方案设计出控制电路。

7.3 行程控制

使用行程开关，可以对生产机械实现行程控制、限位保护控制和自动循环控制等。例如，对某生产机械的运动部件A按下述要求实施控制：

(1) A在原位时，启动后只能前进不准后退。

(2) A前进到终点立即往回退，退回原位自停。

(3) 在A前进或后退途中均可停，再启动时既可进也可退。

(4) A在运行途中(不在原位和终点)，若暂时停电，复电时，A不会自行启动。

(5) 若A在运行途中受阻，在一定时间内拖动电机应自行断电而停电。

根据上述要求，选择一台三相鼠笼式电动机M拖动A。行程开关按图7.3.1(a)设置，ST_a和ST_b(均能自动复位)分别安装在工作台的原位和终点，由装在A上的挡块撞动。

电动机主电路与图7.2.5相同，控制电路如图7.3.1(b)所示。

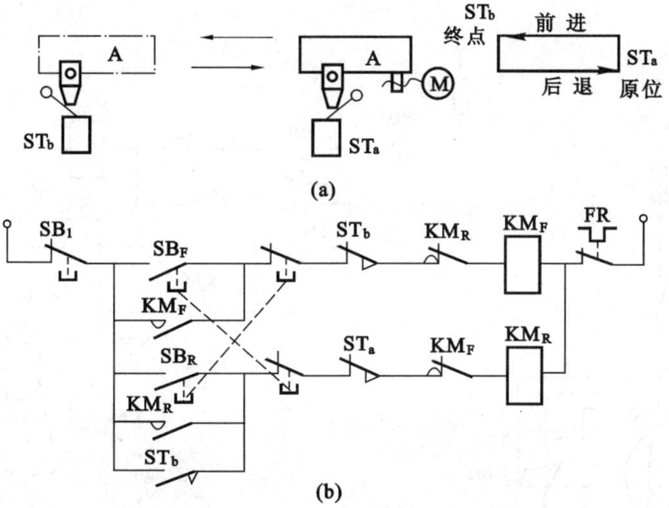

图7.3.1 行程控制电路

图7.3.1的工作原理简述如下：

工作台在原位时，压下行程开关ST_a，其串接在反转控制电路中的常闭触点断开。这时，即使按下反转按钮SB_R，电动机也不能反转。按下正转启动按钮SB_F，电动机正转，带动A前进。当工作台到达终点时，A上的撞块压下终点行程开关ST_b，使串接在正转控制电路中的常闭触点断开，而接在反转控制电路中的常开触点ST_b闭合，于是电动机反转，带动A后退。退回原位，撞块压下ST_a，使串接在反转控制电路中的常闭触点ST_a断开，电动机停在原位。

A 在前进途中，按下停止按钮 SB_1，线圈 KM_F 断电，电动机停转。再启动时，因 ST_a 和 ST_b 均不受压，可以按 SB_F 使 A 前进，也可以按 SB_R 使 A 后退。同理，A 在后退途中，也可以实现上述操作。

若 A 在运行途中断电，再复电时，因为断电时自锁触点已经断开，所以 A 是不会自行启动的。

若 A 在运行途中受阻，则电动机出现堵转现象。其电流很大，会使串联在主电路中的热元件 FR 发热。一段时间后，串联在控制电路中的常闭触点 FR 断开，而使两个接触器线圈断电，电动机脱离电源而停转。

7.4 时间控制

在自动化生产线中，常要求各项操作或各种工艺过程之间有准确的时间间隔，或者按一定的时间启动或关停某些电动机，等等。这些控制要由时间继电器来完成。

图 7.4.1 是鼠笼式电动机 Y-△启动的控制电路。图中 KT 是通电延时型时间继电器。

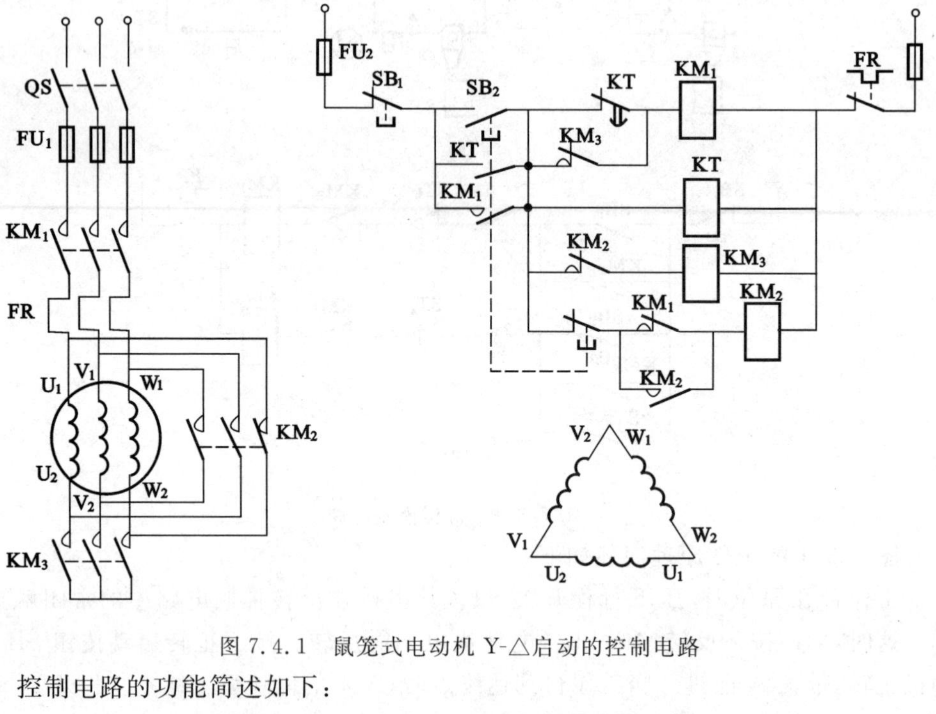

图 7.4.1　鼠笼式电动机 Y-△启动的控制电路

控制电路的功能简述如下：

按 SB_2→ ⎡KM_1 通电 / KT 通电 / KM_2 断电 / KM_3 通电 ⎦ —延 时→ ⎡KM_1 断电 / KM_2 通电 / KM_3 断电→KM_1 通电

（Y 启动）　　　　　Y-△换接　　　　△运行

按 SB_1→ ⎡KM_1 断电 / KM_2 断电

（电动机停）

本线路是在 KM_1 断电的情况下进行 Y-△换接的，这样可避免在 KM_3 和 KM_2 换接时可能发生的电源短路。

图 7.4.2 是鼠笼式电动机能耗制动的控制电路。图中的 KT 是断电延时型时间继电器。

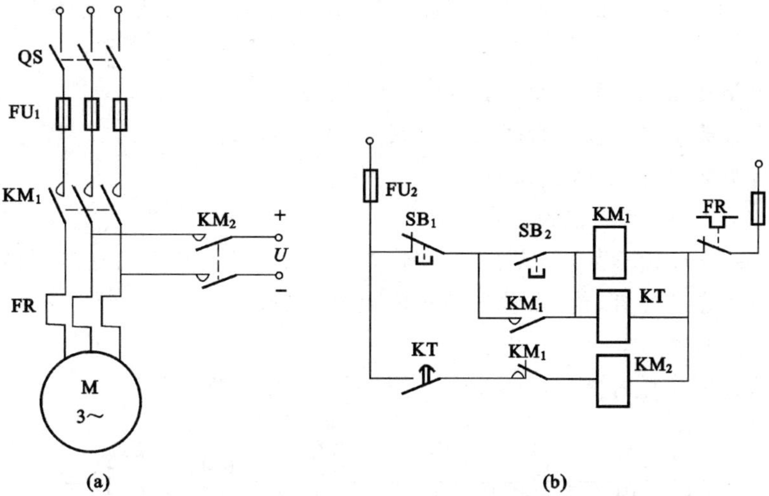

图 7.4.2　鼠笼式电动机能耗制动的控制电路

控制电路的功能简述如下：

按 SB_2→ ⎡KM_1 通电 / KT 通电 / KM_2 断电

（电动机启动并运行）

按 SB_1→ ⎡KM_1 断电 / KT 断电 —延 时→ KM_2 断电 / KM_2 通电

（电动机脱离电源，制动开始）　　（电动机停）

图 7.4.2 所示的能耗制动控制，是采用断电延时型的时间继电器。在电动机运

行过程中，时间继电器必须一直通电。从电能消耗的角度来讲，是不够合理的。如果使用通电延时型时间继电器，就可以解决这个问题。请读者思考如何设计？

【练习与思考】

7.4.1 通电延时型时间继电器和断电延时型时间继电器的定时是从何时开始算起的？

7.4.2 在图7.4.1中，如果只用KT的触点，不接其线圈，能否起到延时控制的作用？

习 题

7.1 某机床主轴由一台鼠笼式电动机带动，润滑油泵由另一台鼠笼式电动机带动。今要求：

(1) 主轴必须在油泵开动后，才能开动；

(2) 主轴要求能用控制电器实现正反转，并能单独停车；

(3) 有短路、零压及过载保护。

根据以上要求，试绘出控制线路。

7.2 题图7.1所示电路是能在两处控制一台电动机启、停、点动的控制电路。

(1) 说明在各处启、停、点动电动机的操作方法；

(2) 该控制电路有无零压保护？

(3) 该图做怎样的修改，可以在三处控制一台电动机？

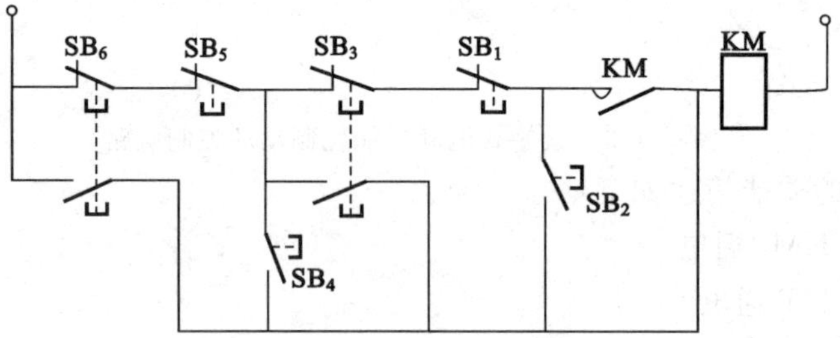

题图7.1 习题7.2的图

7.3 在题图7.2中，运动部件A由M拖动，原位和终点各设行程开关ST_1和ST_2。

(1) 简述控制电路的控制过程；

(2) 电路对A实现何种控制？

(3) 电路有哪些保护措施，各由何种电器实现？

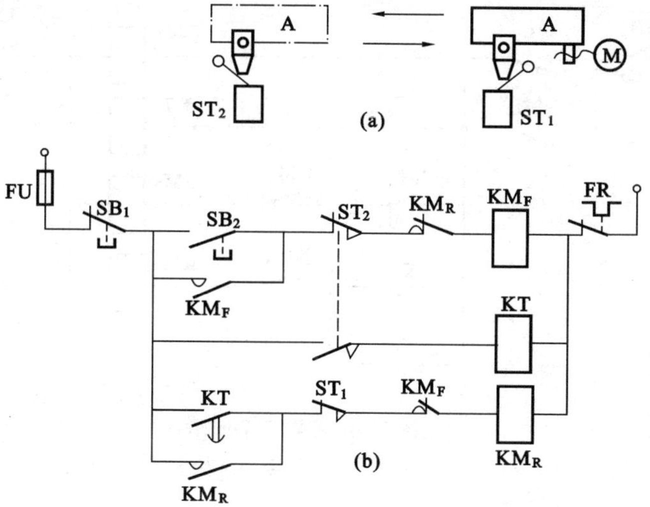

题图 7.2　习题 7.3 的图

7.4　阅读题图 7.3 所示电路。

(1) 简述控制电路的控制过程；

(2) 电路对电动机实现何种控制？

(3) 与图 7.4.2 比较，该图的优点是什么？

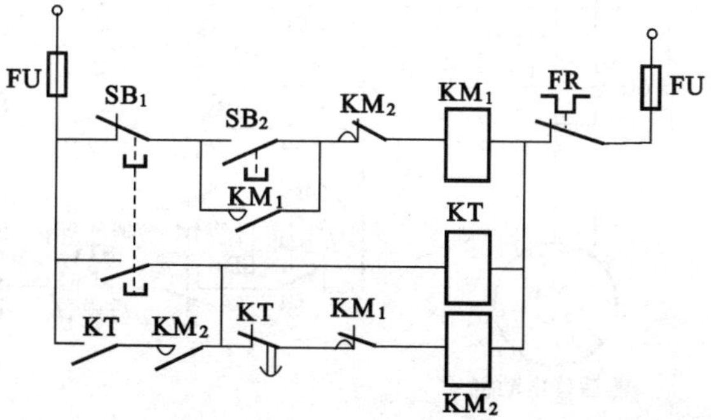

题图 7.3　习题 7.4 的图

7.5　根据下列要求，分别绘出控制电路（M_1 和 M_2 都是三相异步电动机）。

(1) M_1 启动后 M_2 才能启动，M_2 并能点动；

(2) M_1 先启动，经过一定延时后 M_2 能自行启动，M_2 启动后 M_1 立即停车。

7.6　试绘出三相异步电动机定子串电阻降压启动的控制电路。

7.7　题图 7.4 是电动机 Y-△启动控制电路，试分析其控制过程。并与图 7.4.1 比较两个控制电路的优、缺点。

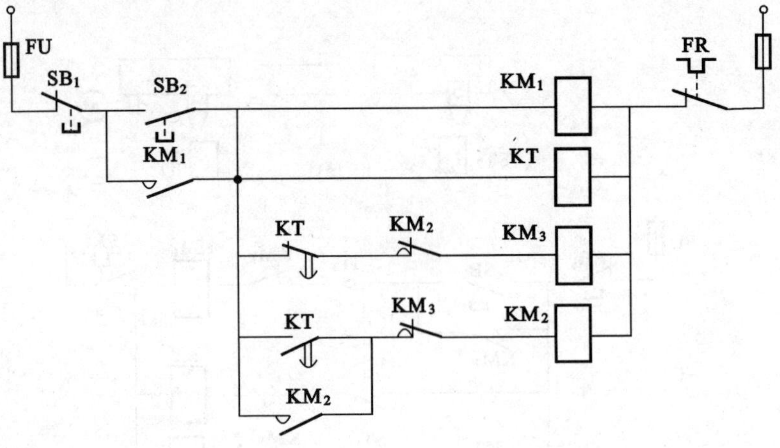

题图 7.4　习题 7.7 的图

7.8　题图 7.5 是电动葫芦(一种小起重设备)的控制线路。

(1) 试分析其工作过程;

(2) 说明图中所有控制都采用点动的原因。

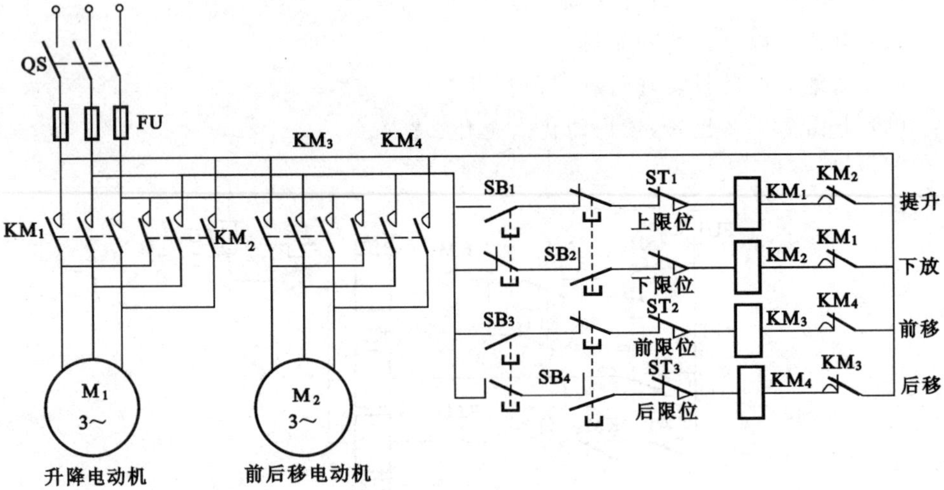

题图 7.5　习题 7.8 的图

第8章

可编程控制器及其应用

继电接触器控制系统由于结构简单，价格便宜，操作方便，长期以来在生产上得到广泛应用。但由于它的机械触点多、接线复杂、可靠性低、功耗高、通用性和灵活性差而满足不了现代化生产过程复杂多变的控制要求。

可编程控制器(Programmable Controller，为了与PC机相区别，简称PLC)是综合了计算机技术、自动控制和通信技术等而发展起来的一种新型工业控制器。它采用微型计算机作为控制部件，用软继电器(一种称为寄存器和计数器的电子电路)来代替传统的硬继电器(电磁继电器)，以计算机执行程序指令的方式，将外部现场信号传入到计算机内，计算机对这些信号按程序要求进行处理，并将处理的结果通过输出电路去控制执行机构，使之按生产程序的要求运行。

可编程控制器以其可靠性高、功能完善、组合灵活、编程简单以及功耗低等许多独特优点，已被广泛地应用于国民经济的各个控制领域。它的应用深度和广度已成为一个国家工业先进水平的重要标志。

本章只为初学者提供可编程控制器的基础知识，重点是简单程序编制，重在应用，有些应用举例与继电接触器控制相对照。

基本要求

(1) 掌握可编程控制器件的结构和工作原理；
(2) 理解可编程控制器的编程方法；
(3) 了解可编程控制器的设计方法。

8.1 可编程控制器的结构和工作原理

8.1.1 可编程控制器的结构

PLC的种类繁多，功能和指令系统也不尽相同，但其结构和工作原理则大同小异，一般由中央处理单元(CPU)、输入/输出电路(I/O)、存储器、电源等几个主要部分构成，如图 8.1.1 所示。

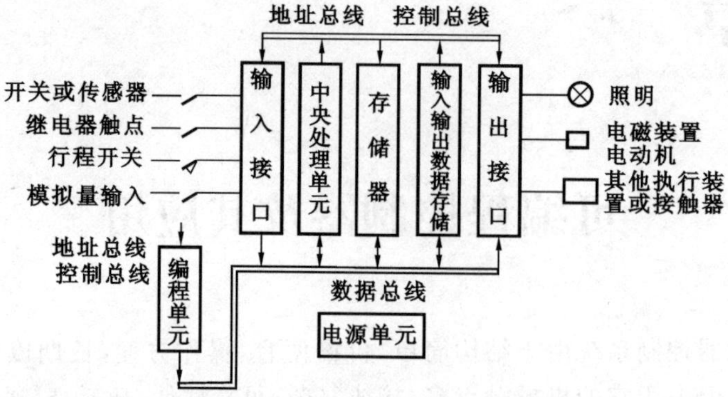

图 8.1.1 PLC 的系统结构图

1. 中央处理单元

中央处理单元是 PLC 的核心，通过地址总线、数据总线和控制总线与存储单元、输入输出接口电路相联接。

CPU 按系统程序赋予的功能，接收编程器键入的用户程序和数据，存入随机存储器 RAM 中。CPU 按扫描方式工作，从首址 0000 存放的第一条用户程序开始，到用户程序的最后一个地址，不停地周期性扫描，每扫描一次，用户程序就执行一次。

2. 存储器

存储器是具有记忆功能的半导体电路，用来存放系统程序、用户程序、逻辑变量和其他一些信息。

系统程序存储器用来控制和完成 PLC 各种功能程序，由厂家编写并固化到 ROM 中。用户程序存储器用来存放由用户编制的应用程序。

3. 输入/输出电路

这是 PLC 与被控设备相联接的接口电路。用户设备需输入 PLC 的各种控制信号，如限位开关、操作按钮、选择开关及其他一些传感器输出的开关量或模拟量(通过模数转换后进入机内)等，通过输入接口电路将这些信号转换成中央处理器能够接收和处理的信号。输出接口电路将中央处理器送出的弱电控制信号转换成现场需要的强电信号输出，以驱动接触器、电磁阀、电动机等被控设备的执行元件。

4. 电源

电源部件将交流电源转换成供 CPU、存储器、I/O 接口等电子电路工作所需要的直流电源。PLC 内部电路使用的电源是整体的能源供给中心，它的好坏直接影响 PLC 的功能和可靠性，因此目前大都采用开关式稳压电源。

8.1.2 可编程控制器的工作原理

PLC 是采用“循环扫描”方式进行工作的。在 PLC 中，用户编制好程序按先后顺序存放在用户程序存储器，CPU 从第一条指令开始逐条顺序执行程序，直至遇到结束符后又返回第一条。如此周而复始不断循环。这种工作方式是在系统软件控制下，读入输入点的状态，按用户程序进行运算处理，然后向输出点发出相应的控制信号。

整个工作过程可分为自诊断、与编程器等通信、输入采样、用户程序执行和输出刷新五个阶段，其工作过程框图如图 8.1.2 所示。

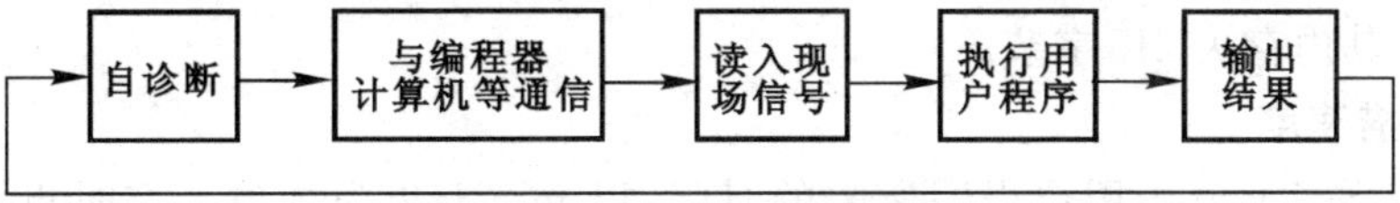

图 8.1.2　PLC 工作过程框图

1. 诊断阶段

每次扫描用户程序前，都先执行故障自诊断程序。自诊断内容为 I/O 部分、存储器、CPU 等，发现异常停机显示出错。若自诊断正常，继续向下扫描。

2. 编程器通信阶段

PLC 检查是否有与编程器和计算机的通信请求，若有则进行相应处理。如接收由编程器送来的程序、命令和各种数据，并把要显示的状态、数据、出错信息等发送给编程器进行显示。

3. 输入采样阶段

PLC 的中央处理单元对各个输入端进行读取，将输入端的状态送到输入状态寄存器中。

4. 程序执行阶段

CPU 将指令逐条调出并执行，以对输入和原输出（这些状态统称为数据）进行“处理”，即按程序对数据进行逻辑、算术运算，再将正确的结果送到输出状态寄存器中。

5. 输出刷新阶段

当所有指令执行完毕时，集中把输出状态寄存器的状态通过输出部件转换成被控设备所能接受的电压或电流信号，以驱动被控设备。

从上述 PLC 的工作过程可以看出：PLC 工作的主要特点是集中采样、集中输出。PLC 的这种“串行”工作方式，可以避免继电接触控制中触点的竞争和时序失配的问题。这是 PLC 可靠性高的原因之一，但是又导致输出对输入在时间上的滞后，这是 PLC 的缺点之一。

8.1.3　可编程控制器的主要技术指标

PLC 的主要性能通常用以下各种指标进行描述。

1. I/O 点数

此指 PLC 的外部输入和输出端子数，这是一项重要的技术指标。通常小型机有几十个点，中型机有几百个点，大型机超过千个点。

2. 用户程序存储容量

此指 PLC 所能存储用户程序的多少。在 PLC 中，程序指令是按"步"存储的，一"步"中用一个地址单元，一条指令有的往往不止一"步"。一个地址单元一般占两个字节(约定 16 位二进制数为一个字，即两个 8 位的字节)。如一个内存容量为 1 000 步的 PLC，其内存为 2K 字节。

3. 扫描速度

此指扫描 1 000 步用户程序所需的时间，以 ms/千步为单位。有时也可用扫描一步指令的时间计，如 μs/步。

4. 指令系统条数

PLC 具有基本指令和高级指令，指令的种类和数量越多，其软件功能越强。

5. 编程元件的种类和数量

编程元件是指输入继电器、输出继电器、辅助继电器、定时器、计数器、通用"字"寄存器、数据寄存器及特殊功能继电器等，其种类和数量的多少关系到编程是否方便灵活，也是衡量 PLC 硬件功能强弱的一个指标。

PLC 内部这些继电器的作用和继电接触器控制系统中的继电器十分相似，也有"线圈"和"触点"。但它们不是"硬"继电器，而是 PLC 存储器的存储单元。当写入该单元的逻辑状态为"1"时，则表示相应继电器的线圈接通，其常开触点闭合，常闭触点断开。所以，PLC 内部的继电器称为"软"继电器。

各种编程元件的代表字母、数字编号及点数因机型不同而有差异，今以 FX 系列 PLC 为例，说明其常用编程元件的编号范围与功能，如表 8.1.1 所示。

表 8.1.1 FXos-20MR 编程元件的编号范围与功能说明

元件名称	代表字母	编号范围	功能说明
输入继电器	X	X000～X012，共 12 点	接收外部输入信号
输出继电器	Y	Y000～Y007，共 8 点	输出程序执行结果给外部输出设备
辅助继电器	M	M0～M511，共 512 个	在程序内部使用，不能提供外部输出
定时器	T	T0～T55，共 56 个	延时定时继电器，其触点在程序内部使用
计数器	C	C0～C15，共 16 个	减法计数继电器，其触点在程序内部使用
数据寄存器	D	D0～D31，共 32 个	数据处理用的数值存储元件

此外，不同的 PLC 还有其他一些指标，如输入/输出方式、特殊功能模块种类、自诊断、监控、主要硬件型号、工作环境及电源等级等。

8.1.4 可编程控制器的主要功能和特点

1. 主要功能

随着技术的不断发展，目前 PLC 已能完成以下功能：

(1) 开关逻辑控制。用 PLC 取代传统的继电接触器进行逻辑控制，这是它的最基本应用。

(2) 定时/计数控制。用 PLC 的定时/计数指令来实现定时和计数控制。

(3) 步进控制。用步进指令实现一道工序完成后，再进行下一道工序操作的控制。

(4) 数据处理。能进行数据传送、比较、移位、数制转换、算术运算和逻辑运算等操作。

(5) 过程控制。可实现对温度、压力、速度、流量等非电量的自动调节。

(6) 运动控制。通过高速计数模块和位置控制模块进行单轴或多轴控制，如用于数控机床、机器人等控制。

(7) 通信联网。通过 PLC 之间的联网及与计算机的联接，实现远程控制或数据交换。

(8) 监控。能监视系统各部分的运行情况，并能在线修改控制程序和设定值。

(9) 数字量与模拟量的转换。能进行 A/D 和 D/A 转换，以适应对模拟量的控制。

2. 主要特点

(1) 可靠性高，抗干扰能力强。PLC 采用大规模集成电路和计算机技术；对电源采取屏蔽，对 I/O 接口采取光电隔离；在软件方面定期进行系统状态及故障检测。而这些都是继电接触器控制系统所不具备的。

(2) 功能完善，编程简单，组合灵活，扩展方便。PLC 采用软件编制程序来实现控制要求。编程时使用的各种编程元件可提供无数个常开触点和常闭触点。这使得整个控制系统大为简单，只须在外部端子上接上相应的输入输出信号线即可。这就能方便地编制程序，灵活组合要求不同的控制系统；并能在生产工艺流程改变或生产设备更新时，不必改变 PLC 的硬设备，只要改变程序即可。PLC 能在线修改程序，也能方便地扩展 I/O 点数。

而继电接触器控制系统是通过各种电器和复杂的接线来实现某一控制要求的，功能专一，灵活性差。如要改变控制要求，必须重新设计，重新接线。

(3) 体积小，重量轻，功耗低。PLC 结构紧密，体积小巧，易于装入机械设备内部，是实现机电一体化的理想控制设备。

8.2 可编程控制器的程序编制

可编程控制器的程序有系统程序和用户程序两种。系统程序类似微机的操作系统，用于对 PLC 的运行过程进行控制和诊断，对用户应用程序进行编译等，一般由厂家固化在存储器中，用户不能更改。用户程序是用户根据控制要求，利用 PLC 厂家提供的程序编制语言编写的应用程序。因此，编程就是编制用户程序。

8.2.1 可编程控制器的编程语言

PLC 的控制作用是靠执行用户程序实现的，因此须将控制要求用程序的形式表达出来。程序编制就是通过特定的语言将一个控制要求描述出来的过程。PLC 的编程语言以梯形图语言和指令语句表语言(或称指令助记符语言)最为常用，并且两者常常联合使用。

1. 梯形图

梯形图是一种从继电接触器控制电路图演变而来的图形语言。它是借助类似于继电器的常开触点、常闭触点、线圈以及串联与并联等术语和符号，根据控制要求联接而成的表示 PLC 输入和输出之间逻辑关系的图形，它既直观又易懂。

梯形图中通常用—| |—、—|/|— 图形符号分别表示 PLC 编程元件的常开、常闭触点(或称接点)；用—○—表示它们的线圈。梯形图中编程元件的种类用图形符号及标注的字母或数字加以区别。

图 8.2.1(b)是用 PLC 控制的鼠笼式电动机直接启动的梯形图。图中 X000 和 X001 分别表示 PLC 输入继电器的常开和常闭触点，它们分别与图 8.2.1(a)中的启动按钮 SB_2 和停止按钮 SB_1 相对应。X002 表示热继电器常闭触点与 FR 相对应。Y000 表示输出继电器的线圈和常开触点，它与图 8.2.1(a)中的接触器 KM 相对应。

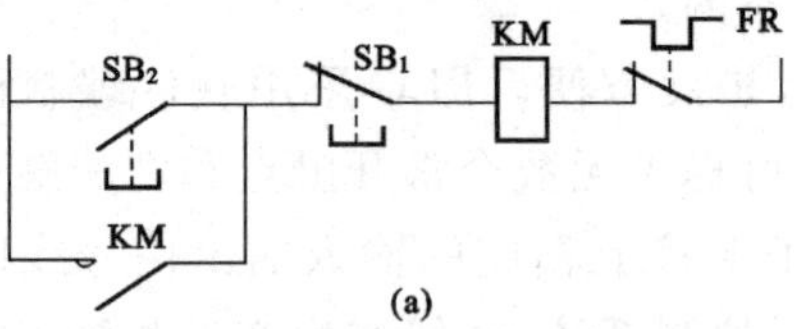

(a)

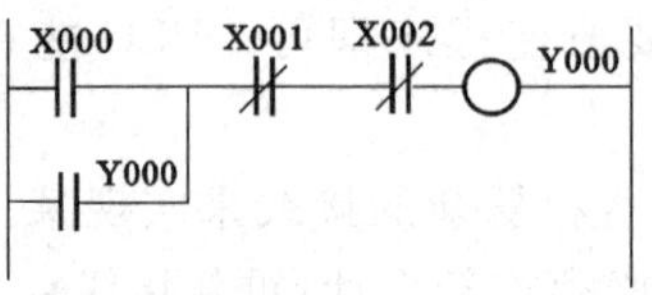

(b)

1	LD	X000
2	OR	Y000
3	ANI	X001
4	ANI	X002
5	OUT	Y000

(c)

图 8.2.1 鼠笼式电动机直接启动的控制

这里有几点要说明的：

（1）梯形图按从左到右、自上而下的顺序排列。每一个继电器线圈为一个逻辑行（或称梯级）。每一个逻辑行起始于左母线，然后是触点的串、并联接，最后是线圈与右母线相联。

（2）梯形图是 PLC 形象化的编程方式，其母线并不接任何电源，因而，图中每个梯级也没有真实的电流流过。但为了方便，常用“有电流”或“得电”等语言来形象地描述用户程序执行中满足输出线圈动作的条件。

（3）梯形图中的继电器不是继电接触控制系统中的物理继电器，而是 PLC 变量存储器中的位触发器，因此，称为“软继电器”。相应某位触发器为“1”态，表示该继电器线圈接通，其常开触点闭合，常闭触点断开。

梯形图中继电器的线圈是广义的，除了输出继电器、内部继电器线圈外，还包括定时器、计数器、位移寄存器等的线圈。

（4）梯形图中的触点可以任意串联或并联，但继电器线圈只能并联不能串联。

（5）内部继电器、计数器、位移寄存器等均不能直接控制外部负载，只能作中间结果供 PLC 内部使用。

（6）程序结束时要有结束标志 END。

2. 指令程序

指令程序是一种用指令助记符（如图 8.2.1(c)中的 LD、OR 等）来编制 PLC 程序的语言，它类似于计算机的汇编语言，但比汇编语言容易理解。若干条指令组成的语句表就是指令程序。图 8.2.1(c)是鼠笼式电动机直接启动控制的指令程序。

8.2.2 可编程控制器的指令系统

FX 系列 PLC 的指令系统按功能分为三类：基本逻辑指令、顺序步进指令和功能指令。下面主要介绍最常用的基本逻辑指令，其他指令读者可参阅 PLC 使用说明书。

1. 输入指令 LD、LDI 与输出指令 OUT

LD：常开触点与母线联接指令。

LDI：常闭触点与母线联接指令。

OUT：线圈驱动指令，将运算结果输出到指定继电器。

LD、LDI、OUT 指令的使用方法如图 8.2.2 所示。

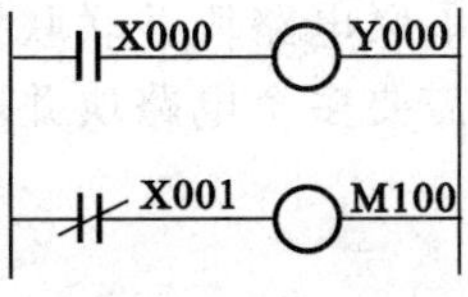

1	LD	X000	取常开触点 X000 的状态
2	OUT	Y000	驱动输出线圈 Y000
3	LDI	X001	取常闭触点 X001 的状态
4	OUT	M100	驱动辅助继电器线圈 M100

图 8.2.2 LD、LDI、OUT 指令的用法

LD、LDI 指令的使用元件为 X、Y、M、T、C、S，用于将触点接到母线上。也可与后述的 ANB 指令、ORB 指令配合使用。OUT 指令的使用元件为 Y、M、T、C、S。对输入继电器不能使用。OUT 指令可连续使用多次。

2. 触点串联指令 AND 和 ANI

AND：用于常开触点的串联。

ANI：用于常闭触点的串联。

AND、ANI 指令的使用方法如图 8.2.3 所示。

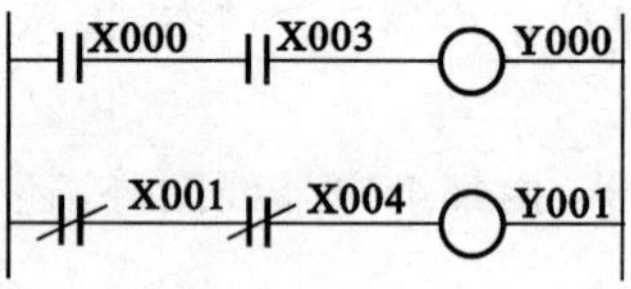

1	LD	X000	常开触点 X000 连于左母线
2	AND	X003	常开触点 X003 与 X000 串联
3	OUT	Y000	
4	LDI	X001	常闭触点 X001 连于左母线
5	ANI	X004	常闭触点 X004 与 X001 串联
6	OUT	Y001	

图 8.2.3 AND、ANI 指令的使用方法

AND、ANI 指令可多次使用，使用元件为 X、Y、M、S、T、C。

3. 触点并联指令 OR 和 ORI

OR、ORI 是用于单个触点的并联联接指令。OR 用于常开触点的并联，ORI 用于常闭触点的并联。并联的次数无限制。OR、ORI 指令的使用元件为 X、Y、M、S、T、C。

AND、ANI 指令的使用方法如图 8.2.4 所示。

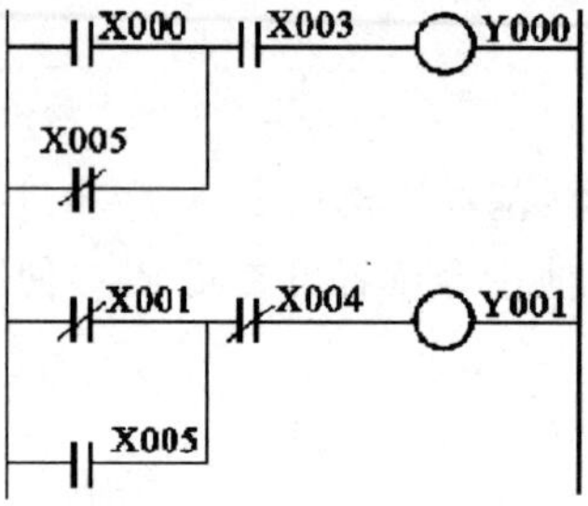

1	LD	X000	并联连接（1、2）
2	ORI	X005	
3	AND	X003	
4	OUT	Y000	
5	LDI	X001	并联连接（5、6）
6	OR	X005	
7	ANI	X004	
8	OUT	Y001	

图 8.2.4 OR 和 ORI 指令的用法

4. 串联电路块的并联联接指令 ORB

串联电路块是指两个以上触点相串联的部分电路。串联电路块并联联接时，分支开始用 LD、LDI 指令，分支结束时用 ORB 指令。如果需要多个电路块并联，在每个电路块后面都要有一个 ORB。

ORB 的使用方法如图 8.2.5 所示。

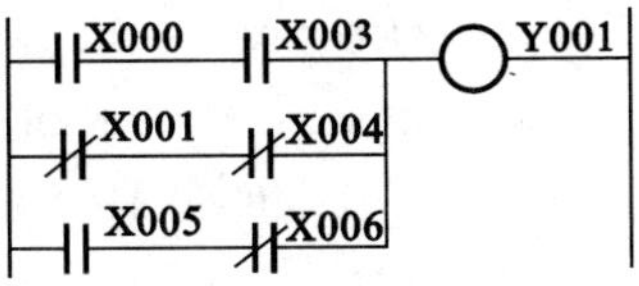

1 LD X000
2 AND X003
3 LDI X001
4 ANI X004
5 ORB
6 LD X005
7 ANI X006
8 ORB
9 OUT Y001

图 8.2.5 ORB 指令的用法

5. 并联电路块的串联联接指令 ANB

并联电路块是由两个或两个以上的串联电路块并联而成。ANB 的作用是把并联电路块再串联起来。并联电路块串联联接时，分支的开始用 LD、LDI 指令，并联电路块结束后，使用 ANB 指令与前面电路串联。每串接一个电路块都用一个 ANB。

ANB 的使用方法如图 8.2.6 所示。

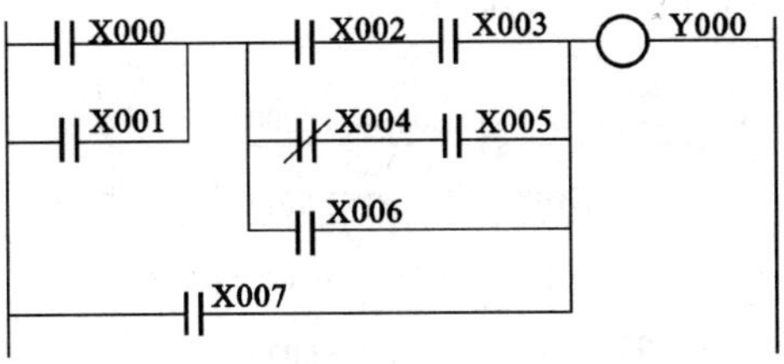

1 LD X000
2 OR X001 →第一个电路块组成
3 LD X002
4 AND X003
5 LDI X004
6 AND X005
7 ORB
8 OR X006 →第二个电路块组成
9 ANB →完成电路块的串接
10 OR X007
11 OUT Y000

图 8.2.6 ANB 指令的用法

6. 堆栈指令 MPS、MRD、MPP

该组指令可将联接点先储存起来，由此可用于联接后面的电路。使用一次 MPS 指令，该时刻的运算中间结果就推入栈寄存器，再次使用 MPS 指令时，又把再次使用 MPS 指令时刻的运算中间结果推入栈寄存器，栈操作本着先进后出的原则进行。图 8.2.7 是一个二层栈的梯形图，请对照指令表体会并注意 MPS、MRD、MPP 的对应关系。

7. 主控指令 MC 与主控复位指令 MCE

在梯形图中，往往出现由一个触点控制多条逻辑行的情况，这个触点称为公共触点。这种情况又分为两类：一类是每一分支电路都是从触点与线圈之间引出的，如图 8.2.8(a)所示，可用前面介绍过的指令编程；一类是分支电路从两个串联触点之间引出的，如图 8.2.8(b)所示，不能用前面介绍过的指令编程，这时必须用 MC、MCR 指令。用主控指令实现图 8.2.8(b)所示梯形图的方法如图 8.2.8(c)所示。

主控指令利用 M100 这个辅助继电器的常开触点在公共触点 X001 后新开辟了一条分母线，该母线后的所有触点与它之间都用 LD 作联接，其关系如同 X001 与主

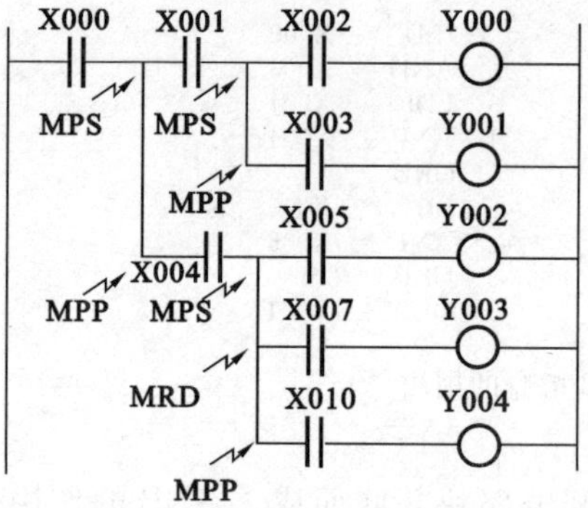

1	LD	X000	11	AND	X004
2	MPS		12	MPS	
3	AND	X001	13	AND	X005
4	MPS		14	OUT	Y002
5	AND	X002	15	MRD	
6	OUT	Y000	16	AND	X007
7	MPP		17	OUT	Y003
8	AND	X003	18	MPP	
9	OUT	Y001	19	AND	X010
10	MPP		20	OUT	Y004

图 8.2.7 二层栈操作梯形图

母线之间的关系。当 X001 控制的各条逻辑行结束后，应用 MCR 指令撤消该分母线，后面 X006 常开触点开始的程序中各触点的联接仍依原母线进行。

MC、MCR 指令的操作元件只有 M100～M177 这些辅助触点。

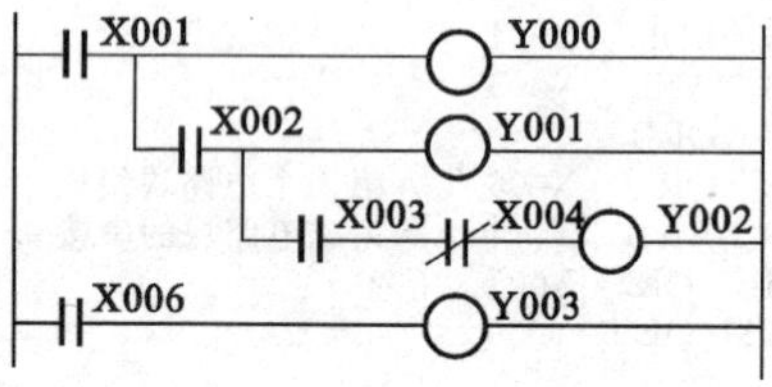

(a)

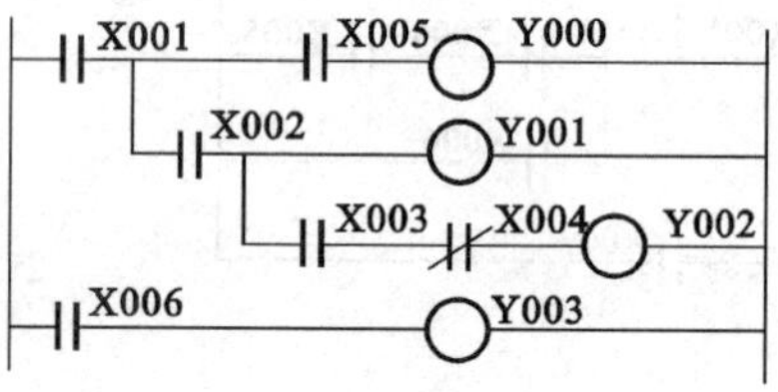

(b)

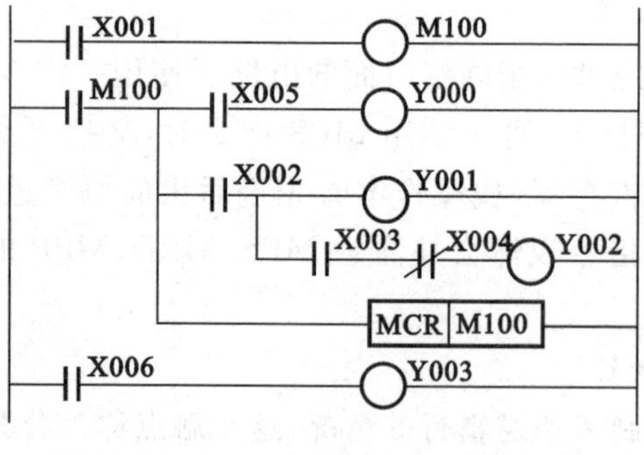

(c)

1	LD	X001
2	OUT	M100
3	MC	M100
4	LD	X005
5	OUT	Y000
6	LD	X002
7	OUT	Y001
8	AND	X003
9	ANI	X004
10	OUT	Y002
11	MCR	M100
12	LD	X006
13	OUT	Y003

图 8.2.8 MC，MCE 指令的用法

8. 置位指令 SET 和复位指令 RST

SET 为置位指令，使被置位元件保持为 ON。RST 为复位指令，使被置位或其他方式驱动为 ON 的元件变为 OFF。SET 指令的操作元件为 Y、M、S。而 RST 指令的操作元件为 Y、M、S、D、T、C。SET、RST 指令对同一元件可多次使用，在程序

中的先后位置不受限制，但最后执行的一条才有效。对定时器、计数器，RST 指令除使其触点变为 OFF 外，还将其内容清零。

SET、RST 指令的用法如图 8.2.9 所示。

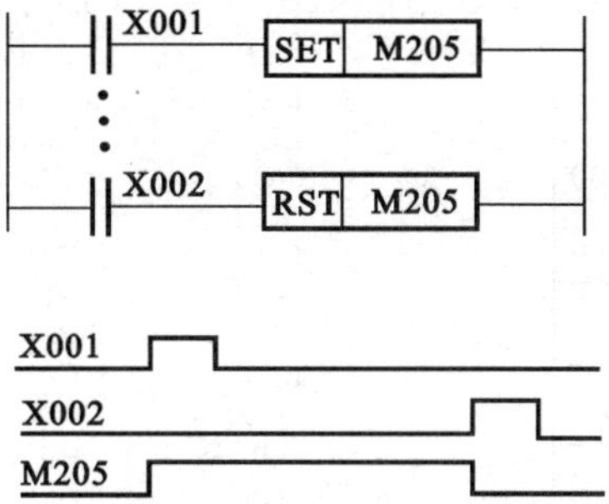


```
1  LD    X001
2  SET   M205
   …
3  LD    X002
4  RST   M205
   …
```

图 8.2.9　SET、RST 指令的用法

9. 脉冲输出指令 PLS、PLF

PLS 指令在输入信号上升沿产生脉冲输出，PLF 指令在输入信号下降沿产生脉冲输出。它们的操作元件为 Y 和 M，使其输出触点仅接通一个扫描周期。

PLS、PLF 指令的用法如图 8.2.10 所示。

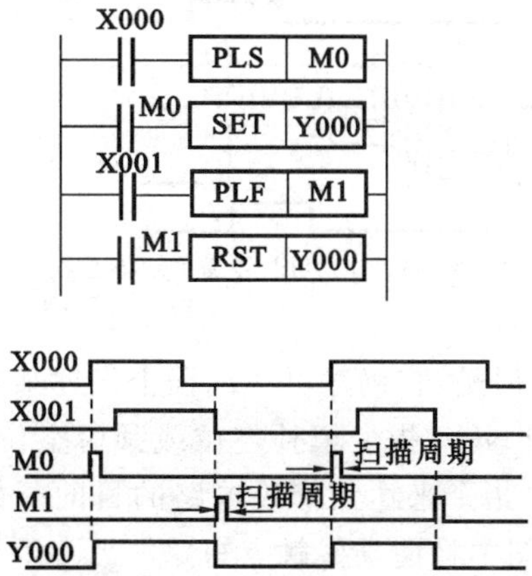


```
1  LD    X000
2  PLS   M0
3  LD    M0
4  SET   Y000
5  LD    X001
6  PLF   M1
7  LD    M1
9  RST   Y000
```

图 8.2.10　PLS、PLF 指令的用法

10. 定时器、计数器的输出指令 OUT 及复位指令 RST

定时器用于限时控制，其定时值在程序中设定。启动后，定时器减法计时，即每来一个时钟脉冲 C，定时预置值减 1，直到减为 0，定时器动作(即常开触点闭合、常闭触点断开)。当控制逻辑使定时器线圈断开时，定时器才复位。FXos 定时器(T0～T55)为 100 ms 定时器，时间设定值为 K1～K32767，对应时间为 0.1～3 276.7 s。

计数器用于计数控制。计数器有两个输入端，一个是计数脉冲输入端，一个是复位端。计数值可在程序中设定。FXos 计数器(C0～C15)为 16 位二进制加法计数器,其设定值在 K1～K32767 范围内有效。

在定时器和计数器中,OUT 指令用来驱动定时器线圈和计数器线圈,而 RST 指令用来复位输出触点及当前数据清零。指令用法如图 8.2.11 所示。

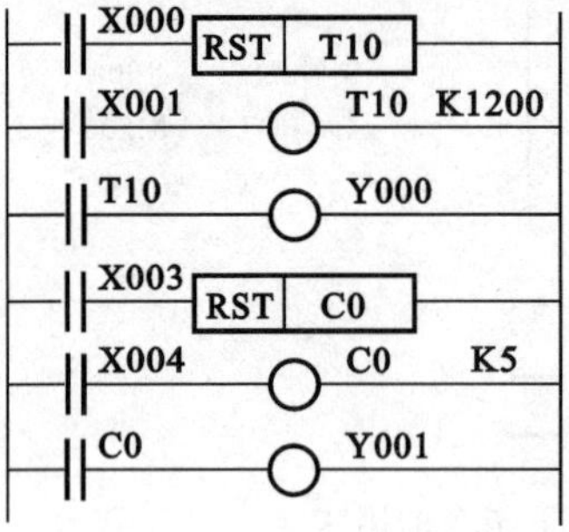


```
1  LD    X000
2  RST   T10
3  LD    X001
4  OUT   T10
5  K1200
6  LD    T10
7  OUT   Y000
8  LD    X003
9  RST   C0
10 LD    X004
11 OUT   C0
12 K5
13 LD    C0
14 OUT   Y001
```

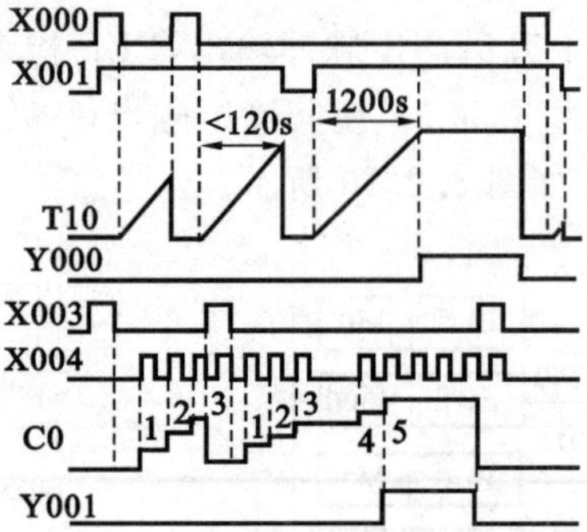

图 8.2.11 定时器、计数器的输出 OUT 及复位 RST 指令用法

11. 空操作指令 NOP

NOP 的功能是不进行操作。但是,它仍然可在编程中发挥某些特殊作用。如在编程中需修改或增加指令时,可用 NOP 指令填补空位或预留空位,减少频繁地修改步序编号的麻烦。还可以用 NOP 指令来达到修改电路的目的。如图 8.2.12 所示,若把 AND、ANI 换成 NOP,梯形图中将使某些触点短路。

12. 程序结束指令 END

END 表示程序结束。把 END 放在程序的末尾,使 PLC 不必再扫描后面的程序,直接进入输出处理,节省了扫描时间。

在调试程序时,往往在程序中分段加入 END 指令,使程序分段执行。当各段程序工作正常后,则可撤消在程序中分段加入的 END 指令,这样可大大提高调试效率。

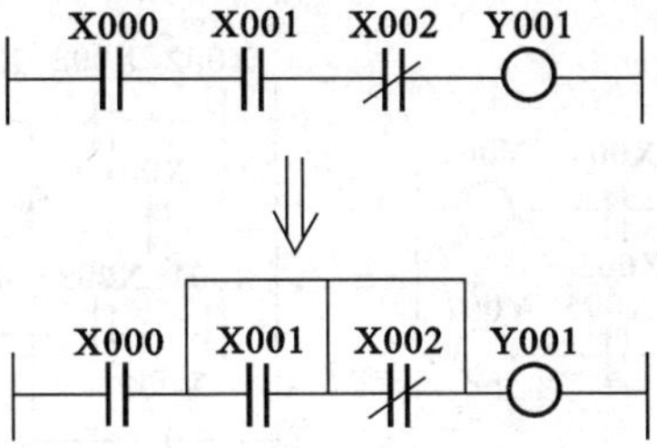

图 8.2.12 NOP 指令的应用

8.2.3 编程的基本规则和技巧

为了使编程正确、快速和优化，必须掌握编程的基本规则和一些技巧。

(1) PLC 编程元件的触点在编制程序时的使用次数是无限制的。

(2) 梯形图的每一逻辑行(梯级)皆起始于左母线，终止于右母线。各种元件的线圈接于右母线；任何触点不能放在线圈的右边与右母线相联；线圈一般也不允许直接与左母线相联。不正确的和正确的接线分别如图 8.2.13(a)、(b)所示。

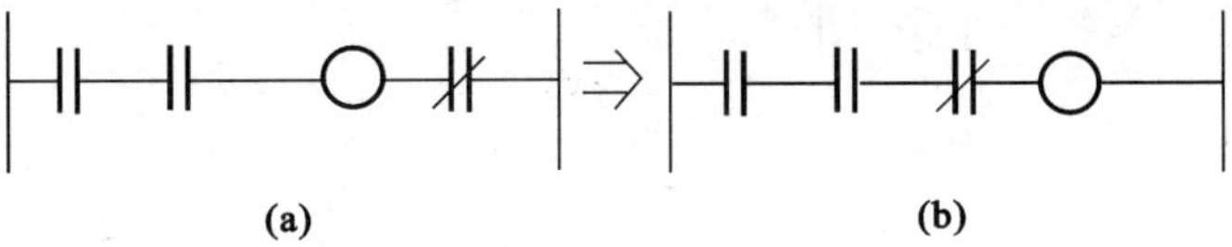

图 8.2.13 正确的和不正确的接线

(3) 编制梯形图时，应尽量做到“上重下轻、左重右轻”，按“从左到右、自上而下”的程序执行的顺序编写，并易于编写指令语句表。图 8.2.14(a)、(b)所示分别是不合理的和合理的梯形图。

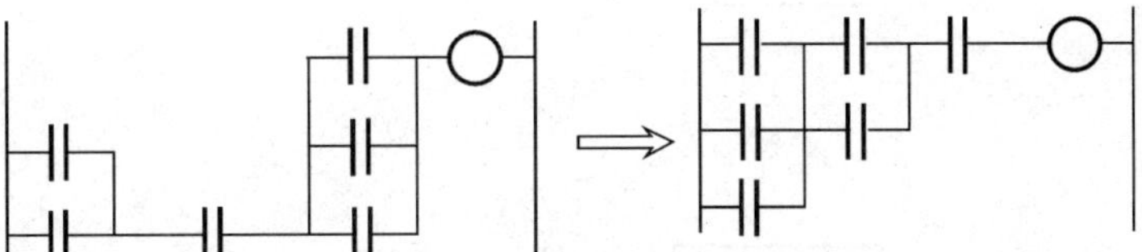

图 8.2.14 不合理的和合理的梯形图

(4) 在梯形图中，应避免将触点画在垂直线上，这种桥式梯形图无法用指令语句编程，应改画成能够编程的形式，如图 8.2.15 所示。

(5) 应避免同一继电器线圈在程序中重复输出，否则将引起误操作。

(6) 外部输入设备常闭触点的处理。

图 8.2.16(a)是电动机直接启动控制的继电接触器控制电路，其中停止按钮 SB_1

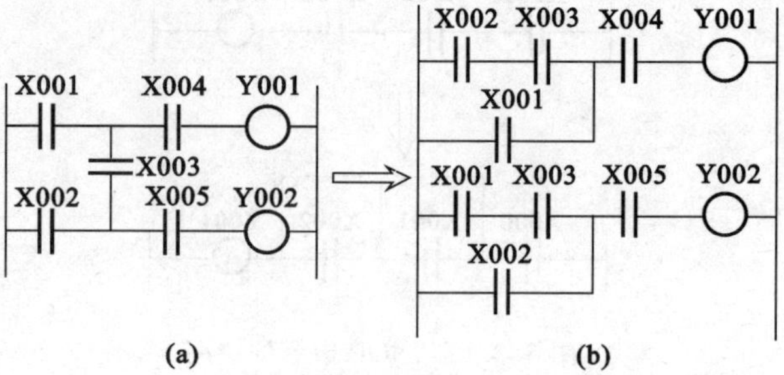

图 8.2.15 将无法编程的梯形图改可编程的梯形图

(a) 不可编程；(b) 可编程

是常闭触点。如用 PLC 来控制，则停止按钮 SB_1 和启动按钮 SB_2 是它的输入设备。在外部接线时，SB_1 有两种接法。

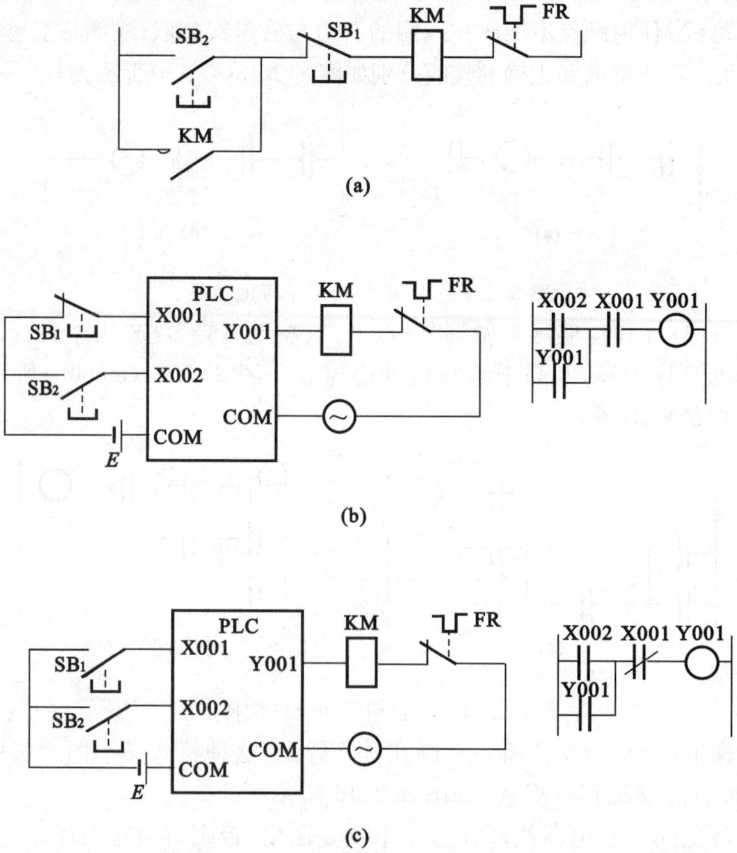

图 8.2.16 电动机直接启动的 PLC 控制

按照图 8.2.16(b)所示的接法，SB_1 仍接成常闭，接在 PLC 输入继电器的 X001 端子上，则在编制梯形图时，用的是常开触点 X001。因 SB_1 闭合，对应的输入继电器接通，这时它的常开触点 X001 是闭合的。按下 SB_1，断开输入继电器，它才断开。

照图 8.2.16(c)所示的接法，将 SB_1 接成常开形式，则在梯形图中，用的是常闭触点 X001。因 SB_1 断开，这时对应的输入继电器断开，其常闭触点 X001 仍然闭合。当按下 SB_1 时，接通输入继电器，它才断开。

从图 8.2.16(a)和(c)可以看出，为了使梯形图和继电接触器控制电路一一对应，PLC 输入设备的触点应尽可能地接成常开形式。

此外，热继电器 FR 的触点只能接成常闭，通常不作为 PLC 的输入信号，而将其直接通断接触器线圈。

8.3 可编程控制器控制系统的设计

8.3.1 PLC 控制系统设计简述

在掌握了 PLC 的基本工作原理和编程技术的基础上，可结合实际问题进行 PLC 应用控制系统设计。图 8.3.1 是 PLC 应用控制系统设计的流程框图。

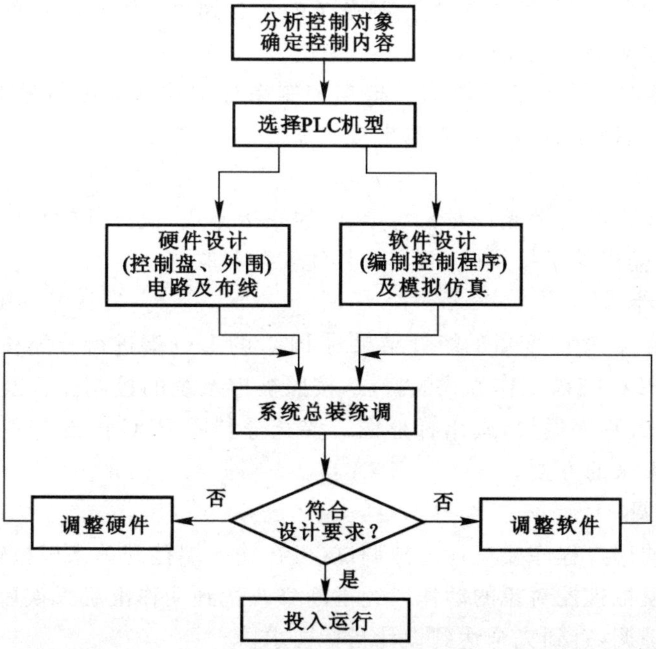

图 8.3.1 PLC 应用控制系统设计流程框图

1. 分析控制对象及确定控制内容

(1) 深入了解和详细分析被控对象(生产设备或生产过程)的工作原理及工艺流程,画出工作流程图。

(2) 列出该控制系统应具备的全部功能和控制范围。

(3) 拟定控制方案使之能最大限度地满足控制要求,并保证系统简单、经济、安全、可靠。

2. PLC机型选择

机型选择的基本原则是在满足控制功能要求的前提下,保证系统可靠、安全、经济及使用维护方便。一般须考虑以下几个方面问题:

(1) 确定I/O点数。统计并列出被控系统中所有输入量和输出量,选择I/O点数适当的PLC,确保输入、输出点的数量能够满足需要,并为今后生产发展和工艺改进适当留下裕量(一般可考虑留10%~15%的备用量)。

(2) 确定用户程序存储器的存储容量。用户程序所需内存容量与控制内容和输入/输出点数有关,也与用户的编程水平有关。一般粗略的估计方法是:(输入+输出)×(10~12)=指令步数。对于控制要求复杂、功能多、数据处理量较大的系统,为避免存储容量不够的问题,可适当多留些裕量。

(3) 响应速度。PLC的扫描工作方式使其输出信号与相应的输入信号间存在一定的响应延迟时间,它最终将影响控制系统的运行速度,所选PLC的指令执行速度应满足被控对象对响应速度的要求。

(4) 输入输出方式及负载能力。根据控制系统中输入输出信号的种类、参数等级和负载要求,选择能够满足输入输出接口需要的机型。

3. 硬件设计

确定各种输入设备及被控对象与PLC的联接方式,设计外围辅助电路及操作控制盘,画出输入输出端子接线图,并实施具体安装和联接。

4. 软件设计

(1) 根据输入、输出变量的统计结果对PLC的I/O端进行分配和定义。

(2) 根据PLC扫描工作方式的特点,按照被控系统的控制流程及各步动作的逻辑关系,合理划分程序模块,画出梯形图。要充分利用PLC内部各种继电器的无限多触点给编程带来的方便。

5. 系统统调

编制完成的用户程序要进行模拟调试(可在输入端接开关来模拟输入信号、输出端接指示灯来模拟被控对象的动作),经不断修改达到动作准确无误后方可接到系统中去进行总装统调,直到完全达到设计指标要求。

8.3.2 PLC 控制系统设计举例

1. 具有电气联锁的电动机正反转控制

具有电气联锁的电动机正反转控制线路图如图 8.3.2(a)所示。PLC 控制的输入输出接线图如图 8.3.2(b)所示。梯形图如图 8.3.2(c)所示。对应的指令程序如图 8.3.2(d)所示。

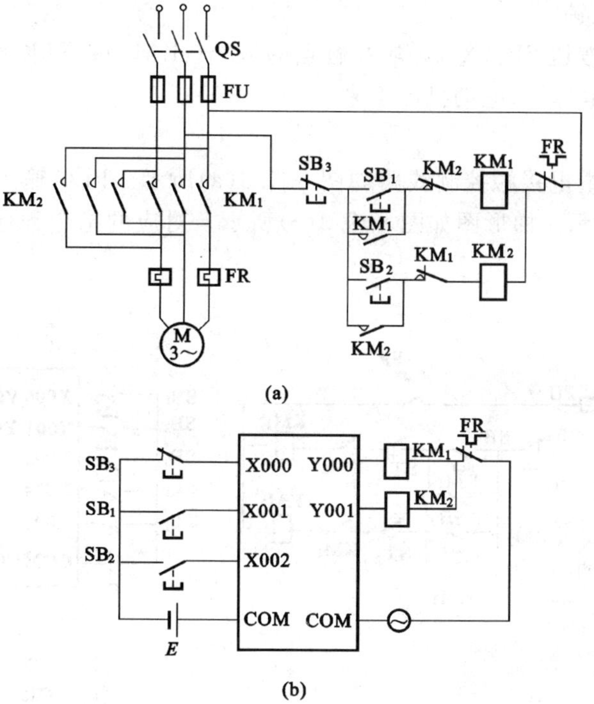

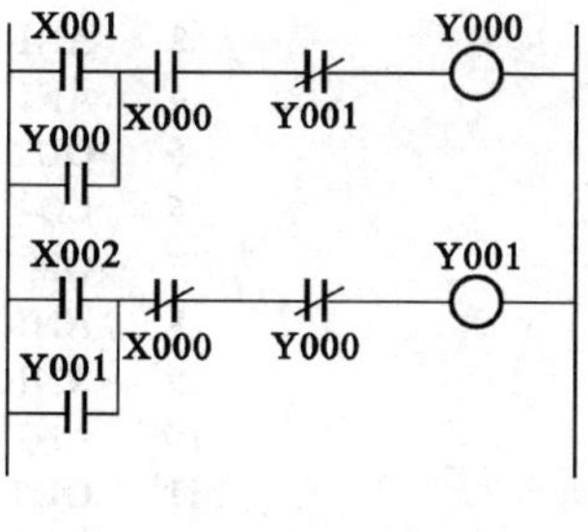

(c)

0	LD	X001
1	OR	Y000
2	AND	X000
3	ANI	Y001
4	OUT	Y000
5	LD	X002
6	OR	Y001
7	ANI	X000
8	ANI	Y000
9	OUT	Y001
10	END	

(d)

图 8.3.2 具有电气联锁的电动机正反转控制

(a) 继电接触器控制电路；(b) 输入输出接线图；(c) 梯形图；(d) 指令程序

控制过程分析如下：

按下正转启动按钮 SB_1，输入继电器 X001 的常开触点闭合，输出继电器 Y000 线圈接通并自锁，接触器 KM_1 得电吸合，电动机正转。与此同时，Y000 的常闭触点断开 Y001 的线圈，KM_2 不能吸合，实现电气互锁。

按下反转启动按钮 SB_2，X002 的常开触点闭合，Y001 线圈接通并自锁，KM_2 得电吸合，电动机反转。与此同时，Y000 的常闭触点断开 Y000 的线圈，KM_1 不能吸合，实现电气互锁。

停机时按下按钮 SB_3，X000 常开触点断开，使 KM_1 或 KM_2 线圈断开，进而使 KM_1 或 KM_2 失电释放，电动机停下来。

2. 限位控制

双向限位的继电接触控制线路如图 8.3.3(a)所示。PLC 输入输出接线示意图如图 8.3.3(b)所示。梯形图如图 8.3.3(c)所示。对应的指令程序如图8.3.3(d)所示。

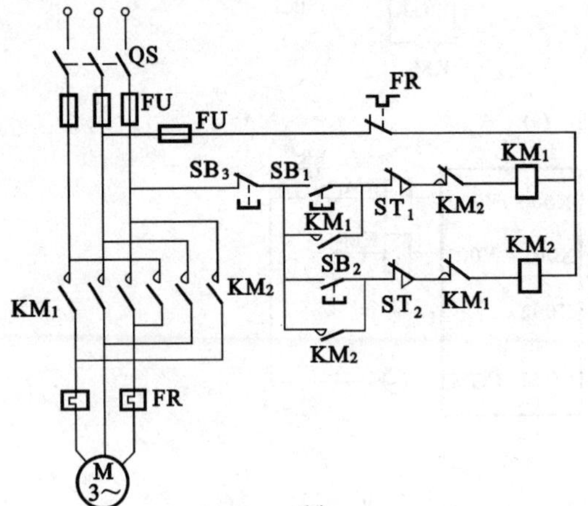

(a)

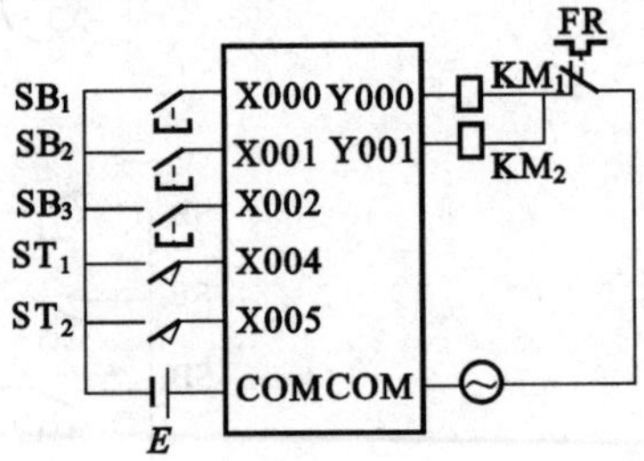

(b)

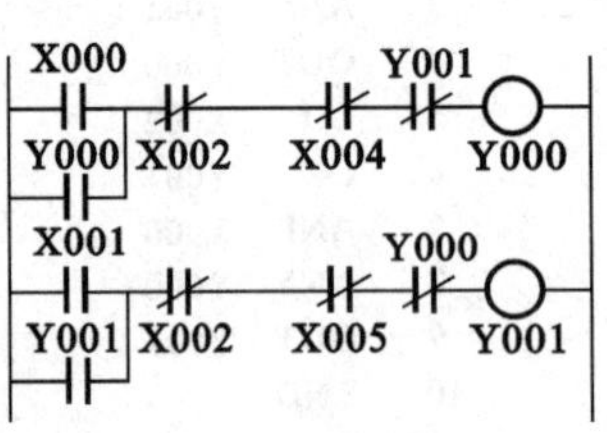

(c)

```
0   LD   X000
1   OR   Y000
2   ANI  X002
3   ANI  X004
4   ANI  Y001
5   OUT  Y000
6   LD   X001
7   OR   Y001
8   ANI  X002
9   ANI  X005
10  ANI  Y000
11  OUT  Y001
12  END
```

(d)

图 8.3.3 限位控制

(a) 继电接触器控制电路；(b) 输入输出接线图；(c) 梯形图；(d) 指令程序

采用 PLC 控制的工作过程如下：图中 ST_1 和 ST_2 为限位开关，安装在预定位置上。

按下正转启动按钮 SB_1，输入继电器 X000 常开触点闭合，输出继电器 Y000 接通并自锁，Y000 的常闭触点断开输出继电器 Y001 的线圈，实现互锁，这时接触器 KM_1 得电吸合，电动机正向运转，运动部件向前运行。

当运行到终端位置时，装在运动物件上的撞块碰撞限位开关 ST_1，ST_1 的常开触点闭合，使输入继电器 X004 的常闭触点断开，Y000 线圈断开，KM_1 失电释放，电动机断电停转，运动部件停止运行。

按下反向启动按钮 SB_2 时，输入继电器 X001 常开触点闭合，输出继电器 Y001 接通并自锁，Y001 的常闭触点断开输出继电器 Y000 的线圈，实现互锁。接触器 KM_2 得电吸合，电动机反向运转，运动部件向后运行至撞块碰撞限位开关 ST_2 时，X005 的常闭触点断开 Y001 的线圈，KM_2 失电释放，电动机停转，部件停止运行。

停机时按下停机按钮 SB_3，X002 的两对常闭触点断开 Y000 或 Y001 的线圈，KM_1 或 KM_2 失电释放，电动机停机。

过载时，热继电器 FR 常闭触点断开，KM_1 或 KM_2 线圈失电，KM_1 或 KM_2 触点断开，电动机停机。

3. 两台电动机顺序启动联锁控制

两台电动机顺序启动的继电接触控制线路图如图 8.3.4(a)所示。PLC 控制的输入输出接线图如图 8.3.4(b)所示。梯形图如图 8.3.4(c)所示。对应的指令程序如图 8.3.4(d)所示。

控制过程分析如下：

按下启动按钮 SB_1，输入继电器 X000 的常开触点闭合，输出继电器 Y000 线圈接通并自锁，接触器 KM_1 得电吸合，电动机 M_1 启动。同时，Y000 常开触点闭合，为起动电动机 M_2 作准备。可见，只有电动机 M_1 先启动，电动机 M_2 才能启动。这时如果按下按钮 SB_3，X002 的常开触点闭合，Y001 线圈接通，KM_2 得电吸合，M_2 启动。

按下停止按钮 SB_2，X001 常闭触点断开，使 Y000 和 Y001 线圈断开，两台电动机都会停下来。而按下停止按钮 SB_4，X003 常闭触点断开，使 Y001 线圈断开，M_2 停转，而 M_1 仍继续运行。过载时，相应的热继电器 FR_1 或 FR_2 常闭触头断开，线圈 KM_1 或 KM_2 失电，KM_1 或 KM_2 触头断开，相应的电动机停止。

4. 三相异步电动机 Y-△换接启动控制

继电接触器控制的 Y-△启动电路如图 8.3.5(a)所示。PLC 控制输入输出接线图、梯形图及指令程序如图 8.3.5(b)、(c)、(d)所示。

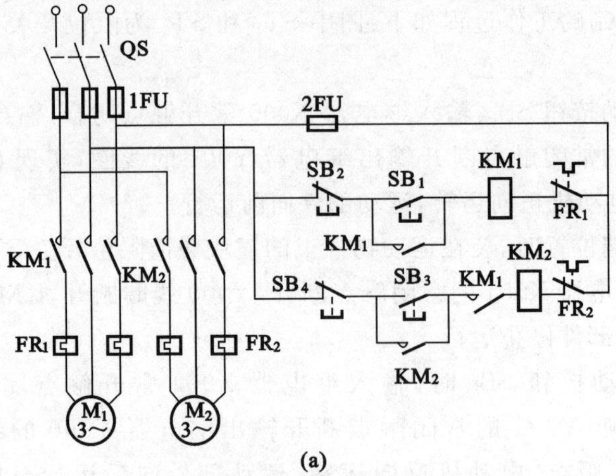

(a)

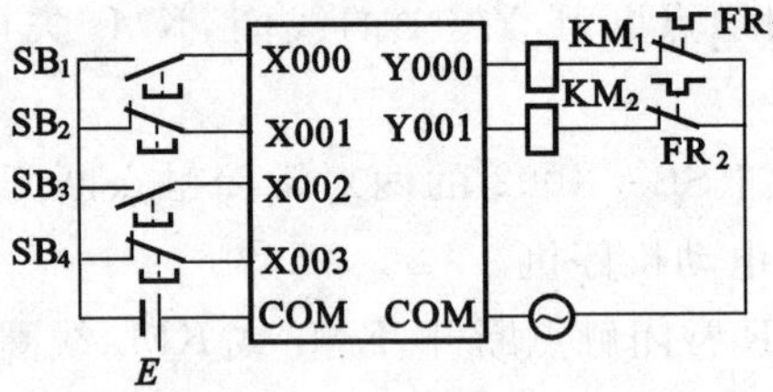

(b)

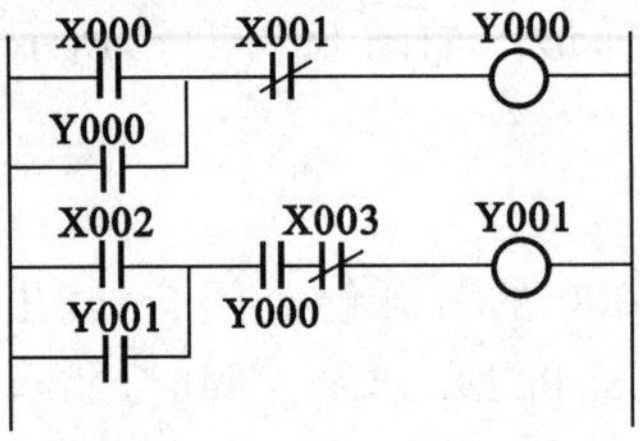

(c)

```
0  LD   X000
1  OR   Y000
2  ANI  X001
3  OUT  Y000
4  LD   X002
5  OR   Y001
6  AND  Y000
7  ANI  X003
8  OUT  Y001
9  END
```

(d)

图 8.3.4　两台电动机顺序启动联锁控制线路

(a) 继电接触器控制电路；(b) 输入输出接线图；(c) 梯形图；(d) 指令程序

(1) 图 8.3.5 中 SB_1 是启动按钮，SB_2 是停止按钮，FR 是热继电器常闭触点，KM_1 是电源，KM_1 和 KM_2 线圈得电，主触点闭合，电动机 Y 形启动，经过 30 s 延时后，由 KM_1 和 KM_3 闭合主触点使电动机换接为△形联接（KM_2 触点断开），随后正常运行。

(2) 图(c)中用了主控指令，也可用基本逻辑指令画梯形图，写指令程序。

请读者自己分析其控制过程。

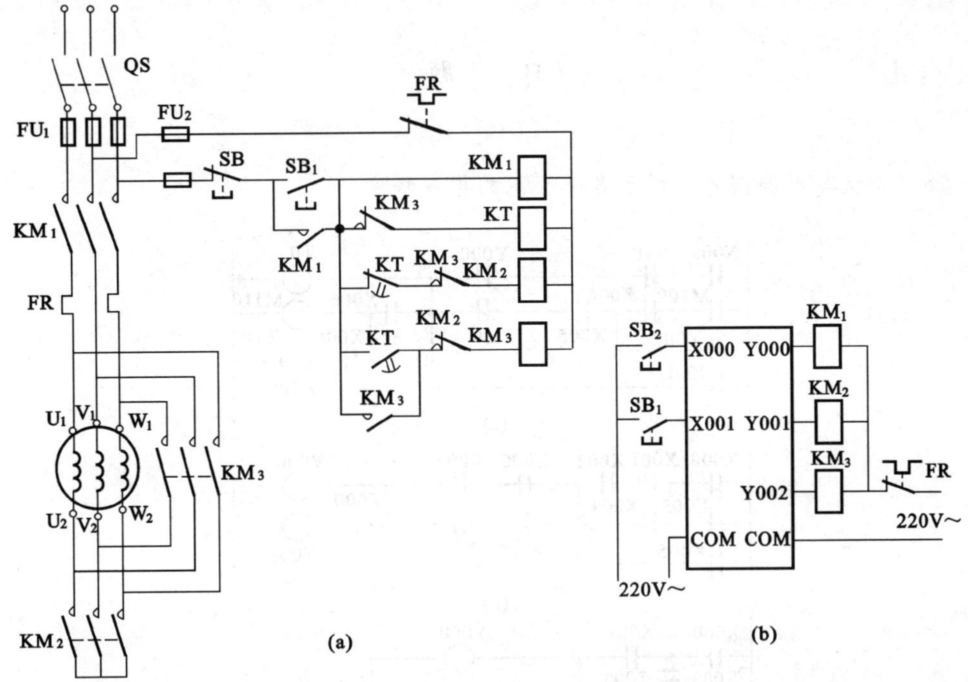

(a)　　　　(b)

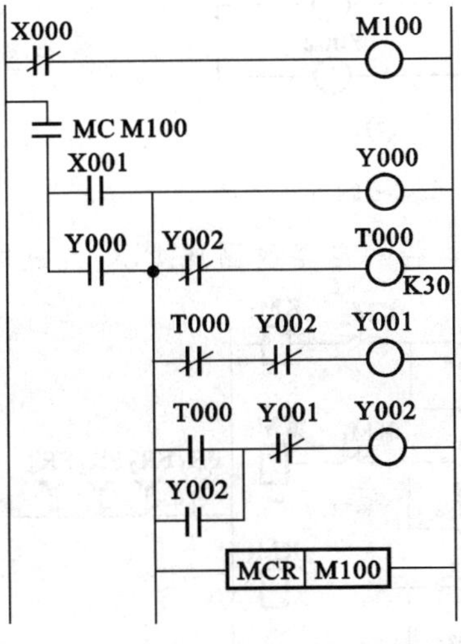


```
0   LDI   X000
1   OUT   M100
2   MC    M100
3   LD    X001
4   OR    Y000
5   OUT   Y000
6   LDI   Y002
7   OUT   T000
8   K     30
9   LDI   T000
10  ANI   Y002
11  OUT   Y001
12  LD    T000
13  OR    Y002
14  ANI   Y001
15  OUT   Y002
16  MCR   M100
```

(c)　　　　(d)

图 8.3.5　三相异步电动机 Y-△换接启动控制

(a) 继电接触器控制电路；(b) 输入输出接线图；(c) 梯形图；(d) 指令程序

习　题

8.1　试写出题图 8.1 所示各梯形图的指令程序。

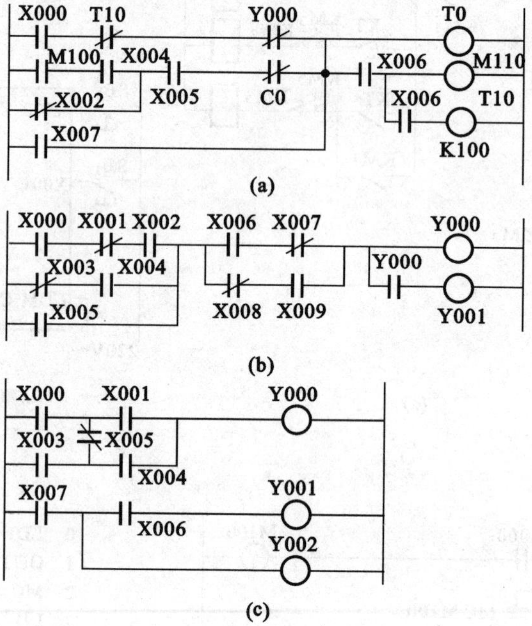

题图 8.1　习题 8.1 的图

8.2　试将题图 8.2 中继电接触器控制电路改画成 PLC 控制的梯形图。

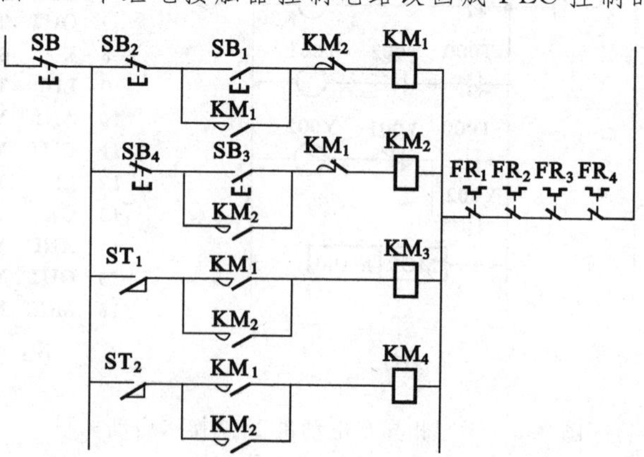

题图 8.2　习题 8.2 的图

8.3 试画出下列指令程序所对应的梯形图。

(1)	(2)	(3)
1 LD X000	1 LD X000	1 LD X000
2 AND X001	2 OUT T0	2 ANI X001
3 OR X002	3 K 10	3 OR M100
4 AND X003	4 LD Y000	4 AND X002
5 LD X004	5 ANI X000	5 ORB
6 AND X005	6 OUT T1	6 LDI X004
7 OR X006	7 K 5	7 OR T0
8 AND X007	8 LD T0	8 ANB
9 ORB	9 OR Y001	9 ANI X005
10 ANI X010	10 ANI T1	10 OR M102
11 ORB	11 OUT Y001	11 ANI X006
12 OUT Y000	12 END	12 OUT Y003
13 END		13 ANI X011
		14 OUT Y004
		15 END

8.4 试用 PLC 来实现三相异步电动机的 Y-△降压启动控制。画出外接线图和梯形图。

8.5 送料小车在 A 处上料，在 B 处卸料，两处都设置有行程开关，并停车 1 min（见题图 8.3）。试用 PLC 的基本逻辑指令写出指令程序，画出梯形图和 PLC 的外部接线图。

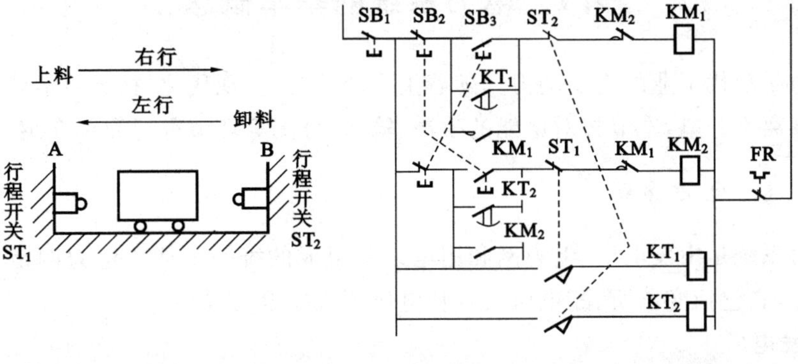

(a) (b)

题图 8.3 习题 8.5 的图

8.6 某一台电动机，要求三个不同地方可控制该电动机的启动和停止。试设计其梯形图并写出相应的指令程序。

8.7 有三台电动机 M$_1$～M$_3$，控制要求为：按 M$_1$～M$_3$ 的顺序启动，即前级电动机不启动，后级电动机不能启动。前级电动机停止时，后级电动机也停止，如 M$_1$ 停止，M$_2$、M$_3$ 也停止。试设计其梯形图并写出相应的指令程序。

8.8 有三台电动机 M$_1$～M$_3$，按一定顺序启动和运行。(1) M$_1$ 启动 1 min 后 M$_2$ 启动；(2) M$_2$启动 2 min 后 M$_3$ 启动；(3) M$_3$ 启动 3 min 后 M$_1$ 停车；(4) M$_1$ 停车 30 s 后 M$_2$ 和 M$_3$ 立即停车；(5) 备有启动按钮和总停车按钮。试设计实现上述控制要求的梯形图。

第9章

工业供电与安全用电

本章介绍供电的一般常识，要求读者对发电、输电、变电、配电及用电有一个完整的概念。重点介绍工业供电系统，接地、防雷、防静电等安全用电知识。

基本要求

(1) 掌握安全用电常识；

(2) 了解工业供电系统的基本要求和供电方式。

9.1 电力系统的基本概念

电力是现代工业的主要动力。随着生产的社会化、现代化，社会生活的各个领域也越来越离不开电，本节将对电能的生产、输送、分配等环节进行简单介绍。

9.1.1 电力系统

电力系统是由发电厂、电力网和用电设备组成的统一整体。电力网是电力系统的一部分，它包括变电所、配电所及各种电压等级的电力线路。

1. 发电厂

发电厂是将自然界蕴藏的多种一次能源转换成电能（二次能源）的工厂，它的产品就是电能。根据所利用的一次能源的不同，发电厂分为火力发电厂、水力发电厂、原子能发电厂、风力发电厂、地热发电厂以及太阳能发电厂等类型。目前在我国，接入电力系统的发电厂，主要是火力发电厂和水力发电厂。原子能发电厂尽管是今后发展的方向，但目前的发电量仍占很小部分。因此，下面以火力发电厂和水力发电厂为例，简述电能生产的过程。

(1) 火力发电厂。它是利用燃料（煤、石油和天然气）的化学能转换为电能的。其主要设备有锅炉、汽轮机、发电机等。我国的火力发电厂目前以燃煤为主。煤的燃烧将锅炉内的水加热蒸发成高温高压的蒸汽，燃料的化学能转换成了蒸汽的热能；蒸汽经过管道送入汽轮机，推动叶轮旋转，蒸汽的热能转换成机械能；汽轮机与发电机是联轴的，带动发电机的转子转动，从而将汽轮机的旋转机械能转换成了电能。

(2) 水力发电厂。它是利用水的位能转换为电能的。主要由坝、水库、水轮机和发电机等组成。水库是借助拦水大坝来汇集水量和提高水位的，使水库中的水相对于下游的水形成一定的落差(俗称水头)。经过引水管道，将水库中的水送入水轮机，推动水轮机旋转，带动发电机旋转，将机械能转换成电能。

2. 变电所和配电所

为了实现电能的经济输送和满足用电设备对供电质量的要求，需要对发电机输出的端电压进行多次的变换。变电所是接受电能、变换电压和分配电能的场所。根据任务的不同，变电所分为升压变电所和降压变电所两大类。升压变电所是将低电压变换为高电压，一般建立在发电厂厂区内；降压变电所是将高电压变换成适合用户需要的较低电压等级，一般建立在靠近电能用户的中心地点。

配电所是单纯用来接受和分配电能，而不改变电压高低的场所。配电所多数建在建筑物的内部。

3. 电力线路

电力线路是输送电能的通道。因为火力发电厂多建于燃料产地，水力发电厂建在水力资源丰富的地方。一般这些大型发电厂距离电能用户都比较远，所以需要用各种不同电压等级的电力线路，将发电厂、变电所和电能用户之间联系在一起，使发电厂生产的电能源源不断地输送给电能用户。

通常把电压在 35 kV 及以上的高压电力线路称为送电线路；而把由发电厂生产的电能直接分配给用户，或由降压变电所分配给用户的 10 kV 及以下的电力线路称为配电线路。

4. 电能用户

在电力系统中，一切消耗电能的用电设备均称为电能用户，又称电力负荷。用电设备按其用途可分为：

动力用电设备(如电动机等)，工艺用电设备(如电解、冶炼和电焊等)，电热用电设备(如电炉、干燥箱和空调等)，照明用电设备和试验用电设备等，它们分别将电能转换为机械能、热能和光能等不同形式，以适应生产和生活对电能的需要。

目前我国各类电能用户的用电量占总电量的百分比为：工业 72.9%，农业 9.7%，生活 7.8%，市政及商业 4.4%。可见工业是电力系统中最大的电能用户。随着人们生活水平的提高，家用电器猛增，生活用电及市政商业用电的比例将会急剧上升。

从发电厂经变电所通过电力线路至电能用户的送电过程示意图如图 9.1.1 所示。

5. 电力系统

将各种类型的发电厂的发电机、变电所的变压器、输电线路、配电设备以及电能

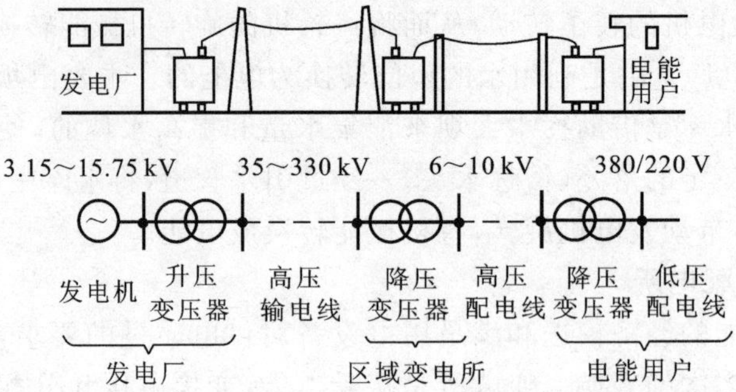

图 9.1.1　从发电厂至电能用户的送电过程示意图

用户等联系起来，组成一个整体，称为电力系统，如图 9.1.2 所示。这样可以提高供电可靠性，实现经济运行，提高设备利用率。

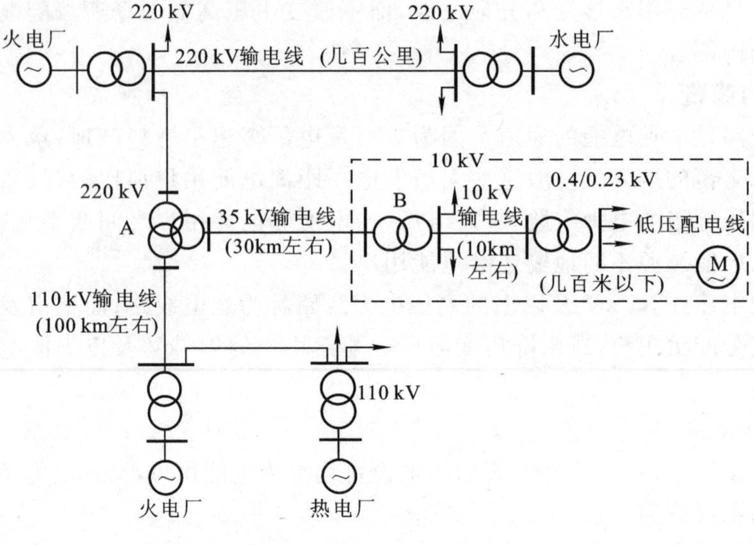

图 9.1.2　电力系统示意图

9.1.2　电力系统的电压等级

电力系统的电压等级有很多种，不同的电压等级有不同的用途。以输电为例，当输送的三相视在功率 $S=\sqrt{3}U_L I_L$ 一定时，线电压 U_L 越高，线电流 I_L 就越小，输电线路上的电能损失 $\Delta P_L = I_L^2 R_L$ 和电压损失 $\Delta U_L = I_L R_L$（R_L 是线路上的电阻）就越小，可以减小线路的导线截面积，节省有色金属。

从用电方面考虑，为了保证人身安全和降低用电设备的制造成本，又应把电压降低一些为好。

根据我国规定，交流电力系统的额定电压等级有：12 V、24 V、36 V、110 V、

220 V、380 V、3 kV、6 kV、10 kV、35 kV、110 kV、220 kV、330 kV、500 kV 等，目前我国最高的电压等级是 500 kV。习惯上把 1 kV 以下的电压称为低压；把1 kV及以上，低于 330 kV 的电压称为高压；把 330 kV 及以上称为超高压。但要注意，所谓低压是相对于高压而言的，决不意味对人身没有危险。一般来讲，110 V 对人身就有致命危险，潮湿的场合，24 V 也有危险。

各种电压等级有不同的适用范围。在我国电力系统中，220 kV 及以上的电压等级都用于大电力系统的主干线，输电距离达几百公里至上千公里；110 kV 电压用于中、小型电力系统的主干线，输电距离为 100 km 左右；35 kV 电压用于电力系统的二次网络或大型工厂的内部供电，输电距离为 30 km 左右；6～10 kV电压用于送电距离为 10 km 左右的城镇和工业与民用建筑施工供电，发电机的出口电压一般也为 6～10 kV；小功率的电动机、电热等用电设备，一般采用三相电压 380 V 和单相电压 220 V 供电。几公里之内的照明用电，一般采用 380/220 V 三相四线制供电，电灯接在 220 V 相电压上。100 V 以下的电压，包括 12 V、24 V、36 V 等，主要用于安全照明，潮湿工地、建筑物内部的局部照明，以及小容量负荷的用电等。

9.2 工业供电系统

9.2.1 工业供电的基本要求

为了满足工业生产和生活用电的需要，工业供电必须达到以下基本要求：

1. 安全

在电能的供应、分配和使用过程中，不应发生人身事故和设备事故。

2. 可靠

电力负荷根据其重要性和中断供电在政治上、经济上所造成的损失的程度不同分为下列三级：

(1) 一级负荷。突然停电将造成人身伤亡的危险，或重大设备的损坏且难以修复，在政治上、经济上造成重大损失。如医院的手术室、冶炼炉等。一级负荷要求有两个独立的电源供电。

(2) 二级负荷。突然停电将产生大量废品、大量减产、损坏生产设备等，在经济上造成较大损失者。如流水作业车间、重要实验室等。二级负荷一般由两个回路供电。

(3) 三级负荷。停电损失不大者。如机修厂、一般实验室等。三级负荷可由单回路供电。

3. 优质

电能也是一种产品，必须保证有合格的产品质量以满足用户的要求。电压和频率是衡量电能质量的重要指标。

(1) 电压和频率的大小应符合额定值。我国电力网和电力设备的额定电压等级如上节所述。我国工业用电标准额定频率为 50 Hz。

(2) 电压和频率的波动范围不能超过规定值。我国规定电力系统中用户电压的波动范围为:

35 kV 以上供电及对电压质量有特殊要求的用户为±(5～10)%。

10 kV 以下高压供电和低压电力用户为±7%。

低压照明用户为±(5～10)%。

我国在《电力工业技术管理法规》中对频率波动规定为:在 300 万 kW 以上的电力系统中,频率波动应小于 0.2 Hz;不足 300 万 kW 的电力系统中,频率波动应小于 0.5 Hz。

9.2.2 工业供电方式

工业供电系统是电力系统的主要组成部分,工业是电能的主要用户。

一般中小型企业的电源进线电压是 6～10 kV,经高压配电所通过高压配电线路将电能输送到各车间变电所,再由降压变压器降低为一般用电设备所需的电压 380/220 V,或直接由企业变电所经降压变压器降至 380/220 V。如图 9.2.1所示。

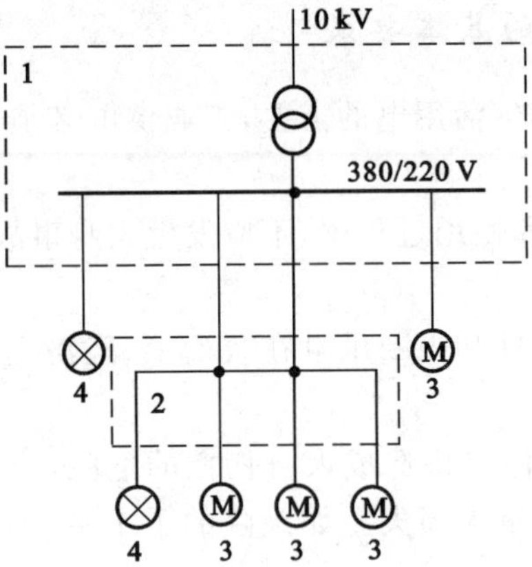

图 9.2.1 一次降压供电方式

1—工厂变电所;2—车间变电所;3—电动机;4—照明

大型企业用电量大,电源进线电压为 35 kV 或 35 kV 以上。一般经过两次降压,即先经降压变电所,将 35 kV 及 35 kV 以上的电压降为 6～10 kV 的电压,然后再通过高压配电线路将电能输送到各车间变电所,经降压变压器二次降压到一般低压用电设备所需的 380/220 V 电压。如图 9.2.2 所示。

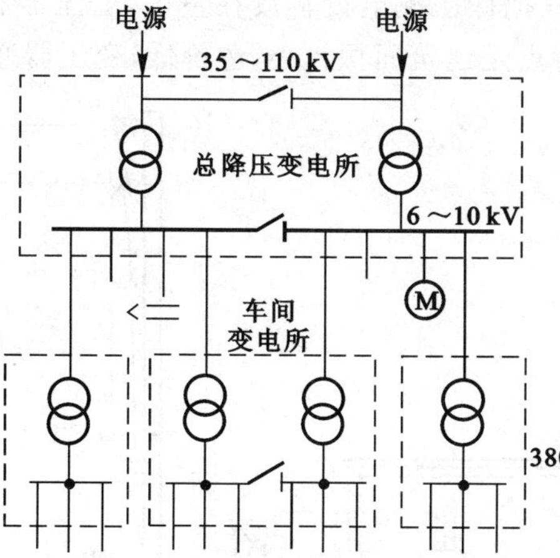

图 9.2.2 工厂二次降压供电方式

9.2.3 变电所和配电所

1. 变电所的类型、结构

变电所的类型很多，工业与民用建筑设施的变电所，大多是 6～10 kV 变电所，它由 6～10 kV 进线，经过降压变压器，将高压降为 380/220 V 低压，供用户使用。

10 kV 变电所，按其变压器及高压开关设备的安装位置，可分为室内型、半室外型、室外型等。

(1) 室内型变电所由高压配电室、变压器室、低压配电室和值班室组成，如图 9.2.3所示。其特点是安全、可靠、受环境影响小，维护、监测、管理方便，但建筑费用高。一般用于大中型企业和高层建筑。

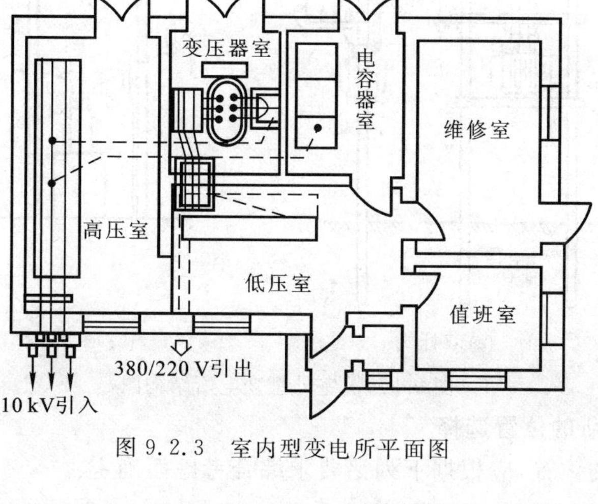

图 9.2.3 室内型变电所平面图

(2) 半室外型变电所只把低压配电设备放在室内，变压器和高压设备均放在室外，如图 9.2.4 所示。其特点是建筑面积较小，造价低，变压器通风散热条件好。

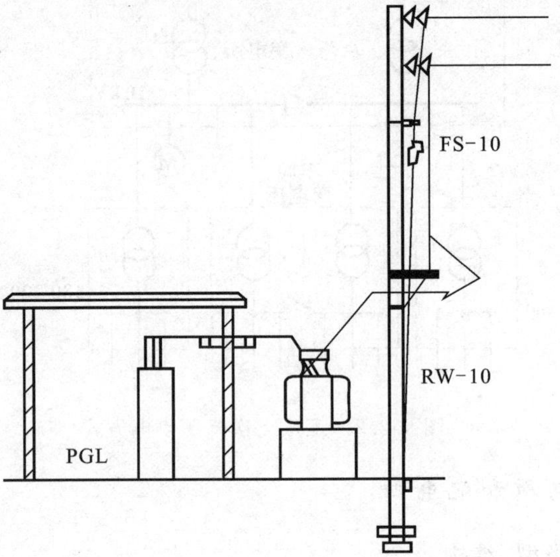

图 9.2.4 半室外型变电所结构

(3) 室外型变电所是将全部高、低压设备置于露天场合。图 9.2.5 是双杆式和地台式 10 kV 室外变电所结构图。其特点是占地面积少，结构简单，进出线方便，变压器易于通风散热，适用于 320 kV · A 以下的变压器。建筑施工工地和城市生活区宜采用这种类型变电所。

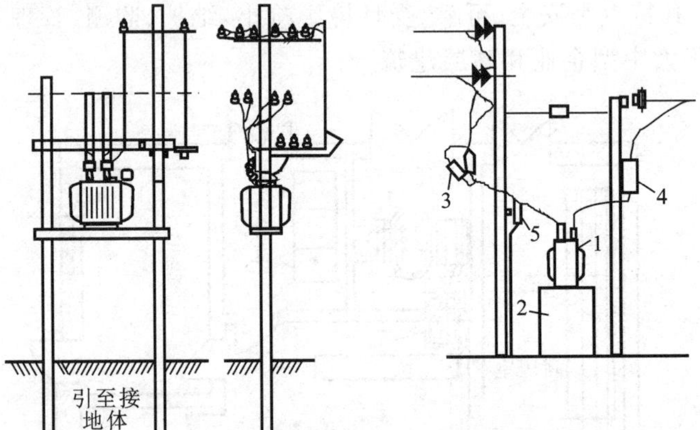

(a) 双杆式 (b) 地台式

图 9.2.5 室外型变电所结构图

2. 变、配电所的位置选择

变、配电所的位置，应根据下列诸要求综合考虑而确定：

(1) 尽量靠近负荷中心，距离功率较大的负荷点一般不超过 300 m。

(2) 尽量靠近高压电源线，并方便进线和出线。

(3) 避开多尘和有腐蚀气体、易燃易爆物质。

(4) 避开地势低洼和有剧烈震动的场所。

(5) 变压器、开关柜等大型设备运输方便。

(6) 尽可能与土建工程统一规划，保证安全供电和土建施工互不影响。

9.2.4 低压配电线路的联接方式

由末级变电所低压侧或配电屏引出到低压用电设备之间的线路叫**低压配电线路**。低压配电线路应根据用电设备的负荷类型、大小和分布情况进行合理的设计和布局。低压配电线路联接方式主要有放射式、树干式两种。

1. 放射式联接

放射式联接是从车间变电所若干线分别引向用电设备或用电地点，如图9.2.6所示。当负载点分散而各负载点又具有相当大的集中负载时，采用这种线较为合适。

放射式线路可靠性好，如果某一线路发生故障，不会影响其他线路供电。但供电总线路长，投资费用较大。

2. 树干式联接

树干式联接是从车间变电所引出干线，沿干线走向再引出若干支线，向用电设备或用电地点供电。如图 9.2.7 所示。

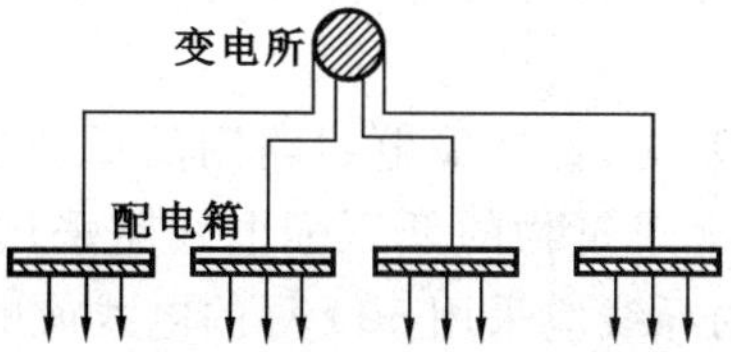

图 9.2.6 放射式配电线路

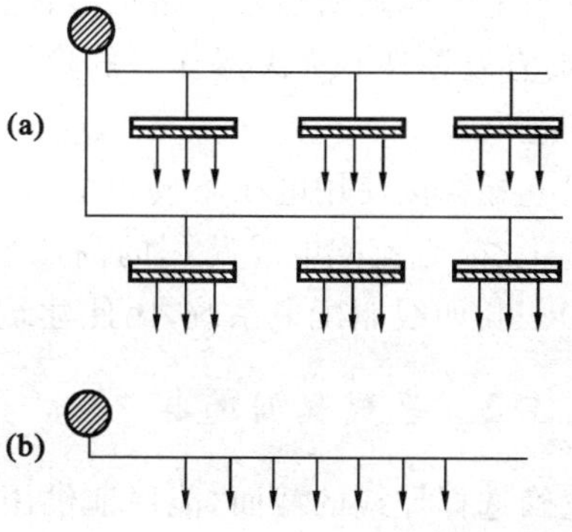

图 9.2.7 树干式配电线路

下面两种情况下适合采用树干式联接线路：

(1) 负载比较均匀地分布在一条线上。

(2) 负载比较集中，同时各个负载点距离较短且位于变电所的同一侧。

树干式配电线路供电可靠性稍差，因一旦干线发生故障，就会影响到同一干线上的其他负载，但供电线路短，投资费用较小。

根据负载的具体情况，可以把放射式联接和树干式联接结合起来使用，这种方式叫混合式联接。

9.3 电缆电线的选择

导线的选择分类型选择和截面选择。导线选择是否合理，直接关系到线路投资及电力网的运行安全。

9.3.1 导线类型选择

1. 室内、外线路的选择原则

从经济合理性考虑，室外线路的电线、电缆一般采用铝导线，架空线路采用裸铝绞线。对于有盐雾或其他化学浸蚀气体的地区，采用防腐铝绞线或铜绞线。

有下述场合的室内配电线路，考虑到经久耐用和安全的需要，必须用铜芯导线。

① 具有纪念性、历史性建筑，重要的公共建筑、居住建筑、资料室；

② 影剧院等人员密集的场所；

③ 移动用或敷设在有剧烈震动的场所；

④ 特别潮湿和有严重腐蚀性的场所；

⑤ 有其他特殊要求的场所。

2. 选择电缆、电线的原则

在输配电线路所经过的路径不宜敷设架空线路，以及有导线交叉繁多、环境特别潮湿、具有腐蚀性和火灾爆炸等危险情况时，均可考虑用电缆线。其他情况一般尽量采用普通电线。

配电导线按使用电压不同可分为 1 kV 以下交、直流配电线路用的低压导线和 1 kV以上交、直流配电线路用的高压导线。通常建筑物的低压配电线路采用(220/380 V)三相四线制配电系统，因此建筑物线路的导线应采用 500 V 的电线或电缆。

9.3.2 导线截面选择

正确选择导线的截面，能保证供用电系统安全可靠和经济合理地运行，并能节约有色金属的消耗量。通常根据发热条件和电压损失来选择导线截面。

1. 按发热条件选择导线截面

电流通过电线时，由于导线的电阻及电源的热效应会使导线发热，而过高的温度将使导线接头处加速氧化，使接头电阻增大而过热，造成断路事故。因此，由一定截面的不同材料做成的导线规定有允许电流值，即允许载流量。在允许值范围内运行，导线温度不会超过允许值(一般导线允许温度为＋65℃)。按发热条件选择导线截面，就是要求导线的允许载流量 I_{al} 不得小于导线线路的计算电流 I_{30}，即

$$I_{al} \geqslant I_{30} \tag{9.3.1}$$

表 9.3.1、表 9.3.2 给出了各类导线在不同敷设条件下长期连续运行的允许载流量。

表 9.3.1 绝缘导线明敷时的允许载流量(导线正常最高允许温度为 65℃) (A)

芯线截面/mm²	BLX 型铝芯橡皮线				BLV 型铝芯塑料线			
	环境温度							
	25℃	30℃	35℃	40℃	25℃	30℃	35℃	40℃
2.5	27	25	23	21	25	23	21	19
6	45	42	38	35	42	39	36	33
10	65	60	56	51	59	55	51	46
25	110	102	95	87	105	98	90	83
50	175	163	151	138	165	154	142	130
95	265	247	229	209	250	233	216	197
185	420	392	363	332	380	355	328	300

表 9.3.2 铝芯绝缘线穿钢管时的允许载流量(导线正常最高允许温度为 65℃) (A)

导线型号	芯线截面/mm²	2 根单芯线				2 根穿管		3 根单芯线				3 根穿管		4～5 根单芯线				4 根穿管		5 根穿管	
		环境温度				管径/mm		环境温度				管径/mm		环境温度				管径/mm		管径/mm	
		25℃	30℃	35℃	40℃	G	DG	25℃	30℃	35℃	40℃	G	DG	25℃	30℃	35℃	40℃	G	DG	G	DG
BLX	2.5	21	19	18	16	15	20	19	17	16	15	15	20	16	14	13	12	20	25	20	25
	6	37	34	32	29	20	25	34	31	29	26	20	25	30	28	25	23	20	25	25	32
	10	52	48	44	41	25	32	46	43	39	36	25	32	40	37	34	31	25	32	32	40
	25	86	80	74	68	32	40	76	71	65	60	32	40	68	63	58	53	40	(50)	40	
	50	133	124	115	105	40	(50)	118	110	102	93	50	(50)	105	98	90	83	50		70	
	95	200	187	173	158	70		180	168	155	142	70		160	149	138	126	70		80	
	185	295	275	255	233	80		270	252	233	213	80		250	233	216	197	80		100	
BLV	2.5	20	18	17	15	15	15	18	16	15	14	15	15	15	14	12	11	15	15	15	20
	6	35	32	30	27	15	20	32	29	27	25	15	20	28	26	24	22	20	25	25	20
	10	49	45	42	38	20	25	44	41	38	34	20	25	38	35	32	30	25	25	25	
	25	80	74	69	63	25	32	70	65	60	55	32	32	65	60	56	51	32	40	32	
	50	125	116	108	98	40	50	110	102	95	87	40	(50)	100	93	86	79	50	(50)	50	
	95	190	177	164	150	50	(50)	170	158	147	134	50		152	142	131	120	70		70	
	185	285	266	246	225	70		255	238	220	201	70		230	215	198	181	80		100	

2. 按允许电压损失选择导线截面

任何输电线路都存在线路阻抗，当电流通过线路时，必将在线路阻抗上产生压降。为了保证用电设备正常运行，就应该限定线路的电压损失。为了保证线路的电压损失在允许范围内，可以用增大导线的截面来解决。

电压损失是指线路的始端电压 U_1 与终端电压 U_2 有效值的差，即

$$\Delta U=U_1-U_2 \tag{9.3.2}$$

ΔU 是电压损失的绝对值。在实际应用中，所涉及的电压常有多种电压等级，用绝对值表示电压损失就不便于各种等级间进行比较，因此常用相对值来表示电压损失的程度。工程上通常用 ΔU 与线路额定电压 U_N 的百分比来表示电压损失的程度，即

$$\Delta U\%=\frac{\Delta U}{U_N}\times 100\% \tag{9.3.3}$$

在进行供配电设计时，通常都会给定电压损失的允许值。《全国供用电规则》中规定：35 kV 及以上供电和电压质量无特殊要求的用户，电压波动的幅度不应超过额定电压的±5%；10 kV 及以下的用户，电压波动幅度不应超过额定电压的±7%；对低压照明用户，电压波动幅度不应超过额定电压的+5%、−10%。

电压损失是由阻抗引起的，对于低压线路来说（供电距离短，导线面积小），电阻的作用远大于电抗的作用。因而可认为电压损失 $\Delta U\%$ 与有功功率 P 的大小和线路的长度成正比，与导线截面 S 成反比。于是电压损失的计算公式为

$$\Delta U\%=\frac{Pl}{CS} \tag{9.3.4}$$

在已知电压损失 $\Delta U\%$ 时，就可算出相应的导线截面 S，即

$$S=\frac{Pl}{C\Delta U\%}=\frac{M}{C\Delta U\%} \tag{9.3.5}$$

式中，S 为导线的截面，mm^2；P 为有功负荷，kW；l 为线路的长度（指单程距离，m）；M 为负荷矩，kW · m；C 为电压损失计算常数，视线路电压、供电系统及导线材料而定，其值如表 9.3.3 所示。

表 9.3.3　公式中的计算系数 C 值

线路额定电压/V	线路类型	C 的计算式	计算系数 C/(kW · m · mm^2)	
			铝　线	铜　线
220/380	三相四线	$\gamma U_N^2/100$	46.2	76.5
	两相三线	$\gamma U_N^2/225$	20.5	34.0
220	单相及直流	$\gamma U_N^2/200$	7.74	12.8
110			1.94	3.21

注：表中 C 值是心形线工作温度为 50℃的数值。

由以上推导可知，式(9.3.5)仅适用于功率因数为 1 的情况，即仅适用于电阻性电路。若用于感性电路则需要进行修正。修正方法可参阅有关文献。

9.4 安全用电

电能可以为人类服务，为人类造福。但若不能正确使用电器，违反电气操作规程或疏忽大意，则可能造成设备损坏，引起火灾，甚至人身伤亡等严重事故。因此，懂得一些安全用电的常识和技术是必要的。

9.4.1 安全用电常识

1. 安全电流与电压

通过人体的电流达 5 mA 时，人就会有所感觉，达几十毫安时就能使人失去知觉乃至死亡。当然，触电的后果还与触电持续的时间有关，触电时间越长就越危险。通过人体的电流一般不能超过 7～10 mA。人体电阻在极不利情况下为1 000 Ω 左右，若不慎接触了 220 V 的市电，人体中将会通过 220 mA 的电流，这是非常危险的。

频率为 20～300 Hz 的交流电，包括 50 Hz 工频交流电在内，对人体的伤害最为严重，10 Hz 以下和 1 000 Hz 以上的交流电对人体的伤害程度明显减轻。

为了减少触电危险，规定凡工作人员经常接触的电气设备，如机床照明灯等，一般使用 36 V 以下的安全电压。在特别潮湿的场所，应采用 12 V 以下的电压。

2. 几种触电方式

图 9.4.1 示出了三种触电情况。其中以图 9.4.1(a)所示的双线触电最危险。因为，人体同时接触两根火线，承受的是线电压。图 9.4.1(b)所示的是电源中线接地

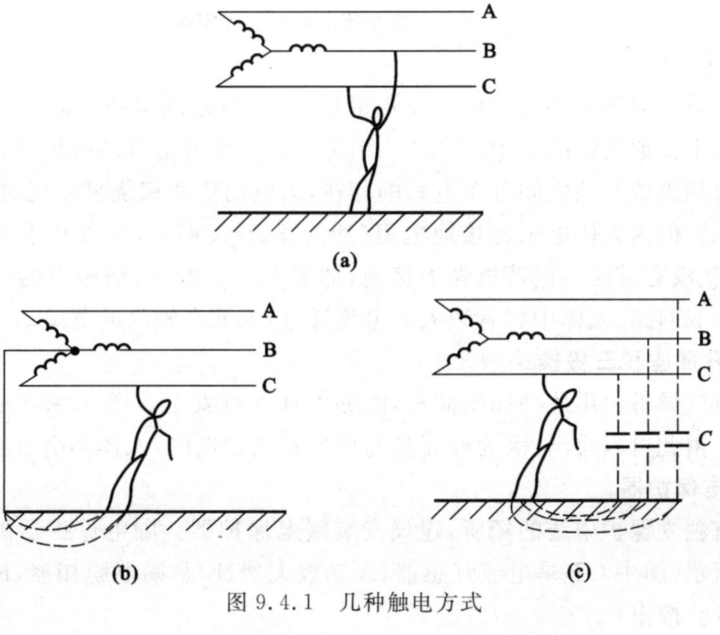

图 9.4.1 几种触电方式

时的单线触电情况，这时，人体承受的是相电压，仍然非常危险。图 9.4.1(c)所示电源中线不接地时，因火线与大地间分布电容的存在，使电流形成了回路，也是很危险的。

9.4.2 防触电的安全技术

1. 接零保护

把电气设备的外壳与电源的零线联接起来，称为**接零保护**。此法适用于低压供电系统中变压器中性点接地的情况。图 9.4.2 所示为三相交流电动机的接零保护。有了接零保护，当电动机某相绕组碰壳时，电流便会从接零保护线流向零线，使熔断器熔断，切断电源，从而避免了人身触电的危险。

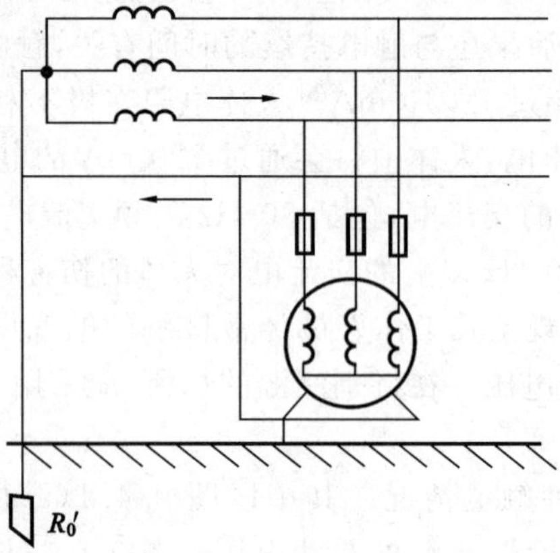

图 9.4.2 三相交流电动机的接零保护

2. 接地保护

把电气设备的金属外壳与接地线联接起来，称为**接地保护**。此法适用于三相电源的中性点不接地的情况。图 9.4.3 所示为三相交流电动机的接地保护。

由于每相火线与地之间分布电容的存在，当电动机某相绕组碰壳时，将出现通过电容的电流。但因人体电阻比接地电阻(约为 4 Ω)大得多，所以几乎没有电流通过人体，人身就没有危险。但若机壳不接地，如图 9.4.4 所示，则碰壳的一相和人体及分布电容形成回路，人体中将有较大的电流通过，人就有触电的危险。

3. 三孔插座和三极插头

单相电气设备使用此种插座插头，能够保证人身安全。图 9.4.5 示出了正确的接线方法。由此可以看出，因为外壳是与保护零线相连的，人体不会有触电的危险。

4. 漏电保护器

在没有独立保护中线的场所，建议安装漏电保护器。漏电保护器的工作原理如图 9.4.6 所示(图中 CT 是电流互感器，A 是放大器，K 是漏电脱扣器，R 是试验电阻器，SB 是试验按钮)。

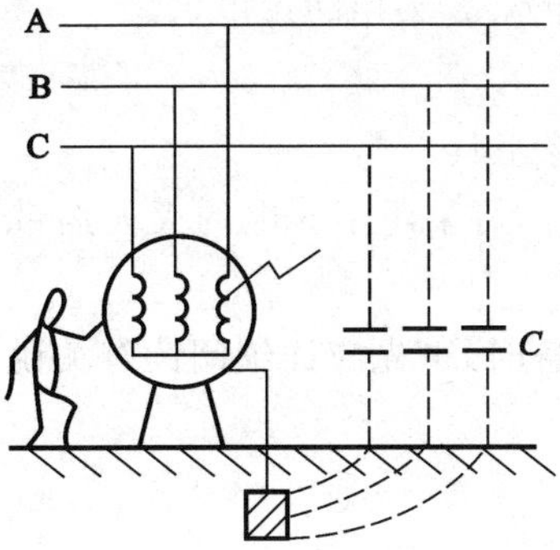

图 9.4.3　三相交流电动机的接地保护

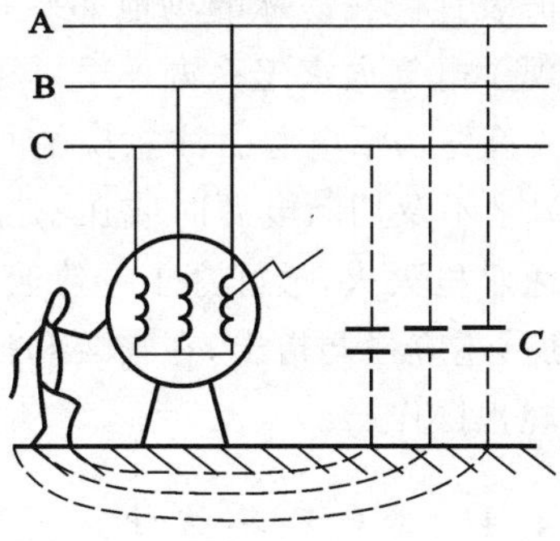

图 9.4.4　三相电动机无接地保护

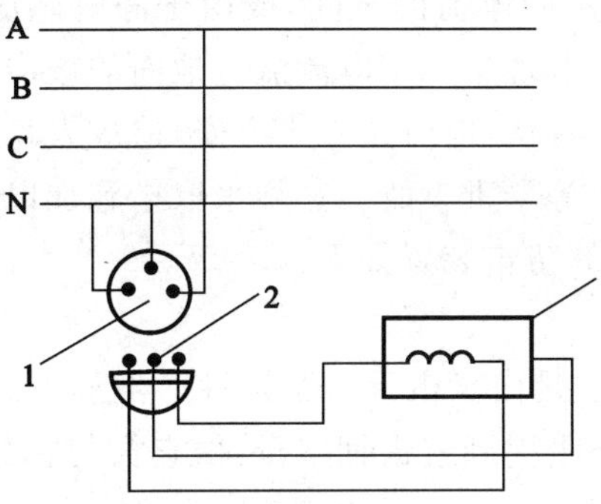

图 9.4.5　三孔插座和三极插头的接地

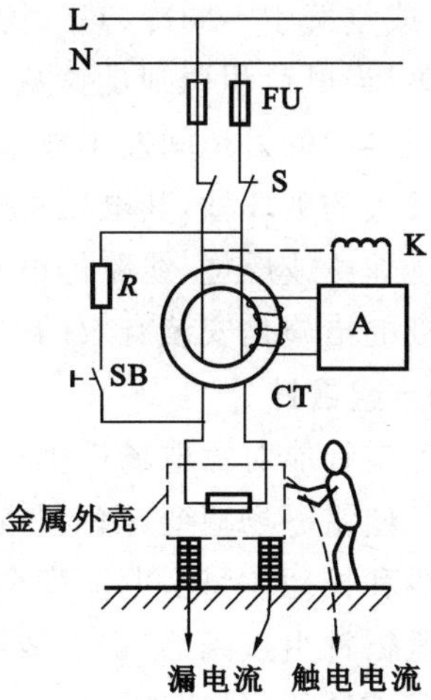

图 9.4.6　漏电保护器

在正常情况下，流经电源相线与中线的电流大小相等，方向相反。因此，在环形铁芯中的总磁势为零，故电流互感器 CT 的副边绕组不会产生感应电动势，电源正常向负载供电。当负载外壳由于绝缘破坏而带电时，则可能产生对地漏电流或人触及负载外壳产生的触电电流，使得中线电流比相线电流小，环形铁芯中的合成磁势不再为零，当漏电电流或触电电流超过一定数值时（一般整定为 15～30 mA），CT 副边绕组产生的感应电动势经放大器放大后，使脱扣器 K 动作，切断故障电路，起到保护作用。试验按钮 SB 和试验电阻器 *R* 是为了检查漏电保护器是否能可靠动作而设置的。借以模拟漏电故障动作情况。

9.4.3　电气防火、防爆

引起电气火灾和爆炸的原因是电气设备过热和电火花、电弧等。为此，不要使电气设备长期超载运行。要保持必要的防火间距及良好的通风。要有良好的过热、过电流保护装置。在易爆的场地如矿井、化学车间等,要采用防爆电器。

出现了电气火灾怎么办?

(1) 首先切断电源。注意拉闸时最好用绝缘工具。

(2) 来不及切断电源时或在不准断电的场合,可采用不导电的灭火剂带电灭火。若用普通水枪灭火,最好穿上绝缘套靴。

最后,还应强调指出,在安装和使用电气设备时,事先应详细阅读有关说明书,按照操作规程操作。

9.4.4 雷电及其防护

雷电产生原因的学说较多,现象比较复杂。最常见的一种说法是:地面湿气受热上升,或空气中不同冷、热气团相遇,凝成水滴或冰晶,形成积云,在运动中使电荷发生分离,当电荷积聚到足够数量时,就在带有不同电荷的云间,或由于静电感应而产生不同电荷的云地间发生放电现象,这就是雷电现象。雷电流流过地面的被击物时,具有极大的破坏性,其电压可达数百万至数千万伏,电流达几十万安,造成人畜伤亡,建筑物炸毁或燃烧,线路停电及电气设备损坏等严重事故。必须采取措施加以防护。最积极的措施是安装有效的防雷装置。常用的防雷装置如下:

1. 避雷针

避雷针能对雷电场产生一个附加电场(这是由于雷云对避雷针产生静电感应引起的),使雷电场畸变,因而将雷云的放电通路吸引到避雷针本身,由它及与它相连的引下线和接地体将雷电流安全导入地中,从而保护了附近的建筑物和设备免受雷击。

避雷针由接闪器、引下线和接地体三部分组成。

避雷针的保护范围,以它对直击雷所保护的空间来表示。

单支避雷针的保护范围见图 9.4.7。从针的顶点向下作 45°的斜线,构成锥形保护空间的上部,从距针底各方向 1.5 h 处向避雷针 0.75 h 高处作联接线,与 45°斜线相交,交点以下的斜线构成保护空间的下半部。如果用公式表达高度为 h_x 的空间,保护半径 r_x 为

$$\left.\begin{aligned} &\text{当 } h_x \geqslant \frac{h}{2} \text{ 时,} \qquad r_x = (h - h_x)p \\ &\text{当 } h_x < \frac{h}{2} \text{ 时,} \qquad r_x = (1.5h - 2h_x)p \end{aligned}\right\} \tag{9.4.1}$$

p 为考虑当针太高时,保护半径不成正比增大的系数。当 $h \leqslant 30$ m 时,$p=1$;当 $30 < h < 120$ m 时,$p = \frac{5.5}{\sqrt{h}}$(高度及半径均以 m 计)。

当需要保护的范围较大时,用一根高避雷针保护往往不如用两根比较低的避雷针保护有效,由于两针之间受到了良好的屏蔽作用,除受雷击的可能性极少外,还便

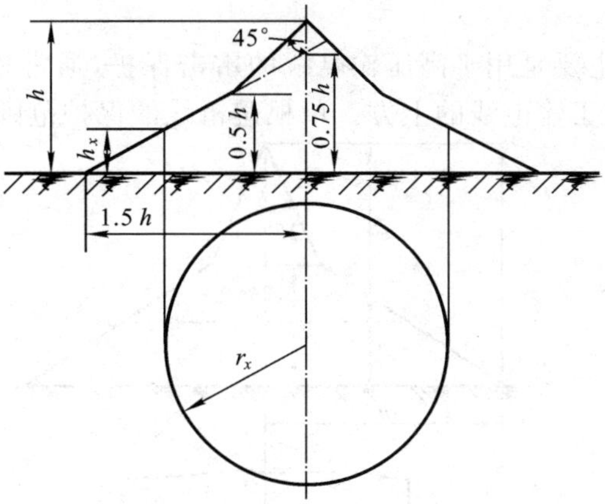

图 9.4.7 单支避雷针的保护范围

h—避雷针高度；h_x—被保护物高度；

$h_0=h-h_x$—避雷针有效高度；r_x—在 h_x 上的保护半径

于施工和具有良好的经济效果。如图 9.4.8 所示。

两针外侧的保护范围与单支相同，两针间的保护范围根据 h_0 决定。$H_0=h-D/7p$，双针在 h_x 水平面上的保护范围如图 9.4.8(c)所示。

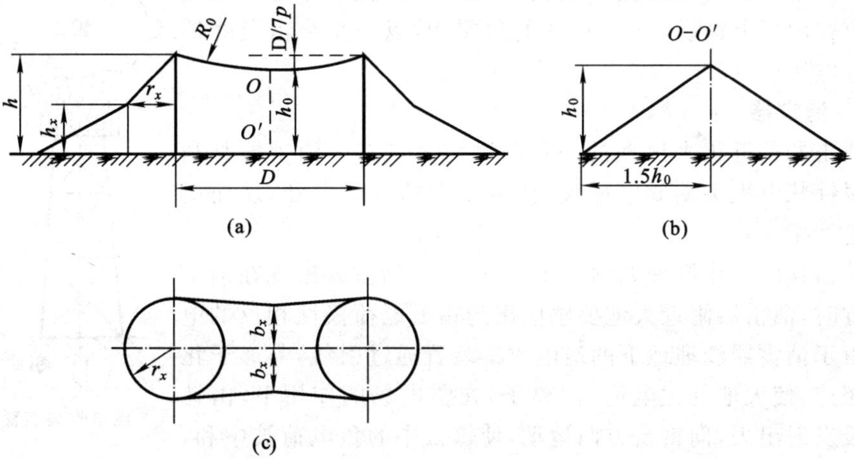

图 9.4.8 两支等高避雷针的保护范围

D—两避雷针间的距离；$2b_x$—在 h_x 水平面上的保护范围最小宽度；

R_0—通过两针顶点及保护范围上部边缘最低点 O 的圆弧的半径，O 点位于 $h-\dfrac{D}{7p}$ 的水平面上；

h_0—两针间保护范围上限的最低点的高度

此外，也可以设置两根不等高避雷针、三根避雷针、四根避雷针等，其保护范围及计算办法可参考有关设计手册。

2. 避雷线

避雷线的作用主要是用于高压输电线的雷击保护,通常采用一根钢铰线架设在电力线铁塔顶端,位于输电线的上方。单根避雷线的保护范围如图 9.4.9 所示。

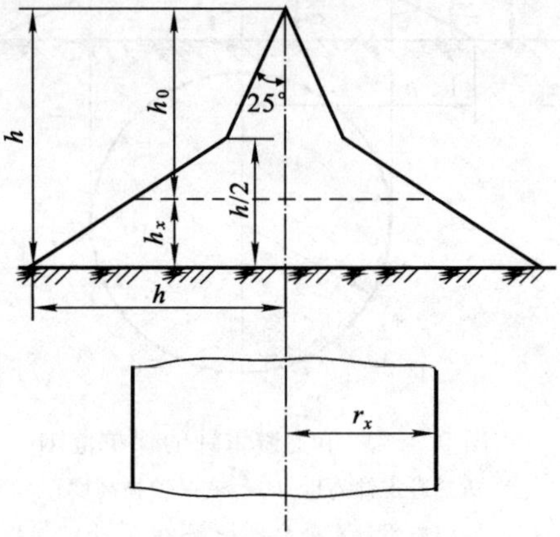

图 9.4.9 单根避雷线的保护范围

实践证明,雷电最容易击于建筑物的边缘及凸出部分。所以在建筑物边缘及凸出部分上加装避雷带,这是一种有效而经济的防雷办法,避雷带应有良好的接地,并且可以把它与建筑物的钢筋联接,对重要建筑物,除这种办法外还应在屋面上铺设 6 m×6 m 的避雷网,以防止绕击及降低屋内过电压。

3. 消雷器

消雷器是近年来出现的一种新型防雷装置。消雷器是利用金属针状电极尖端放电原理,使雷云中的电荷中和,从而避免雷电产生。

消雷器的工作原理如图 9.4.10 所示。当雷云出现在消雷器上方时,消雷器附近大地要感应出与雷云电荷极性相反的电荷。由于消雷器浅埋地下的地电收集装置通过引线,与离子化装置相连,使大地的正电荷(阳离子)在雷电场的作用下,由针状电极发射出去,向雷云方向运动,使雷云中的负电荷被中和,雷电场被消弱,从而防止雷电的发生。

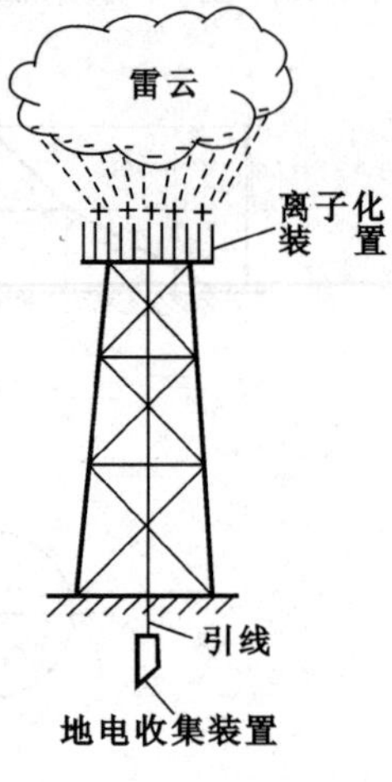

图 9.4.10 消雷器

9.4.5 静电及其防护

静电是一种常见现象,如摩擦起电、雷电等现象。

所谓静电,是指相对静止的电荷。静电技术的应用领域已十分广阔,如静电喷漆、静电除尘、静电植绒和静电复印等。但静电现象也给人类的生产、生活带来了许多危害,如静电放电时产生的火花会引起电气火灾与爆炸事故等,因此,对静电必须进行防护。

1. 静电的产生

在工业生产中，容易产生静电的情况很多。

(1) 固体物质间的大面积接触或摩擦。如传动皮带在皮带轮上摩擦、塑料或纸张与辊筒或辊轴间的摩擦、橡胶制品及塑料制品的压制等，固体物质的粉碎、研磨过程中及粉状物料与管壁或容器壁的高速碰撞和摩擦都会产生静电。

(2) 液体或气体之间及其与固体之间的接触或摩擦。液体或气体在管道中流动或从管道口喷出时，及液体或气体在容器中剧烈晃动过程中，均会有静电产生。

产生静电电荷的多少与生产物料的性质和料量、摩擦力的大小和摩擦面积大小等因素有关。

2. 静电的特点及其危害

静电电荷若不能及时有效地消散，就会逐渐积累起来。静电通常有如下特点：

(1) 静电电压很高。静电电压可高达几万至几十万伏，所以带静电体极易发生火花放电，引起火灾或爆炸。

(2) 静电消散很慢。由于积累静电的材料往往是电阻率很高的绝缘材料，所以静电消散很慢，即使经过很长时间(如几小时)后，静电危害依然存在。

(3) 静电感应。静电感应现象往往使原来不带电的物体带上静电，从而可能导致意外情况下的火花放电。

(4) 尖端放电。物体的尖端静电集中，所以尖端部位极易火花放电。

静电的最大危害是引起火灾或爆炸。静电也常常对人体造成电击，引起人体坠落、摔倒等二次事故或其他危害。生产过程中产生的静电如不及时消除，可能干扰电子控制装置的正常运行，妨碍生产或降低产品质量。

3. 静电防护

首先应设法不产生静电。为此，可在材料选择、工艺设计等方面采取措施。

其次是产生了静电，应设法使静电的积累不超过安全限度。其方法有泄露法和中和法等。前者如接地，增加绝缘表面的湿度、涂导电涂剂等，使积累的静电荷尽快泄露掉。后者如使用感电中和剂、高压中和剂等，使积累的静电荷被中和掉。

习　题

9.1　为什么远距离输电要采用高压电?

9.2　某宿舍的白炽灯照明负荷为 20 kW，采用 380/220 V 三相四线制供电，距变电所 250 m 远，用 BLX 线供电，要求电压损失不超过 5%，试选择导线截面(环境温度 30℃，明敷)。

9.3　什么叫工作接地、保护接地和保护接零?

9.4　试简述漏电保护器的工作原理。

第10章

电气照明技术

电气照明是现代建筑不可缺少的部分。本章主要介绍电气照明的基本概念，民用建筑的照明种类和照度标准，常用照明电光源和灯具的选择与布置，民用建筑常用照明技术措施和设计要求，照度的一般计算方法和电器照明设计。

基本要求

(1) 掌握照明技术的基本概念；

(2) 了解照明种类和照明方式，理解电光源和灯具的选择；

(3) 掌握照明节能的方式；

(4) 了解电气照明设计的基本方法。

10.1 照明技术的基本概念

1. 光的概念

光是能量的一种形式，它可以通过辐射方式从一个物体传播到另一个物体。光的本质是一种电磁波，它在非常宽广的电磁波波长范围内仅占很小的一部分。通常把紫外线、可见光和红外线统称为**光**。

2. 光通量 Φ

按人眼对光的感觉量为基准来衡量，光源在单位时间内向周围空间辐射并引起光感的能量，称为**光通量**，用符号 Φ 表示，单位为流明(lm)。其计算公式为

$$\Phi_\lambda = 680 V_\lambda P_\lambda \tag{10.1.1}$$

式中，Φ_λ 是波长为 λ 的光通量；V_λ 是波长为 λ 的光谱效率函数；P_λ 是波长为 λ 的光辐射功率。

单一波长的光为单色光，含有多种波长的光称为多色光。多色光源的光通量为各单色光通量总和，即

$$\Phi = \Phi_{\lambda 1} + \Phi_{\lambda 2} + \Phi_{\lambda 3} + \cdots = 680 \sum V_\lambda P_\lambda \tag{10.1.2}$$

3. 发光强度(光强) I_α

光源在某一特定方向上的单位立体角内(单位球面度内)所发出的光通量，称为

光源在该方向上的**发光强度**。它是用来反映发光强弱的一个物理量，用符号 I_α 表示，即

$$I_\alpha = \frac{\mathrm{d}\Phi}{\mathrm{d}\omega} \tag{10.1.3}$$

式中，I_α 为某一特定方向角度上的发光强度，下标 α 表示某一特定方向的角度，I_α 的单位为坎德拉(cd)；$\mathrm{d}\omega$ 为给定方向上的立体角元(球面度)；$\mathrm{d}\Phi$ 为在立体角元内传播的光通量。

4. 照度 *E*

能否看清一个物体，是与这个物体所得到的光通量有关的。为了研究物体被照明的程度，工程上常用照度这个物理量。通常把物体表面所得到的光通量与这个物体表面积的比值叫做**照度**，用 E 表示。它的单位为勒克斯(lx)。

$$E = \frac{\Phi}{S} \tag{10.1.4}$$

照在 1 m^2 面积上的光通量为 1 lm 时的照度为 1 lx，即 1 lx=1 $\mathrm{lm/m}^2$。

为了对照度有一个大致的概念，下面列举几种常见的照明情况：

① 在 40 W 的灯下 1 m 远处的照度为 30 lx，若在灯加搪瓷伞形白色罩后增加为 73 lx；

② 满月晴空的月光下为 0.2 lx；

③ 晴朗的白天，室内为 100～500 lx；

④ 多云的白天，室外为 1 000～10 000 lx，阳光直射时，室外为 10 000 lx；

在不同的照度下，人的视觉举例如下：照度为 1 lx，仅能辨别物体的轮廓，照度为 5～10 lx，看一般的书籍比较困难；阅览室和办公室的照度一般要求不低于 50 lx。

5. 亮度 *L*

亮度是直接对人眼引起感觉的光亮之一。对在同一照度下并排放着的白色和黑色的物体，人眼看起来有着不同的视觉效果，这是由于物体表面的反光程度的不同所造成的。通常把被视物体表面在某一视线方向上或给定方向上的单位投影面上所发出或折射出的发光强度，称为该物体表面在该方向上的**亮度**，用符号 L_α 来表示，即

$$L_\alpha = \frac{I_\alpha}{S_\alpha} \tag{10.1.5}$$

6. 显色性

当某种光源的光照射到物体上时，该物体的色彩与阳光照射时的色彩是完全一样的，有一定的失真度。我们将光源呈现被照物体颜色的性能称为**显色性**。评价光源显色性的方法，用“显色指数(R_a)”来表示。光源的显色指数越高，其显色性越好。一般显色性取 80～100 为优，50～79 为一般，当小于 50 为差。

7. 眩光

眩光是照明质量的重要特征。视野中有极高的亮度或强烈的亮度对比时，将造成视觉降低和人眼睛不舒适甚至痛感，这种现象称为**眩光**。眩光分为直射眩光和反射眩光两种。

直射眩光是在观察方向上或在附近存在亮的发光体所引起的眩光。

反射眩光是在观察方向上或在附近由亮的发光体镜面反射所引起的眩光。

10.2 照明种类

民用建筑中的照明种类按用途可分为正常照明、事故照明、警卫值班照明、障碍照明、节日彩灯和装饰照明等。

1. 正常照明

在正常情况下，要求能顺利的完成工作，保证安全通行和能看清周围的物体而设置的照明，称为**正常照明**。正常照明有三种方式：一般照明、局部照明和混合照明。所有居住的房间和供工作、运输、人行的走道，以及室外庭园和场地等，皆应设置正常照明。

2. 事故照明

在正常照明下因故障而熄灭后，供继续工作或人员疏散而使用的照明，称为**事故照明**。

民用建筑在下列场合应装事故照明：

(1) 剧院、博物馆、展览馆和百货大楼等公共场所，供人员疏散用的走廊、楼梯和太平门。

(2) 高层民用建筑的疏散楼梯(包括防烟楼梯间前室)、消防电梯及其前室、配电室、消防控制室、消防水泵房和自备发电机房以及建筑高度超过 24 m 的公共建筑内的疏散走道、观众厅、餐厅以及商场营业厅等人员密集的场所。

(3) 医院的手术室和急救室的事故照明应采用能瞬时可靠点燃的照明光源，一般采用白炽灯或卤钨灯。若事故照明作为正常照明的一部分经常点燃，而在事故时又不需要切换电源的情况下，也可以用其他的光源。当采用蓄电池作为疏散用事故照明的电源时，要求其连续供电的时间不应少于 20 分钟。事故照明的照度不应低于正常照明总照度的 10%。仅供人员疏散用的事故照明的照度应不小于 0.5 lx。

3. 警卫值班照明

在重要的场所(如值班室、警卫室、门房等)设置的照明叫**警卫值班照明**。一般宜利用正常照明中能单独控制的一部分或利用事故照明中的一部分作为值班照明。

4. 障碍照明

在建筑物上装设的作为障碍标志用的照明，称为**障碍照明**。如：装设在高层建筑的顶端作为飞机飞行障碍标志用的照明；装在水上航道两侧建筑物上作为水运障碍标志的照明等。这些照明应按交通部门有关规定装设。障碍照明应采用能透雾的红光灯具，有条件时宜采用闪光照明灯

5. 彩灯和装饰照明

由于建筑规划或市容美化的要求，以及节日装饰或室内装饰的要求而设置的照明，叫**彩灯照明和装饰照明**。一般用功率为 15 W 左右的彩色白炽灯作为此类照明的光源。

10.3 照明方式

按照建筑物的功能和照度的要求，照明方式分为三种。

1. 一般照明

一般照明是为室内某些场合或场所的某部分提供照度基本均匀的照明。对于一般工作场所，宜单独使用一般照明。它的优点是在工作表面和整个视野范围中，具有较佳的亮度对比。可采用较大功率的灯泡，因此光效较高；且照明装置数量少，安装费用低。例如办公室、教室、商场等场所的照明。

2. 局部照明

仅局限于工作部位固定或移动场所的照明。对于局部地点需要较高照度并对照射方向有要求时，宜采用局部照明。例如绘画馆、展览馆等展柜的照明，车间内车床的照明等。

3. 混合照明

混合照明是一般照明和局部照明共同组成的照明。它适合于对工作位置需要较高照度并对照射方向有特殊要求的场所。混合照明的优点是能在工作平面、垂直面或倾斜表面上，获得高的照度和提高光色。混合照度中一般照明的照度不应低于 20 lx。例如绘画馆大厅采用一般照明，墙壁上的油画等采用为局部照明。

10.4 电光源的选择

电光源的选择应注意如下的一些要求：

1. 使用场所和环境要求

室内照明一般宜采用白炽灯、荧光灯或其他气体放电光源，但在选用放电光源时应防止电磁干扰和频闪效应的影响。频闪效应是指观察运动物体造成的错觉，如观察转动物体时人感觉物体好像不在转动或转动很慢，人们就把这种现象称为光源的**频闪效应**。因此，在采用气体放电光源时，应采取必要措施，如采用分相接入三相电源等方法。对于视觉要求较高的场所，一般不选用气体放电光源。

2. 光源的显色要求

在需要正确辨色的场所，应采用显色性指数较高的光源，如白炽灯、日光灯和卤钨灯等。在同一场所内，当使用一种光源不能满足光色要求时，可采用两种或两种以上光源的混光来照明。

3. 光源的色调要求

在选择照明光源时，应考虑被照对象和场所对光源的色调要求，因为光源的色调直接影响人们的情趣，所以在民用建筑中色调也较为重要。对照明有较高要求的场所，如高级宾馆、饭店、展览馆等，可以从下述所举照明效果来选择光源的色调。① 暖色光能使人感到距离近些，而冷色光使人感到距离较远。② 暖色光里的明色有柔软感，冷色光里的明色有光滑感。暖色调的物体看起来密度大些、重些和坚固些；冷色调的看起来轻一些。在狭窄的空间宜用冷色光里的明色，以形成宽敞明亮的感觉。③ 一般红色、橙色有兴奋的作用，而紫色则有抑制的作用。

10.5 灯具的选择

灯具除了照明以外，它在房间中还要起装饰、点缀的作用，在什么地方装灯，装什么样的灯都要恰到好处。装饰须与实用统一，在照明为主的前提下考虑装饰，这也是灯具选择所依据的一个原则。正确的照明灯具选择，是建筑电气设计的主要内容之一，为了人们的身心健康，为工作和学习创造良好的环境条件，必须选择好灯具。

根据安装方式的不同，灯具大致可以分为以下几类，供灯具选择时参考：

1. 嵌入式灯具

这种灯具适用于有吊顶的房间，灯具是嵌入在吊顶内安装的，具有良好的消除眩光的作用，与吊顶结合具有美观的装饰效果。

嵌入式灯具主要有圆格栅灯、方格栅灯、平方灯、螺丝罩灯、嵌入式格栅荧光灯、嵌入式保护荧光灯、嵌入式环形荧光灯、方型玻璃片嵌顶灯、浅圆嵌式平顶灯。

嵌入式灯具又分为开启型和封闭型两大类。对于开启式荧光灯具，灯具与顶棚的明暗对比较大，是建筑化的照明，办公室应用比较广泛；方形、圆形下射光开启型嵌入灯，用于大厅、门廊、走道处的较多。方形封闭型嵌入灯，用于领导办公室、门厅和走道的较多。

2. 半嵌入式灯具

将灯具的一半或一部分嵌入顶棚内，另一半或一部分露在顶棚外面，它介于吸顶式和嵌入式之间。这种安装方式消除眩光的作用不如嵌入式灯具好，但它适用于天棚吊顶深度不够的场所，在走廊等处应用较多。

3. 壁式灯具

把灯具安装在墙壁上、庭柱上。主要用于局部照明、装饰照明和不适应在顶棚上安装灯具或没有天棚的场所。

壁式灯具主要有筒式壁灯、夜间壁灯、镜前壁灯、亭式壁灯、组合式壁灯、投光壁灯、门厅壁灯、安全指示式壁灯等。

在房间面积较大的客厅，可以在壁柱上装壁灯；在洗脸间、衣帽间墙壁上可以装单火或双火的装饰性壁灯；在大门厅或门柱上可以装亭式壁灯、门壁灯，用以指路照明。

4. 吸顶式灯具

将灯具吸贴在顶棚面上，主要用于没有吊顶的房间内。吸顶式灯具运用比较广泛，它的眩光抑制不如嵌入式灯具好，但整个房间和天棚表面是比较明亮的。

吸顶式灯具主要有组合方型、晶罩组合、圆格栅、筒形、直口直边形、斜边扁圆形、圆球形、长方形、防水形等种类。

吸顶装的发光带适用于计算机机房、变电站以及发光天棚；控照式荧光吸顶灯适用于照度要求较高的场所；封闭式带罩吸顶灯适应于照度要求不很高的场所，它的光线不刺眼，外形美观，但发光效率低；吸顶裸灯泡适用于普通的场所，如厕所、洗脸间、仓库等。

5. 悬吊式灯具

悬吊式灯具是最普通的一种灯具安装方式，也是应用最广泛的一种。它主要是利用吊链、吊管、吊灯线来装灯具，以达到不同的使用效果。

悬吊式灯具主要有圆球直杆灯、明月罩吊链灯、碗形罩吊灯、束腰罩吊灯、砂罩吊灯、伞型吊灯、灯笼吊灯、组合水晶吊灯、三环吊灯、玉兰罩吊灯、花兰罩花吊灯、梭晶吊灯等。

带有反光罩的吊灯，配光曲线比较好，照度集中，适应于顶棚高的场所、教室、办公室、设计室。吊线灯，用于住宅、卧室、休息室、小仓库、普通房间等的较多。管吊广照灯、深照灯，适用于工厂厂房、车间等高空间的房间。管吊、链吊花灯适用于带有装饰性的房间，如高级客房、宾馆、会议厅、大展厅等。

6. 落地式灯具

落地式灯具多用于高级客房、宾馆，带有沙发、茶几的房间落地式灯具有的单独使用，有的与衣架组合使用。在高级领导者的房间、知识分子的书架旁需要局部照明或装饰照明的空间安装的较多。

7. 台式灯具

台式灯具主要放在办公桌、工作台上，作为书写、阅读工作之用。台灯的种类较多，目前市场上流行的主要有变光调光台灯、8 W 荧光台灯等。台灯一般在施工图纸上不标出，只在办公桌、工作台旁设置一至二个电源插座即可，台灯的选择由用户自定。

8. 庭院式灯具

庭院灯灯头或灯罩多数向上安装，灯管和灯架多数安装在庭院地坪上，特别适用于公园、街心花园、宾馆等场所。庭院灯主要有盆圆形庭院灯、玉坛罩庭院灯、花坪柱灯、四叉方罩庭院灯、琥珀庭院灯、花坛柱灯、六角形庭院灯、磨花圆形罩庭院灯等。庭院灯有的安装在草坪里，有的依公园道路、树林曲折随弯设置，有一定的艺术效果。

9. 道路、广场式灯具

道路、广场灯主要用作夜间的通用照明之用。道路灯有高杆球型路灯、高压汞灯路灯、双管荧光灯路灯、六叉广场灯、双腰鼓路灯、瓢形高压汞灯等。广场灯有广场塔灯、六叉广场灯、碘钨反光灯、圆球柱灯、高压钠柱灯、高压钠投光灯、深照卤钨灯、搪瓷斜照卤钨灯等。

道路照明多使用高压纳灯、高压荧光汞灯等，目的是为车辆提供必要的视觉信息，预防交通事故的发生，给司机和行走的人们提供照明诱导的作用。广场灯用于车站前广场、机场前广场、公共汽车站广场、立交桥、停车场、集会广场等。广场灯应根据广场的形状、面积、使用特点来选择。

10. 自动应急照明灯具

自动应急照明灯具适应于宾馆、饭店、医院、影剧院、大型商场、银行、邮电、人防工事、地下室等公共场所。

应急照明灯，均采用密封型铬镍电池作电源，内部装有密封蓄电池、充放电转换装置、电源，有的生产厂家还在内部设有放音系统。这种灯具有过放电保护、自动浮充及正常运行时继电器不带电的特点，线路比较先进，性能稳定，安全可靠。当交流电接通时，电源正常供电，蓄电池被缓慢充电，当交流电源因故中断时，自动切换系统将蓄电池电源自动供给光源照明，有的灯具同时带有发出指示性疏散喊话的放音系统，为人员安全撤离指示方向。

自动应急照明灯具是按照轻工业灯具标准设计制造的，符合《工业照明设计》、《高层民用建筑防火设计规范》、《建筑电气设计技术规程》、《民用建筑照明设计指南》的有关规定。

应急灯的种类有照明型、放音指示型、字符或图样标志型等。按安装型式分为吊灯、壁灯、挂灯、吸顶灯、筒灯、投光灯和转弯指示灯等多种样式。

有关各种灯具的使用场所如表 10.5.1 所示。

表 10.5.1 各种灯头的适用场所

光源名称	适用场所	举例
白炽灯	1. 要求照度不很高的场所 2. 局部照明，事故照明 3. 要求频闪效应小或开关频繁的地方 4. 避免用气体放电灯对无线电或测试设备干扰的场所 5. 需要调光的场所	高度较低的房间、仓库、办公室、礼堂、宿舍、次要道路、图书馆等
卤钨灯	1. 照明要求较高，显色性要好，且无振动的场所 2. 要求频闪效应小的场所 3. 需要调光的场所	礼堂、体育馆等
荧光灯	1. 悬挂高度较低，又需要较高照度的场所 2. 需要正确的识别色彩的场所	设计室、阅览室、办公室、医务室、旅馆、饭店、住宅等
荧光高压汞灯	照度要求高，但对光色无特殊要求的场所	道路照明 广场照明
管形氙灯	要求照明条件较好的大面积场所或短时需要强光照明的地方，一般悬挂高度在 20 m 以上	露天作业场 广场照明
金属卤化物灯	房子高大，要求照度较高光色较好的场所	体育馆、礼堂等
高压钠灯	1. 要求照度高，但对光色无要求场所 2. 多烟尘的场所	道路照明、露天场地等

10.6 灯具的布置与安装

灯具的布置和安装，应从满足工作场所照度的均匀性、亮度的合理性以及眩光的限制等要求，去考虑布置方式和安装高度。照度的均匀性，是指工作面或工作场所的照度均匀分布特性，它用工作面上的最低照度与平均照度之比来表示。亮度的合理分布是使照明环境舒适的重要标志和技术手段。为了满足上述要求，必须进行灯具的合理布置和安装。

1. 灯具的布置

室内灯具的布置方式分为均匀布置和选择布置两种。均匀布置是指灯具间距按一定规律均匀布置的方式，如按正方形、矩形、菱形等形式布置，可使整个工作面上获得较均匀的照度。均匀布置方式适用于室内灯具的布置，如教室、实验室、会议室等。选择布置是指满足局部要求的灯具布置方式，适用于采用均匀布置达不到所要求的照度分布的场所中。

灯具在均匀布置时，灯具间距 L 与灯具在工作面上的悬挂高度（也称计算高度）h 之比（L/h），称为**距高比**。当灯具按矩形或菱形均匀布置时，灯具间距按 $L=\sqrt{L_1L_2}$ 计算，L_1、L_2 分别为矩形的长和宽或分别为菱形的两对角线的长度。

室外灯具的布置可采用集中布置、分散布置、集中和分散相结合等布置方式,常用灯杆、灯柱、灯塔或利用附近的高层建筑物来装设照明灯具。道路照明应与环境绿化、美化统一规划来设置灯杆或灯柱,对于一般道路可采用单侧布置;但对于主要干道可采用双侧布置。灯杆的间距一般为25～50 m。

2. 灯具的安装

为了限制眩光,使工作面上获得较理想的照明效果,室内照明安装要求灯具距地面的安装悬挂高度有规定要求,一般不宜低于表10.6.1中的规定数值。此外,灯具的安装应牢固,便于维修和更换,不应将灯具安装在高温设备表面,或有气流冲击的地方。普通吊线灯只适用于灯具重量在1 kg以内,超过1 kg的灯具或吊线长度超过3 m时,应采用吊链或吊杆,此时吊线不应受力。

表10.6.1 照明灯具距地面最低悬挂高度

光源种类	灯具形式	光源灯具功率/W	最低悬挂高度/m
白炽灯	有反射罩	≤60	2.0
		100～150	2.5
		200～300	3.5
		≥500	4.0
	有乳白玻璃漫反射罩	≤100	2.0
		150～200	2.5
		300～500	3.0
卤乌灯	有反射罩	≤500	6.0
		1 000～2 000	7.0
荧光灯	无反射罩	≤40	2.0
		>40	3.0
	有反射罩	≥40	2.0
荧光高压汞灯	有反射罩	≤125	3.5
		250	5.0
		≥400	6.0
高压汞灯	有反射罩	≤125	4.0
		250	5.5
		≥400	6.5
金属卤华灯	搪瓷反射罩 铝抛光反射罩	400	6.0
		1000	14.0
高压钠灯	搪瓷反射罩 铝抛光反射罩	250	6.0
		400	7.0

3. 灯具与建筑艺术的配合

在民用建筑中，除了合理地选择和布置光源及灯具外，还要从建筑艺术角度考虑，采取一些必要的措施，来发挥照明技术的作用，以显示建筑的艺术效果。常常利用各种灯具和建筑技术手段的配合，构成各种形式的照明方式，如发光顶棚、光带、光梁、光檐、光柱等，它们就是利用建筑艺术手段，将光源隐蔽起来，构成间接型灯具。这样，可增加光源面积，增强光的扩散性，使室内眩光、阴影得以完全消除，光线显得均匀柔和，衬托出环境气氛，形成舒适环境。此外还采用艺术壁灯、花吊灯等技术手段。民用建筑中采用艺术手段的照明方式如图 10.6.1 所示。

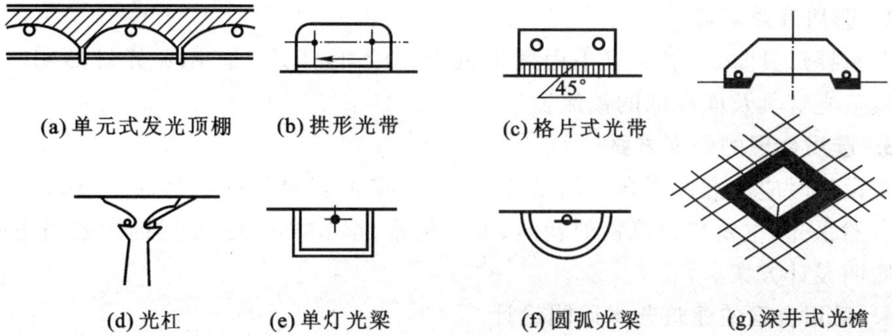

图 10.6.1　民用建筑常用方式示意图

10.7　照明节能

在照明设计和选择光源、灯具时，还应根据视觉工作的要求，综合考虑照明技术特性和长期运行的经济效益。照明节能对于提高民用建筑的经济效益有着重要的意义，常用的节能措施有如下几种。

1. 采用高效光源

高大房间和室外场地的一般照明，易采用荧光灯（或高显色性高压钠灯）、金属卤化物等高效放电灯。较低房间的一般照明，宜采用荧光灯和小功率低压钠灯。只有在开关频繁或特殊需要时（如展览馆、影剧院、高级饭店等场所），方可使用白炽灯。为了节约电能，要注意采用新型的节能电光源。新近出现的高效节能荧光灯，在国内已有不少地方开始大量使用，它的显色性、照度、光效（单位电功率下的发光效果）等技术参数均优先于普通荧光灯，而其能耗则远远低于同照度的普通荧光灯，所以是一种有发展前途的电光源，应该大力推广使用。常用光源的光效见表 10.7.1。

表 10.7.1 常用光源的光效

光　源	光效/(lm·W^{-1})	光　源		光效/(lm·W^{-1})
白炽灯	6～18	金属卤化物灯	钠-铊-铟灯	6～18
卤乌灯	21～22		镝灯	6～18
荧光灯	65～78		卤化锡灯	6～18
高压汞灯	40～60		高压钠灯	6～18
氙灯	22～50			

2. 选用高效灯具

在选择灯具时，一般不宜采用效率低于 70%的灯具。使用荧光灯照明时，宜采用高效荧光灯具及能耗低的镇流器。

3. 选用合理的照度方案

在设计时应注意选用合理的设计方案，严格控制照明用电指标。根据建筑物房间的自然采光，主要与建筑物的朝向、地理位置、季节等有关，要优选光通利用系数较高的照明设计方案。

4. 采用合理的建筑艺术照明设计

建筑艺术照明设计是必要的，但也应讲究实效，避免片面追求形式。严格限制霓虹灯和节日装饰照明灯的设置范围。在安装彩灯照明时，应力求艺术效果和节能的统一。

5. 装设必要的节能装置

对于气体放电光源，可采用装设补偿电容的措施来提高功率因数，当技术经济条件可能时，可采用调光开关或光电自动控制装置等节能措施。

10.8 照度计算

照明设计的主要任务是选择合适的照明器具，进行合理的布局以获得符合要求的亮度分布。照度计算一般采用光通量法、单位容量法和逐点法等。这里仅介绍常用的单位容量法。

单位容量法适用于一般均匀照明计算。一般民用建筑和生活福利设施及环境反射条件较好的小型房间，可利用此法进行计算。

单位容量法是从光通利用系数法演变而来的，是在各种光通利用系数和光的损失等因素相对固定的条件下，得出的平均照度的简化计算方法。一般在已知房间的被照面积后，就可根据推荐的单位面积安装功率，来计算房间所需的总的电光源功率。这是一种常用的方法，它适用于设计方案或初步设计的近似计算和一般的照明计算。

1. 计算步骤

(1) 根据民用建筑不同房间和场所对照明设计的要求，首先选择照明光源和灯具。

(2) 根据所要达到的照度要求，查灯具的单位面积安装容量表。

(3) 按下述公式计算灯具数量，按一般的照明灯具进行布置，确定布灯方案。

2. 计算公式

$$\sum P = \omega S \tag{10.8.1}$$

$$N = \frac{\sum P}{P} \tag{10.8.2}$$

式中，$\sum P$ 为总安装容量，W，不包括镇流器的功率损耗；S 为房间面积，一般指建筑面积，m^2；ω 为最低照度值的单位面积安装容量，W/m^2，可查表 10.5.1；P 为一套灯具的安装容量，不包括镇流器的功率损耗；N 为在规定照度下所需灯具数套。

若房间内的照度标准为推荐的平均照度值时，则应由下式来确定 $\sum P$ 值。

$$\sum P = \frac{\omega}{2} S \tag{10.8.3}$$

计算 $\sum P$ 值两种方法都可，一是按平均照度值查 ω 值表，然后按公式(10.8.3)计算；另一是平均照度换算成最低照度查 ω 值表，然后按公式(10.8.3)计算。计算时一般不考虑补偿系数，只有在污染严重的环境中或室外照明，才适当计及补偿系数。当房间长度 $a>2.5b$ 时(b 为房间宽度)，按 $2.5b^2$ 的房间面积查表，计算时仍以房间实际面积(ab)进行。这样可适当增加单位面积容量值，可满足狭长房间的照度要求。

10.9 电气照明设计简介

1. 电气照明设计的主要内容

电气照明设计主要根据土建设计所提供的建筑空间尺寸，道路、场地的环境状况，结合使用要求，按照明设计的有关规范、规程和标准，进行合理设计，包括拟定和确定设计方案与进行具体的照明设计。照明设计主要内容有：确定合理的照明种类和照明方式；选择照明光源和灯具，确定灯具布置方案；进行必要的照度计算和供电系统的负荷计算，照明电气设备与线路的选择计算；绘制出照明系统平面布置图及相应的供电系统图等。

2. 电气照明设计应满足的要求

工作面的照度应符合规定值，保证一定的照明质量要求，如限制眩光，光源的显色性和色调要求，合理的亮度分布等；供电的安全可靠；维护检修的安全方便；照明装置与建筑物及其周围环境的协调统一；根据国情积极慎重地采用先进技术；注意结合国家在电力、设备和材料方面的实际，提出合理的设计方案；主动采取必要的照明节能措施，尽可能经济合理地使用资金和节约能源。

3. 照明线路设计的程序和内容

照明线路设计的程序主要分为如下阶段：收集照明设计的初始材料；确定照明线路设计方案；进行具体的照明线路设计（又称深度设计），如绘制照明线路设计的正式施工图等。

(1) 收集照明线路设计的初始资料。初始资料主要有建筑的平面、立面和剖面图；室内布置图；照明设计要求，即考虑照明供电系统和线路，以及灯具的安装方法等。

(2) 确定照明设计方案。根据所收集的有关资料和照明设计任务书，进行初步设计，拟定和比较方案，从而确定照明设计方案，然后编制初步设计文件和进行初步设计。

(3) 进行深度设计，绘制照明线路设计的正式施工图。这一步工作很重要，是照明设计的核心，主要内容包括：确定照度和照度补偿系数；选择照明方式；按照前述有关要求选择光源和灯具；确定合理的布灯方案；进行必要的照度计算，决定安装灯具的数量和光源的容量，确定照明的供电负荷；确定照明供电系统和照明支线的负荷，以及走线的路径；选择照明线路的导线型号和截面及开关电器，以及敷设方式；进行汇总，并向土建施工方面提交设计资料；绘制电气照明设计的正式图纸；列出电气照明设备和主要材料表；进行必要的概算（主要指照明设计部分的概算）。

4. 照明线路设计的施工图

主要包括如下几种图纸：

(1) 电气照明线路平面布置图。电气照明线路平面布置图是供电气施工用的图纸，应按统一的规范进行绘制，应便于施工人员阅读。图 10.9.1 为一座三层办公楼的底层照明平面布置图。为简明起见，该图中未画出楼梯。二楼和三楼的照明布置与一楼相同，进户线设在二楼。照明线路平面布置图，实际上就是在土建施工用的平面图上绘制电气照明的分布图，即在土建平面图上先用细线画出建筑和室内布置的轮廓（如建筑物的墙，可画出墙的轮廓，也可用一直线代替），并在各房间注明房间名称和照度等。然后按照电气照明设备和线路的图例规定，在土建平面图上画出全部灯具，线路和电源的进线，配电盘（箱）的位置、型号规格，穿线管径、数量、容量大小、敷设方式，干支线的编号、走向，开关、插座、灯具的种类、安装高度和方式等。

对有些难以在平面图上标明和绘制的内容，如总安装容量、总计算电流、施工安装中的特殊措施和要求等，应另加必要的说明和出具必要的图纸。

(2) 照明配电系统图。该图反映了整个建筑物内的配电系统和容量分配情况。包括所用的配电装置、配电线路、总的设备容量等，它是所绘制的电气施工图之一。

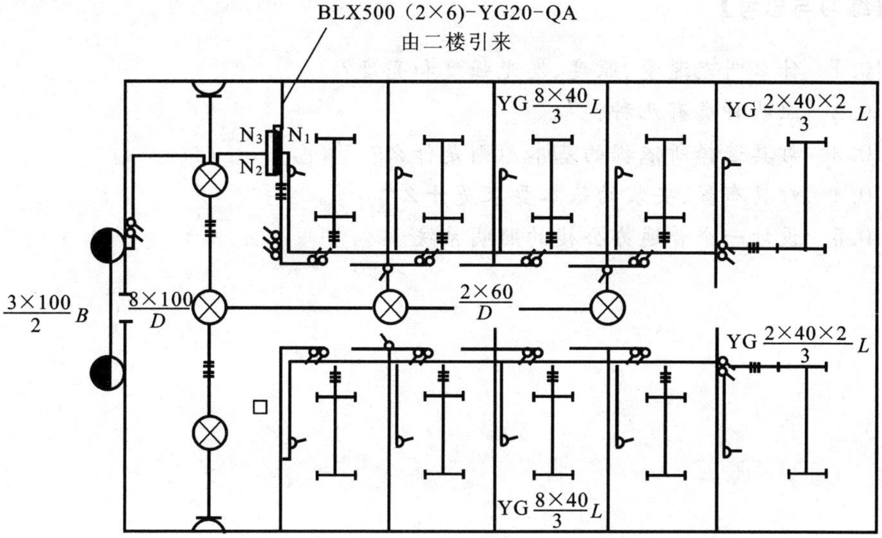

图 10.9.1 办公楼底层照明平面布置图

图 10.9.2 为上述办公楼的照明配电系统图。图上标出了各级配电装置和照明线路；各配电装置内的开关、熔断器等电器的规格，导线型号、截面、敷设方式、所用管径；灯具的安装容量(kW)等。对于较简单的电气照明设计，系统图可附在平面图上，或不单出系统图。照明配电系统图有总系统图和分系统图之分。

照明设计的施工图纸，除了上述的主要平面布置图和系统图外，还有外线平面图、构件大样图和祥图，此外还应有图纸目录、材料表、图纸说明等。

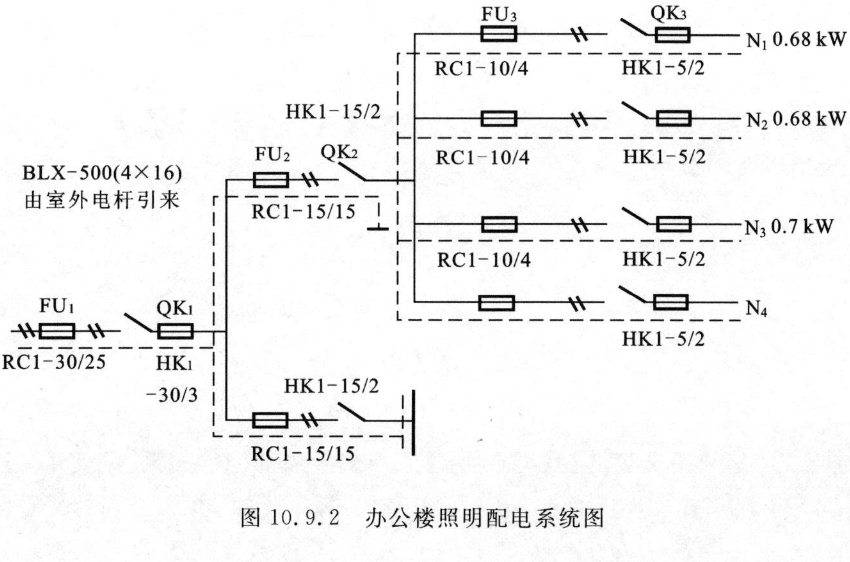

图 10.9.2 办公楼照明配电系统图

【练习与思考】

10.1　什么叫光通量、照度、发光强度和亮度？

10.2　照明种类有几种？

10.3　灯具选择所依据的基本原则是什么？

10.4　灯具布置、安装的基本要求是什么？

10.5　设计一个普通办公楼的照明系统。

部分习题参考答案

第 1 章

1.1 (a) 7 A；(b) −0.3 A，0.1 A；(c) 0.9 A，0.6 A，0.3 A，0.1 A

1.2 0.31 A，9.30 A，9.60 A

1.3 −28 W(发出)，10 W(吸收)，8 W(吸收)，10 W(吸收)

1.4 3.7 kΩ，20 W

1.5 图(a)联接电路

1.6 14 V，1 A，−28 W，+10 W

1.7 168 Ω，174.4Ω

1.8 16 V，1.6 V，0.16 V，0.016 V

1.9 −1 A

1.10 −2 A，0 A，1 A，1 A，0.67 A，0.33 A

1.11 1 A

1.12 0.213 A，0.08 A，0.293 A

1.13 4 A，10 A，12 A，80 V，60 V，发出，发出

1.14 9.38 A，8.75 A，28.13 A；1 055 W，984 W，1 125 W，3 164 W

1.15 −14 V

1.16 0.286 V

1.17 0.2 A

1.18 0.94 A

1.19 (1) 15 A，10 A，−25 A；(2) 11 A，16 A，−27 A

1.20 (a) 18 V，2 Ω；(b) 11 V，2 Ω；(c) 9 V，1.5 Ω

1.21 1.47 A

1.22 −1 A

1.23 允许接入 23 个负载

1.24 0.154 A

1.25 2.5 V

1.26 0.1 A，0.2 W

第 2 章

2.1 $u=\sqrt{2}U\sin\omega t$ V，$i_1=\sqrt{2}I_1\sin(\omega t+90^\circ)$ A，$i_2=\sqrt{2}I_2\sin(\omega t-45^\circ)$ A

$\dot{U}=U\angle 0^\circ$ V，$\dot{I}_1=I_1\angle 90^\circ$ A，$\dot{I}_2=I_2\angle -45^\circ$ A

2.2 $i_1=10\sin(\omega t+45^\circ)$ A，$i_2=10\sin(\omega t-45^\circ)$ A

$i_3=10\ \sin(\omega t+135°)$ A, $i_4=10\ \sin(\omega t-135°)$ A

2.3 (1) $\dot{U}=10\angle 83°$ V, $u=10\sqrt{2}\ \sin(\omega t+83°)$ V

(2) $\dot{I}=10\sqrt{2}\angle -75°$A, $i=20\ \sin(\omega t-75°)$ A

2.4 (1) $u_L=310\ \sin(\omega t+90°)$ V；(2) $\dot{I}_L=4\angle -120°$ A

2.5 (1) $i_C=0.39\ \sin(\omega t+90°)$ A；(2) $\dot{U}_C=79.6\angle -150°$ V

2.6 11 Ω,19 Ω

2.7 (1) S闭合时, $I=22$ A, $U_R=220$ V, $U_L=0$ V, $U_C=0$ V

S断开时, $I=0$ A, $U_R=0$ V, $U_C=220$ V

(2) S闭合时, $I=15.6$ A, $U_R=155.5$ V, $U_L=155.5$ V, $U_C=0$ V

S断开时, $I=22$ A, $U_R=220$ V, $U_L=220$ V, $U_C=220$ V

2.8 (a) $U=14.1$ V；(b) $U_C=80$ V；(c) $U=100$ V

(d) $I_L=3$ A；(e) $I=7.07$ A；(f) $I_L=18$ A

2.9 (1) $U=10$ V；(2) 电感,14 V, 电容,2 V

2.10 (1) $u=220\sqrt{2}\sin(314t+30°)$ V, $\dot{U}=220\angle 30°$ V

$i=10\sqrt{2}\ \sin(314t-30°)$ A, $\dot{I}=10\angle -30°$ A

(2) $R=11$ Ω, $L=60.7$ mH

(3) $P=1\ 100$ W, $Q=1\ 905$ var, $S=2\ 200$ V·A

2.11 $L=40$ H

2.13 $i_R=0.47\ \sin(1\ 000t+20°)$ A, $i_C=0.28\ \sin(1\ 000t+110°)$ A

$i_L=0.35\ \sin(1\ 000t-70°)$ A, $i=0.48\ \sin(1\ 000\ t+11.5°)$ A

2.14 $I_2=14.14$ A, $I_3=10$ A

2.15 (1) $Z=100-j55$ Ω; $\dot{I}=0.876\angle 58.8°$ A

(2) $\dot{U}_R=87.6\angle 58.8°$ V, $\dot{U}_L=220\angle 148.80°$ V, $\dot{U}_C=268.2\angle -31.20°$ V

(3) $P=76.8$ W, $Q=-42.2$ var, $S=87.6$ V·A

2.16 $U_C=6$ V或$U_C=18$ V, $R=2$ Ω, $L=0.3$ H, $C=0.067$ F或0.022 F

2.17 图(a)：

(1) $Z=4-j3$ Ω

(2) 16 W

图(b)：

(1) $Z=4+j3$ Ω

(2) 16 W

2.18 10 A, 141.4 V

2.19 $I=0.4$ A, $\cos\varphi=0.34$

2.20 $C=46.7\ \mu$F, $S=1\ 727.1$ V·A, $Q=-1\ 408.1$ var, $\cos\varphi=0.58$

2.21 $15.8\angle -71.6°$ A

2.22 $\dot{U}=3.61\angle -56.3°$ V, $P=3.5$ W

2.23　$C=271\ \mu F$

2.24　$C=102\ \mu F$

2.25　(1) $\dot{I}_1=12.6\angle-46.3°$ A，$\dot{I}_C=6.9\angle90°$ A，$\dot{I}=8.97\angle-14.2°$ A，
$P=1\ 913.2$ W，$Q=484.1$ var，$S=1\ 973.4$ V·A，$\cos\varphi=0.97$
(2) $C=32\ \mu F$

2.26　能

2.27　$R=166.67\ \Omega$，$L=0.105$ H，$C=0.24\ \mu F$，$U_C=39.56$ V

2.28　$R=15.7\ \Omega$，$L=0.1$ H

第 3 章

3.1　$Z=80+j60\ \Omega$

3.2　(1) $U_P=220$ V，$I_P=I_L=22$ A；(2) $U_P=220$ V，$I_P=22$ A，$I_L=38$ A
(3) $U_P=380$ V，$I_P=38$ A，$I_L=65.8$ A；(4) 星形联接，三角形联接

3.3　(1) 不能；(2) $\dot{I}_A=22\angle0°$ A，$\dot{I}_B=22\angle-30°$ A，$\dot{I}_C=22\angle30°$ A，$I_N=61.1\angle0°$ A
(3) $P=4\ 840$ W

3.4　$P=3\ 106.3$ W，$Q=2\ 207.5$ var，$S=3\ 810.9$ V·A，$\cos\varphi=0.815$

3.5　(1) A 相：220 V，20 A，20 A；
B 相：220 V，10 A，10 A；
C 相：220 V，10 A，10 A；
$P=8\ 800$ W；
(2) A 相：30 A，30 A；
B 相：17.3 A，17.3 A；
C 相：17.3 A，17.3 A；
(3) A 相：0 A，0 A；
B 相：8.6 A，8.6 A；
C 相：8.6 A，8.6 A

3.6　$U_L=1\ 018.3$ V，$S=9\ 700$ V·A，$Z=256.5+j192.3\ \Omega$

3.7　$U_L=380$ V

3.8　39.32 A

第 4 章

4.1　图(a)：
(1) R_1:0 V，0 A；R_2:100 V，1.01 A；C:100 V，−1.01 A
(2) R:1 V，1 A；R_2:99 V，1 A；C:99 V，0 A
图(b)：
(1) R_1: 1 V，1 A；R_2:99 V，1 A；L:99 V，0 A
(2) R_1:100 V，100 A；R_2:0 V，0 A；L:0 V，100 A

4.2　(1) $t=0_+$ 时，1.5 V，1.5 mA，2.25 mA，0 mA，0.75 mA，0 V

(2) $t=\infty$时,2 V, 2 A, 2 A, 0 A, 0 A, 0 V

4.3 $u_C(t)=20-20e^{-8.33t}$ V

4.4 (1) $i(t)=10-10e^{-500t}$ A

(2) 7.769 A

4.5 $u_C(t)=60e^{-100t}$ V, $i_C(t)=-12\ e^{100t}$ mA

4.6 $u_C(t)=100-50e^{-5\times10^5 t}$ V; $i_C(t)=6.25e^{-5\times10^5 t}$ A

4.7 $i_L(t)=1.25\times10^{-3}e^{-40\,000t}$ A; $u_L(t)=-10e^{-40\,000t}$ V

4.8 $u_C(t)=2.5+2.5e^{-2.5t}$ V, $i_C(t)=-0.625e^{-2.5t}$ mA, $i(t)=0.625-0.312\,5\ e^{-2.5t}$ mA

4.9 $u_R(t-0.1)=12.14e^{-10(t-0.1)}$ V

4.11 (1) $u_C(t)=1.5-0.5e^{-2.3\times10^6 t}$ V

(2) $u_B(t)=3-0.14e^{-2.3\times10^6 t}$ V, $u_A(t)=1.5+0.36e^{-2.3\times10^6 t}$ V

4.12 $i_L(t)=0.16+0.04e^{-1.875\times10^3 t}$ A

4.13 (1) $i_1(t)=i_2(t)=2-2e^{-100t}$ A; (2) $i_1(t)=3-e^{-200t}$ A, $i_2(t)=2e^{-50t}$ A

4.14 $t=0.02$ s

4.15 60 $\Omega<R'<$80 Ω

4.16 0.016～0.02 s

第 5 章

5.1 99.9 V

5.2 $\Delta P_{Cu}=12.5$ W, $\Delta P_{Fe}=337.5$ W

5.3 $N_1=3\,754$, $N_2=87$

5.4 166 个, $I_1=3.03$ A, $I_2=45.5$ A

5.6 87 mW

5.7 高压绕组:$U_P=20.2$ kV, $I_P=I_L=82.5$ A

低压绕组:$U_P=10.5$ kV, $I_P=158.7$ A, $I_L=274.9$ A

第 6 章

6.1 $n_0=1\,000$ r/min, $n_N=970$ r/min, $T_N=147.7$ N·m

6.2 8.77 A, 26.5 N·m, 4%, 2 Hz

6.3 (1) 2; (2) Y; (3) 4.67%, 2.33 Hz, 20.04 N·m

(4) 78.26 A, 45.29 A, 36.07 N·m, 40.08 N·m; (5) 3.59 kW

6.4 (1) 71.95 N·m, 22.6 A; (2) 52.7 A, 47.95 N·m; (3) 不能,能

6.5 220 V时,69.4 A, 3%; 380 V时,40.15 A,3%

6.6 (1) 25 A, 100 V; (2) 1.33 A, 146.3 W; (3) 14 N·m

主要参考文献

1 刘润华．电工电子学(上、下册)．石油大学出版社,2002

2 秦曾煌.电工学(第7版)(上册).高等教育出版社,2009

3 唐介等．电工学(少学时)(第3版)．高等教育出版社,2009

4 姚海彬．电工技术(电工学Ⅰ)．高等教育出版社,2008

5 颜伟中．电工学(土建类)．高等教育出版社,2002

6 侯世英.电工学.高等教育出版社,2007

7 叶挺秀.电工电子学(第3版).高等教育出版社,2008

8 朱伟兴.电路与电子技术(电工学Ⅰ).高等教育出版社,2008